rüana. geleitet man n. 13. der Condor.
zebehren n 14. der gewöhnliche Schäfer Hund.
werds Cactus n. 15. Schinus molle.
gen Cactus n 16 gewöhnliche Hütte, der Reisebegleiter
n 17. Cartoffeln
n. 18. ist hier ist, wo v Humboldt gekommen
n. 19 sind Lammas.

Alexander von Humboldt

Geographie der Pflanzen
Unveröffentlichte Schriften
aus dem Nachlass

edition humboldt print

Schriftenreihe des Akademienvorhabens
Alexander von Humboldt auf Reisen – Wissenschaft aus der Bewegung

Herausgegeben von der
Berlin-Brandenburgischen Akademie der Wissenschaften

durch Ottmar Ette

Reihe III: Forschungen im Umfeld der Reisen
Band 1

Alexander von Humboldt

Geographie der Pflanzen

Unveröffentlichte Schriften aus dem Nachlass

Herausgegeben von Ulrich Päßler

Mit einem Vorwort von Ottmar Ette

Akademienvorhaben
Alexander von Humboldt auf Reisen – Wissenschaft aus der Bewegung
Projektleiter: Ottmar Ette
Arbeitsstellenleiter: Tobias Kraft

Dieser Band wurde im Rahmen der gemeinsamen Forschungsförderung von Bund und Ländern im Akademienprogramm mit Mitteln des Bundesministeriums für Bildung und Forschung und mit Mitteln des Regierenden Bürgermeisters von Berlin, Senatskanzlei – Wissenschaft und Forschung erarbeitet.

ISBN 978-3-476-04964-3
ISBN 978-3-476-04965-0 (eBook)
https://doi.org/10.1007/978-3-476-04965-0

Die Deutsche Nationalbibliothek verzeichnet diese Publikation in der Deutschen Nationalbibliografie; detaillierte bibliografische Daten sind im Internet über http://dnb.d-nb.de abrufbar.

J. B. Metzler

Einbandgestaltung: deblik Berlin (Abb.: »Alexander von Humboldt in seiner Bibliothek in der Oranienburger Straße 67«, Farblithographie 1856, © akg images)

Vorsatz: Friedrich Georg Weitsch, Der Chimborazo in Südamerika, 1809, Skizze, GStA PK, I. HA Rep. 77 Ministerium des Innern, Tit. 95, Nr. 3 (© GStA PK/Bildstelle)

J. B. Metzler ist ein Imprint der eingetragenen Gesellschaft
Springer-Verlag GmbH, DE und ist ein Teil von Springer Nature
Die Anschrift der Gesellschaft ist: Heidelberger Platz 3, 14197 Berlin, Germany

Inhaltsverzeichnis

Ästhetik der Natur und Natur der Ästhetik XI
Ottmar Ette

Humboldts Geographie der Pflanzen – Fragmente eines Lebenswerkes XV
Ulrich Päßler

Editorische Notiz XXI

1. Die Pflanzengeographie als Humboldt'sches Lebensprojekt 1

»Im freyen Spiel dynamischer Kräfte« 3
Pflanzengeographische Schriften, Manuskripte und Korrespondenzen Alexander von Humboldts

Ulrich Päßler

Considérations générales sur la végétation des îles Canaries (1814) 27

Considérations générales sur la végétation des îles Canaries (1814) – deutsche Übersetzung 41

Fragen Humboldts an Robert Brown zur Pflanzengeographie (1816) 59

Fragen Humboldts an Robert Brown zur Pflanzengeographie (1816) – deutsche Übersetzung 61

Answers to Baron A. Humboldt's queries on Botanical Geography (Ende 1816 oder Anfang 1817) 63
Robert Brown

2. Netzwerke botanischer Forschung 73

»Jederzeit zu Diensten« 75
Karl Ludwig Willdenows und Carl Sigismund Kunths Beiträge zur Pflanzengeographie Alexander von Humboldts

Staffan Müller-Wille
Katrin Böhme

Einleitung zum Briefwechsel mit Karl Ludwig Willdenow 109

Briefwechsel mit Karl Ludwig Willdenow
(Auszug, 4 Briefe 1799–1810) 110

Alexander von Humboldt an Karl Ludwig Willdenow.
Aranjuez, 20. April 1799; La Coruña, 5. Juni 1799 110

Alexander von Humboldt an Karl Ludwig Willdenow.
Havanna, 21. Februar 1801 115

Alexander von Humboldt an Karl Ludwig Willdenow.
Havanna, 4. März 1801 123

Alexander von Humboldt an Karl Ludwig Willdenow.
Paris, 17. Mai 1810 124

Einleitung zum Briefwechsel mit Carl Sigismund Kunth 128

Briefwechsel mit Carl Sigismund Kunth
(Auszug, 9 Briefe 1848–1849) 129

Alexander von Humboldt an Carl Sigismund Kunth.
Potsdam, Donnerstag, [2. November 1848] 129

Alexander von Humboldt an Carl Sigismund Kunth.
Potsdam, Freitag, [24. November 1848] 130

Carl Sigismund Kunth an Alexander von Humboldt.
[Berlin], nach 24. November 1848 (Fragment) 132

Alexander von Humboldt an Carl Sigismund Kunth.
Berlin, Donnerstag, [11. Januar 1849] 135

Carl Sigismund Kunth an Alexander von Humboldt.
Berlin, 13. Januar 1849 137

Carl Sigismund Kunth an Alexander von Humboldt.
[Berlin], 1. Februar 1849 142

Alexander von Humboldt an Carl Sigismund Kunth.
[Berlin], Freitag, [2. Februar 1849] 144

Alexander von Humboldt an Carl Sigismund Kunth.
[Berlin], Freitag, [Frühjahr 1849] 145

Alexander von Humboldt an Carl Sigismund Kunth.
[Berlin], Mittwoch, [Frühjahr 1849] 146

Vortrag über die Artenvielfalt des Berliner Botanischen Gartens (1846) 148
Carl Sigismund Kunth

Berichtigungen und Ergänzungen zu Band 2 der Ansichten der Natur,
3. Auflage (1849) 150
Carl Sigismund Kunth

3. Géographie des plantes dans les deux hémisphères 155

»Un peu de géographie des animaux« 157
Die Anfänge der Biogeographie als »Humboldtian science«

Matthias Glaubrecht

Dokumente zur Neuausgabe der
»Ideen zu einer Geographie der Pflanzen« 198
Ulrich Päßler

Verlagsvertrag zur »Géographie des plantes dans les
deux hémisphères« (1825) 208
Théophile-Étienne Gide / Alexander von Humboldt /
Carl Sigismund Kunth / James Smith

Verlagsvertrag zur »Géographie des plantes dans les
deux hémisphères« (1825) – deutsche Übersetzung 210

Matériaux pour la nouvelle édition de la Géographie des plantes 213

Matériaux pour la nouvelle édition de la Géographie des plantes –
deutsche Übersetzung 230

Ideensammlung für die Neuausgabe der Geographie der Pflanzen 248
Carl Sigismund Kunth

Ab – Aylmer Bourke Lambert an Alexander von Humboldt. London, 14. November 1820 254

Ac – Flora der Krim und des Kaukasus 258
Carl Sigismund Kunth / Christian von Steven (?)

Ag – Plantae des États-Unis 264

Ag – Plantae des États-Unis – deutsche Übersetzung 267

H – Anzahl der Phanerogamen 271

U – Südsee. Exzerpte aus Adelbert von Chamissos »Bemerkungen und Ansichten auf einer Entdeckungs-Reise« 274

Einleitung zum Briefwechsel mit Johann Moritz Rugendas 278

Briefwechsel mit Johann Moritz Rugendas (5 Briefe, 1 Dokument 1825–1826) 279

Alexander von Humboldt an Johann Moritz Rugendas. [Paris], Sonnabend, [22. Oktober 1825] 279

Vereinbarung zwischen Humboldt, Kunth und Rugendas über die Publikation von Zeichnungen in der Neuausgabe der »Ideen zu einer Geographie der Pflanzen«. Paris, 24. Oktober 1825 281

Johann Moritz Rugendas an Alexander von Humboldt. Augsburg, 12. Dezember 1825 287

Johann Moritz Rugendas an Alexander von Humboldt. Augsburg, 20. Januar 1826 288

Alexander von Humboldt an Johann Moritz Rugendas. Paris, 1. Februar 1826 289

Johann Moritz Rugendas an Alexander von Humboldt. Augsburg, 20. März 1826 291

Deutsche Ankündigung der »Geographie der Pflanzen nach der Vergleichung der Erscheinungen, welche die Vegetation der beiden Festlande darbietet« (1826) 293

Anhang 303

I. Maßangaben und Symbole 305

II. Quellen und Forschungsbeiträge 307

III. Literatur 313

IV. Geographische Namen und Institutionen 355

V. Personen 365

VI. Abbildungen 377

Ästhetik der Natur und Natur der Ästhetik

Ottmar Ette

Der vorliegende Band eröffnet im Jahr des zweihundertundfünfzigsten Geburtstages des großen preußischen Forschers und Schriftstellers den Reigen all jener Schriften vor allem aus den Reisetagebüchern wie aus dem wissenschaftlichen Nachlass, mit denen die *edition humboldt print* bislang unbekannte sowie unbeleuchtete Aspekte des immensen Lebenswerkes Alexander von Humboldts einem breiten Lesepublikum vorstellen möchte. Aber gibt es denn beim Verfasser der *Ansichten der Natur* überhaupt noch Unbekanntes und Unerforschtes zu entdecken? Das *Akademienvorhaben Alexander von Humboldt auf Reisen – Wissenschaft aus der Bewegung* hat sich an der Berlin-Brandenburgischen Akademie der Wissenschaften eben dies zum Ziel gesetzt.

Der Augenblick ist günstig. Im vergangenen Vierteljahrhundert ist in der Alexander von Humboldt gewidmeten Forschung ein neues Bild des Gelehrten entstanden, das sich quer zu populärwissenschaftlichen Darstellungen innerhalb einer immer aufmerksamer werdenden internationalen Öffentlichkeit seinen Weg gebahnt hat. Anders als etwa in den Ländern Lateinamerikas, wo eine kontinuierliche Rezeption der Schriften Humboldts im 19., 20. und 21. Jahrhundert beobachtet werden kann, hat sich im deutschsprachigen Raum die intensive Beschäftigung mit Humboldt erst in jüngerer Zeit mit einem breiten öffentlichen Interesse an diesem Vordenker für das 21. Jahrhundert verbunden. In den beiden deutschen Staaten hatten sich bis zum Fall der Berliner Mauer verschiedene Traditionslinien wissenschaftlicher Analyse herausgebildet, die zum Teil gegensätzlicher Natur, aber immer komplementär waren. Dass es gelang, beide Sichtweisen des 1769 in Berlin im Zeichen eines Kometen Geborenen zu vereinigen und zu vereinen, darf als eine der Sternstunden innerhalb der deutsch-deutschen Forschungsgeschichte angesehen werden. Diese Zusammenführung bildet einen wichtigen Hintergrund für das breite öffentliche Interesse, das es für den Schöpfer des *Kosmos* bei einer interessierten deutschsprachigen Öffentlichkeit heute gibt. Und die Prognose fällt nicht schwer, dass sich dieses Interesse noch weiter steigern wird.

Mit Bedacht wurde das Thema des vorliegenden Bandes ausgewählt, um die im Metzler Verlag erscheinende breite Palette an verschiedenartigsten Schriften zu eröffnen. Nicht etwa, weil die angesagteste Farbe in der Humboldt-Forschung heute die grüne wäre. Gewiss, die heute vorgelegten Schriften belegen zusammen mit anderen, auf welche Weise Humboldt ein ökologisches Denken *avant la lettre* auf den Weg brachte. Aber weder war er dabei allein und der einzige noch war er ein heldenhafter Erfinder der Natur und bloßer Naturforscher. Vielmehr war er ein herausragender Wissenschaftler, dem ein kombinatorisches Denken, schenken wir Wilhelm von Humboldts Aussagen Glauben, in die Wiege gelegt worden war und der es überdies liebte, mit anderen klugen Köpfen im Team zu arbeiten. Sicherlich: Humboldt war herausragend – aber er war dies nicht zuletzt, weil er vieles von dem, was die unterschiedlichsten Forscher auf ihren Gebieten erarbeitet hatten, auf originelle Weise zusammenzuführen vermochte und stets mit einer innovativen Blickrichtung versah. Aus seinem

Denk- und Schreibstil, aus seiner Wissenschaftspraxis entstand, was wir heute Transdisziplinarität nennen. Eine Wissensorganisation quer zu den Disziplinen ist genau das, was wir heute dringlich brauchen.

Die *Pflanzengeographie* wurde also ausgewählt, nicht weil sich in ihr ein »grüner Humboldt« zeigen würde, sondern weil sie als ein Kernbereich dessen, was wir heute die Humboldt'sche Wissenschaft nennen, gelten darf und sich als Betätigungsfeld über die Gesamtheit eines langen, sehr langen Gelehrtenlebens erstreckt. In den mehr als siebzig Jahren seiner Publikationstätigkeit hat Humboldt über drei Forschergenerationen hinweg seine Grundideen von der Pflanzengeographie bis zur Idee des *Kosmos* beständig entwickelt, revidiert, variiert und aktualisiert. Dies zeigen die Seiten dieses Bandes. Die starke Abhängigkeit der sich herausbildenden Humboldt'schen Wissenschaft von ihren jeweiligen Forschungskontexten, von Humboldts sich wandelnden Kontakten und Zusammenarbeitsformen mit unterschiedlichen Forschern macht uns auf die Veränderungen seiner Vorstellungen aufmerksam, mit denen er stets auf die neuesten Erkenntnisse und Ergebnisse der Forschung reagierte. Auch dies machen die hier versammelten Texte unmissverständlich deutlich. Humboldt hat nicht ein monolithisches Denken an einem bestimmten Gegenstand entwickelt; vielmehr entstand seine Wissenschaft stets aus der Bewegung und fasste ihre Objekte immer aus unterschiedlichen Blick- und Gesichtspunkten ins Auge. Humboldt war kein wissenschaftlicher Tausendsassa, sondern ein hochdynamischer, sehr gut vernetzter Denker: eine agile Spinne im von ihm selbst gewobenen Netz der Wissenschaften.

Veranschaulichen wir dies an einem Beispiel aus dem Bereich der Pflanzengeographie selbst. Die wohl berühmteste Veröffentlichung in dieser Disziplin, die in Humboldt zweifellos ihren wichtigsten Anreger und Begründer besitzt, ist sein *Tableau physique des Andes et pays voisins*, sein *Naturgemälde der Tropenländer*, das er ausgehend von 1803 in Guayaquil erstellten ersten Skizzen im Jahre 1807 erscheinen ließ. In diesem Monument der Humboldt'schen Wissenschaft, einer der berühmtesten Visualisierungen von Wissenschaft im 19. Jahrhundert überhaupt, prangt nicht der Name Alexander von Humboldts als Verfasser dieses ästhetisch so gelungenen Schnittes durch die Anden. Vielmehr listet der nomadisierende preußische Gelehrte in großen Lettern unterhalb der Darstellung eine Vielzahl an Künstlern und Wissenschaftlern auf, die an der Entstehung dieses *Naturgemäldes* wesentlich beteiligt waren. Ja, Humboldt hatte alles zusammengefügt und zusammengedacht; doch war das wissenschaftlich-künstlerische Ergebnis eines, das sich keineswegs nur mit *seinem* Namen verband. Wir vergessen dies bisweilen.

Aber wie denn, eine Zusammenarbeit von Wissenschaftlern *und* Künstlern? Ja, denn die Ästhetik war für Humboldt keinesfalls lediglich bloßer Schmuck und Zierrat, etwas Schönes und Hinzugefügtes, sondern eine grundlegende Dimension und Erkenntnisform von Wissen überhaupt. In der Ästhetik darf man mit guten Gründen das eigentliche Verbindungswissen erkennen, das es Alexander von Humboldt erlaubte, all die verschiedenen Teile seines *Gemäldes* der Natur zusammenzufügen und in einem Gesamtbild zu vereinigen. Die Pflanzengeographie durchzieht sein gesamtes Leben und, wie Ulrich Päßler, der Herausgeber dieses Bandes, in seiner Einführung zurecht hervorhebt, sein ganzes Lebenswerk. Dabei waren es anfangs Friedrich Schiller und vor allem Johann Wolfgang von Goethe, später Bernardin de Saint-

Pierre oder Chateaubriand, schließlich nach der »Göttlichen« *Commedia* Dante Alighieris der Verfasser der *Menschlichen Komödie*, Honoré de Balzac, die ihn in seinem Weltbewusstsein, in seinen Vorstellungen von den tiefen Zusammenhängen unseres Planeten Erde, von unserem »System Erde«, so grundlegend prägten. Aus diesem Zusammendenken von Natur und Kultur, von Natur und Ästhetik, entstand etwas Neues und bis in unsere Tage Unabgegoltenes: die Notwendigkeit, Natur und Kultur zusammenzudenken und mit einer Ästhetik der Natur zu vereinen.

Eine solche Ästhetik der Natur, dies wusste Humboldt, war ohne eine Einsicht in die Natur der Ästhetik nicht zu haben. In den Vereinigten Staaten wird Humboldt – wie übrigens auch Goethe – sehr gerne der Romantik zugeschlagen. Betrachten wir die Dinge etwas genauer, so sehen wir rasch, dass die Fäden und Beziehungen, welche Humboldt mit der europäischen wie außereuropäischen Aufklärung verbinden, gewiss nicht weniger zahlreich sind als mit der europäischen Romantik, die er – vergleichbar mit der zeitgenössischen *Revue des Deux Mondes* – in doppeltem, den amerikanischen Kontinent miteinschließendem Blick erfasste. Nein, Humboldt war nicht einfach ein Vertreter der deutschen Romantik, so gut dies auch ins Klischee passen mochte.

Ebenso die Ästhetik der Natur wie die Natur der Ästhetik stehen bei Humboldt – und dies zeichnet sie bis heute aus – in einem weltumspannenden Zusammenhang, der sich in seinem Denken sukzessive und durchaus nicht ohne Widersprüche herausbildete. Ästhetik verstand er dabei niemals nur als die Einbeziehung von Visualisierungen in den Bereich der Schrift, sondern als eine grundlegende Dimension des Schreibens selbst, mit welchem er – seinem berühmten Vorwort zu den *Ansichten der Natur* folgend – stets die »Verbindung eines litterarischen und eines rein scientifischen Zweckes«[1] beabsichtigte. Denken und Schreiben Humboldts sind vielgestaltig und viellogisch.

Die Ästhetik der Natur wie die Natur der Ästhetik waren folglich bei Humboldt nicht von der Globalität aller Erscheinungen wie auch der Globalität seines Denkens zu trennen. Alexander von Humboldt war nicht nur ein früher Theoretiker der Globalisierung, als deren Teil er sich und seine Reisen im Übrigen selbst ansah, sondern auch ein Denker, der Globalität ernst nahm und das Verständnis wie die Ästhetik der Natur bei möglichst vielen Völkern und Kulturen überblicken und in seine Portraits einbeziehen wollte. Ja, gewiss: Humboldt war geborener Preuße, der sich spätestens bei seiner Abreise in die amerikanischen Tropen als Europäer begriff. Aber er war kein Eurozentriker, dem es vor allem darum gegangen wäre, alle Phänomene weltweit nur am allein seligmachenden Maßstab und Modell der europäischen Sichtweise zu messen. So waren auch die europäischen Ästhetiken für Alexander von Humboldt nur Ausdrucksformen weltumspannender Zusammenhänge, die sein Bruder Wilhelm von Humboldt im Bereich seines Projekts der Sprachen der Welt mit dem Begriff der »Weltansichten« belegte. Nein, die beiden Brüder waren nicht – wie oft kolportiert – Antipoden oder Gegenspieler: Die Sprachen der Welt und die Kulturen der Welt passten perfekt zusammen.

[1] So in seiner auf März 1849 datierten »Vorrede zur zweiten und dritten Ausgabe« seiner *Ansichten der Natur* (Humboldt 1849, I, xiii).

Es ist faszinierend, sich an dieser Stelle auf den bunten Reigen an kommentierten Texten, welchen der vorliegende Band eröffnet, einzulassen und bei dieser Reise bisweilen auch jenen Reiseführer hinzuzuziehen, der von maßgeblichen Mitgliedern des Forschungsteams verfasst ebenfalls im Metzler Verlag zu den unterschiedlichsten wissenschaftlichen, inhaltlichen oder thematischen Aspekten der Humboldt'schen Wissenschaft erschienen ist[2]. Mit der fundamentalen Erweiterung des Humboldt'schen Textuniversums entsteht eine sich weiterhin wandelnde, vielleicht bisweilen auch widerspruchsvollere, zugleich aber vielfältigere und reichere Sichtweise des Menschen, Forschers und Schriftstellers Alexander von Humboldt. Nur auf der kritischen Edition von Texten können fortan jenes Bild und jene Bedeutung ruhen, welche nicht allein die große Aktualität des Humboldt'schen Denkens für die Gegenwart, sondern auch das Unabgegoltene seiner Vorstellungen für die Zukunft sichern werden. Die *edition humboldt print* versucht, im Zusammenspiel mit der *edition humboldt digital* dieses Ziel in den kommenden Jahren einzulösen.

Potsdam, 14. Dezember 2019

[2] Vgl. Ottmar Ette (Hg.): *Alexander von Humboldt-Handbuch. Leben – Werk – Wirkung.* Mit 52 Abbildungen. Stuttgart: J. B. Metzler Verlag – Springer Nature 2018 (Ette 2018).

Humboldts Geographie der Pflanzen – Fragmente eines Lebenswerkes

Ulrich Päßler

Einführung

> Der wichtigen und eigenthümlichsten Arbeiten von mir giebt es nur 3, die Geographie der Pflanzen und das damit verbundene Naturgemälde der Tropenwelt, die Theorie der isothermen Linien und die Beobachtungen über den Erdmagnetismus […].[1]

Diese »Top 3« der eigenen Forschungsleistungen, niedergeschrieben 1854 in einem Brief an seinen Verleger Johann Georg von Cotta, zeigt, welche herausragende Bedeutung Alexander von Humboldt der Geographie der Pflanzen in seinem Lebenswerk beimaß. Bis heute wird er zuweilen als wissenschaftlicher Begründer dieses Forschungsfeldes bezeichnet. Humboldts tatsächlichen Beitrag präzise zu bestimmen, fällt jedoch schwer, da sich seine pflanzengeographischen Arbeiten – wie das gesamte Werk – durch methodische Offenheit und Multiperspektivität auszeichnen. Im Wesentlichen verfolgte er drei Forschungsansätze:

- Nachweislich ab 1794 beschäftigte er sich mit der eigentlichen *Geographie* der Pflanzen als Lehre von der räumlichen Verbreitung der Gewächse.
- Auf der amerikanischen Reise (1799–1804) entwarf Humboldt das ästhetische Programm einer Physiognomik der Gewächse: Er teilte die Pflanzen in wenige Hauptformen ein, deren jeweiliger Anteil den Charakter verschiedener Landschaftstypen bestimmt.
- Schließlich entwickelte er um 1815 die botanische Arithmetik: Weltweite Verteilungsmuster der Pflanzen sollten mithilfe statistischer Methoden ermittelt und in Verhältniszahlen ausgedrückt werden.

Humboldt selbst sah diese drei Ansätze als aufeinander bezogen an und ging ihnen mitunter gleichzeitig nach, führte sie aber nicht zu einem einzigen Forschungsprogramm zusammen.[2] Die Vielschichtigkeit der pflanzengeographischen Arbeiten Humboldts verdeutlicht auch ein spätes, nicht realisiertes Buchprojekt des 85-Jährigen. Unter dem sicher nicht willkürlich gewählten Titel »Pflanzengeographische Fragmente« plante Humboldt eine Zusammenstellung der geowissenschaftlichen, ästhetischen und statistischen Ansätze aus seinen Publikationen, ergänzt um neue Erkenntnisse.[3] Die vorliegende Edition unveröffentlichter Schriften Humboldts begibt sich auf die Spur des Unabgeschlossenen und Fragmentarischen seines pflanzengeographischen Werkes. Die Manuskripte, Notizen und Korrespondenzen aus den Jahren 1799 bis 1849 folgen dabei keiner strengen chronologischen Reihenfolge. Ziel ist es vielmehr, Humboldts Praktiken des forschenden Sehens, Lesens, Schreibens und Sprechens zu dokumentieren.

1 Humboldt an Johann Georg von Cotta, Potsdam, 31. Oktober 1854 (Humboldt 2009, 545). 2 Humboldt 1849, II, 242–248. 3 Humboldt an Johann Georg von Cotta, Berlin, 20. November 1854 (Humboldt 2009, 551).

Die drei Hauptabschnitte der Edition markieren unterschiedliche Wege, auf denen Humboldt sein Naturwissen immer wieder neu entwickelte. Die jedem Abschnitt vorangestellten wissenschaftshistorischen Beiträge stellen jeweils eigenständige Angebote dar, Humboldts Pflanzengeographie im Kontext seiner Zeit und seiner Zeitgenossen zu verstehen.

1. Die Pflanzengeographie als Humboldt'sches Lebensprojekt

Alexander von Humboldt steht in der Tradition der Naturgeschichte des 18. Jahrhunderts, die mit Namen wie Georges-Louis Leclerc de Buffon, Johann Friedrich Blumenbach und Georg Forster verbunden ist. Er begriff die Natur als Einheit aller Erscheinungen, Stoffe und Lebewesen, deren wechselseitige Beziehungen er empirisch erfassen und mittels allgemeiner Gesetze ausdrücken wollte. Von wesentlicher Bedeutung für Humboldts Wissenschaft war die Begegnung mit Johann Wolfgang von Goethe und Friedrich Schiller. In seiner Pflanzengeographie schlug sich dieser Einfluss im Streben nach einem epistemologischen Bündnis von Empirie und Ästhetik mit dem Ziel eines ›Totaleindrucks‹ der Natur nieder. In einem Brief an Schiller stellt Humboldt 1794 die Pflanzengeographie als Beitrag zu einem »unbearbeitete[n] Theil der allgemeinen Weltgeschichte« vor. Fragen nach den erdgeschichtlichen Ursprüngen und der Entwicklungsgeschichte der Pflanzen werden mit der Geschichte der Menschheit verknüpft: Welche Pflanzen hat der Mensch über die Erde verbreitet? Welche »Eindrücke der Fröhlichkeit und Melancholie« erzeugen die verschiedenen Vegetationsformen?[4] Humboldt beschäftigten diese Fragen insbesondere auf der ersten Etappe seiner amerikanischen Forschungsreise (1799–1804). Zwei der drei pflanzengeographischen Hauptschriften Humboldts, die *Ideen zu einer Physiognomik der Gewächse* (1806) sowie die *Ideen zu einer Geographie der Pflanzen nebst einem Naturgemälde der Tropenländer* (1807) sind unmittelbare Ergebnisse der amerikanischen Reise. In den amerikanischen Tropen entwickelte Humboldt das ästhetische Konzept der Pflanzenphysiognomik, demzufolge morphologische Hauptformen in ihren jeweiligen Anteilen den Charakter verschiedener Vegetationstypen bestimmen.[5] Im ebenfalls bereits auf der Reise entworfenen *Naturgemälde* ist die Geographie der Pflanzen Teil eines weltumspannenden geowissenschaftlichen Forschungsprojekts. Diese Vernetzung botanischer Erhebungen mit hypsometrischen, meteorologischen und klimatologischen Befunden entwickelte Humboldt in Paris weiter. Im Oktober 1814 trug er im Institut de France seine Abhandlung »Considérations générales sur la végétation des îles Canaries« vor, die den globalen Ansatz des dritten pflanzengeographischen Hauptwerkes ankündigten: In der erstmals 1815 als Vorrede zu den *Nova genera et species plantarum* veröffentlichten Schrift *De distributione geographica plantarum secundum coeli temperiem et altitudinem montium prolegomena* versuchte Humboldt, die weltweiten Verteilungsmuster von Pflanzenfamilien auf statistischem Wege und durch Verhältniszahlen auszudrücken. Ein wohl Ende 1816 an den britischen Botaniker Robert Brown gerichteter Fragenkatalog behandelt unter anderem mögliche Verbreitungswege der Pflanzen sowie den Vergleich der Physiognomie der Gewächse

4 Humboldt an Friedrich Schiller, Nieder-Flörsheim, 6. August 1794 (Humboldt 1973, 346–347). 5 Siehe den Eintrag zur Pflanzenphysiognomik im Tagebuch: SBB-PK, Handschriftenabteilung, Nachlass Alexander von Humboldt, Tagebuch III (1799–1800), Bl. 52v. Vgl. Pässler 2019, 237–238.

des südlichen Afrikas, Australiens und Südamerikas. Die Fragen an Brown und dessen Antworten sowie die Vielzahl der in den »Considérations« genannten Naturforscher machen deutlich, dass Humboldts Plan einer Geographie der Pflanzen der Erde ein arbeitsteiliges Projekt Vieler war.

2. Netzwerke botanischer Forschung

Katrin Böhme und Staffan Müller-Wille zeigen in ihrem Beitrag, wie die Botaniker Karl Ludwig Willdenow und Carl Sigismund Kunth Humboldts Forschungsprogramm prägten bzw. seine Arbeit erst ermöglichten. Willdenow hatte seinen Schüler Humboldt mit pflanzengeographischen Fragen vertraut gemacht, wie er sie auch in seinem Lehrbuch *Grundriss der Kräuterkunde* 1792 formulierte. Humboldt sandte während der amerikanischen Reise zahlreiche Pflanzenbelege an Willdenow und lud ihn 1810 nach Paris ein, um die Sammlung auszuwerten. Willdenow folgte der Einladung, hielt sich aber nur wenige Monate in der Stadt auf und starb kurze Zeit nach seiner Rückkehr nach Berlin. Ihm folgte im Januar 1813 der Willdenow-Schüler Carl Sigismund Kunth, der in den folgenden Jahren als Hauptbearbeiter des botanischen Teils des amerikanischen Reisewerks wirken sollte. Wie Böhme und Müller-Wille zeigen, war mit dieser personellen Veränderung auch eine methodologische Neuausrichtung der Arbeiten an den botanischen Publikationen zur Reise verbunden, die sich unmittelbar auf Humboldts pflanzengeographisches Konzept auswirkte: Willdenow war dem »künstlichen« Sexualsystem Linnés gefolgt, Kunth ordnete die *Nova Genera* nach dem System Antoine-Laurent de Jussieus: Während Linnés Systematik die Blütenpflanzen nach der Anordnung und Zahl der Staubblätter und Griffel einteilt, berücksichtigt das Jussieu'sche System »natürlicher« Familien bzw. Ordnungen neben der Blüte – einschließlich der Frucht und des Samens – auch vegetative Merkmale wie Entwicklung und Verästelung des Stiels sowie Blattform und -stellung.[6] Erst Kunths systematischer Perspektivwechsel ermöglichte Humboldt die praktische Umsetzung seiner Idee, globale Verteilungsmuster von Pflanzengruppen statistisch zu bestimmen. Der Briefwechsel Humboldts mit Kunth aus den Jahren 1848 und 1849 belegt Humboldts ungebrochenes Interesse an der botanischen Arithmetik. Für die 3. Auflage der *Ansichten der Natur* (1849) stellte Kunth Humboldt einen Vortrag über den Artenreichtum des Botanischen Gartens in Berlin zur Verfügung, der auch Angaben über die vermutete Gesamtzahl weltweit vorkommender Arten enthält.

3. Géographie des plantes dans les deux hémisphères

Nicht nur Willdenows *Grundriss der Kräuterkunde* hielt entscheidende Anregungen für Humboldts Pflanzengeographie bereit. Matthias Glaubrecht weist darauf hin, dass Humboldts holistisches Konzept einer umfassenden Wissenschaft der Natur bereits im 18. Jahrhundert

6 Vgl. Jussieu 1789, xxxvi–xlii; Kunth 1847, 509–510; Duris 1997, 46–50; Lack 2019, 195–201.

von zahlreichen Naturforschern verfolgt wurde. Horace-Bénédict de Saussure und Louis-François Ramond de Carbonnières hatten in den Alpen bzw. Pyrenäen die vertikale Zonierung der alpinen Pflanzen untersucht, wie sie Humboldt später in seinem »Naturgemälde der Tropenländer« veranschaulichte. Diese Visualisierung hatte wenigstens einen Vorläufer. Glaubrecht führt den »Coupe verticale des montagnes vivaroises« an, eine Profilkarte der Nutzpflanzen des Mont Mézenc im Zentralmassiv, die Jean-Louis Giraud-Soulavie 1783 dem zweiten Band seines Werkes *Histoire naturelle de la France méridionale* beigab. Mehr noch, wichtige Impulse empfing die Humboldt'sche Pflanzengeographie Glaubrecht zufolge von der Tiergeographie des 18. Jahrhunderts. Tatsächlich gehen die durch den deutschen Naturforscher Eberhard August Wilhelm von Zimmermann zwischen 1777 und 1783 publizierten Überlegungen zur Tiergeographie den pflanzengeographischen Schriften Humboldts voraus. Humboldt verweist zwar in den *Ideen zu einer Geographie der Pflanzen* 1807 auf »Zimmermann's klassisches Werk«[7] und trägt im Naturgemälde eine Spalte zu den Vorkommen weniger ausgewählter Tierarten auf verschiedenen Höhenstufen ein, doch spielen zoogeographische Beobachtungen – wie die Zoologie überhaupt – bei Humboldt insgesamt eine untergeordnete Rolle.

Umso bemerkenswerter ist es, dass Humboldt in einer um 1825 zusammengestellten Materialsammlung für eine geplante zweite Ausgabe der *Ideen zu einer Geographie der Pflanzen* auch Beobachtungen über Verbreitungsmuster von Land- und Meerestieren sowie einen Vergleich der Nahrungsbeziehungen in den Steppen Westasiens und den Llanos Südamerikas notiert. Dieser Plan einer neuen, völlig überarbeiteten Ausgabe der *Ideen* steht im Mittelpunkt des dritten Hauptteils dieser Edition. Humboldt und Carl Sigismund Kunth schlossen 1825 mit den Verlegern Gide und Smith einen Vertrag ab, in dem sie sich zur Lieferung eines Werkes verpflichteten, das die Pflanzengeographie der gesamten Erde behandeln sollte (*Géographie des plantes dans les deux hémisphères, accompagnée d'un tableau physique des régions équinoxiales*). Wohl im selben Jahr legten beide Verfasser jeweils ein Heft an, in dem sie Materialien und Ideen für das gemeinsame Buchprojekt sammelten. Humboldts Heft enthält Notizen über Gespräche mit anderen Naturforschern (Robert Brown, Caspar Georg Carl Reinwardt, Jean Vincent Félix Lamouroux, Achille Valenciennes) sowie Exzerpte aus pflanzen- und tiergeographischen Veröffentlichungen, die der Verfasser mit eigenen Arbeiten vergleicht und bewertet. Kunths Heft enthält auf den ersten Seiten den Beginn einer Gliederung des einleitenden Teils des Werkes sowie eine Vielzahl einzelner Stichpunkte zu Regionalfloren und Teilbereichen der pflanzengeographischen Forschung. Die meisten dieser Stichpunkte versah Kunth mit Siglen, die auf heute im Nachlass an verschiedenen Stellen abgelegte Manuskripte verweisen. Die für die Edition ausgewählten Dokumente spiegeln die Bandbreite der Textsorten und Themen dieses Konvoluts wider: Schriftliche Auskünfte anderer Naturforscher sind exemplarisch durch einen Brief des britischen Botanikers Aylmer Bourke Lambert über die Kiefern des Himalaya (Sigle Ab) sowie ein Manuskript über die Flora der Krim und des Kaukasus (Sigle Ac), wohl aus der Feder Christian von Stevens, vertreten. Mit der Sigle H versah Humboldt einige Blatt mit eigenen Berechnungen zur weltweiten Artenvielfalt. Humboldts Anmerkungen zu Adelbert von Chamissos 1821 veröffentlichtem Reisebericht

[7] Humboldt 1807, 167.

(Sigle U) stehen für die Vielzahl von Exzerpten, die Humboldt und Kunth aus den pflanzengeographischen Beiträgen ihrer Zeitgenossen vornahmen. Einen Sonderfall stellt hingegen das mit der Sigle Ag versehene Dokument dar: Es handelt sich um eine Passage über die Nutz- und Heilpflanzen der USA, die Humboldt seinem amerikanischen Reisetagebuch entnommen hatte.

An der Idee einer Zusammenführung von Empirie und Ästhetik hielt der Naturforscher Humboldt auch in der zweiten Ausgabe der *Ideen zu einer Geographie der Pflanzen* fest. Sie sollte laut Verlagsvertrag bis zu 25 Bildtafeln enthalten. Mit der Ausarbeitung einiger Vorlagen beauftragte Humboldt im Herbst 1825 in Paris den Künstler Johann Moritz Rugendas, der im selben Jahr von einem mehrjährigen Brasilienaufenthalt zurückgekehrt war. Der Briefwechsel zwischen Humboldt und Rugendas aus den Jahren 1825 und 1826 sowie vier erhaltene Zeichnungen physiognomischer Hauptformen des Pflanzenreiches erlauben eine Vorstellung vom Bildprogramm des Buchprojektes.

In der 1826 veröffentlichten Verlagsankündigung einer *Géographie des plantes, rédigée d'après la comparaison des phénomènes que présente la végétation dans les deux continens*, die zugleich den Schlusspunkt des zu diesem frühen Zeitpunkt abgebrochenen Projekts bildete, beschrieb Humboldt die Pflanzengeographie als einen »der schönsten Theile der Naturwissenschaft«, sie spreche »zugleich zum Geiste und zur Einbildungskraft«. Dieser spezifisch Humboldt'sche Zugang zum Wissen über Natur verdient im 21. Jahrhundert eine Neulektüre. Die hier erstmals veröffentlichten Schriften zu Humboldts Geographie der Pflanzen sind Bausteine zur Erschließung eines Werkes, das in seiner Vielfalt immer wieder überrascht und aufs Neue herausfordert.

Der vorliegende Band enthält eine Auswahl der Briefe und Dokumente zum Themenkomplex Pflanzengeographie, die seit 2015 durch das Akademienvorhaben »Alexander von Humboldt auf Reisen – Wissenschaft aus der Bewegung« digital ediert wurden. Zahlreiche inhaltliche und konzeptionelle Anregungen verdankt der Herausgeber den Gesprächen mit Kolleginnen und Kollegen im Vorhaben, namentlich dem Arbeitsstellenleiter Tobias Kraft, Carmen Götz, Florian Schnee und Christian Thomas sowie den Seniorwissenschaftlern Ulrike Leitner und Ingo Schwarz. Die Programmierung und Gestaltung der digitalen Edition lag in den Händen von Stefan Dumont. Linda Kirsten unterstützte und dokumentierte das Datenlektorat im Vorhaben. Die französischsprachigen Texte lektorierte Laurence Barbasetti; Eberhard Knobloch gab ganz wesentliche Hilfestellungen bei der Übersetzungsarbeit. Karin Göhmann transkribierte zahlreiche der im Themenschwerpunkt Pflanzengeographie erstmals edierten Handschriften. Einleitung und Kommentierung des Briefwechsels zwischen Humboldt und Johann Moritz Rugendas basieren auf Recherchen von Lisa Poggel (Freie Universität Berlin). Oliver Schütze und Rita Herfurth (J. B. Metzler Verlag) leisteten schließlich Pionierarbeit bei der Umsetzung der Idee einer Hybridedition im Geiste des *digital first*. Für die freundliche Genehmigung zur Veröffentlichung der Briefe und Dokumente sei der Staatsbibliothek zu Berlin – Preußischer Kulturbesitz, der Biblioteka Jagiellońska in Krakau, dem Deutschen Literaturarchiv, Marbach am Neckar sowie der American Philosophical Society, Philadelphia gedankt.

Editorische Notiz

Der vorliegende Band des Akademienvorhabens »Alexander von Humboldt auf Reisen – Wissenschaft aus der Bewegung« ist Teil der Hybrid-Ausgabe der *edition humboldt digital* und *edition humboldt print*. Die Edition präsentiert die größtenteils handschriftlich überlieferten Dokumente aus dem Nachlass Alexander von Humboldts sowie seinem Umfeld und kontextualisiert diese durch Einführungen, Forschungsbeiträge und begleitende Erläuterungen. Längere französischsprachige Texte werden durch eigens für die Hybrid-Ausgabe erstellte, deutschsprachige Übersetzungen zugänglich gemacht. Die in der *edition humboldt print* vorgelegten Dokumente aus der Feder Alexander von Humboldts und seiner Zeitgenossen basieren auf einer Auswahl der vorab digital veröffentlichten, textkritisch annotierten und nach den international verwendeten Richtlinien der Text Encoding Initiative (TEI) zur Kodierung von XML-Dokumenten ausgezeichneten Fassung der *edition humboldt digital*.

Die gedruckte Ausgabe legt einen klaren Schwerpunkt auf Lesbarkeit, Referenzierbarkeit und wissenschaftliche Nutzbarkeit der für die jeweiligen Bände ausgewählten Dokumente. Im Zentrum stehen die Lesefassungen der Originaltexte und der Sachkommentar, nicht die textkritische Wiedergabe aller Einzelphänomene handschriftlich verfasster Dokumente. Wo die digitale Edition den Blick auf die Erschließung der Manuskripte in ihrer Gesamtheit und die Dokumentation des philologischen Befundes richtet, legt die Print-Edition den Schwerpunkt auf die Rekonstruktion des Reiseverlaufs. Der damit verbundene Ansatz eines Lesetextes auf der einen (Print) und eines kritischen Textes auf der anderen Seite (digital) gilt analog für die Textauswahl der Themenschwerpunkte. Für die Druckausgabe steht nicht die Vollständigkeit der Manuskripte und Briefwechsel im Vordergrund, sondern die Auswahl exemplarischer Dokumente in ihrem spezifischen Zusammenhang.

Der doppelte Anmerkungsapparat der *edition humboldt print* dokumentiert Randbemerkungen des Autors innerhalb des Textes mit hochgestellten, alphabetisch fortlaufenden Majuskeln (A, B, C usw.) und gibt deren Inhalt am Fuß der Seite wieder. Auf die Darstellung der in ihrer Erscheinungsform stark variierenden Einweisungszeichen, die in der *edition humboldt digital* einheitlich mit dem Zeichen »⌈« wiedergegeben werden, wurde hier verzichtet. Anmerkungen des Herausgebers werden mit fortlaufenden arabischen Ziffern referenziert und erscheinen in einem zweiten Block am Fuß der Druckseite.

In der Marginalspalte der Druckseite werden links bzw. rechts die Verweise auf eingelegte Blätter (fortlaufend durchnummeriert mit vorangestellter Majuskel »B«) und aufgeklebte Notizzettel (fortlaufend durchnummeriert mit vorangestellter Majuskel »N«) angeführt. Diese Referenzen dienen der Orientierung innerhalb der Dokumente und zu deren exakter Zitierbarkeit sowie als Konkordanz zur Online-Ausgabe, indem sie das Auffinden der jeweiligen Stellen aus der Druckausgabe innerhalb der digitalen Edition erleichtern. Ebenfalls marginal notiert wird der Blatt- bzw. Seitenwechsel in der Vorlage, dessen Position innerhalb des Textes durch »|« angezeigt wird. Bei Leerseiten entfällt die Foliierung.

Alexander von Humboldt versah Tagebuchpassagen und Arbeitsnotizen bei der Vorbereitung seiner Publikationen zum Teil mit Verweissiglen. Bei diesen Siglen handelt es sich zumeist um Majuskeln, die er gut sichtbar am Rand einer Manuskriptseite anbrachte. Die Majuskeln können jeweils auf weitere Dokumente mit identischen Siglen oder thematische Gliederungen verweisen. Eine aktuelle Übersicht der Humboldt'schen Verweissiglen ist als Teil der *edition humboldt digital* verfügbar: https://edition-humboldt.de/register/siglen/. In der *edition humboldt print* werden die Kapitälchen in der äußeren Marginalspalte hervorgehoben wiedergegeben.

Unsichere Lesungen werden durch Kursivierung der fraglichen Passage sowie zusätzlich durch ein anschließendes »(?)« gekennzeichnet. Auslassungen aus den Originaltexten, beispielsweise aufgrund von nicht lesbaren Stellen, werden mit »[...]« gekennzeichnet; erschlossene Informationen wie beispielsweise Absendeort und -datum einzelner Briefe, stehen in eckigen Klammern.

In der vorliegenden Lesefassung werden Textphänomene wie Ersetzungen und Ergänzungen nicht eigens kenntlich gemacht, gestrichene Passagen werden nicht wiedergegeben. Fehlende diakritische Zeichen (Akzente und Umlaute) werden stillschweigend ergänzt, offensichtliche Schreibversehen ohne Ausweis im Text korrigiert und Abkürzungen aufgelöst. Ebenso dienen behutsame Ergänzungen der Interpunktion dem Textverständnis und der besseren Lesbarkeit der Dokumente in der *edition humboldt print*. Sämtliche, innerhalb der Print-Edition in diesem Sinne stillschweigend umgesetzte editorische Eingriffe sind in der textkritischen Fassung der *edition humboldt digital* dokumentiert und in den Editionsrichtlinien (https://edition-humboldt.de/richtlinien/) erläutert. Abgesehen von den soeben aufgeführten Eingriffen zugunsten der besseren Lesbarkeit der *edition humboldt print* wird der historische Sprachstand vorlagengetreu wiedergegeben. Dies gilt sowohl für Humboldts Schreibeigentümlichkeiten als auch für Schreibvarianten der Zeit. In diesem Sinne erscheinen auch Eigennamen gemäß der Vorlage.

Die »Reihe III: Forschungen im Umfeld der Reisen« der *edition humboldt print* enthält eine Auswahl der in den Themenschwerpunkten der *edition humboldt digital* veröffentlichten Dokumente und Briefe. Die vollständigen Briefwechsel werden in der digitalen Fassung vorgelegt. Dokumente und Briefe sind unter https://edition-humboldt.de/themen/index.xql bzw. https://edition-humboldt.de/briefe/index.xql abrufbar. Dort wird auf die im Druck erschienenen Dokumente und Briefe mit dem Hinweis »edition humboldt print, Reihe III, [Seiten]« verwiesen.

Jedem Dokument der *edition humboldt digital* wird eine für die Hybrid-Ausgabe einheitliche Identifikationsnummer (ID) zugewiesen. Diese ID dient im vorliegenden Band der *edition humboldt print* dem Verweis auf die hier edierten Dokumente und Tagebuchbände. Darüber hinaus können sämtliche im Band angegebenen IDs mittels des einheitlichen Präfix »https://edition-humboldt.de/« zu einem kanonischen Link zum jeweiligen Dokument in der *edition humboldt digital* erweitert werden: Die ID »H0002731« verweist beispielsweise auf https://edition-humboldt.de/H0002731. Dieses Verweissystem erleichtert das Auffinden jedes Dokuments der *edition humboldt print* innerhalb der *edition humboldt digital* und deren komplementäre Benutzung.

Ebenso werden die Angaben im Literaturverzeichnis mit einer ID versehen, die einen Zugriff auf die Bibliographie der *edition humboldt digital* ermöglicht. In der Bibliographie werden sowohl die Erwähnungen des jeweiligen Titels innerhalb der Gesamtedition erkennbar, als auch Export- und Zitationsformate für die digitale Nachnutzung zur Verfügung gestellt. Hierzu verlinkt die Bibliographie auf die fortlaufend erweiterte und frei verfügbare Zotero-Datenbank des Akademienvorhabens. So lässt sich beispielsweise die ID »ZIKIQS4W« zum Link https://edition-humboldt.de/register/literatur/detail.xql?id=ZIKIQS4W erweitern. In der eBook-Version des Bandes sind alle hier erwähnten Funktionen (Dokument- sowie Bibliographie-ID) direkt ansteuerbar.

Neben dem Literatur- und Quellenverzeichnis enthalten die Bände der *edition humboldt print* Angaben zu Maßen und Symbolen sowie Register der Personen, geographischen Namen und Institutionen und ein Abbildungsverzeichnis.

1.

Die Pflanzengeographie als Humboldt'sches Lebensprojekt

»Im freyen Spiel dynamischer Kräfte«
Pflanzengeographische Schriften, Manuskripte und Korrespondenzen Alexander von Humboldts

Ulrich Päßler

Humboldts Wurzeln*

Alexander von Humboldts lebenswissenschaftliche Forschungen erstrecken sich von den frühen 1790er Jahren bis in die Zeit kurz vor seiner Rückkehr nach Berlin im Jahr 1827. Bis 1807, dem Jahr der Veröffentlichung der *Ideen zu einer Geographie der Pflanzen nebst einem Naturgemälde der Tropenländer*, hatten Humboldts Publikationen zudem einen botanischen Schwerpunkt.[1] In den Jugendschriften handelte es sich vor allem um pflanzenphysiologische Untersuchungen, während die botanischen Forschungen auf der mit dem Botaniker Bonpland unternommenen Forschungsreise im Zeichen der Sammlung und Dokumentation von Spezimina der Neotropis standen.[2] Parallel zur Veröffentlichung dieser Sammlung und der Auswertung anderer Teilaspekte der Reise beschäftigte sich Humboldt zwischen 1814 und 1826 mit vertiefenden numerischen Studien zur Pflanzengeographie.

Seine Beiträge zu drei Disziplinen botanischer Forschung – Physiologie, Systematik und Pflanzengeographie – fallen in die Zeit des Übergangs von der Naturgeschichte der Aufklärung zur Biologie des 19. Jahrhunderts. Die wesentlichen epistemologischen Positionen und heuristischen Verfahren der Humboldt'schen Lebenswissenschaften haben ihre Wurzeln im Naturbild des 18. Jahrhunderts. Erkenntnisleitend blieb für Humboldt zeitlebens die Idee einer inneren Verbundenheit der Organismen und Naturkräfte. Sein erster Lehrer der Botanik, Karl Ludwig Willdenow, beschrieb diesen Gedanken durch die Metapher des Netzes:

* Für die kritische Lektüre des Textes danke ich Carmen Götz und Florian Schnee. Wertvolle Hinweise und Unterstützung verdanke ich darüber hinaus Alberto Gómez-Gutiérrez, Tobias Kraft, Anne MacKinney, Mauricio Nieto Olarte und Christian Thomas.

1 So Humboldt an Martin Hinrich Lichtenstein, o. O., 24. Februar 1851, Niedersächsisches Landesarchiv-Abteilung Wolfenbüttel, 298 N Nr. 359, Nr. 1, Bl. 2r: »Da ich mich von meinem 18ten bis 35sten Jahre, wie meine Schriften beweisen, vorzugsweise praktisch mit Botanik beschäftigt […].« 2 Zur botanischen Sammelpraxis Humboldts und Bonplands vgl. Götz 2018.

> Wir suchen bey unsern systematischen Eintheilungen die Körper in geraden Linien zusammenzustellen; aber die Natur bildet im Ganzen ein verwickeltes, nach allen Seiten ausgebreitetes Netz, was wir auszuspähen zu kurzsichtig und zu ergründen zu schwach sind. Vielleicht wird man nach Jahrhunderten, wenn alle Winkel des Erdballs durchsucht sind, und mehrere Erfahrungen das Wahre vom Falschen gesondert haben, richtiger darüber urtheilen.[3]

Humboldts 1796 erstmals formuliertes Programm einer »physique du monde«,[4] einer Wissenschaft, welche die Natur als organische Einheit aller Erscheinungen, Stoffe und Lebewesen begreift und deren wechselseitige Beziehungen sie empirisch erfassen und mittels allgemeiner Gesetze ausdrücken möchte, greift die naturhistorischen Axiome einer ganzen Generation von Forschern auf, zu der neben dem wohl einflussreichsten Autor Georges-Louis Leclerc de Buffon auch Humboldts Lehrer Johann Friedrich Blumenbach und Georg Forster gehörten.[5] Frühe Schriften Humboldts galten der Suche nach dem »chemischen Process des Lebens« – dem organisierenden Prinzip der Lebewesen.[6] In Briefen an Blumenbach und den Anatomen Samuel Thomas Soemmerring schilderte er seine physiologischen Experimente und Beobachtungen.[7] Humboldt löste sich zwar früh von vitalistischen Annahmen über die Existenz einer Lebenskraft.[8] Für Humboldts Naturbild behielt die Idee der Selbstorganisation jedoch ihre Bedeutung: Die Harmonie der Natur ist demzufolge nicht statisch, sondern geht »aus dem freyen Spiel dynamischer Kräfte« hervor.[9] Aufgabe des Naturgelehrten ist es, diesen Kräften mittels Experimenten und präzisen Messungen empirisch auf den Grund zu gehen. Die ästhetische Sensibilität des messenden und beschreibenden Forschers führt zur Erkenntnis der inneren Gesetzmäßigkeiten der Natur und ermöglicht so die *Anschauung* des Naturganzen.[10]

[3] Willdenow 1792, 148. Zur Netz-Metapher im frühneuzeitlichen Naturbild seit Vitaliano Donati und Georges-Louis Leclerc de Buffon vgl. Lepenies 1978, 44–45 sowie Ragan 2009. Vgl. auch Humboldts Briefe an Willdenow in der vorliegenden Edition. [4] Humboldt an Marc-Auguste Pictet, Bayreuth, 24. Januar 1796 (La Roquette 1865–1869, I, 4). [5] Vgl. z. B. Georg Forsters 1781 formuliertes Ideal einer umfassenden Wissenschaft der Natur: »Ein Blick in das Ganze der Natur. Einleitung zu Anfangsgründen der Thiergeschichte« (Forster 1958–2003, VIII, 77–97, bes.: 78–79). Peter Hanns Reill ordnet Buffon, Blumenbach, Forster sowie Alexander und Wilhelm von Humboldt einer Bewegung von Naturgelehrten zu, die er unter dem Begriff der ›Enlightenment Vitalists‹ zusammenfasst. Diese Gruppe setzte einem mechanistischen Weltbild das dynamische Konzept von Wechselwirkungen der belebten Natur entgegen. Vgl. Reill 2005, 1–16; zu den Brüdern Humboldt ebenda, 17–31; 237–254. [6] Humboldt 1793, 133–182; Humboldt 1794; Humboldt 1797. [7] Vgl. die Briefe Humboldts an Soemmerring in der *edition humboldt digital* (↗x0000003). [8] Vgl. dazu Humboldt 1849, II, 310–311 sowie Jahn 1969, 52. [9] Humboldt 1807, 39. [10] Zu Sensibilität, Ästhetik und Anschauung als Kategorien der empirischen Naturforschung um 1800 vgl. Dettelbach 1999.

Das Hauptwerk: Die *Ideen zu einer Geographie der Pflanzen nebst einem Naturgemälde der Tropenländer*

Vom Plan zum Buch

Humboldt fasste den Plan zu den *Ideen zu einer Geographie der Pflanzen* bereits mehrere Jahre vor seiner amerikanischen Forschungsreise. Ob er einen ersten Entwurf des Werkes tatsächlich an Georg Forster gesandt hatte, wie Humboldt 1807 in der Vorrede angibt, ist nicht gesichert.[11] Seine vor der Reise entstandenen pflanzengeographischen Manuskripte sind bis auf eine kurze Notiz nicht erhalten.[12] In einem 1794 verfassten Brief Humboldts an Friedrich Schiller stehen Pflanzenwanderungen und deren kulturgeschichtliche Dimension im Zentrum seiner Überlegungen:

> Wie man die Naturgeschichte bisher trieb, wo man nur an den Unterschieden der Form klebte, die Physiognomik von Pflanzen und Thieren studirte, Lehre von den Kennzeichen, Erkennungslehre, mit der heiligen Wissenschaft selbst verwechselte, so lange konnte unsere Pflanzenkunde z. B. kaum ein Object des Nachdenkens speculativer Menschen sein. [...] Die allgemeine Harmonie in der Form, das Problem, ob es eine ursprüngliche Pflanzenform giebt, die sich in tausenderlei Abstufungen darstellt, die Vertheilung dieser Formen über den Erdboden, die verschiedenen Eindrücke der Fröhlichkeit und Melancholie, welche die Pflanzenwelt im sinnlichen Menschen hervorbringt, [...] Geschichte und Geographie der Pflanzen, oder historische Darstellung der allgemeinen Ausbreitung der Kräuter über den Erdboden, ein unbearbeiteter Theil der allgemeinen Weltgeschichte, Aufsuchung der ältesten Vegetation in ihren Grabmälern (Versteinerungen, Steinkohlen, Torf &c.), allmählige Bewohnbarkeit des Erdbodens, Wanderungen und Züge der Pflanzen, der geselligen und isolirten, Karten darüber, welche Pflanzen gewissen Völkern gefolgt sind, [...] – das scheinen mir Objecte, die des Nachdenkens werth und fast ganz unberührt sind.[13]

Die erste Erwähnung des Buchprojekts lässt sich ebenfalls auf das Jahr 1794 datieren: Humboldt kündigte gegenüber dem Helmstedter Mathematiker Johann Friedrich Pfaff ein Buch an, das »in 20 Jahren unter dem Titel: ›Ideen zu einer künftigen Geschichte und Geographie der Pflanzen oder historische Nachricht von der allmäligen Ausbreitung der Gewächse über den Erdboden und ihren allgemeinsten geognostischen Verhältnissen‹« erscheinen sollte.[14] Einen ersten Entwurf schrieb

[11] Vgl. Humboldt 1807, iii. [12] »Geschichte der Pflanzen (Der Vierwaldstättersee), Naturgemälde« (Sommer 1795, Humboldt 1989). Dass Humboldt vor 1799 bereits Material gesammelt hatte, belegt eine Stelle im Reisetagebuch, in der er sich auf »MSS in Europa« zur Pflanzengeographie bezieht: Staatsbibliothek zu Berlin – Preußischer Kulturbesitz (fortan: SBB-PK), Handschriftenabteilung, Nachlass Alexander von Humboldt (Tagebücher) I, Bl. 50 (↗H0016412). [13] Humboldt an Schiller, Nieder-Flörsheim, 6. August 1794 (Humboldt 1973, 346–347). [14] Humboldt an Pfaff, Goldkronach, 12. November 1794 (Humboldt 1973, 370).

Humboldt noch auf der Reise im Januar und Februar 1803 in Guayaquil nieder.[15] Bereits dieser frühe Text weist die spätere Zweiteilung in einen programmatischen Abschnitt (»Prospecto«) und die Beschreibung des Naturgemäldes (»Quadro fisico de los Andes, y paises immediatos«) auf und enthält zentrale Thesen des Buches.[16] Im Mai 1804 kündigte Humboldt auf Kuba in einem kurzen Artikel die Veröffentlichung des Werkes an;[17] am 7. Januar 1805 trug er eine erste Fassung der *Ideen* vor der Klasse für physikalische und mathematische Wissenschaften des *Institut de France* in Paris vor.[18] Das Erscheinen der *Ideen* verzögerte sich jedoch durch Humboldts Italienreise im selben Jahr sowie den anschließenden Aufenthalt in Berlin bis 1807.[19] So war ein am 6. Januar 1806 in der Königlich-Preußischen Akademie der Wissenschaften gehaltener und noch im selben Jahr publizierter Vortrag die erste pflanzengeographische Veröffentlichung Humboldts: Die »Ideen zu einer Physiognomik der Gewächse« entsprechen allerdings im Aufbau und inhaltlich im Wesentlichen den *Ideen zu einer Geographie der Pflanzen.*[20]

Die *Ideen zu einer Geographie der Pflanzen*

Die *Ideen zu einer Geographie der Pflanzen nebst einem Naturgemälde der Tropenländer* erschienen im Frühjahr 1807 parallel in einer französischen und einer deutschen Ausgabe.[21] Humboldt gliedert das Werk in zwei im Grunde eigenständige Teile, einen einleitenden Essay – die eigentlichen *Ideen zu einer Geographie der Pflanzen* –, in dem er eine Definition der Pflanzengeographie vornimmt sowie deren Leitfragen darlegt (Seite 1–32, nur etwa ein Sechstel des Buches), sowie eine eingehende Erläuterung des dem Band beigegebenen monumentalen *Naturgemäldes der Tropenländer* (die verbleibenden Seiten 33–182). In einer kurzen Vorrede stellt Humboldt das Buch als Auftakt des Reisewerks vor. Bewusst habe er nicht die Schilderung des Reiseverlaufs an den Anfang dieses Werkes gestellt.[22] Einer solchen retrospektiven

[15] Francisco José de Caldas veröffentlichte eine ins Spanische übersetzte, von ihm annotierte Fassung des Manuskripts zwischen April und Juli 1809 im *Semanario del Nuevo Reyno de Granada* (Humboldt 1809). Das zugrundeliegende französische Manuskript von 1803 konnte bislang nicht nachgewiesen werden. [16] Somit ist der in der Vorrede von Humboldt 1807 angegebene Entstehungskontext (»Im Angesichte der Objekte, die ich schildern sollte; von einer mächtigen, aber selbst durch ihren innern Streit wohlthätigen Natur umgeben; am Fuße des Chimborazo, habe ich den größern Theil dieser Blätter niedergeschrieben.« – Humboldt 1807, iii) durchaus plausibel und kein bloßes Stilmittel, um Unmittelbarkeit zu suggerieren. [17] »[...] la vegetacion tiene tambien sus limites fixos, que *dentro de poco tiempo expondré en mi Geografia de las plantas accompañada de mapas* que á la vez manifestan la temperatura, la humedad, la carga eléctrica, la cantidad de oxygeno, la cultura del terreno y la diferencia de animales, segun las regiones á donde llegan dichos límites.« (Humboldt 1804, 142–143, Hervorhebung UP). [18] Zu Humboldts Pariser Rede vgl. den Eintrag in der Alexander von Humboldt-Chronologie (↗H0014747). [19] Zur Publikationsgeschichte von Humboldt 1807 vgl. Fiedler/Leitner 2000, 234–245. [20] Humboldt 1806. Zu diesem Essay sowie zum Begriff der Physiognomik bei Humboldt vgl. Hagner 1996. [21] Vgl. Fiedler/Leitner 2000, 238–239; 244–245. Die französische Ausgabe mit dem Titel *Essai sur la Géographie des plantes; accompagné d'un tableau physique des régions équinoxiales* (Humboldt 1807a) war bereits 1805 im Druck. Die beiden Ausgaben weichen daher an vielen Stellen voneinander ab. Die vorliegenden Ausführungen beziehen sich ausschließlich auf die deutsche Fassung. [22] Humboldt 1807, I–II.

Erzählung zieht Humboldt die prospektive Schilderung vorläufiger wissenschaftlicher Ergebnisse vor.

Fragen der Pflanzengeographie

Bereits die Bezeichnung *Ideen* verweist auf das Vorläufig-Programmatische dieses Textes.[23] Humboldt präsentiert sich hier als Neuschöpfer der wissenschaftlichen Pflanzengeographie – »eine[r] Disciplin, von welcher kaum nur der Name existirt.«[24] Anschließend an eine knappe Definition der Disziplin (»Sie betrachtet die Gewächse nach dem Verhältnisse ihrer Vertheilung in den verschiedenen Klimaten.«[25]) führt er kursorisch in deren Forschungsfragen ein, geht ihnen aber nicht im Einzelnen nach.[26] Welche Verteilungsmuster der Pflanzen lassen sich auf der Erde feststellen? Humboldt skizziert dazu auf wenigen Seiten den Vegetationscharakter der verschiedenen Kontinente und Höhenstufen sowie deren klimatische Ursachen und verweist auf den unterschiedlichen Landschaftscharakter, der durch sozial lebende bzw. isoliert wachsende Pflanzen verursacht werde. Weitere Fragen betreffen die erdgeschichtlichen Ursprünge und Verbreitungswege der Vegetation: Gibt es Pflanzenarten, die auf allen Kontinenten heimisch sind? Gingen also alle Pflanzen oder deren Urformen von einem Punkt aus oder gab es mehrere Schöpfungszentren? Welche Aussagen erlauben die in Gestein, Kohleflözen und Torflagen gefundenen Überreste vorzeitlicher Vegetation über einstige Klimaverhältnisse und Pflanzenwanderungen? Er untersucht die Arten, welche Ostasien mit Neuspanien gemein seien und schildert die unterschiedlichen Vegetationstypen Südeuropas und Nordafrikas, die durch »die große Katastrophe, welche durch plötzliches Anschwellen der Binnenwasser erst die Dardanellen und nachher die Säulen des Herkules durchbrochen und das breite Thal des Mittelmeers ausgehöhlt« habe, entstanden seien. Ähnlich bilde der mittelamerikanische Isthmus eine Vegetationsgrenze zwischen Nord- und Südamerika.

Der in diesem Zusammenhang aufgefächerte Fragenkatalog rief dem informierten Leser die bereits vertrauten biobotanischen Grundgedanken des 18. Jahrhunderts in Erinnerung. Der Themenkreis der *Ideen* – etwa die Frage nach weltweit natürlich vorkommenden Arten, zur Pflanzenwanderung über Kontinente, bis hin zum Phänomen gesellig lebender Pflanzen und dem Ruf nach einer wahren *Geschichte* der Pflanzen – findet sich beispielsweise in Willdenows *Grundriss der Kräuterkunde*.[27]

23 Bettina Hey'l interpretiert das essayistische Schreiben Humboldts als »ein sprachliches Verfahren, Synthesen zu erzeugen oder vorwegzunehmen, die im Grunde wissenschaftlich erst zu erweisen wären.« (Hey'l 2007, 216). 24 Humboldt 1807, 2. Augenfällig sind die Parallelen der *Ideen* zur »revolutionären Rhetorik« einer ganzen Reihe wissenschaftlicher Programmschriften um 1800. Vgl. dazu Solleveld 2016. 25 Humboldt 1807, 2. 26 Vgl. zum Folgenden Humboldt 1807, 2–22. 27 Willdenow 1792, 353–367, 371–373. Humboldt verweist in der Vorrede der *Ideen* auf die »klassischen Schriften meines vieljährigen Freundes und Lehrers Willdenow« (Humboldt 1807, VIII). Vgl. auch Larson 1994, 115.

Menschheitsgeschichte und Pflanzengeschichte

Die Verbindung von Pflanzen- und Menschheitsgeschichte hatte Humboldt schon in den 1790er Jahren in seinen Forschungs- und Publikationshorizont eingefügt. In einem wohl 1799 auf der ersten Etappe der amerikanischen Reise entstandenen Aufsatz mit dem Titel »Geschichte und Geographie der Pflanzen. Akkerbau« sammelte Humboldt in seinem Tagebuch Angaben über natürliche Pflanzenwanderungen zwischen Amerika und Asien und die Verbreitung der Kulturpflanzen. Er vergleicht Klima und Vegetation der nördlichen Hemisphäre mit seinen Beobachtungen in den amerikanischen Tropen. Das unwirtliche Klima der nördlichen Klimazonen befördere die »Kultur des Menschengeschlecht's« durch den notwendigen Wettstreit der physischen und intellektuellen Kräfte des Menschen und deren daraus resultierenden »Kunstfleiß« und die »Vervollkommnung des Akkerbaus«. Ganz anders in den Tropen Amerikas, deren Natur reichlich Nahrung bereithalte und so Kultur und Vergesellschaftung eher hemme:[28] »So hat die Pflanzenwelt auf das Menschengeschlecht u. dieses wechselseitig auf jene gewirkt.«[29] Diese Gedanken waren schon in den 1803 in Guayaquil entstandenen Entwurf der *Ideen* eingegangen.[30] Auf wenigen Seiten umreißt Humboldt dann auch in den *Ideen* die beiden großen menschengemachten Pflanzenwanderungen: die Verbreitung von Kulturpflanzen in der Antike von Asien nach Europa und den Austausch zwischen Europa und Amerika am Beginn der Neuzeit.[31]

Eine Physiognomik der Gewächse

Sicherlich betrat Humboldt auch mit diesen Überlegungen zum Einfluss von Klima und Landschaft auf den Stand der menschlichen Kultur kein Neuland. In Herders *Ideen zu einer Philosophie der Geschichte der Menschheit* erscheint die Pflanzengeographie, insbesondere die Verbreitung der Kulturpflanzen, ebenfalls als Teil einer »allgemeinen Weltgeschichte.«[32] Doch entwickelt Humboldt aus dieser Verbindung von Natur- und Kulturgeschichte mittels der Anschauung des Naturganzen eine unerwartete Synthese:

> Welchen Einfluß hat die Vertheilung der Pflanzen auf dem Erdboden, und der Anblick derselben auf die Phantasie und den Kunstsinn der Völker gehabt? worinn besteht der Charakter der Vegetation dieses oder jenes Landes? wodurch wird der Eindruck heiterer oder ernster Stimmung modificirt, welche die Pflanzenwelt in dem Beobachter erregt?[33]

[28] Amerikanisches Reisetagebuch I, Bl. 50–51 (↗H0016412). [29] Amerikanisches Reisetagebuch I, Bl. 53r (↗H0016412). [30] Humboldt 1809, 134: »La extencion de la Agricultura, sus objetos diversificados segun el caracter, segun las constumbres, y frequentemente segun las imaginaciones supersticiosas de los pueblos, la influencia del alimento mas ó menos estimulante sobre la energia de las paciones, las navegaciones y las guerras emprendidas par conseguir procucciones del reyno vegetal, son otras tantas concideraciones que ligan la *Geografia de la Plantas* con la historia política y moral del hombre.« (Hervorhebung im Original). [31] Humboldt 1807, 17–24. [32] Zu Herders Einfluss auf Humboldt vgl. Knobloch 2006, 31–34; speziell zur Pflanzengeographie: Mook 2012, 133–157. [33] Humboldt 1807, 24.

Die Natur auf diese Weise »im Großen« betrachtet, lasse die »physionomischen [sic] Unterschiede« der verschiedenen Vegetationstypen der Welt erkennen und führe zu deren weltweiter Vergleichbarkeit.[34] Humboldt identifiziert 17 Grundformen, in die sich alle bekannten Pflanzenarten einordnen ließen.[35] Diese Formen ordnet er nach dem morphologischen Gesamtbild der Pflanze, wie zum Beispiel Bananenform, Palmenform oder Form der Nadelhölzer.[36] Das Verhältnis der Formen zueinander bestimme den »Charakter der Vegetation«, den Gesamteindruck einer Landschaft.[37] Hier folgt Humboldt der eigenen, bereits in der *Flora Fribergensis* formulierten Definition der Pflanzengeographie, der zufolge es dieser Disziplin um Verbindungen und Beziehungen der Pflanzen gehen müsse, »durch die alle Vegetabilien untereinander verknüpft« seien.[38] Humboldts physiognomischer Ansatz, entwickelt aus dem Geist der ästhetischen Wissenschaft des 18. Jahrhunderts, war das eigentlich Neue der *Ideen*; er wirkte nachhaltig auf die phytogeographische Forschung des 19. Jahrhunderts. Die Botaniker Joakim Frederik Schouw, Franz Julius Ferdinand Meyen und August Grisebach entwickelten ihn zum Konzept der Pflanzengesellschaften und pflanzengeographischen Formationen weiter.[39] Als ähnlich bahnbrechend sollte sich eine in den *Ideen* eher beiläufige Bemerkung erweisen: Die Beobachtung, dass die Formen der Pflanzen und die Physiognomie der von ihnen gebildeten Vegetation entsprechend geographischer und klimatischer Gegebenheiten variieren und weltweit vergleichbar sind, fand in den hergebrachten botanischen Klassifikationssystemen keine Entsprechung.[40] Dieses Problem versuchte Humboldt in den folgenden Jahren mittels einer numerischen Systematik globaler Verteilungsmuster zu lösen.

Das *Naturgemälde der Tropenländer*

Die Sensibilität des Naturbetrachters und die sinnliche Erfahrung der Gesamtschau führte Humboldt zum analytischen Befund physiognomischer Hauptformen. Das Mittel des Totaleindrucks setzt Humboldt auch im *Naturgemälde der Tropenländer* ein (Abb. 1.1). Es bietet dem Betrachter ein idealisiertes Profil der Anden am Äquator zwischen Pazifik und Atlantik. Im Bildzentrum stehen die beiden Vulkanmassive des Chimborazo und des Cotopaxi. Auf ihnen trägt Humboldt die Spezies von natürlich vorkommenden sowie Nutzpflanzen ein. Die Pflanzen erscheinen auf den jeweiligen Höhenstufen, auf denen er und Bonpland sie auf der Reise durch die Tropen Amerikas gesammelt hatten. Humboldt benennt einzelne Regionen nach den das Erscheinungsbild der Landschaft dominierenden Familien oder Gattungen in den verschiedenen Höhenstufen der Tropen Amerikas, beispielsweise die Region der »Lichenen und Umbilicarien«, »Region der baumartigen Farnkräuter«, die »Region der Palmen und Scitamineen« usw.

[34] Humboldt 1807, 24–25. [35] Timothy Lenoir führt Humboldts Suche nach Grundformen auf Blumenbach und das Programm der »Göttingen School« zurück (Lenoir 1981, 171–173). [36] Vgl. dazu Ebach 2015, 38. [37] Humboldt 1807, 28. [38] Humboldt 1793, IX. Übersetzung von Eberhard Knobloch, zitiert nach: Pieper 2006, 94. [39] Nicolson 1996, 293–297. [40] Humboldt 1807, 28; vgl. Humboldt 2009a, 36.

Abb. 1.1 Alexander von Humboldt, »Geographie der Pflanzen in den Tropen-Ländern«, 1807 (Quelle: Zentralbibliothek Zürich, Wikimedia Commons, Public Domain)

Die Darstellung der sich vom Tiefland bis in die Gipfelregionen der Anden wandelnden Vegetation des tropischen Amerika ist das zentrale Motiv des Schaubildes, aber nur Teil eines umfassenderen Projekts. Die vertikale Perspektive bietet Humboldt vor allem die Möglichkeit, auch »die Ansicht des Bodens und die Reihe physikalischer Erscheinungen, welche der Luftkreis« in den jeweiligen Höhenstufen darbietet, auf einem Schaubild abzubilden und optisch in eine Beziehung zu setzen.[41]

Humboldt präsentiert in 16 Spalten die Daten seiner Forschungsreise, zu der neben der Vegetation, der Tierwelt und den geognostischen Verhältnissen auch Ackerbau, Temperatur, Schneegrenzen, Zusammensetzung und elektrische Spannung der Atmosphäre, Barometerstand, Abnahme der Gravitation, Luftdichte, Intensität der Himmelsbläue, Abschwächung der Lichtintensität in unterschiedlichen Luftschichten, Strahlenbrechung am Horizont und Siedehitze des Wassers in verschiedenen Höhen und schließlich, als Mittel des weltweiten Vergleichs, die Höhen von Berggipfeln anderer Weltteile gehören. In ähnlicher Weise, wenn auch methodisch und geographisch im kleineren Maßstab, hatte Humboldt bereits 1798 die steil aufragenden Gebirgsstöcke der Berchtesgadener Alpen für vergleichende physikalische Messreihen auf verschiedenen Höhenstufen als topographisches Erkenntnismittel erkannt und genutzt.[42]

[41] Humboldt 1807, 33. [42] »Kaum ist es möglich, eine Gegend der Erde zu finden, welche mehr zu physikalischen Beobachtungen anreizen, und ihre Ausführung zugleich mehr begünstigen könnte, als diese Ebene am Fusse des Hohenstauffen und Untersbergs. Ein weites von den Winden gereinigtes Thal

Mit Hilfe des Schaubilds legt Humboldt das gesamte geowissenschaftliche Forschungsprogramm seiner Reise dar:

> Dieses Naturgemälde berührt demnach gleichsam alle Erscheinungen, mit denen ich mich fünf Jahre lang während meiner Expedition nach den Tropenländern beschäftigt habe. Es enthält die Hauptresultate der Arbeiten, welche ich in den folgenden Bänden näher entwickeln werde.[43]

In den Einzelkapiteln des Kartenkommentars erläutert Humboldt jeweils die Messtabellen und setzt sie in einen weltweiten Zusammenhang.[44] Humboldt greift als Vergleichsgrößen auf Messdaten von Naturforschern aus Europa sowie Süd- und Nordamerika zurück und entwirft so bereits einen nächsten Schritt: eine vergleichende Pflanzengeographie der Erde.[45] Über die phytogeographischen Forschungen Europas schreibt er:

> Wie sehr wäre es zu wünschen, daß man diese Vegetation in einer ähnlichen Skizze darstellte, als ich über die der Tropen-Region zu liefern gewagt habe! Wie viele Materialien hat der nie ermüdende Fleiß der Botaniker nicht bereits dazu gesammelt![46]

Zwar hebt Humboldt in diesem Zusammenhang unter anderem Louis Ramond de Carbonnières' geographische Erforschung der Pyrenäen und dessen Verbindung von geologischen, botanischen und mathematischen Kenntnissen »mit dem reinsten Sinn für philosophische Naturbetrachtung« als vorbildlich hervor.[47] Doch dient dieses Lob vor allem als Kontrastfolie, vor deren Hintergrund die methodischen Schwächen anderer Botaniker umso deutlicher hervortreten:

> Die berühmten Naturforscher, welche die Schweizer-Alpen, die Gebirge von Tyrol, Salzburg und Steyermark durchstrichen haben, könnten, wenn sie Höhenmessungen mit ihren botanischen Beobachtungen genugsam verbunden hätten, genauere Pflanzenkarten entwerfen, als man je über die unzugänglichere und minder bereiste Andeskette hoffen darf.[48]

ist von 4–5000 Fuss hohen Alpen umgeben. In wenigen Stunden kann man sich von den niedrigen mit Buchen und Ahorn beschatteten Hügeln in eine Region begeben, wo Moos und Flechten mit ewigem Schnee bedeckt sind.« (Humboldt 1799, 155). [43] Humboldt 1807, 39. [44] Vgl. die eingehende Analyse der Verschränkung von Karte und Text bei Kraft 2014, 148–164. [45] Nils Güttler wählt für diese kartographische Darstellungsweise den treffenden Begriff des ›Auszoomens‹: »Auszoomen bedeutet, dass Humboldt seine Karten dazu benutzte, um vom Konkreten ausgehend das Ganze, Allgemeine, in den Blick zu nehmen.« (Güttler 2014, 139). [46] Humboldt 1807, 77. [47] Humboldt 1807, 77. Vgl. beispielsweise Ramond de Carbonnières' komparative Beobachtungen zu alpinen Vegetationsstufen (Ramond 1789, II, 329–346). [48] Humboldt 1807, 77.

Humboldts Pflanzengeographie setzt den »messenden Botaniker«[49] voraus, der neben den Pflanzenexemplaren auch eine ganze Reihe physikalischer Phänomene im Feld aufnimmt, sodass seine Daten mit denen anderer Regionen verglichen werden können.

Exkurs: Pflanzengeographische Profile um 1800 – Giraud-Soulavie, Humboldt, Caldas

Die Darstellung der Vegetation der Anden und von physikalischen Phänomenen entlang von Höhenstufen im Kartenprofil diente durchaus einer verdichteten Veranschaulichung der Vegetations- und Klimazonen, wie sie sich auch entsprechend der Breitengrade änderten. Humboldt war sich jedoch bewusst, dass nur unter den Tropen die verschiedenen Klima- und Vegetationszonen in kurzer Abfolge »gleichsam schichtenweise über einander gelagert« auftreten, während ein entsprechendes Naturgemälde der Pyrenäen oder der Alpen ein deutlich ungenaueres und unregelmäßigeres Bild ergeben würde.[50] Die Tropen Amerikas, deren meteorologische Erscheinungen »regelmäßigen, periodischen Veränderungen« unterworfen sind, waren so das ideale Untersuchungsfeld für Humboldts »Erdphysik« und die Suche nach »unwandelbare[n] Gesetzen«.[51] Sein »physikalisches Gemälde der Äquinoctialländer«[52] ist somit keine thematische Karte zur Biogeographie im Sinne einer »Darstellung von Raumbeziehungen *eines* bestimmten Sachinhalts«[53], sondern eine Visualisierung eines erst begonnenen weltweiten Projekts, in dem die Untersuchung der Verbreitungsmuster der Pflanzen als Phänomen der »großen Verkettung von Ursachen und Wirkungen« einen bedeutenden Platz einnimmt.[54]

In diesem umfassenden kosmologischen Anspruch und in der Menge der zusammengetragenen Daten unterscheidet sich Humboldts Naturgemälde beispielsweise von Jean-Louis Giraud-Soulavies 1783 erschienenem Schnitt durch den Mont Mézenc im Zentralmassiv (Abb. 1.2).[55] Die von Giraud-Soulavie für sein Werk *Histoire naturelle de la France méridionale* angefertigte Karte bildet ähnlich wie später Humboldts Naturgemälde verschiedene Vegetationsstufen auf dem Profil des Berges ab, ergänzt um barometrische Höhenangaben am linken und rechten Bildrand.[56] Doch beschränkt sich Giraud-Soulavie auf die Darstellung der Kulturpflanzen einer Region sowie die Angaben der Baum- und Vegetationsgrenzen.

[49] Humboldt 1807, 86. [50] Humboldt 1807, 37. [51] Humboldt 1807, 37. [52] Humboldt 1807, 38. [53] Engelmann 1977, 118, Hervorhebung UP. [54] Humboldt 1807, 39. »Humboldt turned the study of plant distribution into a full-fledged scientific endeavor.« (Browne 1983, 43). [55] Zu Giraud-Soulavie vgl. Ramakers 1976. [56] Giraud-Soulavie 1780–1784, II.1.

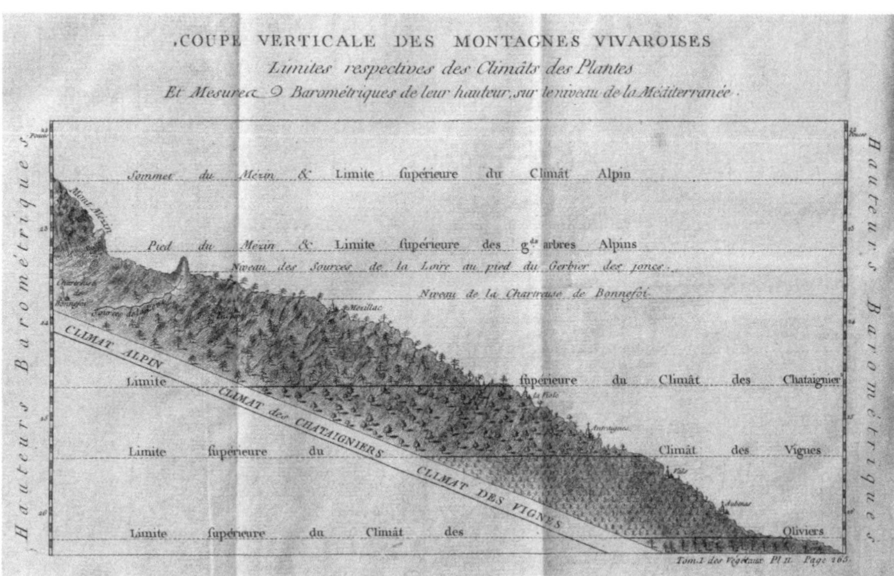

Abb. 1.2 Jean-Louis Giraud-Soulavie, »Coupe verticale des montagnes vivaroises«, 1783 (Quelle: Zentralbibliothek Zürich, http://doi.org/10.3931/e-rara-51136, Public Domain)

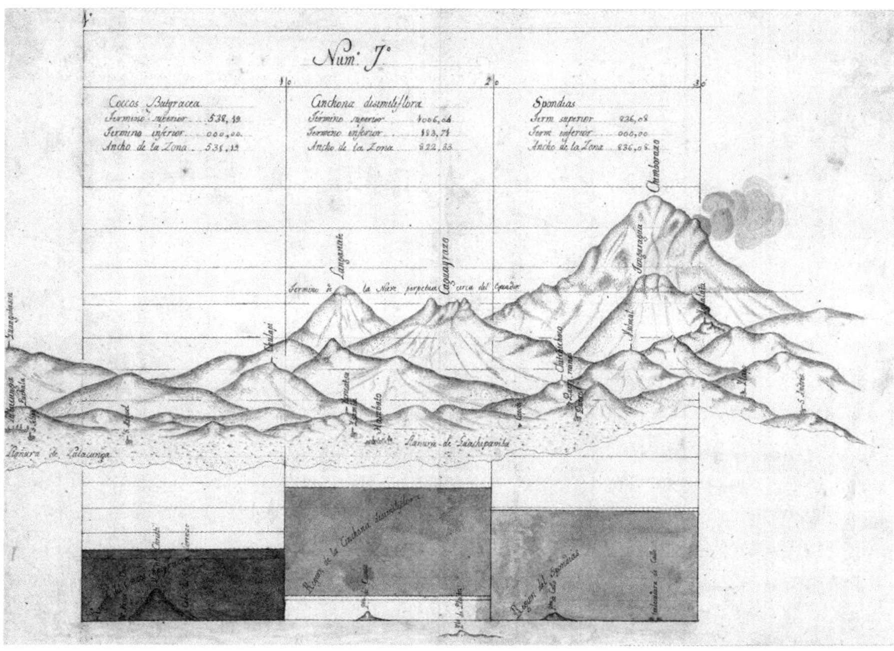

Abb. 1.3 Francisco José de Caldas, Pflanzengeographisches Profil der Anden von Loja bis Quito, undatiert (Quelle: Mauricio Nieto Olarte, La obra cartográfica de Francisco José de Caldas, Bogotá: Ed. Uniandes 2006. Mit freundlicher Genehmigung des Autors)

Detaillierter waren die zwischen 1802 und 1809 entstandenen Andenprofile des neo-granadischen Naturforschers Francisco José de Caldas, der sich zwar ebenfalls überwiegend für die Höhengrenzen von Nutzpflanzen wie der des Cinchona-Baums interessierte, aber auch die Verbreitungsgebiete zahlreicher weiterer andiner Pflanzen in seine Untersuchungen einbezog (Abb. 1.3).

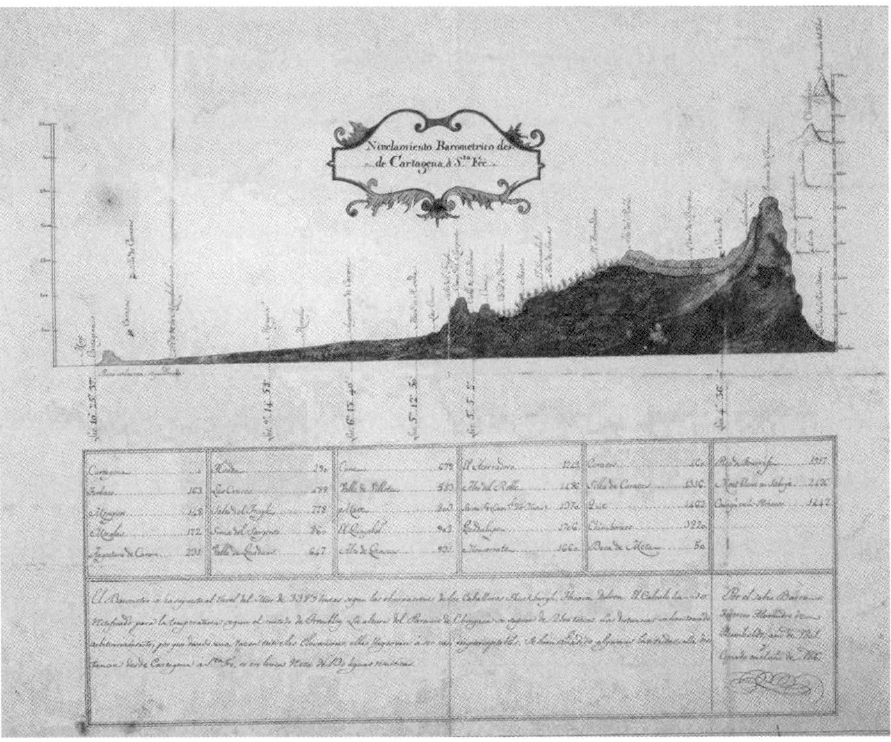

Abb. 1.4 Francisco José de Caldas, Kopie des von Humboldt angefertigten Höhenprofils »Nivelación barométrica hecha por el Barón de Humboldt en 1801 desde Cartagena de Indias hasta Santa Fé de Bogotá«, 1802 (Quelle: Mauricio Nieto Olarte, La obra cartográfica de Francisco José de Caldas, Bogotá: Ed. Uniandes 2006. Mit freundlicher Genehmigung des Autors)

Die Vergleichbarkeit des Bildprogramms Caldas' und Humboldts wirft die Frage nach den gegenseitigen Einflüssen beider pflanzengeographischer Entwürfe auf. Humboldt und Caldas traten bei ihrem ersten Zusammentreffen am 31. Dezember 1801 in Ibarra in einen wissenschaftlichen Austausch, den sie die folgenden Monate in Quito bis zu Humboldts und Bonplands Abreise im Juni 1802 fortsetzten.[57] Caldas hatte bereits vor der ersten Begegnung Humboldts Reise verfolgt und kannte dessen Höhenprofil der Route zwischen Cartagena und Bogotá, von der er eine Kopie anfertigte (Abb. 1.4).

[57] Zum Austausch zwischen Humboldt und Caldas sowie zum Folgenden vgl. Appel 1994, 20–32; 53–59. Vgl. auch Gómez-Gutiérrez 2016.

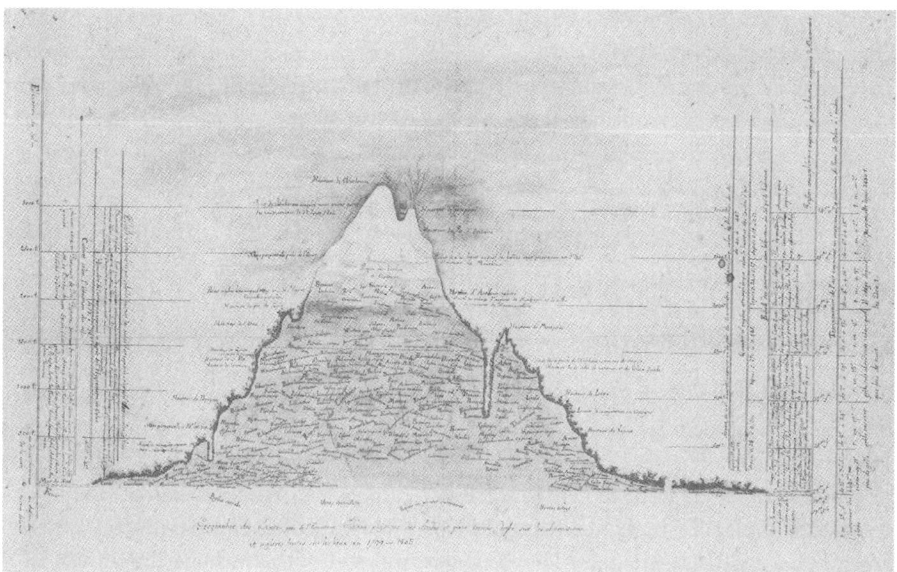

Abb. 1.5 Alexander von Humboldt, »Géographie des plantes près de l'Équateur. Tableau physique des Andes et pais [sic] voisins, dressé sur les observations et mesures faites sur les lieux en 1799–1803«, 1803 (Red Cultural del Banco de la República en Colombia, http://babel.banrepcultural.org/cdm/ref/ collection/p17054coll13/id/180, Dominio público)

Humboldt seinerseits hatte sich schon in Bogotá Caldas' Feldnotizen und astronomische Ortsbestimmungen zeigen lassen und sich anerkennend über deren Präzision geäußert. Er gewährte Caldas Einblick in seine eigenen Aufzeichnungen und konnte sicherlich von Caldas' eingehenden Kenntnissen der Geographie Neugranadas, insbesondere der Verbreitung andiner Nutzpflanzen wie der Cinchona-Pflanze, profitieren. Caldas war mit den Instrumenten und Methoden zur Ortsbestimmung und für Höhenmessungen bestens vertraut; er besaß somit praktische Voraussetzungen für pflanzengeographische Forschungen. Doch findet sich in seinen Aufzeichnungen vor der Begegnung mit Humboldt keine Erwähnung des Begriffes Pflanzengeographie; erst im August 1801 hatte er begonnen, Pflanzen nach einem taxonomischen System aufzunehmen. Möglicherweise entstand bei beiden Gelehrten im Austausch über die Pflanzenregionen und Vegetationszonen Neugranadas das Bedürfnis der Abgrenzung des eigenen Forschungsfeldes oder gar der Sicherung der Priorität. Humboldt zeichnete im Februar 1803 in Guayaquil, kurz vor der Abreise nach Neuspanien, einen ersten Entwurf des Naturgemäldes mit dem Titel »Géographie des plantes près de l'Équateur et pays voisins, dressé sur les observations et mesures faites sur les lieux en 1799–1803« (Abb. 1.5).

Die Karte schickte er gemeinsam mit dem ersten Entwurf der *Ideen* an Juan Pío Montúfar mit Bitte um Weiterleitung an José Celestino Mutis, der für dasselbe Jahr eine botanische Expedition durch Neugranada vorbereitete.[58] Montúfar sandte Manuskript und Schaubild zunächst an Caldas, der es gemeinsam mit einer eigenen kurzen Abhandlung nebst zugehöriger Karte an Mutis weiterleitete. Caldas' sehr knapper Text, der sich mit den Anbaugebieten von Banane, Kartoffel, Maniok und Kakao sowie Weizen, Hafer und Mais am Äquator beschäftigte, wurde erst im 20. Jahrhundert publiziert.[59]

Botanische Arithmetik

Datenvernetzung in Paris

Eine wichtige Datengrundlage für Humboldts Plan einer Geographie der Pflanzen der Erde ergab sich zunächst aus der Auswertung der eigenen Reise. Zwischen 1805 und 1834 erschien als Teil des Reisewerks die Beschreibung der botanischen Sammlungen, begonnen von Bonpland, 1811/1812 durch Willdenow fortgesetzt und ab 1813 weitergeführt von Carl Sigismund Kunth.[60] Humboldts Plan einer weltweiten Pflanzengeographie war aber nur durch ein weit gespanntes Beobachternetz durchführbar.[61] Wertvolle Daten liefert die von den *Ideen* und dem *Naturgemälde* inspirierte Feldforschung, die botanische Erhebungen mit hypsometrischen, meteorologischen und klimatologischen Befunden kombinierte. Dazu gehörten die vergleichende pflanzengeographische Untersuchung über Lappland und die Schweiz von Göran Wahlenberg sowie der Reisebericht Leopold von Buchs aus Norwegen.[62] Humboldt nutzte darüber hinaus sein Briefnetzwerk für die Datensammlung. Ein Beispiel dafür bietet seine Korrespondenz mit Robert Brown, der von 1800 bis 1805 eine botanische Forschungsreise nach Madeira, an das Kap der Guten Hoffnung und nach Australien unternommen hatte.[63] Humboldt förderte zudem eine jüngere Generation von Forschungsreisenden, die seinem biogeographischen Konzept folgte und zu einer weltweiten Geographie der Pflanzen beitragen konnte. Zu diesem Kreis gehörte der Botaniker Franz Julius Ferdinand Meyen, für dessen Teilnahme an einer Weltumsegelung im preußischen Auftrag (1830–1832) sich Humboldt erfolgreich einsetzte.[64]

[58] Caldas an Mutis, Quito, 21. April 1803 (Caldas 1978, 218–219). [59] Vgl. die englische Übersetzung von John Wilton Appel: »Memoir on the Distribution of Plants that are Cultivated Near the Equator«, datiert auf den 6. April 1803 (Appel 1994, 139–144). [60] Zur Publikationsgeschichte der botanischen Teile des Reisewerks (Partie 6) vgl. Fiedler/Leitner 2000, 250–339. [61] »The quest for the unity of nature seemed necessarily to go together with a global and co-ordinated approach, able to encompass and measure all types of phenomena. [...] To fulfil this programme, Humboldt had to rely on a distributed network of local observers or travellers in the field, in charge of making series of observations and measures that were to be gathered from all over the world and processed into a unique and global science.« (Bourguet 2002, 117). [62] Wahlenberg 1813; Buch 1810. [63] Vgl. Humboldts an Brown gesandten pflanzengeographischen Fragenkatalog sowie Browns Antworten in der vorliegenden Edition (↗H0015180). [64] Vgl. den Briefwechsel Humboldts mit Meyen in der *edition humboldt digital* (↗X0000004).

In seinem 1814 im *Institut de France* gehaltenen Vortrag »Considérations générales sur la végétation des îles Canaries«[65] erläutert Humboldt die praktische Durchführung seiner Vision einer globalen pflanzengeographischen »Vernetzungswissenschaft«[66]: Durch Arbeiten Buchs, Wahlenbergs, Candolles und Ramond de Carbonnières' sowie Bonplands und Humboldts sei die Geographie der Pflanzen in drei klimatischen Zonen (Polarzone, gemäßigte Zone Europas, amerikanische Tropen) in den vorangegangenen fünfzehn Jahren auf eine »solide Grundlage« gestellt worden.[67] Nun gelte es, geographische Leerstellen zu füllen. Den wenig erforschten Übergang zwischen gemäßigter Zone und den Tropen untersucht Humboldt am Beispiel der Kanarischen Inseln. Dazu vergleicht er seine eigenen, in den nördlichen Tropen Amerikas (Neuspanien und Kuba) und auf Teneriffa gesammelten Daten mit den Angaben anderer Forschungsreisender wie Jean-Charles de Borda, Jean-Baptiste Bory de Saint-Vincent und Pierre-Louis-Antoine Cordier. Humboldt versucht, die Verteilungsgesetze durch eine Verbindung von Temperaturdaten mit barometrischen Höhenmessungen sowie botanischen bzw. pflanzenphysiologischen Befunden zu ermitteln. Durchschnittstemperaturen sowie Grenzen der Vegetation und des ewigen Schnees auf verschiedenen Breitengraden bilden die analytischen Verbindungsketten (»chaînons intermédiaires«) durch die Humboldt dem Haushalt der organischen Natur (»l'économie de la nature organique«) auf die Spur kommen möchte. Humboldt wendet hier numerische Methoden seiner zeitgleichen Untersuchungen über die weltweiten Schneehöhen und die isothermen Linien auf die Pflanzengeographie an.[68]

Reduzierung der Methoden

Die in den »Considérations générales« vorgetragene arithmetische Analyse, so etwa die Idee, die Abstände von Vegetations- und Schneehöhen in unterschiedlichen Regionen durch Zahlenverhältnisse auszudrücken, verweist auf das Konzept der botanischen Arithmetik, mit dem sich Humboldt zu dieser Zeit bereits beschäftigte. In vier zwischen 1815 und 1821 publizierten Texten legt er diese neue Methode ausführlich dar.[69] Ziel war es, mittels statistischer Erhebungen das Verhältnis der natürlichen Pflanzenfamilien sowie der Gattungen und Arten zueinander in verschiedenen Breiten und Regionen zu bestimmen.[70] Humboldt konnte dabei auf

[65] Siehe Alexander von Humboldt, Considérations générales sur la végétation des îles Canaries in der vorliegenden Edition (↗H0016427). [66] Zu diesem Begriff vgl. den Beitrag von Ottmar Ette in der *edition humboldt digital* (↗H0016427). [67] »C'est ainsi que par les travaux réunis de quelques voyageurs qui ont interrogé la nature d'après les mêmes vues, et qui ont employé les mêmes méthodes dans la détermination des températures moyennes et des hauteurs du sol, on est parvenu dans l'espace des dernières 15 années à connoître la distribution géographique des plantes sous l'Équateur, à l'entrée des tropiques, au centre de la zone tempérée et sous le cercle polaire.« [68] Auf diesen methodischen Zusammenhang verweist bereits Schouw 1823, 373. [69] Humboldt/Bonpland/Kunth 1815–1825, I, III–LVIII; Humboldt 1816; Humboldt 1817 (erweiterter Separatdruck von Humboldt/Bonpland/Kunth 1815–1825, I, III–LVIII); Humboldt 1820; Humboldt 1821; Humboldt 1821a (erweiterte deutsche Übersetzung von Humboldt 1821). [70] Müller-Wille 2017, 125.

regional begrenzte Vorarbeiten von Robert Brown (für die Vegetation Neuhollands und des Kongo) zurückgreifen.[71]

Neben Robert Brown hatte auch der aus Genf stammende Botaniker Augustin-Pyrame de Candolle Humboldts arithmetische Untersuchungen angeregt. Candolles pflanzengeographisches Konzept unterschied sich wesentlich von Humboldts Fokus auf Vegetationstypen. Sein floristischer, also auf die einzelne Familie, Gattung oder Art ausgerichteter Ansatz hatte einen regionalen und taxonomischen Fokus.[72] In einem 1813 in der *Société d'Arcueil* gehaltenen Vortrag vertrat er die These, dass für die pflanzengeographische Untersuchung der Flora Frankreichs lediglich die Ermittlung der geographischen Breite und Höhe, in der die jeweilige Art vorkomme, notwendig sei. Alle anderen etwa von Humboldt in den *Ideen* aufgeführten Untersuchungsgrößen (Zusammensetzung und Feuchtigkeit der Luft, Durchschnittstemperatur und Lichtintensität usw.) seien ihrerseits von den ersten beiden Faktoren abhängig und daher zu vernachlässigen.[73] Diese pragmatische Begrenzung der Untersuchungsgrößen war eine mögliche Inspiration für Humboldt. Mit Candolle hatte er um 1815 erste Berechnungen der Verhältnisse einzelner Familien zur Gesamtzahl der Phanerogamen in Nordamerika, Frankreich, Deutschland und Lappland ausgetauscht.[74] Ein wichtiger Impuls für die arithmetischen Arbeiten Candolles und Humboldts ging von Pierre-Simon Laplaces etwa zur selben Zeit erschienenen Arbeiten zur Wahrscheinlichkeitsrechnung aus. Humboldt selbst stellte die methodische Verwandtschaft der botanischen Arithmetik mit der Bevölkerungsstatistik und Laplaces *Exposition du système du monde* heraus.[75]

Die statistische Methode war zudem ein Weg, die botanische Datenflut zu bewältigen. Zu zuvor wenig erforschten Weltgegenden – etwa Nordamerika, der Kap-Region Südafrikas und Australien – lagen nun Regionalfloren, Kataloge und Herbarien vor. Nicht zuletzt die Veröffentlichung der auf der eigenen Reise gesammelten 3000 neuen Arten führte die Notwendigkeit einer Vereinfachung des methodischen Arsenals auf dem Weg zu einer weltweiten Geographie der Pflanzen klar vor Augen. Humboldts erste rein pflanzenarithmetische Veröffentlichung erschien dann auch

[71] Brown in: Flinders 1814, II, 538; Brown 1818. Vgl. Humboldt 1821, 274–279. [72] Ebach 2015, 65. [73] Candolle 1817, vgl. Ebach 2015, 95. [74] Vgl. zwei nicht datierte Briefe Humboldts an Candolle, Conservatoire et Jardin botaniques de la Ville de Genève (»Je suis venu témoigner à mon ami et confrère ...«, »Voici, mon excellent ami, le Pursh qui me paroît ...«), sowie ein Brief Candolles an Humboldt, o. O., o. D., SBB-PK, Handschriftenabteilung, Nachlass Alexander von Humboldt, gr. Kasten 6, Nr. 82a, Bl. 2–3: http://resolver.staatsbibliothek-berlin.de/SBB00019F5000000000. [75] »La physique du globe a ses *élémens numériques*, comme le système du monde, et l'on ne parviendra que par les travaux réunis des botanistes voyageurs à reconnoître les véritables lois de la distribution des végétaux.« (Humboldt 1821, 277, Hervorhebung im Original). »Les savans qui aiment à considérer chaque phénomène dans l'isolement le plus absolu, qui regardent les températures moyennes des lieux, les lois que l'on observe dans les variations du magnétisme terrestre, dans les rapports entre les naissances et les décès, comme des hypothèses hardies et comme de vagues spéculations théoriques, dédaigneront peut-être les discussions qui font l'objet principal de ce Mémoire [...].« (Humboldt 1821, 291).

1815 als »Prolegomena« zum wichtigsten botanischen Werk der amerikanischen Reise, den *Nova genera et species plantarum*, gleichsam als Anleitung für eine Verarbeitung großer Datenmengen bei der Suche nach Verteilungsgesetzen.[76] Verglichen mit den in den *Ideen* bzw. im *Naturgemälde* vorgetragenen Erkenntniszielen und geforderten Messgrößen zeichnet sich dieser neue numerische Untersuchungsansatz durch eine deutliche Reduzierung der Forschungsfragen und Methoden aus. Optisch verdeutlicht diese Beschränkung ein Blick auf das dem ersten Band der *Nova Genera* beigegebene thematische Schaubild »Geographiae plantarum lineamenta«, welches ausschließlich dem Verhältnis von Schnee- und Vegetationsgrenzen in drei Klimazonen gewidmet ist (Abb. 1.6).[77]

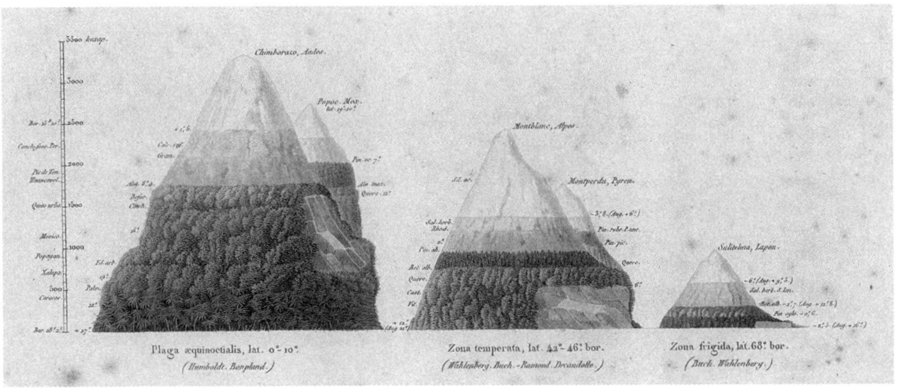

Abb. 1.6 Alexander von Humboldt, »Geographiae plantarum lineamenta«, 1815 (Quelle: Zentralbibliothek Zürich, http://doi.org/10.3931/e-rara-24319, Public Domain)

Humboldt kombiniert die floristischen Befunde mit den drei Größen geographische Breite, Höhe und mittlere Temperatur (des Jahres und der Jahreszeiten).

In einem folgenden Schritt reduzierte Humboldt die Untersuchungsgrößen noch weiter. Die »Nouvelles Recherches sur les lois que l'on observe dans la distribution des formes végétales« beschränkten sich auf die geographische Lage und Durchschnittstemperatur, um den jeweiligen Anteil einer Familie an der Gesamtmenge der Phanerogamen (Blütenpflanzen) einer Region zu ermitteln.[78] An die Stelle einer kartographischen Darstellung dieser Zahlenverhältnisse trat nun eine Tabelle (Abb. 1.7). Diese Übersicht wird in der rechten Spalte dynamisiert: Die Zu- oder Abnahme der Pflanzenfamilie gegen die nördliche Polarzone bzw. zum Äquator hin wird durch Pfeile dargestellt.

76 Humboldt/Bonpland/Kunth 1815–1825, I, III–LVIII. 77 Humboldt/Bonpland/Kunth 1815–1825, I, Frontispiz. 78 Humboldt 1820. Lediglich in der Jussieu'sche Familie der Agamen (blütenlose Pflanzen) wird für die Äquatorialzone des neuen Kontinents zwischen Gebirge und Ebene unterschieden.

GROUPES FONDÉS SUR L'ANALOGIE DES FORMES.	RAPPORTS A TOUTE LA MASSE DES PHANÉROGAMES.			SIGNES indiquant la direction de l'accroissement.
	ZONE ÉQUATORIALE; lat. 0° — 10°	ZONE TEMPÉRÉE; lat. 45° — 52°	ZONE GLACIALE; lat. 67° — 70°	
AGAMES (Fougères, Lichens, Mousses, Champignons.)	Plaines. 1/15 Montagnes. 1/5	1/2	1/1	↗
FOUGÈRES seules.	Pays peu montueux. 1/20 Pays très-montueux. 1/3 à 1/8	1/70	1/25	← →
MONOCOTYLÉDONÉES.	Ancien continent. 1/5 Nouveau continent. 1/6	1/4	1/3	↗
GLUMACÉES (Joncacées, Cypéracées, Graminées).	1/11	1/8	1/4	↗
JONCACÉES seules.	1/400	1/90	1/25	↗
CYPÉRACÉES seules.	Ancien continent. 1/22 Nouveau continent. 1/50	1/20	1/9	↗
GRAMINÉES seules.	1/14	1/12	1/10	↗
COMPOSÉES.	Ancien continent. 1/18 Nouveau continent. 1/12	Ancien continent. 1/8 Nouveau continent. 1/6	1/13	→ ←
LÉGUMINEUSES.	1/10	1/18	1/35	↙
RUBIACÉES.	Ancien continent. 1/14 Nouveau continent. 1/25	1/60	1/80	↙
EUPHORBIACÉES.	1/32	1/80	1/500	↙
LABIÉES.	1/40	Amérique. 1/40 Europe. 1/25	1/70	→ ←
MALVACÉES.	1/35	1/200	0	↙
ÉRICINÉES et ROSACÉES.	1/130	Europe. 1/100 Amérique. 1/36	1/25	↗
AMENTACÉES.	1/800	Europe. 1/45 Amérique. 1/25	1/20	↗
OMBELLIFÈRES.	1/500	1/40	1/60	→ ←
CRUCIFÈRES.	1/800	Europe. 1/18 Amérique 1/60	1/24	→ ←

Explication des signes: ↗ le dénominateur de la fraction diminue de l'équateur vers le pôle nord; ↙ le dénominateur diminue vers l'équateur; → ← le dénominateur diminue du pôle nord et de l'équateur vers la zone tempérée; ← → le dénominateur diminue vers l'équateur et vers le pôle nord.

Abb. 1.7 Alexander von Humboldt, Berechnung der Zahlenverhältnisse von Pflanzenfamilien zur Gesamtzahl der Phanerogamen in drei Klimazonen, Separatdruck von HUMBOLDT 1820 (Quelle: SBB-PK, Lx 150, http://resolver.staatsbibliothek-berlin.de/SBB0001C0B500000023, CC BY-NC-SA 3.0)

Pflanzen ohne Geschichte?

Humboldts botanische Arithmetik verlässt nicht den epistemologischen Rahmen der *Ideen* und des *Naturgemäldes*. Die Suche nach Gesetzmäßigkeiten in der Natur,[79] die Erforschung der »wechselseitige[n] Verkettung der organisierten Wesen«[80] bleiben die Leitgedanken der numerischen Pflanzengeographie. Mittlere Zahlenwerte und Verhältniszahlen sind die Datenbasis, die es dem Naturforscher ermöglicht, die »Natur der Dinge mit einem Blick zu erfassen«.[81] Aus seiner Frühschrift *Florae fribergensis specimen* übernimmt Humboldt darüber hinaus eine längere Passage in die »Prolegomena«, in der er bereits 1793 eine Temporalisierung der lebenswissenschaftlichen Forschung zurückgewiesen hatte.[82] In ihr hatte er die Pflanzengeographie als Teil der Geognosie (»Erdkunde, Théorie de la terre, Géographie physique«) definiert. Auch 1815 blieb die Pflanzengeographie also die Disziplin einer umfassenden Erdkunde; Humboldt unterscheidet die Erdkunde (und damit die Pflanzengeographie) von der Erdgeschichte (einer Geschichte der Entstehung und

[79] HUMBOLDT/BONPLAND/KUNTH 1815–1825, I, XIII. [80] HUMBOLDT 1821a, Sp. 1047. [81] HUMBOLDT 1817, 8. Zu den genannten Axiomen der Humboldt'schen Wissenschaft vgl. KNOBLOCH 2009. [82] HUMBOLDT 1793, IX–X; HUMBOLDT/BONPLAND/KUNTH 1815–1825, I, XII.

Verbreitung der Pflanzen im eigentlichen Sinne). Hatte Humboldt in seinem programmatischen Brief an Schiller (1794) und in den *Ideen* (1807) »gewisse Urformen« der Pflanzen und erdgeschichtliche Arealveränderungen der Pflanzen sowie die sich wandelnde Gestalt der Kontinente noch als Forschungsprobleme der Pflanzengeographie genannt – im Widerspruch zur 1793 gegebenen Definition – so schließt er 1815 diese erdgeschichtlichen Fragen wiederum als empirisch nicht fassbar aus der Disziplin aus.[83] Doch hält Humboldt seine eigene Position zur Verzeitlichung der Naturforschung in den folgenden Schriften zur botanischen Arithmetik in einer ambivalenten Schwebe. Schreibt er 1821 von »unwandelbaren Gesetzen«,[84] nach denen die Pflanzenformen auf der Erde verteilt seien, so sieht er die Verbreitungsmuster 1849 in den *Ansichten der Natur* lediglich als »wahrscheinlich an lange Zeitperioden« gebunden und deutet an, dass das Verfahren der Zahlenverhältnisse »in das geheimnisvolle Dunkel« dessen führe, was »vom Sein zum Werden« leite.[85] Überlegungen zum Artwandel weist er jedoch als spekulative Träumereien zurück:

> Diejenigen, welche gern von allmählichen Umänderungen der Arten träumen und die, benachbarten Inseln eigenthümlichen Papageien als umgewandelte Species betrachten, werden die wundersame Gleichheit obiger Verhältnißzahlen einer Migration derselben Arten zuschreiben, welche durch klimatische, Jahrtausende lang dauernde Einwirkungen sich verändert haben und sich so scheinbar ersetzen.[86]

Ironischerweise erwies sich gerade das ahistorische, rein statistische Verfahren der botanischen Arithmetik als anschlussfähig für evolutionsbiologische Überlegungen. Charles Darwin griff bei seinen arithmetischen Untersuchungen zur Divergenz auch auf die von Humboldt ermittelten Zahlenverhältnisse von Gattungen und Arten in verschiedenen Zonen zurück.[87]

Ein gescheitertes Projekt: Die Neuausgabe der *Ideen*

1807 hatte sich Humboldt zum wissenschaftlichen Begründer einer Disziplin erklärt, von der vor seinen *Ideen zu einer Geographie der Pflanzen nebst einem Naturgemälde der Tropenländer* wenig mehr als der Name existiert habe. Diese Sicht der Dinge war nicht unwidersprochen geblieben: Candolle etwa präsentierte Humboldts *Ideen* in

83 Zum Problem der Geschichtlichkeit der Natur bei Humboldt vgl. Helmreich 2009. 84 Humboldt 1821a, Sp. 1034. 85 Humboldt 1849, II, 132, 134–135 (Hervorhebung im Original). 86 Humboldt 1849, II, 135–136. Zu Humboldts Position hinsichtlich entwicklungsbiologischer und evolutiver Fragestellungen vgl. Schmuck 2014. 87 Vgl. Browne 1980, 54–58; Browne 1983, 64, 68 sowie Müller-Wille 2017, 126. Darwin bezeichnet die »Prolegomena« in einer Notiz als »great work«: Cambridge University Library, Charles Darwin Papers, Notebook B (Transmutation of species, 1837–1838), CUL-DAR121, pp. 156–157. Transcribed by Kees Rookmaaker: http://darwin-online.org.uk/content/frameset?pageseq=158&itemID=CUL-DAR121.-&viewtype=side.

einem Vortrag in der *Société d'Arcueil* lediglich als einen neueren Abschnitt in einer längeren Geschichte biogeographischer Forschungen; eine Darstellung, auf die Humboldt wenig souverän reagierte.[88] In späteren Vorlesungen und Veröffentlichungen geht Humboldt recht genau auf die Vorarbeiten anderer Gelehrter wie Giraud-Soulavie, Eberhard August Wilhelm von Zimmermann und Friedrich Stromeyer ein, hebt aber seine methodischen Neuerungen vor diesem Hintergrund umso deutlicher hervor.[89] Die Ausdifferenzierung der pflanzengeographischen Forschung führte zum Erscheinen neuer Überblicksdarstellungen der Disziplin, die nun als Referenzwerke Umfang und Methoden der Disziplin bestimmten.[90] Humboldt beschäftigte sich ab 1820 mit einer neukonzipierten Ausgabe der *Ideen*, durch die er seine selbsterklärte Position als Innovator im wissenschaftlichen Feld der Pflanzengeographie behaupten wollte.[91] Die 1825 unmittelbar bevorstehende Fertigstellung der *Nova genera* war schließlich der Startpunkt für die Umsetzung dieses Plans. Als Koautor wählte Humboldt den Bearbeiter der *Nova genera* Carl Sigismund Kunth. Gemeinsam schlossen sie im Februar 1825 mit den Pariser Verlegern James Smith und Théophile Étienne Gide einen Vertrag über die Herausgabe eines Werkes mit dem Titel *Géographie des plantes dans les deux hémisphères, accompagnée d'un tableau physique des régions équinoxiales*. Das Werk sollte nun also eine Geographie der Pflanzen der gesamten Erde umfassen.[92]

Eine umfangreiche, zum großen Teil erhaltene Materialsammlung zu diesem Buchprojekt liegt in der *edition humboldt digital* nun erstmals ediert vor. Sie erlaubt eine Rekonstruktion der kollaborativen Arbeitsweise Humboldts und Kunths. Die meisten der Exzerpte, Notizen und Briefe sind um ein achtseitiges Exposé herum angeordnet. Diese Übersicht aus der Feder Kunths zeigt klar, dass die maßgeblich von Humboldt entwickelte botanische Arithmetik die Ausgangsfragen der neuen Ausgabe bereitstellte (Bl. 2–5): Wie viele Pflanzenarten gibt es auf der Erde? Wie viele Arten gibt es in jeder Gattung? Welche geographischen Verbreitungsmuster der Klassen, Familien und Arten können ermittelt werden? Welche Arten gehören nur bestimmten Kontinenten, Regionen und Zonen an? Welche sind allen Kontinenten gemein? Die weiteren Stichpunkte der Übersicht verweisen auf weltweite Regionalfloren, die seit 1807 erschienen waren, sowie auf zahlreiche unveröffentlichte Manuskripte, die Humboldt von Botanikern und Reisenden erhalten hatte (Bl. 5–8). In einer 1826 auf Französisch und Deutsch erschienenen Ankündigung des Werkes stellte Humboldt das Buch als Teil des Reisewerks vor.[93] Die Pflanzengeographie definierte er darin

[88] Zum Disput zwischen Humboldt und Candolle vgl. Bourguet 2015. [89] Vgl. z. B. Humboldt 1816, 226–227 und den Vortrag »Considérations générales sur la végétation des îles Canaries« von 1814 sowie die Kosmos-Vorlesungen in der Berliner Universität (5. und 56. Stunde) und in der Sing-Akademie (9. Stunde): http://www.deutschestextarchiv.de/kosmos/gliederung. [90] Vgl. Candolle 1820; Schouw 1823. [91] Vgl. dazu und zum Folgenden die »Dokumente zur Neuausgabe der Ideen zu einer Geographie der Pflanzen – Einführung« in der vorliegenden Edition (↗H0016420). [92] Vgl. den Vertragstext in der vorliegenden Edition (↗H0016424). [93] Vgl. die deutsche Ankündigung der »Geographie der Pflanzen nach der Vergleichung der Erscheinungen, welche die Vegetation der beiden Festlande darbietet« in der vorliegenden Edition (↗H0016420).

als eine »gemengte Wissenschaft« – die numerische Ermittlung von Verteilungsmustern konnte nur zum Erfolg führen, wenn »die Geographie der Pflanzen [...] zugleich von der beschreibenden Botanik, der Meteorologie und der eigentlichen Geographie Hülfe entlehnt«.[94] Die botanische Arithmetik war grundlegender Bestandteil des geowissenschaftlichen Methodenarsenals geworden, ersetzte es aber nicht.

Die große Zahl neuerer weltweit erhobener botanischer Daten und die Ausdifferenzierung der methodischen Ansätze hatten den Gedanken einer Neuausgabe der *Ideen zu einer Geographie der Pflanzen nebst einem Naturgemälde der Tropenländer* reizvoll erscheinen lassen. Am Ende gelang es Humboldt und Kunth jedoch nicht, ein Werk zu schaffen, das den botanischen Teil des Reisewerks in einer großen Synthese zusammenfassen und zugleich – wie es 1807 gelungen war – neue Impulse für die künftige biogeographische Forschung geben konnte. Schon im Juni 1826 signalisierte Kunth aus Paris in einem Schreiben an Johann Friedrich von Cotta, der eine deutsche Ausgabe plante, dass das neue Buch weitgehend mit dem ursprünglichen Werk identisch sein würde.[95] Nachdem sich Humboldt 1827 dauerhaft in Berlin niedergelassen hatte, erwähnte er die Neuausgabe zwar noch vereinzelt.[96] Doch auch als Kunth ihm 1829 dorthin gefolgt war, griffen sie das Projekt nicht wieder auf.

Zurück zu den Wurzeln

Die Verlagsankündigung von 1826 markiert in den pflanzengeographischen Forschungen Humboldts einen publizistischen Schlusspunkt; sie war seine letzte monothematische Veröffentlichung zu dieser Disziplin. Gleichwohl blieb die Biogeographie in seiner wissenschaftlichen Korrespondenz und in der Lektüre nach wie vor ein Interessenschwerpunkt, wie die umfangreichen Kollektaneen sowohl zur Pflanzen- als auch zur Tiergeographie in Humboldts Nachlass zeigen.[97] Der für den fünften Band des *Kosmos* geplante Abschnitt zu diesem Themenfeld kam durch den Tod des Autors nicht mehr zustande[98] So erschien in der dritten Auflage der *Ansichten der Natur* (1849) die letzte längere Passage Humboldts zur Geographie der Pflanzen: Eine 32 Seiten lange Endnote erläutert die 1806 erstmals veröffentlichten »Ideen zu einer Physiognomik der Gewächse«.[99] Diese Anmerkung propagiert erneut den Ansatz der botanischen Arithmetik unter Verwendung langer Passagen des Aufsatzes »Neue Untersuchungen über die Gesetze, welche man in der Vertheilung der

[94] Vgl. Humboldt 1826b. [95] Kunth an J. F. von Cotta, Paris, 10. Juni 1826, Deutsches Literaturarchiv Marbach, Cotta:Briefe (Kunth, Carl Sigismund, 1825–1833). [96] Vgl. z. B. Humboldt an Karl vom Stein zum Altenstein, Berlin, 5. September 1828, Krakau, Biblioteka Jagiellońska, Slg. Autographa. [97] Vgl. SBB-PK, Handschriftenabteilung, Nachlass Alexander von Humboldt, gr. Kasten 6, Nr. 31–84; gr. Kasten 12, Nr. 90–142; gr. Kasten 13, Nr. 20–70. [98] Vgl. Werner 2004, 55. [99] Humboldt 1849, II, 118–150; Humboldt 1849, II, 1–248 (»Erläuterungen und Zusätze«: 42–248). Humboldt hatte diesen Essay 1808 in die erste Auflage der *Ansichten* übernommen (Humboldt 1808, I, 157–278).

Pflanzenformen bemerkt« von 1821.[100] Zudem greift sie auf neuere Forschungen und statistische Erhebungen zurück, die Humboldt seinem Assistenten Kunth verdankte.[101] Essay und Endnote verbinden Empirie und Ästhetik, arithmetisches Verfahren und Anschauung, und vereinen so noch einmal die beiden Pole der Pflanzengeographie Humboldts.

Humboldt hatte die Geographie der Pflanzen als ein (Teil-)Projekt weltweiter wissenschaftlicher Datensammlung und -vernetzung konzipiert. Die nun in der *edition humboldt digital* und der *edition humboldt print* vorliegenden Schriften, Korrespondenzen, Exzerpte und Manuskripte aus den Jahren 1799 bis 1849 dokumentieren diese kollaborative Forschungspraxis der Humboldt'schen »physique du monde«. Nachdem so tatsächlich nahezu »alle Winkel des Erdballs durchsucht«[102] waren, verlieh Humboldt 1845 im ersten Band des *Kosmos* der eingangs zitierten Sentenz seines Lehrers Willdenow eine neue, forschungsoptimistische Wendung:

> Pflanzen- und Thier-Gebilde, die lange isolirt erschienen, reihen sich durch neu entdeckte Mittelglieder oder durch Uebergangsformen an einander. Eine allgemeine Verkettung, nicht in einfacher linearer Richtung, sondern in netzartig verschlungenem Gewebe, nach höherer Ausbildung oder Verkümmerung gewisser Organe, nach vielseitigem Schwanken in der relativen Uebermacht der Theile, stellt sich allmälig dem forschenden Natursinn dar.[103]

100 Humboldt 1849, II, 122–139. Vgl. Humboldt 1821a. Humboldt weist nicht auf diese Übernahme hin. **101** So ein Vortragsmanuskript Kunths zur Artenvielfalt des Berliner Botanischen Gartens, vgl. Humboldt 1849, II, 140–141. Vgl. auch Humboldts Fragenkataloge und Kunths Antworten aus den Jahren 1848 und 1849 in der vorliegenden Edition: Humboldt an Kunth, Potsdam, Freitag [24. November 1848] (↗H0000608); Kunth an Humboldt, Berlin, [nach 24. November 1848] (↗H0015156); Humboldt an Kunth, [Berlin], Freitag, [Frühjahr 1849] (↗H0002924) sowie Kunths Berichtigungen und Ergänzungen zu Band 2 der *Ansichten der Natur*, 3. Auflage (Anfang 1849) (↗H0005459). **102** Willdenow 1792, 148. **103** Humboldt 1845–1862, I, 33.

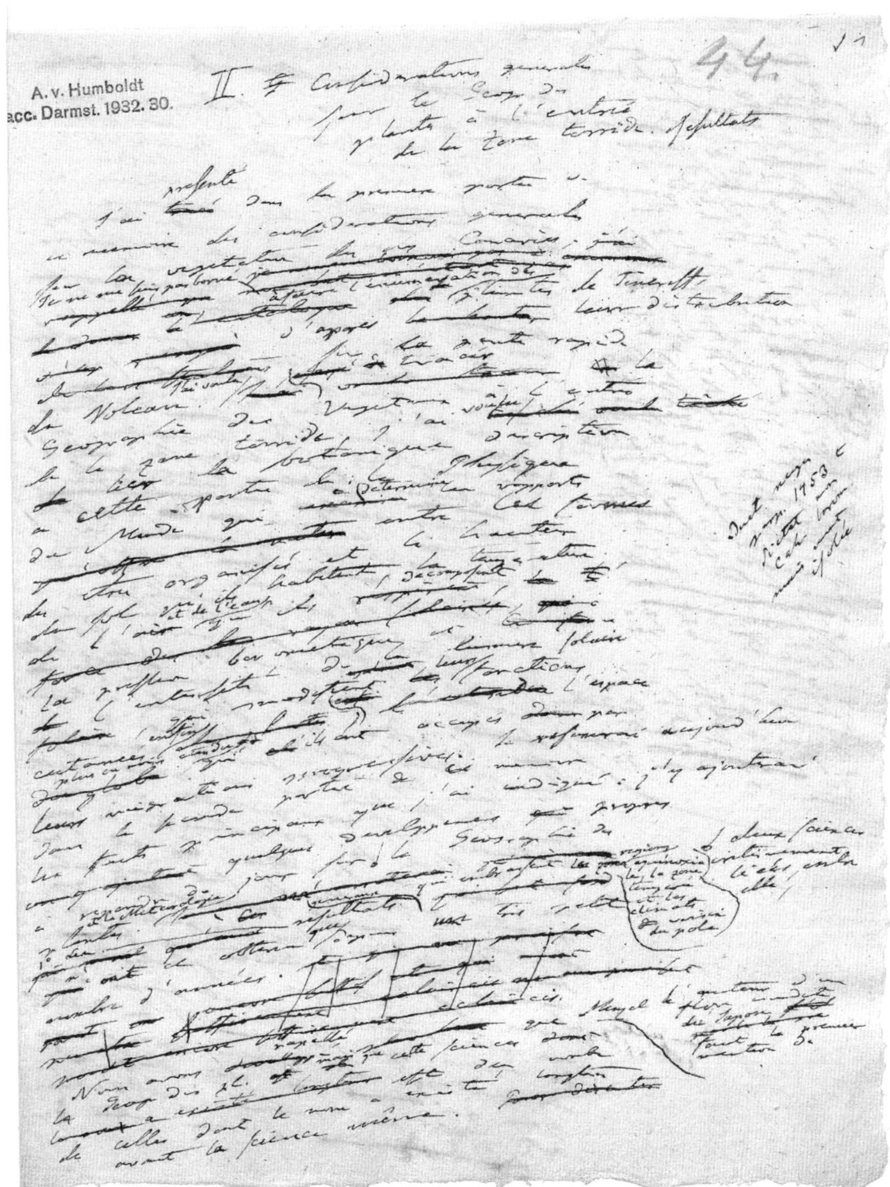

Abb. 1.8 Alexander von Humboldt: Considérations générales sur la Géographie des plantes à l'entrée de la zone torride. Résultats (1814), SBB-PK, Handschriftenabteilung, Nachlass Alexander von Humboldt, gr. Kasten 6, Nr. 44, Bl 1r.

Considérations générales sur la végétation des îles Canaries (1814)

Anders als der Titel vermuten lässt, bilden die Kanarischen Inseln in dem am 10. und 17. Oktober 1814 vor der Klasse für physikalische und mathematische Wissenschaften des *Institut de France* in Paris gehaltenen Vortrag lediglich den Ausgangspunkt für allgemeine Überlegungen zur pflanzengeographischen Forschung. Humboldt entwickelt die Pflanzengeographie hier als Teildisziplin einer »physique du monde« oder »théorie de la terre«. Deren Ziel sei die Erkenntnis von Gesetzmäßigkeiten, auf denen der »Haushalt der organischen Natur« beruhe (I, Bl. 1r). Am Beginn steht für Humboldt die Identifizierung von Naturphänomenen, die der Hypothesenbildung als globale analytische Zwischenglieder (»chaînons intermédiaires«) dienen könnten (I, Bl. 1r).

Schnee- und Vegetationsgrenzen seien solche geeigneten Phänomene, da sie sich auf allen Breitengraden und, idealerweise, mit einheitlichen Messmethoden untersuchen und vergleichen ließen (I, Bl. 5r–6r; II, Bl. 1v–5v). Dabei geht es Humboldt nicht nur um die Grenzen des ewigen Schnees und um Wachstumsgrenzen verschiedener Pflanzentribus, sondern auch um das Abstandsverhältnis dieser Grenzen voneinander auf verschiedenen Breitengraden. In der Praxis bedeutete dies die Verknüpfung barometrischer Höhenmessungen mit klimatologischen bzw. meteorologischen Daten und botanischer Forschung.

Humboldt erläutert, wie erst die Fehlerbereinigung durch eine kritische Analyse der gewonnenen Daten zur erfolgreichen, auf Zahlen gegründeten Auffindung von Gesetzmäßigkeiten führe. Denn die Vegetationsgrenzen hingen seiner Beobachtung zufolge nicht nur von Witterungsbedingungen und Breitengraden ab, sondern darüber hinaus von den jeweiligen Vegetationsformen und deren Standortansprüchen. So bildeten Kiefern die Baumgrenzen in den gemäßigten Breiten Mexikos und Europas, diese fehlten jedoch an den Hängen der südamerikanischen Anden. In Lappland wiederum bilde die kurze heiße Sommer bevorzugende Birke die Baumgrenze. Studiere man jedoch den »Zusammenhang zwischen den mexikanischen Kiefern und denen der Pyrenäen und der Alpen [...] entsteh[e] erneut Harmonie«; es lasse sich eine gleichmäßige Abnahme der Entfernung zwischen Baum- und Schneegrenze vom 21. bis zum 71. Breitengrad nachweisen (II, Bl. 4r).

Die Untersuchung des weltweiten Verlaufs der Vegetationslinien mittels botanischer und meteorologischer Daten weist starke methodische Parallelen zu dem etwa zur selben Zeit entwickelten Darstellungsverfahren der Isothermen auf (II, Bl. 2r, Humboldt 1817a). Mit dem Versuch, die Verhältnisse der Vegetations- und Schneehöhen durch einfache Zahlenwerte auszudrücken, nähert sich Humboldt zudem bereits der botanischen Arithmetik an, die er ein Jahr später, 1815, in den »Prolegomena« zur *Nova genera et species plantarum* als numerische Methode der Pflanzengeographie propagieren sollte (Humboldt/Bonpland/Kunth 1815–1825, I, iii–lviii). Mit Hilfe dieses durch Humboldt, Augustin-Pyrame de Candolle und Robert Brown eingeführten Verfahrens sollten weltweite Verbreitungsmuster von Pflanzenformen nachgewiesen werden. Schnee- und Vegetationsgrenzen vom Äquator bis zum Polarkreis integrierte Humboldt in seine pflanzenarithmetischen Überlegungen. Nicht zuletzt veranschaulichte er sie in der Tafel *Geographiae plantarum lineamenta*, die er dem ersten Band der *Nova genera* beigab. Einen Auszug aus der Einleitung des Manuskripts (I, Bl. 3r–3v) setzte

Humboldt dem Druck seines 1816 im *Institut de France* gehaltenen Vortrags »Sur les lois que l'on observe dans la distribution des formes végétales« voran (Humboldt 1816, 225–227). Die darin enthaltenen Bemerkungen zur Geographie Teneriffas und zur Geschichte der botanischen Forschung helfen, den Vortrag vom Oktober 1814 werkbiographisch noch näher einzuordnen: Humboldt kündigt hier das *Tableau physique des Îles Canaries. Géographie des Plantes du Pic de Ténériffe* an, das er nach dem Vorbild des *Naturgemäldes der Tropenländer* gestalten wolle (Humboldt 1814–1834, Tafel 2). Angeregt durch seine *Ideen zu einer Geographie der Pflanzen nebst einem Naturgemälde der Tropenländer* (Humboldt 1807) hätten Forschungen der jüngsten Zeit die botanische Feldarbeit mit präzisen Höhen- und Temperaturmessungen kombiniert. Erst dadurch sei die Pflanzengeographie in den »Rang einer Wissenschaft« erhoben worden (I, Bl. 4r; II, Bl. 1v).

↗H0016427

|1r |Humboldt.

Deux Mémoires lus à l'Institut

- 1. Considérations générales sur la Végétation des Îles Canaries
- 2. Bases de la Géographie des plantes sous l'Équateur, à l'entrée de la zone torride, dans la zone tempérée et sous le Cercle polaire.

|1v |[A]

[A] *Anmerkung des Autors* 550 – 247 = 303

| I. Considérations générales sur la végétation des îles Canaries |1r

L'objet de ce mémoire n'est pas de donner un catalogue des plantes qui sont propres à l'archipel des Îles Canaries. Les observations qu'il renferme n'appartiennent pas à la botanique descriptive, mais à la Physique générale, aux rapports qu'offre la nature entre la forme des êtres organisés et la hauteur du sol qu'ils habitent, la température de l'air qu'ils respirent, et l'étendue du globe qu'ils ont occupée par leurs migrations progressives. Si j'entretiens la Classe de la végétation de l'île de Ténériffe et de la distribution des espèces sur la pente rapide du volcan[1], dont j'ai visité le sommet, ce n'est point à cause de l'intérêt qu'inspire ce lieu que l'on peut considérer comme le caravansérail des voyageurs sur les routes de l'Inde et de l'Amérique; c'est uniquement pour donner le type de la Géographie des plantes sur un parallèle si voisin des tropiques. Lorsqu'il s'agit de cette partie de la physique du monde que l'on a appellée si hardiment la théorie de la terre, il est important de choisir dans l'immense variété des phénomènes, ceux qui servent de chaînons intermédiaires et qui, appartenant à des parallèles également éloignés les uns des autres, peuvent faire connoître quelques-unes de ces loix, sur lesquelles repose l'économie de la nature organique. En présentant à la Classe d'abord, après mon retour en Europe, le nivellement de la cordillère des Andes, j'ai consigné dans un même tableau | la Géographie des plantes |1v
sous l'Équateur et les résultats de toutes les observations physiques et géologiques sues, capables d'être énoncées en nombres[2]. Ce travail qui embrasse 6000 espèces de plantes équinoxiales, dont les stations ont été mesurées directement, a engagé deux savans très distingués à étudier la Géographie des plantes sous le cercle polaire dans le Nord de l'Europe. Messieurs Leopold de Buch et Wahlenberg ont fixé les premiers les limites des neiges perpétuelles et celles des plantes dans ces régions boréales, ils ont mesuré la température des sources et des cavernes; ils ont répandu le plus grand jour sur la météorologie de ces climats peu connus, dans lesquels, après des hivers très vigoureux, la température moyenne des mois d'été s'élève à plus de 15° du thermomètre centigrade. Monsieur de Buch lui-même a lu à la Classe, il y a quatre ans, les résultats principaux de ses observations,[3] dont le détail se trouve consigné dans son »Voyage en Norvège«[4]. L'auteur de la nouvelle »Flora Lapponica«,[5] Monsieur Wahlenberg d'Upsals, ne s'est pas contenté d'avoir étudié la géographie des plantes des régions polaires, il a parcouru les Alpes de la Suisse où, le Baromètre à la main, il a examiné les | limites supérieures des différentes tribus de végétaux. |2r
Il a publié en latin un tableau comparatif des plantes et des climats de la Suisse et de la Laponie[6]. En joignant à cette masse d'observations précieuses, d'un côté celles

[1] Der Pico del Teide. [2] Humboldt verlas am 7. Januar 1805 in der Ersten Klasse des Institut de France eine Vorrede zum »Essai sur la géographie des plantes« (Académie des Sciences 1910–1922, III, 174). Einen ersten Entwurf seines »Tableau physique des Andes et Pays voisins« hatte Humboldt 1803 vorgelegt. Die Karte erschien 1807 als Beilage zu Humboldt 1807 bzw. Humboldt 1807a. [3] Leopold von Buch verlas am 4. März 1811 in der Ersten Klasse des Institut de France eine Abhandlung mit dem Titel »Sur la Limite de la neige perpétuelle« (Académie des Sciences 1910–1922, IV, 457). [4] Buch 1810. [5] Wahlenberg 1812. [6] Wahlenberg 1813.

que Monsieur Ramond a faites depuis longtems dans la haute chaîne des Pyrénées[7], de l'autre les mesures prises sur toute la surface de la France[8] par le célèbre botaniste de Montpellier, Monsieur Decandole, on ne sauroit pas nier que la Géographie des plantes dans la zone tempérée de l'Europe commence à reposer sur des bases très solides. Il suit de cet exposé que nous connoissons aujourd'hui la distribution des végétations

1. dans le voisinage du cercle polaire entre les 62° au 70° de latitude.
2. sur les parallèles entre les 44°–48°.
3. près de l'équateur des 10° Sud au 10° Nord.

Fixer les limites de hauteur que la nature, sous différentes zones, a prescrites aux végétaux, c'est déterminer la nature de plusieurs courbes qui, sans être parallèles entre elles, se prolongent dans le plan des méridiens depuis l'Équateur vers les régions polaires. Cette détermination sera d'autant plus exacte qu'on pourra augmenter le nombre des points par lesquels ces courbes doivent passer.

|2v Je ferai connoître dans ce mémoire | les bases principales de la Géographie des
4. plantes près des limites de la zone torride, sous le 28° de latitude boréale. Cette connoissance remplira jusqu'à un certain point le vide numérique qui existe entre le parallèle de 45° et l'équateur. Les îles canaries, placées sous les vents de l'Afrique et entourées d'un océan dont la température moyenne se conserve en hiver à 19°, jouissent d'un climat qui appartient à une latitude plus méridionale. Cette circonstance rend cet archipel très propre au genre de recherches, dont je présente ici les résultats. Comme j'ai observé en même tems les phénomènes de la végétation au Mexique, sous les 21° et à l'île de Cuba, sous les 23° ½ de latitude boréale, je puis me flatter de pouvoir faire connoître avec assez de puissance les phénomènes de la végétation et de la météorologie sur les bords de la zone torride. C'est ainsi que par les travaux réunis de quelques voyageurs qui ont interrogé la nature d'après les mêmes vues, et qui ont employé les mêmes méthodes dans la détermination des
|3r températures moyennes et des hauteurs du sol, on est parvenu dans l'es | pace des
5. dernières 15 années à connoître la distribution géographique des plantes sous l'Équateur, à l'entrée des tropiques, au centre de la zone tempérée et sous le cercle polaire. Saussure, dont les ouvrages ont précédé cette époque, ne connoissoit pas à 800 mètres près les limites des neiges dans le Nord et sur le bord de la zone torride.

La botanique, longtems restreinte à la simple description des formes extérieures des plantes et à leur classification artificielle, offre aujourd'hui trois genres d'études qui la mettent dans un rapport intime avec toutes les autres branches des sciences physiques. Telles sont la distribution des végétaux d'après une méthode naturelle, fondée sur l'ensemble de leur structure, la physiologie qui dévoile leur organisation

[7] Ramond 1789; Ramond 1801. [8] Vgl. Lamarck/Candolle 1805–1815.

intérieure, enfin la Géographie botanique qui assigne à chaque tribu de végétaux sa hauteur, ses limites et son climat. Si j'ai rapellé tantôt que ce dernier genre d'étude date à peine de quinze ans, je n'ai pas voulu indiquer par là qu'avant cette époque un grand nombre de botanistes célèbres n'avaient eu les idées précises de l'influence des hauteurs et des climats sur les stations des végétaux. Il est des sciences dont le nom a existé longtems avant la science même. Telles ont été pendant un demi-siècle la Météorologie, la Pathologie des Plantes, et j'ose dire, la Géologie. Le germe de la science Géographique des végétaux est renfermé dans une observation de Tournefort
qui, dans le voyage au Levant[9], crut voir au pié de l'Ararat | les plantes de l'Armé- |3v
nie, sur la pente de la montagne celles de la France et de la Suède, à son sommet 6
placé les plantes de la Laponie. Cette idée fut développée par Linné dans deux dissertations curieuses qui portent les titres de »Stationes plantarum«[10] et »Coloniae Plantarum«[11]. Menzel, l'auteur d'une Flore inédite du Japon, recommanda aux voyageurs les recherches sur la distribution des espèces dans les différentes régions du Globe et il désigna déjà les résultats de ces recherches par le nom de Géographie des plantes. Ce nom fut employé de nouveau vers l'année 1783[12] par l'Abbé Giraud Soulavie et par l'illustre auteur[13] de ces »Études de la Nature«[14] qui, parmi le grand nombre d'idées peu exactes sur la Physique du globe, renferment quelques vues profondes et ingénieuses sur les formes, les rapports et les habitudes des plantes. L'Abbé Giraud Soulavie s'occupe de préférence des végétaux cultivés: il distingue les climats superposés des oliviers, des vignes et des châtaigniers. Il donne une coupe verticale du Mont Mézin[15], à laquelle il joint l'indication des hauteurs du mercure dans le baromètre parce qu'il se méfie de tout calcul qui se fonde sur des observations barométriques. Cette Géographie des plantes de la France méridionale, de même que
le »tentamen historiae geographicae vegetabilium«[16] du Docteur | Strohmayer, pu- |4r
blié à Gottingue sous la forme d'une dissertation en 1800, offrent le plan d'un ou- 7.
vrage futur et le catalogue des auteurs à consulter, et non des renseignemens sur les limites de hauteur qu'atteignent des plantes spontanées. Dans l'un et l'autre de ces mémoires, on ne trouve que des raisonnemens vagues et des considérations générales, mais pas une seule mesure de hauteur, pas une seule indication thermométrique. Cependant la Géographie des Plantes ne peut s'élever au rang d'une science qu'autant que le botaniste, tout en déterminant les espèces, ne fixe en même tems la hauteur de leurs stations au-dessus du niveau de l'océan et leurs rapports avec la température moyenne, l'état hygrométrique et la transparence de l'atmosphère.

[9] Tournefort 1717. [10] Linné/Hedenberg 1754. [11] Linné/Flygare 1768. [12] Giraud-Soulavie veröffentlichte zwischen 1780 und 1784 seine »Histoire naturelle de la France méridionale« (Giraud-Soulavie 1780–1784). Der 1783 erschienene erste Band des zweiten Teils (»Seconde partie. Les végétaux«) trug den Untertitel: »Contenant les principes de la Géographie physique du règne végétal, l'exposition des climats des Plantes, avec des Cartes pour en exprimer les limites.« [13] Jacques-Henri Bernardin de Saint-Pierre. [14] Saint-Pierre 1784. [15] Die Giraud-Soulavie 1780–1784 (Seconde partie. Végétaux, T. I) beigegebene Karte »Coupe verticale des montagnes vivaroises. Limites respectives des Climâts des Plantes et Mesures Barométriques de leur hauteur, sur le niveau de la Méditerranée« auf der der Mont Mézin bzw. Mézenc als höchste Erhebung der Region eingetragen ist. [16] Stromeyer 1800.

Ces mesures de hauteurs et du nivellement du sol ont été exécutés à l'île de Ténériffe avec tant de précision, et par la réunion d'un si grand nombre d'observations, que peu de régions du globe offrent aux physiciens des moyens si faciles pour tracer une carte botanique. J'ai dessiné une coupe verticale du Pic de Teyde[17], analogue au tableau des Cordillères qui a été publié lors de mon retour en Europe. Je me suis servi pour les hauteurs des mesures barométriques et trigonométriques du Chevalier Borda et de Lamanon et Cordier. Ces mesures ont toutes été recalculées d'après des
|4v méthodes uniformes. | Un manuscrit de Borda, déposé au Dépôt Royal des Cartes
8 de la Marine, m'a été d'un grand secours. Quant aux zones des végétaux propres aux isles Canaries, j'ai consulté, outre les observations que nous avons faites sur les lieux, Monsieur Bonpland et moi, »l'Essai sur les Îles Fortunées«[18] de Monsieur Bory de Saint-Vincent, des notes manuscrites que je dois à l'obligeance de feu Monsieur Broussonnet et surtout la Relation d'un Voyage[19] fait par Monsieur de Labillardière. Cet excellent observateur a répandu dans tous ses ouvrages un grand nombre d'idées exactes sur la Physique générale et l'influence des climats. Le Profil des Canaries que j'aurai l'honneur de soumettre à la Classe, dès que la gravure en sera terminée, renferme les hauteurs de près de 600 végétaux dont l'organisation n'est pas assez flexible pour qu'ils puissent venir également dans les plaines et sur les hauteurs.[A]

|5r | Je terminerai ce mémoire par une observation générale sur la Géographie des plantes à l'entrée de la zone torride. Je comparerai la limite supérieure des arbres sous le cercle polaire, dans les Alpes de la Suisse et sous l'Équateur. Il suffit de jetter les yeux sur le profil pour embrasser d'un coup d'œil les différences qu'offrent ces régions éloignées les unes des autres. Monsieur Leopold de Buch a fait le premier l'observation intéressante que la distance des limites supérieures des neiges, des bouleaux et des pins est si constante en Laponie, qu'en connoissant la hauteur absolue d'une de ces trois zones, on peut trouver l'élévation des autres. Dans des contrées où l'abaissement des neiges perpétuelles était encore inconnu, on est parvenu à le prédire avec exactitude, en déterminant la hauteur des derniers bouleaux qui végètent sur la pente des montagnes. Sous les 67° de latitude, la limite des derniers grands arbres se trouve à 250 toises. Sur le parallèle de 45°, la végétation des arbres cesse à 920 toises. En comparant les nombres aux hauteurs absolues des neiges perpétuelles, on voit que les arbres avancent de 300^{mètres} plus près des neiges en Lapponie que sur la pente septentrionale des Alpes de la Suisse. Cette différence
|5v observée par Monsieur Wahlenberg s'explique par | la considération qu'en Lapponie un hiver excessivement vigoureux succède à un été très court mais plus chaud et plus constant que les étés sur les sommets des hautes Alpes. Nous possédons une

[A] *Anmerkung des Autors* gedruckt

[17] Tableau physique des Îles Canaries. Géographie des Plantes du Pic de Ténériffe (HUMBOLDT 1814–1834, Tafel 2). [18] BORY DE SAINT-VINCENT 1803. [19] LA BILLARDIÈRE 1800.

suite de bonnes observations météorologiques faites au couvent de Saint-Gothard et à l'hospice du Saint-Bernard. En la comparant aux Journaux thermométriques tenus avec le plus grand soin dans le Nord de la Norwège jusqu'à 71° de latitude, on voit qu'au-delà du cercle polaire, dans la plaine, la température moyenne des mois de Janvier et Février est au moins de −18° au-dessous de 0 lorsque les températures moyennes des mois de Juillet et Août ne sont que 4° centésimaux au-dessous des températures moyennes de l'été à Paris. Le décroissement du calorique donne en Lapponie, au point où cessent les arbres, pour le mois d'Août 10°, tandis que la température moyenne des étés en Suisse, à 920 toises de hauteur, à la limite supérieure des arbres, est à peine de 8° Celsius et à moindre de 5°. En Lapponie les Pins cessent déjà à 125 toises au-dessus du niveau de l'Océan, tandis que les bouleaux végètent jusqu'à 250 toises. Le bouleau qui perd ses feuilles peut être considéré comme une plante herbacée qui se reproduit annuellement de ses boutons. Il leur faut des étés chauds, | mais courts. Ceux de la Laponie, par l'absence des pluyes, des grêles et des |6r explosions électriques, ressemblent par la constance des phénomènes à la plus belle saison de la zone torride. Le Bouleau, d'après des observations multipliées, ne commence à végéter que lorsque la Température moyenne s'élève à 11°, ce qui est le cas en Laponie à cause de la longueur du jour au mois de Juin. Sur la limite supérieure des arbres, en Suisse, aucun mois d'été n'atteint cette température moyenne. C'est pour cela que dans le Nord, la végétation des arbres finit par des Bouleaux et dans les Alpes et les Pyrénées par des pins Pinus sylvestris et Pinus mugho qui demandent des étés plus longs mais moins chauds. En Suisse, les arbres s'approcheroient d'avantage des neiges perpétuelles, si ce pays en possédoit une espèce dont la force végétative[A] ne demanda dans les mois d'été qu'une température moyenne de 8°. Mais cette température qui, à Paris, appartient aux mois d'Avril, suffit à peine à l'orge et à quelques autres graminées céréales. Il y a plus encore. Les neiges perpétuelles se soutiennent dans le Nord, comme je l'ai indiqué dans mon mémoire sur les réfractions terrestres,[20] au-dessous d'une couche d'air dont la température moyenne est zéro. Les hivers rigoureux de la Laponie occasionnent des chutes de neiges très abondantes. Les étés quoique très chauds sont trop courts pour faire fondre ces masses énormes de neige et plus les limites inférieures des neiges descendent vers les plaines, plus les arbres | paroissent s'approcher de ces limites. La distance se raccourcit sous |6v le cercle polaire parce que les mêmes causes météorologiques font monter des arbres à feuilles herbacées et descendre les neiges perpétuelles.

A *Anmerkung des Autors* Les Tropiques ont de ces arbres: Escallonia, Brathys. Ce sont des arbres toujours verts et il faut un plus haut degré de chaleur pour que les boutons s'ouvrent et que les arbres se couvrent des premières feuilles, qu'il en faut pour entretenir la végétation déjà commencée.

20 Der ›Essai sur les réfractions astronomiques dans la zone torride, correspondantes à des angles de hauteurs plus petits que dix degrés, et considérées comme effet du décroissement du calorique‹. Teile dieses Kapitels aus Humboldt 1810, I, 109–156 hatte Humboldt am 29. Februar sowie 7. und 14. März 1808 in der Ersten Klasse des Institut de France vorgetragen (Académie des Sciences 1910–1922, IV, 23; 27; 34).

Nous venons de voir que ces distances sont, sous le 67° de latitude, de 300 toises, dans la zone tempérée et sur la pente septentrionale des Alpes de 450 toises. Sous l'équateur je les ai trouvées de 650 toises. Les rapports entre ces 3 zones sont par conséquent comme les nombres 3, 4½ et 6. Mais il ne faut point oublier que ces différences proviennent en partie de ce que nous comparons des arbres de différentes espèces. Les régions du Nouveau Continent, voisines de l'équateur, n'ont pas des arbres verts, des pinus, thuya, et des Juniperus. Nous ne retrouvons les Pins que sur les Cordillères du Mexique. Là ils montent comme dans les Pyrénées et sur la pente méridionale des Alpes jusqu'à 360 toises de distance des neiges perpétuelles.[A] L'harmonie se rétablit dès que l'on compare des phénomènes qui sont influencés par les mêmes causes physiques.

C'est dans l'intérieur des continens surtout que se manifeste cette harmonie entre les lois de la nature, soit qu'on s'arrête à celles qui fixent les climats des plantes, soit qu'on considère l'ensemble des phénomènes.

|1r | II. Considérations générales sur la Géographie des plantes à
1 l'entrée de la zone torride. Résultats

J'ai présenté dans la première portée de ce mémoire des considérations générales sur la végétation des îles Canaries. Je ne me suis pas borné à faire l'énumération des plantes de Ténériffe d'après leur distribution sur la pente rapide du Volcan. J'ai voulu tracer la Géographie des Végétaux à l'entrée de la zone torride, j'ai voulu lier la botanique descriptive à cette partie de la Physique du Monde qui détermine les rapports entre les formes des êtres organisés et la hauteur du sol qu'ils habitent, la température de l'air et de l'eau qu'ils décomposent, la pression barométrique, et l'intensité de la lumière solaire, qui modifient leurs fonctions cutanées, enfin l'espace plus ou moins étendu qu'ils ont occupé par leurs migrations progressives.[B] Je résumerai aujourd'hui, dans la seconde partie de ce mémoire les faits principaux que j'ai indiqués: j'y ajouterai quelques développemens propres à répandre du jour sur deux sciences intimement liées entre elles, la Géographie des plantes et la Météorologie.

1) Les résultats généraux qui embrassent les régions équinoxiales, la zone tempérée et les climats voisins du pôle n'ont été obtenus que depuis un très petit nombre d'années. Nous avons rapellé que Menzel, l'auteur d'une flore inédite du Japon, fait la première mention de la Géographie des plantes, mais que cette science est au nombre de celles dont le nom a existé longtems avant la science même.

[A] *Anmerkung des Autors* De même, la culture des céréales, surtout celle de l'orge, atteint au Mexique presque la même hauteur relative qu'en Suisse. Le profil indique ces limites de l'agriculture. [B] *Anmerkung des Autors* Buet, neiges perpétuelles 1453 toises, Pictet, mon Cahier barométrique, mais montagne isolée.

| Les mots plantes alpines, plantes des pays chauds, plantes voisines de la mer qui se |1v
retrouvent jusque dans les langues des peuples sauvages de l'Amérique méridionale, prouvent que de tout tems l'attention des hommes a été fixée sur la distribution des végétaux par rapport à la température de l'air et de la qualité du sol qu'ils habitent. Il ne fallut pas de la sagacité de Tournefort pour observer que sur la pente des hautes montagnes de l'Arménie les végétaux qui appartiennent à différentes latitudes se suivent comme les climats, superposés les uns aux autres. Mais il y a loin, de cet aperçu général, à l'époque où l'on a commencé, sur les Pyrénées, dans les Alpes et dans les Cordillères, à fixer les limites des végétaux. La Géographie des plantes ne s'est élevée au rang d'une science que depuis que l'on a eu des moyens faciles à multiplier les mesures de hauteur par des nivellements barométriques, à déterminer non seulement la température moyenne de l'air mais, ce qui est beaucoup plus important pour la végétation, les différences entre la température de l'été et de l'hiver, entre celle du jour et de la nuit.

2) La hauteur des stations des plantes n'influe pas seulement sur la distribution des espèces des végétaux et les fonctions des organes en modifiant la température des couches d'air superposées: l'élévation du site agit aussi, quoique avec moins d'énergie, sur la vie végétale, en modifiant la pression de l'air ambiant, son état de sécheresse, sa charge électrique et l'extinction de la lumière à son passage à travers les couches de l'atmosphère. Les plantes plus que les animaux obéissent à l'action des stimuli extérieurs, leur vitalité réside surtout dans leurs tégumens, dans le parenchyme, dans des fonctions qu'on peut apeller cutanées. Il est probable que sous une pression de 50 centimètres de mercure, les sécrétions et l'évaporation invisible se font avec plus d'énergie que dans les plaines sous une pression barométrique de 76. centimètres. D'un autre côté, il y a moins de lumière réfléchie dans une atmosphère pure et presque démunie de vapeurs aqueuses, l'air dilaté des montagnes est éclairé par des
rayons qui ont subi une moindre extinction à leur entrée dans | l'atmosphère et |2r
dans un trajet plus court de 5 à 6000 mètres. Cette extinction est deux fois plus 3
grande dans les plaines que sur le dos des Cordillères. En prenant pour unité l'intensité de la lumière dans le vide, celle des plaines est de 0.81., tandis qu'à la hauteur du Mont blanc et du Chimborazo ces intensités, d'après les formules de la »Mécanique céleste«[21], ne sont que de 0.89 et 0.91.[A] Ces différences photométriques modifient les fonctions des pores corticaux et cellulaires, des poils excrétoires et lymphatiques et de tous ces organes qui exhalent et qui attirent de l'eau et des gaz. Cette énergie de la vie cutanée des végétaux semble se manifester dans la grande abondance de poils qui couvrent la plupart des plantes alpines. Sur le dos des Cordillères, les Espeletia, les Culcitium et d'autres plantes de la famille des composées, dont les feuilles servent de couverture aux Indiens que la nuit surprend près des neiges

A *Anmerkung des Autors* Les pertes sont donc sur les montagnes de 1/10 et dans les plaines de 2/10.

21 Laplace 1798–1825.

perpétuelles, sont plus velues à la hauteur du Montblanc qu'à celle du Pic de Ténériffe. Aussi les physiologistes ont observé depuis longtems en Europe que beaucoup de plantes alpines perdent une partie de leurs poils lorsqu'on les cultive dans nos plaines. Les plantes des Cordillères, comme celles des Alpes et des Pyrénées, ont un caractère résineux et aromatique, on ne sauroit douter que l'énérgie des rayons solaires influe puissament sur la respiration des plantes, la formation de la partie colorante qui tient du résineux et selon Monsieur Berthollet sur la fixation de l'azote dans la
|2v fécule[22]. Le Photomètre de Monsieur Leslie | n'a point encore été porté sur les
4 hautes cimes: il deviendra précieux en mesurant l'énergie de la lumière directe dans les plaines et sur le dos des montagnes, sous la zone tempérée et dans les régions équinoxiales.

3) De même que toutes les plantes très velues de la Grèce et la Perse ne sont pas des plantes alpines, il existe un certain nombre de végétaux qui, doués d'une grande flexibilité d'organisation, s'accommodent à des hauteurs et des températures très différentes. En Europe, par exemple, le Gentiana verna et acaulis, le Primula elatior, le Saxifraga cotyledon n'ont pas des limites fixes comme le Ranunculus glacialis, le Saxifraga androsacea, l'aretia alpina et le Draba tomentosa. Ce phénomène est surtout propre aux plantes herbacées de la zone tempérée. Dans les Alpes et les Pyrénées, près des neiges perpétuelles, la chaleur du jour s'élève encore dans l'été à 16 et 18 centigrades. À l'hospice du Saint-Gothard, la température moyenne du mois de Juillet est de 8°. À d'égales hauteurs relatives c'est-à-dire à d'égales distances des neiges perpétuelles, les Cordillères n'offrent pas aux végétaux des jours si tempérés. Sous la zone torride, chaque hauteur a son climat, chaque jour ses saisons. Une ex-
|3r trême uniformité de température y rend les végétaux très sensibles aux | moindres
5 variations et on n'y trouve pas de ces plantes que l'on peut apeller vagues, parce que sur la pente du Pic de Ténériffe, dans les Alpes de la Suisse et dans les montagnes de la Laponie, on les trouve à des hauteurs très différentes.

4) Nous connoissons d'après des mesures directes les phénomènes principaux de la Géographie des plantes sous l'Équateur, sous les 45–47° de latitude et sous le cercle polaire. J'ai exposé dans ce mémoire les différences qu'offre l'entrée de la zone torride: c'est un point intermédiaire entre l'équateur et le parallèle moyen de 45°. Fixer les limites de hauteur et de température que, sous différentes zones, la nature prescrit aux végétaux, c'est déterminer des courbes qui, sans être parallèles entre elles, se prolongent dans le plan des méridiens depuis l'Équateur vers le pôle. Cette détermination est d'autant plus exacte que l'on multiplie le nombre des points par lesquels les courbes doivent passer.

[22] Berthollet 1803, II, 495–497.

5) Il résulte des mesures et des observations que nous avons faites Messieurs Ramond, de Buch, Wahlenberg et moi, depuis les 15° latitude Sud jusqu'aux 71° de latitude Nord, que la distance des grands arbres à la limite des neiges perpétuelles est de la moitié moins grande dans la zone tempérée et sous le cercle polaire que dans les régions équinoxiales.[A, B, C, D]

Dans ces dernières, les arbres cessent à 1800 toises de hauteur et les neiges se trouvent à 2460 toises. Les plantes alpines occupent une région de 650 toises. Vers les limites de la zone torride au Mexique, cette région se restreint déjà à 360 toises. Plus loin, aux Alpes, aux Pyrénées et en Laponie, les arbres montent plus haut encore, encore plus près des neiges perpétuelles.

| En prenant la moyenne des observations faites aux Pyrénées et sur [...] les *pentes(?)* |3v
des Alpes de la Suisse, on trouve pour les 45° une distance aux neiges perpétuelles de 340 toises et sous les 67° de hauteur de 300 toises. Les nombres qui reprennent ces rapports sous l'équateur, près du tropique du cancer, sous les 45°, et sous le cercle polaire sont par conséquent

33. 18. 17. et 15

Ce phénomène est sans doute bien extraordinaire et ne peut s'expliquer directement par les différences de température ou de pression barométrique. Sous l'équateur et à la Nouvelle-Espagne, les hauteurs absolues ne diffèrent que de 200 toises et sous ces latitudes les températures moyennes de deux couches d'air, situées à 360 toises de distance des neiges perpétuelles, ne diffèrent pas entre elles de 2° centigrade. La véritable cause de ce phénomène extraordinaire consiste dans la différence des espèces d'arbres, par lesquelles termine la végétation sous l'Équateur et au Mexique. Sur les Cordillères du Pérou, nous n'avons trouvé que des Wintera, des Escallonia, l'Alstonia theiformis, des Araliacées et des Vacciniées, il n'y a pas de Pins, pas d'arbres verts, en général pas de conifères. Sur le flanc du Chimborazo, nous avons vu cesser la végétation des arbres à une hauteur dont la température moyenne est de 7°. C'est celle du mois de Mars à Paris, du mois de mai à Stockholm, et du mois de Juin à l'hospice de Saint-Gothard.[E] Or on ne peut comparer les Wintera, les Escallonia,

A *Anmerkung des Autors* 1370 + 1370 + 1300 = 4040 1347 – 1023 [...] = 324 B *Anmerkung des Autors* 450 + 520 = 970 ÷ 3 = 323 C *Anmerkung des Autors* 920 + 1100 + 1050 = 3070 ÷ 3 = 1023 D *Anmerkung des Autors* 450 + 550 = 1000 ÷ 3 = 333 E *Anmerkung des Autors* On peut déterminer la hauteur à laquelle un arbre, qui pousse annuellement de nouvelles feuilles, peut végéter. On observe la température moyenne du mois dans lequel, dans un lieu quelconque, cet arbre développe ses premières feuilles et l'on conclut de là que l'arbre ne peut pas végéter partout, où aucun des mois d'été n'atteint pas cette température limite. Ces degrés sont, d'après Wahlenberg, pour le Betula alba 11° centigrades. Le Prunus padus ne fleurit qu'à 13°. Il est plus difficile à déterminer là où les arbres verts (Pins) cessent de végéter. Il y en a à Enontekies, où la température moyenne des mois d'hiver est de −18°. Il n'y en a pas en Laponie à 300 toises de hauteur absolue et cependant la température moyenne de l'hiver est sans doute

|4r et les Aralia des | hautes Cordillères à des Conifères de l'Europe et du Mexique: la
7. physiologie végétale n'indique aucun rapport entre des végétaux de familles si différentes. Dès qu'on se borne à étudier les rapports qu'offrent les Pins du Mexique avec ceux des Pyrénées et des Alpes (quoique d'espèces différentes), l'harmonie reparoît: on trouve les presque égales distances des neiges perpétuelles. Elles sont de 20–71° de latitude comme les nombres

18. 17 et 15.

et l'établissement de cette loi est sans doute bien important pour la Physique des Végétaux.

6) Nous venons d'examiner la hauteur des arbres sous un point de vue général en comparant le Tropique au cercle polaire. En entrant dans le détail de ces mesures, on aperçoit qu'il y a une progression assez petite mais très régulière dans la limite des arbres depuis les 21° jusqu'aux 71°. Leur distance aux neiges est au Mexique de 360 toises, au centre de l'Europe de 323. et en Laponie de 300.[A, B] En comparant les montagnes de la Laponie non aux *dépressions(?)* mais à la pente septentrionale des Alpes, on voit les arbres s'approcher beaucoup plus des neiges sous le cercle polaire que par les 47° de latitude. Dans le Nord de l'Europe, la végétation des arbres finit par des bouleaux Betula alba, par un arbre à feuilles herbacées qui ne vit pour ainsi dire qu'en été, dans les Alpes et aux Pyrénées, la végétation finit par le Pinus sylvestris et le Pinus mugho qui aiment des étés plus longs et moins chauds. Le bouleau
|4v |demande pour développer ses feuilles une température moyenne de 11° et en
8. Suisse, à la limite des grands arbres, aucun mois d'été n'atteint une température moyenne de 9°, comme nous le savons avec certitude, non par des calculs fondés

un peu au dessus de −18°. Mais il y a d'autres circonstances qui décident: 1) les arbres sont détruits tous les ans par des froids excessifs de quelques jours qui changent à peine les températures moyennes de l'hiver. 2) les arbres à feuilles herbacées vivraient s'il le faut 30–40 jours pourvu que ces jours atteignent pour le Betula 11° de température moyenne, ils parcourent rapidement le cycle de la foliation et de la floraison, mais les arbres verts demandent pour leurs fonctions vitales, plus lentes, des étés peu chauds mais plus longs. Ils exigent un certain nombre de jours qui ayent une certaine température limite. Dans deux endroits, la température des 3 mois d'été peut être la même, et cependant, dans l'un, des pins ne croîtroient pas, parce qu'un Août très chaud suivroit à des Juins et Juillets très froids. Les Pins végètent où la température moyenne d'aucun des 4. mois d'été est au-dessous de… Discutez d'après ces idées les phénomènes qu'offrent les pins en Sibérie. Gilbert[23] page 293. Arbres Caractère général. Tous les arbres exigent une plus haute température de l'été que les herbes. Wahlenberg. Une petite quantité de chaleur également répandue suffit aux herbes. Gilbert[24] page 283. [A] *Anmerkung des Autors* Ces nombres sont le *(?)moyen d'un(?)* […] [B] *Anmerkung des Autors* Au Mexique, le Pin (Pinus occidentalis) est une plante alpine qui commence là où les arbres finissent en Europe (à 950 toises) et finit à la hauteur du Pic de Ténériffe.

[23] Wahlenberg 1812a. Der Aufsatz erschien in den von Ludwig Wilhelm Gilbert herausgegebenen Annalen der Physik. [24] Wahlenberg 1812a.

sur le décroissement du calorique, mais par des observations météorologiques faites pendant 18 ans à l'hospice de Saint-Gothard et dans la vallée d'Ursern.

7) Les nombres qu'expriment la distance des neiges perpétuelles à la limite des Céréales (du froment et de l'orge) sont sous l'Équateur, aux Alpes et en Laponie dans le rapport de

38. 40 et. 23.

Sous l'Équateur jusqu'au centre de la zone tempérée, la distance est à peu près la même (de 760 à 800 toises) mais, en Lapponie, elle est de la moitié plus petite.[A] La vie des graminées est restreinte à 4–5 mois de l'été, leur végétation est excessivement rapide au-delà du cercle polaire où, par les 70° de latitude, la température de l'air est, le jour, de 17°, la nuit (le soleil étant plus bas) de 10–11° centigrades. Or à 100 toises de hauteur absolue, les champs cultivés ne sont déjà plus éloignés que de 450 toises des neiges perpétuelles et le décroissement du calorique correspondant à 100 toises de hauteur produit un très petit effet sur la limite des céréales.

|8) Pour répandre plus de jour sur l'ensemble de ces phénomènes, il suffit de rapeller |5r
la température de la couche d'air qui enveloppe les neiges perpétuelles sous différentes 9
latitudes. Cette température moyenne n'est pas zéro comme on l'a cru si longtems après Bouguer, et comme Monsieur Kirwan l'admet dans tous ces calculs sur le décroissement de la chaleur. Les neiges perpétuelles sont de quelques centaines de toises plus élevées que le Couvent de Saint-Gothard, situé dans une vallée, baignée par des vents chauds des plaines de la Lombardie. On connaît avec précision la température moyenne de ce plateau. Elle est, malgré les vents chauds, d'un degré au-dessous de zéro. Il suit des recherches que j'ai exposées ailleurs que la température moyenne de l'air à la limite des neiges perpétuelles est, sous l'Équateur, de 1½°, sous le tropique du Cancer de 0°, par les 45° de latitude de −4.° et au Cercle polaire −6°. Mais la végétation des plantes herbacées, surtout celles des céréales, ne dépend pas de la température moyenne de l'année entière mais de celles des mois d'été: cette dernière est pour le mois d'Août sous

- l'Équateur de +2°
- aux Alpes de +6°
- En Laponie +10°

Voilà une série de température croissante de l'Équateur au pôle, tandis que la série est rapidement décroissante lorsqu'on considère l'effet total de chaleur de l'hiver et de l'été. Il résulte de ces considérations 1) que la couche d'air dans laquelle les neiges se conservent n'a pas une même température moyenne sous différentes zones et 2)

A *Anmerkung des Autors* Si l'orge ne pouvoit être cultivée qu'à une distance de 800 toises des neiges perpétuelles, toute agriculture devroit cesser dans les plaines à 63° de latitude et cependant on retrouve des céréales en Laponie jusqu'à 70°.

que cette température en été est 6 fois plus élevée en Laponie que sous l'Équateur.
|5v Ces différences | expliquent la grande force végétative que l'on observe sur les mon-
10. tagnes du nord près des glaces perpétuelles.[A]

9) La température des sources et celle de l'intérieur de la terre à des profondeurs considérables est sous l'équateur et dans la zone tempérée à peu près égale à la température moyenne de l'air et à celle de l'océan sous les mêmes parallèles. Elle est au contraire, près du cercle polaire et à la hauteur du Saint-Gothard, de 3–4° plus élevée que la température moyenne de l'air. La connoissance de ce fait extraordinaire, entièrement inconnu il y a trois ans, est due à Monsieur Wahlenberg, le savant auteur de la »Flora Lapponica«[26] et d'un ouvrage latin[27] dans lequel se trouvent discutées à la fois les stations des plantes dans les hautes Alpes et dans les montagnes situées sous le cercle polaire. Monsieur Wahlenberg a comparé la température des sources en Europe, à différentes hauteurs, aux observations analogues que nous avons faites Monsieur Bonpland et moi sur le dos des Andes. La différence que l'on vient de découvrir entre la température de la terre sous l'Équateur et en Laponie, dans les plaines de la zone tempérée et sur le dos des Alpes est due sans doute à la masse de neige qui couvre uniformément et à une grande épaisseur le dos des montagnes de la Suisse et les plaines du Nord. Cette neige molle et renfermant beaucoup d'air dans ses interstices est un mauvais conducteur du calorique. L'effet des grands froids, de 20 à 30° au-dessous de zéro, qui circulent partout à un court espace de tems: il est trop lent pour se communiquer en entier à l'intérieur du globe. Nos instrumens tiennent compte des changemens des températures les plus éphémères: mais le globe uniformément couvert d'une couche épaisse de neige et de glace échappe à l'influence des petites variations de l'Atmosphère. C'est ainsi que les phénomènes de la végétation peuvent être discutés avec quelque certitude si l'on parvient à les énoncer en nombres et à les réduire à des lois générales.[B]

[A] *Anmerkung des Autors* La hauteur des neiges perpétuelles est l'effet simultané de la quantité de neige qui tombe en hiver et de la chaleur des mois d'été. [B] *Anmerkung des Autors* Wahlenberg croit que partout la végétation cesse où la température de la terre est 0, c'est-à-dire à la limite des neiges perpétuelles. Gilbert[25] page 278. Il en résulte, selon moi 1) que sous les 67° latitude, à 550 toises, la température moyenne de l'air est au moins −5° car la différence entre l'air et la terre sera à cette hauteur plus grande qu'en Laponie dans les plaines. 2) que sous l'équateur, la température de la terre à 2460 toises est au-dessous de la température de l'air.

[25] Wahlenberg 1812a. [26] Wahlenberg 1812. [27] Wahlenberg 1813.

Considérations générales sur la végétation des îles Canaries (1814) – deutsche Übersetzung

Siehe die Herausgebereinleitung zu diesem Text S. 27.

↗H0018387

| Humboldt. | 1r

Zwei Abhandlungen, die im Institut verlesen wurden

- 1. Allgemeine Überlegungen zur Vegetation der Kanarischen Inseln
- 2. Grundlagen der Geographie der Pflanzen am Äquator, am Beginn der heißen Zone, in der gemäßigten Zone und am Polarkreis.

|[A] | 1v

| I. Allgemeine Überlegungen zur Vegetation der Kanarischen Inseln | 1r

Der Zweck dieser Abhandlung ist es nicht, einen Katalog von Pflanzen vorzulegen, die den Inseln des Kanarischen Archipels eigen sind. Die darin enthaltenen Beobachtungen gehören nicht zur beschreibenden Botanik, sondern zur allgemeinen Physik, zu den Zusammenhängen, die die Natur zwischen der Form der organisierten Wesen und der Höhe des von ihnen bewohnten Bodens, der Temperatur der Luft, die sie atmen, und der Fläche der Erdkugel, die sie durch ihre fortschreitenden Wanderungen eingenommen haben, bietet. Wenn ich der Klasse über die Vegetation der Insel Teneriffa und über die Verteilung der Arten am steilen Abhang des Vulkans[28], dessen Gipfel ich besuchte, berichte, dann nicht wegen des Interesses, den dieser Ort, den man als die Karawanserei der Reisenden auf den indischen und amerikanischen Reiserouten betrachten kann, erregt; es geht nur darum, den Typ der Geographie der Pflanzen auf einem Breitengrad so nahe den Tropen zu beschreiben. Wenn es um diesen Teil der Physik der Welt geht, den man so kühn

[A] *Anmerkung des Autors* 550 – 247 = 303

[28] Der Pico del Teide.

die Theorie der Erde genannt hat, ist es wichtig, aus der ungeheuren Vielfalt der Phänomene diejenigen auszuwählen, die als Zwischenglieder dienen und die, gleich weit voneinander entfernten Breitengraden angehörend, einige dieser Gesetze erkennen lassen können, auf denen der Haushalt der organischen Natur beruht. Indem ich der Klasse zunächst, nach meiner Rückkehr nach Europa, das Höhenprofil der Andenkordillere vorgelegt habe, habe ich auf einem gleichen Bild die Geographie der Pflanzen am Äquator und die Ergebnisse aller bekannten physikalischen und geologischen Beobachtungen, die in Zahlen angegeben werden können,
|1v | niedergelegt.[29] Diese Arbeit, die 6000 äquinoktiale Pflanzenarten umfasst, deren Standorte unmittelbar gemessen wurden, hat zwei sehr ausgezeichnete Wissenschaftler veranlasst, die Geographie der Pflanzen am Polarkreis im Norden Europas zu studieren. Die Herren Leopold von Buch und Wahlenberg haben als Erste die Grenzen des ewigen Schnees und diejenigen der Pflanzen in diesen nördlichen Regionen bestimmt, sie haben die Temperatur der Quellen und Höhlen gemessen; sie haben im höchsten Maße die Meteorologie dieser wenig bekannten Klimate erhellt, in denen nach sehr strengen Wintern die Durchschnittstemperatur der Sommermonate auf mehr als 15° Celsius steigt. Herr von Buch selbst hat vor vier Jahren in der Klasse die wichtigsten Ergebnisse seiner Beobachtungen gelesen,[30] deren Einzelheiten in seiner »Reise durch Norwegen«[31] festgehalten sind. Der Autor der neuen »Flora Lapponica«,[32] Herr Wahlenberg aus Uppsala hat sich nicht damit zufrieden gegeben, die Geographie der Pflanzen in den Polarregionen studiert zu haben, sondern bereiste auch die Schweizer Alpen, wo er mit dem Barometer in der Hand die oberen
|2r Grenzen | der verschiedenen Pflanzentribus untersucht hat. Er hat auf Latein eine Vergleichstabelle der Pflanzen und Klimate in der Schweiz und in Lappland veröffentlicht[33]. Wenn man dieser Masse an wertvollen Beobachtungen einerseits jene, die Herr Ramond seit langem auf der Höhenkette der Pyrenäen gemacht hat[34], andererseits die durch den berühmten Botaniker aus Montpellier, Herrn de Candolle, auf der gesamten Fläche Frankreichs vorgenommenen Messungen[35], hinzufügt, kann man nicht leugnen, dass die Geographie der Pflanzen in der gemäßigten Zone Europas auf sehr soliden Fundamenten zu stehen beginnt. Aus dieser Darlegung folgt, dass wir heute die Verteilung der Vegetationen kennen:

1. in der Nähe des Polarkreises zwischen 62° und 70° Breite.
2. auf den Breitengraden zwischen 44° und 48°.
3. in der Nähe des Äquators von 10° südlicher bis 10° nördlicher Breite.

[29] Humboldt verlas am 7. Januar 1805 in der Ersten Klasse des Institut de France eine Vorrede zum »Essai sur la géographie des plantes« (Académie des Sciences 1910–1922, III, 174). Einen ersten Entwurf seines »Tableau physique des Andes et Pays voisins« hatte Humboldt 1803 vorgelegt. Die Karte erschien 1807 als Beilage zu Humboldt 1807 bzw. Humboldt 1807a. [30] Leopold von Buch verlas am 4. März 1811 in der Ersten Klasse des Institut de France eine Abhandlung mit dem Titel »Sur la Limite de la neige perpétuelle« (Académie des Sciences 1910–1922, IV, 457). [31] Buch 1810. [32] Wahlenberg 1812. [33] Wahlenberg 1813. [34] Ramond 1789; Ramond 1801. [35] Vgl. Lamarck/Candolle 1805–1815.

Die Höhengrenzen zu bestimmen, die die Natur den Pflanzen in verschiedenen Zonen vorgeschrieben hat, bedeutet, die Beschaffenheit mehrerer Kurven zu bestimmen, die sich, ohne parallel zueinander zu sein, auf der Ebene der Meridiane vom Äquator bis zu den Polarregionen erstrecken. Diese Bestimmung wird umso genauer sein, wie man die Zahl der Punkte wird vermehren können, die diese Kurven durchlaufen müssen.

In dieser Abhandlung | werde ich die wichtigsten Grundlagen der Geographie der |2v
Pflanzen nahe den Grenzen der heißen Zone, auf 28° nördlicher Breite, zur Kennt- 4.
nis bringen. Diese Kenntnis wird die numerische Lücke, die zwischen dem 45. Breitengrad und dem Äquator besteht, bis zu einem gewissen Punkt füllen. Die Kanarischen Inseln, die sich unter den Winden Afrikas befinden und von einem Ozean umgeben sind, dessen Durchschnittstemperatur sich im Winter bei 19° hält, genießen ein Klima, das einem südlicheren Breitengrad angehört. Dieser Umstand macht diesen Archipel sehr geeignet für die Art von Forschungen, deren Ergebnisse ich hier vorstelle. Da ich gleichzeitig die Phänomene der Vegetation in Mexiko bei 21° und auf der Insel Kuba bei 23½° nördlicher Breite beobachtet habe, kann ich mir schmeicheln, mit hinreichender Autorität die Phänomene der Vegetation und Meteorologie an den Rändern der heißen Zone zur Kenntnis zu bringen. Auf diese Weise, durch die zusammengeführten Arbeiten einiger Reisender, die die Natur aus den gleichen Blickwinkeln befragt haben und die die gleichen Methoden zur Bestimmung der Durchschnittstemperaturen und Bodenhöhen verwendet haben,
ist es im Zeitraum der letzten 15 Jahre gelungen, die | geographische Verteilung der |3r
Pflanzen am Äquator, am Beginn der Tropen, in der Mitte der gemäßigten Zone 5.
und am Polarkreis kennenzulernen. Saussure, dessen Werke dieser Zeit vorausgingen, kannte die Schneegrenzen im Norden und am Rande der heißen Zone nicht auf 800 Meter genau.

Die Botanik, lange auf die einfache Beschreibung der äußeren Pflanzenformen und ihre künstliche Klassifizierung beschränkt, bietet heute drei Arten von Studien an, die sie in einen engen Zusammenhang mit allen anderen Zweigen der Naturwissenschaften stellen. Dies sind die Verteilung der Gewächse nach einer natürlichen Methode, die auf der Gesamtheit ihres Aufbaus basiert, die Physiologie, die ihre innere Organisation offenbart, und schließlich die botanische Geographie, die jedem Pflanzentribus seine Höhe, seine Grenzen und sein Klima zuweist. Wenn ich gerade eben daran erinnert habe, dass diese letzte Art von Studie erst fünfzehn Jahre alt ist, wollte ich damit nicht andeuten, dass vor dieser Zeit nicht eine große Zahl berühmter Botaniker die genauen Vorstellungen vom Einfluss der Höhen und Klimate auf die Standorte der Pflanzen gehabt haben. Es gibt Wissenschaften, deren Namen lange vor der Wissenschaft selbst existiert haben. Während eines halben Jahrhunderts sind dies Meteorologie, Pflanzenpathologie und, ich wage zu sagen, Geologie gewesen. Der Keim der Wissenschaft der Geographie der Gewächse ist in einer Beobachtung

von Tournefort enthalten, der auf der Reise in der Levante[36] die Pflanzen Armeniens
|3v am Fuße des Ararat |, am Abhang des Berges die Pflanzen Frankreichs und Schwe-
6 dens, auf seinem Gipfel die Pflanzen Lapplands zu sehen glaubte. Diese Idee wurde von Linné in zwei interessanten Dissertationen mit den Titeln »Stationes plantarum«[37] und »Coloniae plantarum«[38] weiter entwickelt. Menzel, der Autor einer unveröffentlichten Flora von Japan, empfahl den Reisenden die Forschungen über die Verteilung der Arten in den verschiedenen Regionen der Erde, und er bezeichnete die Ergebnisse dieser Forschungen bereits mit dem Namen Geographie der Pflanzen. Dieser Name wurde um 1783 aufs Neue[39] von dem Abbé Giraud-Soulavie und dem berühmten Autor[40] dieser »Études de la Nature«[41] verwendet, die unter der großen Zahl wenig genauer Ideen zur Physik der Erde einige tiefgründige und geistreiche Ansichten über die Formen, die Zusammenhänge und die Gewohnheiten der Pflanzen enthalten. Abbé Giraud-Soulavie beschäftigt sich vornehmlich mit den Kulturgewächsen: Er unterscheidet die übereinander gelagerten Klimate von Olivenbäumen, Reben und Kastanien. Er gibt einen vertikalen Schnitt des Mont Mézin[42], dem er die Angabe der Quecksilberhöhen im Barometer hinzufügt, weil er jeder Berechnung, die auf barometrischen Beobachtungen beruht, misstraut. Diese Geographie der Pflanzen des südlichen Frankreich sowie das von Doktor
|4r Stromeyer 1800 in Göttingen als Dissertation | veröffentlichte »tentamen Historiae
7. geographicae vegetabilium«[43] bieten den Plan eines zukünftiges Werks und das Verzeichnis von Autoren, die zu Rate zu ziehen sind, und keine Auskünfte über die Höhengrenzen, die spontan auftretende Pflanzen erreichen. In der einen wie der anderen dieser Abhandlungen findet man nichts als vage Gedankengänge und allgemeine Überlegungen, aber keine einzige Höhenmessung, keine einzige thermometrische Angabe. Die Geographie der Pflanzen kann sich jedoch nur so sehr auf den Rang einer Wissenschaft erheben, wie der Botaniker bei der Bestimmung der Arten zur gleichen Zeit auch die Höhe ihrer Standorte über dem Meeresspiegel und ihre Zusammenhänge mit der Durchschnittstemperatur, Luftfeuchtigkeit und Transparenz der Atmosphäre bestimmt.

Diese Messungen der Höhe und des Nivellements des Geländes wurden auf der Insel Teneriffa mit so viel Präzision und durch die Kombination einer so großen Zahl von Beobachtungen durchgeführt, dass wenige Regionen der Welt Physikern

36 Tournefort 1717. 37 Linné/Hedenberg 1754. 38 Linné/Flygare 1768. 39 Giraud-Soulavie veröffentlichte zwischen 1780 und 1784 seine »Histoire naturelle de la France méridionale« (Giraud-Soulavie 1780–1784). Der 1783 erschienene erste Band des zweiten Teils (»Seconde partie. Les végétaux«) trug den Untertitel: »Contenant les principes de la Géographie physique du règne végétal, l'exposition des climats des Plantes, avec des Cartes pour en exprimer les limites.« 40 Jacques-Henri Bernardin de Saint-Pierre. 41 Saint-Pierre 1784. 42 Die Giraud-Soulavie 1780–1784 (Seconde partie. Végétaux, T. I) beigegebene Karte »Coupe verticale des montagnes vivaroises. Limites respectives des Climâts des Plantes et Mesures Barométriques de leur hauteur, sur le niveau de la Méditerranée« auf der der Mont Mézin bzw. Mézenc als höchste Erhebung der Region eingetragen ist. 43 Stromeyer 1800.

so einfache Möglichkeiten bieten, eine botanische Karte zu zeichnen. Ich habe einen
vertikalen Schnitt vom Gipfel des Teide gezeichnet[44], dem Bild der Kordilleren, das
anlässlich meiner Rückkehr nach Europa veröffentlicht worden ist, entsprechend.
Für die Höhen habe ich mich der barometrischen und trigonometrischen Messungen des Ritters Borda und von Lamanon und Cordier bedient. Diese Messungen
sind alle mit einheitlichen Methoden neu berechnet worden. | Ein Manuskript von |4v
Borda, das im Königlichen Depot der Seekarten aufbewahrt wird, ist mir eine große 8
Hilfe gewesen. Was die den Kanarischen Inseln eigenen Zonen der Gewächse betrifft,
so habe ich neben den Beobachtungen, die wir, Herr Bonpland und ich, vor Ort
gemacht haben, den »Essai sur les Îles Fortunées«[45] von Herrn Bory de Saint-Vincent, handschriftliche Notizen, die ich der Freundlichkeit des verstorbenen Herrn
Broussonet verdanke, und vor allem den Bericht über eine Reise[46], die Herr de La
Billardière gemacht hat, zu Rate gezogen. Dieser ausgezeichnete Beobachter hat in
all seinen Werken eine große Anzahl genauer Vorstellungen über die allgemeine
Physik und den Einfluss der Klimate verbreitet. Das Profil der Kanaren, das ich die
Ehre haben werde, der Klasse vorzulegen, sobald dessen Stich vollendet sein wird,
enthält die Höhen von fast 600 Pflanzen, deren Organisation nicht flexibel genug
ist, um zugleich in den Ebenen und Höhen vorkommen zu können.[A]

| Ich werde diese Abhandlung mit einer allgemeinen Beobachtung über die Geo- |5r
graphie der Pflanzen am Beginn der heißen Zone schließen. Ich werde die obere
Grenze der Bäume am Polarkreis, in den Schweizer Alpen und am Äquator vergleichen.
Es reicht aus, auf das Profil zu schauen, um auf einen Blick die Unterschiede zu
erfassen, die diese voneinander entfernten Regionen bieten. Herr Leopold von
Buch hat als Erster die interessante Beobachtung gemacht, dass der Abstand der
oberen Grenzen des Schnees, der Birken und Kiefern in Lappland so konstant ist,
dass man, wenn man die absolute Höhe einer dieser drei Zonen kennt, die Höhe
der anderen finden kann. In Gegenden, in denen die untere Grenze des ewigen
Schnees noch unbekannt war, ist es gelungen, sie durch die Bestimmung der Höhe
der letzten Birken, die am Hang der Berge wachsen, genau vorherzusagen. Am 67.
Breitengrad liegt die Grenze der letzten großen Bäume bei 250 Toisen. Auf 45°
Breite hört die Vegetation der Bäume bei 920 Toisen auf. Vergleicht man die Zahlen mit den absoluten Höhen des ewigen Schnees, so sieht man, dass Bäume in
Lappland 300 Meter näher an den Schnee heranrücken als am Nordhang der
Schweizer Alpen. Dieser von Herrn Wahlenberg beobachtete Unterschied erklärt
sich aus | der Überlegung, dass in Lappland ein übermäßig starker Winter auf einen |5v
sehr kurzen, jedoch wärmeren und gleichmäßigeren Sommer als die Sommer auf
den Gipfeln der Hochalpen folgt. Wir besitzen eine Reihe guter, am Kloster von

A *Anmerkung des Autors* gedruckt

44 Tableau physique des Îles Canaries. Géographie des Plantes du Pic de Ténériffe (Humboldt 1814–1834, Tafel 2). 45 Bory de Saint-Vincent 1803. 46 La Billardière 1800.

Sankt Gotthard und am Hospiz von Sankt Bernhard gemachter Wetterbeobachtungen. Vergleicht man sie mit den thermometrischen Journalen, die im Norden Norwegens mit der größten Sorgfalt bis zum 71. Breitengrad geführt wurden, so sieht man, dass jenseits des Polarkreises, in der Ebene, die Durchschnittstemperatur der Monate Januar und Februar mindestens −18° unter 0 liegt, während die Durchschnittstemperaturen der Monate Juli und August auf der hundertteiligen Skala nur 4° unter den durchschnittlichen Sommertemperaturen in Paris liegen. Die Abnahme der Wärme gibt für Lappland, an der Stelle, wo die Bäume aufhören, für den Monat August 10°, während die durchschnittliche Temperatur der Sommer in der Schweiz, auf 920 Toisen, an der oberen Baumgrenze, kaum 8° Celsius und zumindest 5° beträgt. In Lappland hören die Kiefern bereits bei 125 Toisen über dem Meeresspiegel auf, während die Birken bis auf 250 Toisen wachsen. Die Birke, die ihre Blätter verliert, kann als krautartige Pflanze betrachtet werden, die sich jährlich
|6r durch ihren Knospen vermehrt. Sie benötigt heiße, aber kurze Sommer. | Diejenigen von Lappland ähneln, durch das Fehlen von Regen, Hagel und elektrischen Entladungen, in der Beständigkeit der Naturerscheinungen der schönsten Jahreszeit der heißen Zone. Die Birke beginnt nach vermehrten Beobachtungen erst dann zu gedeihen, wenn die Durchschnittstemperatur auf 11° steigt, was in Lappland aufgrund der Länge des Tages im Juni der Fall ist. An der oberen Baumgrenze in der Schweiz erreicht kein Sommermonat diese Durchschnittstemperatur. Deshalb endet die Vegetation der Bäume im Norden mit Birken und in den Alpen und Pyrenäen mit den Kiefern Pinus sylvestris und Pinus mugo, die längere, aber weniger heiße Sommer benötigen. In der Schweiz wären die Bäume dem ewigen Schnee näher, wenn es in diesem Land eine Art gäbe, deren vegetative Kraft[A] in den Sommermonaten nur eine Durchschnittstemperatur von 8° erforderte. Aber diese Temperatur, die in Paris dem Monat April angehört, reicht kaum für Gerste und ein paar andere Getreidegräser. Es steckt mehr dahinter. Der ewige Schnee erhält sich im Norden unter einer Luftschicht, deren Durchschnittstemperatur Null beträgt, wie ich in meiner Abhandlung über terrestrische Strahlenbrechungen[47] gezeigt habe. Die strengen Winter in Lappland verursachen sehr ergiebige Schneefälle. Die Sommer sind zwar sehr heiß, aber zu kurz, um diese riesigen Schneemassen zu schmelzen, und je mehr die unteren Schneegrenzen in Richtung der Ebenen hinabsteigen,
|6v | desto mehr scheinen die Bäume sich diesen Grenzen zu nähern. Die Entfernung

A *Anmerkung des Autors* In den Tropen gibt es einige dieser Bäume: Escallonia, Brathys. Dies sind immergrüne Bäume und es wird ein höherer Grad an Wärme benötigt, damit sich die Knospen öffnen und die Bäume sich mit den ersten Blättern bedecken, als notwendig ist, um die bereits begonnene Vegetation zu erhalten.

47 Der ›Essai sur les réfractions astronomiques dans la zone torride, correspondantes à des angles de hauteurs plus petits que dix degrés, et considérées comme effet du décroissement du calorique‹. Teile dieses Kapitels aus Humboldt 1810, I, 109–156 hatte Humboldt am 29. Februar sowie 7. und 14. März 1808 in der Ersten Klasse des Institut de France vorgetragen (Académie des Sciences 1910–1922, IV, 23; 27; 34).

verkürzt sich am Polarkreis, weil dieselben meteorologischen Ursachen bewirken, dass Bäume mit krautartigen Blättern hinaufsteigen und ewiger Schnee hinabsteigt.

Wir haben gerade gesehen, dass diese Abstände am 67. Breitengrad 300 Toisen betragen, in der gemäßigten Zone und am Nordhang der Alpen 450 Toisen. Am Äquator habe ich sie bei 650 Toisen gefunden. Die Zusammenhänge zwischen diesen 3 Zonen sind daher wie die Zahlen 3, 4½ und 6. Aber man darf keinesfalls vergessen, dass diese Unterschiede zum Teil darauf zurückzuführen sind, dass wir Bäume verschiedener Arten vergleichen. Die Regionen des Neuen Kontinents, die an den Äquator angrenzen, haben nicht die immergrünen Bäume Pinus, Thuja und Juniperus. Wir finden die Kiefern nur in den Kordilleren Mexikos. Dort steigen sie wie in den Pyrenäen und am Südhang der Alpen bis auf 360 Toisen Abstand vom ewigen Schnee.[A] Die Harmonie wird wiederhergestellt, sobald Phänomene, die von den gleichen physikalischen Ursachen beeinflusst werden, verglichen werden.

Vor allem im Inneren der Kontinente manifestiert sich diese Harmonie zwischen den Naturgesetzen, sei es, dass man bei denen verweilt, die die Klimate der Pflanzen bestimmen, sei es, dass man die Gesamtheit der Erscheinungen berücksichtigt.

| II. Allgemeine Überlegungen zur Pflanzengeographie am Beginn der heißen Zone. Ergebnisse |1r 1

Im ersten Teil dieser Abhandlung habe ich allgemeine Überlegungen zur Vegetation der Kanarischen Inseln vorgestellt. Ich habe mich nicht damit begnügt, die Pflanzen Teneriffas nach ihrer Verteilung am steilen Abhang des Vulkans aufzulisten. Ich wollte die Geographie der Pflanzen am Beginn der heißen Zone umreißen; ich wollte die beschreibende Botanik mit dem Teil der Physik der Erde verbinden, der die Zusammenhänge zwischen den Formen der organisierten Wesen und der Höhe des Bodens, den sie bewohnen, der Temperatur der Luft und des Wassers, die sie zersetzen, dem Luftdruck und der Intensität des Sonnenlichts, die ihre Hautfunktionen verändern, schließlich dem mehr oder weniger ausgedehnten Raum, den sie durch ihre fortschreitenden Wanderungen eingenommen haben, bestimmt.[B] Heute, im zweiten Teil dieser Abhandlung, werde ich die wichtigsten Tatsachen, auf die ich hingewiesen habe, zusammenfassen: Ich werde einige Entwicklungen hinzufügen, die geeignet sind, Licht auf zwei eng miteinander verbundene Wissenschaften – die Geographie der Pflanzen und die Meteorologie – zu werfen.

A *Anmerkung des Autors* Ebenso erreicht der Getreideanbau, insbesondere der der Gerste, in Mexiko fast die gleiche relative Höhe wie in der Schweiz. Das Profil zeigt diese Grenzen der Landwirtschaft.
B *Anmerkung des Autors* Buet, ewiger Schnee 1453 Toisen, Pictet, mein barometrisches Notizbuch, aber isolierter Berg.

1) Die allgemeinen Ergebnisse, die die Äquinoktialregionen, die gemäßigte Zone und die an den Pol angrenzenden Klimate umfassen, wurden erst seit sehr wenigen Jahren erzielt. Wir haben daran erinnert, dass Menzel, der Autor einer unveröffentlichten Flora von Japan, zum ersten Mal die Geographie der Pflanzen erwähnt, dass diese Wissenschaft aber zu denen gehört, deren Name lange vor der Wissenschaft selbst existierte.

|1v |Die Worte alpine Pflanzen, Pflanzen der warmen Länder, meeresnahe Pflanzen, die sich bis in die Sprachen der wilden Völker Südamerikas wiederfinden, beweisen, dass die Aufmerksamkeit des Menschen seit jeher auf die Verteilung der Gewächse in Abhängigkeit von der Temperatur der Luft und der Qualität des Bodens, den sie bewohnen, gerichtet war. Es bedurfte nicht der Weisheit von Tournefort, um zu beobachten, dass die Pflanzen, die zu verschiedenen Breitengraden gehören, am Abhang der Hochgebirge von Armenien aufeinander folgen wie die Klimate, die übereinander gelagert sind. Aber es ist ein weiter Weg von dieser allgemeinen Einsicht zu der Zeit, in der man begonnen hat, auf den Pyrenäen, in den Alpen und in den Kordilleren die Grenzen der Gewächse zu bestimmen. Die Geographie der Pflanzen hat sich erst zum Rang einer Wissenschaft erhoben, als man einfache Mittel hatte, Höhenmessungen durch barometrische Nivellements zu vervielfachen und nicht nur die durchschnittliche Lufttemperatur, sondern, was für die Vegetation viel wichtiger ist, die Unterschiede zwischen Sommer- und Wintertemperatur, zwischen derjenigen des Tages und der der Nacht zu bestimmen.

2) Die Höhe der Standorte der Pflanzen beeinflusst nicht nur die Verteilung der Gewächsarten und die Funktionen der Organe, indem sie die Temperatur der übereinander liegenden Luftschichten verändert: Die Höhe des Geländes wirkt sich auch, wenn auch mit weniger Energie, auf das Pflanzenleben aus, indem sie den Druck der Umgebungsluft, ihren Zustand der Trockenheit, ihre elektrische Ladung und das Erlöschen des Lichts bei Durchquerung der Luftschichten verändert. Die Pflanzen gehorchen mehr als die Tiere der Tätigkeit äußerer Reize, ihre Vitalität liegt vor allem in ihren Integumenten, im Parenchym, in Funktionen, die man als kutan bezeichnen kann. Es ist wahrscheinlich, dass unter einem Druck von 50 Zentimetern des Quecksilbers Sekretionen und unsichtbare Verdunstung mit mehr Energie auftreten als in den Ebenen unter einem barometrischen Druck von 76 Zentimetern. Auf einer anderen Seite wird in einer reinen und von wässrigen Dämpfen fast freien Atmosphäre weniger Licht reflektiert, die geweitete Bergluft
|2r wird von Strahlen beleuchtet, die beim Eintritt in | die Atmosphäre und auf einer
3 5 bis 6000 Meter kürzeren Strecke einem geringeren Erlöschen unterlagen. Dieses Erlöschen ist in den Ebenen doppelt so groß wie auf dem Rücken der Kordilleren. Wenn man als Einheit die Lichtintensität im luftleeren Raum annimmt, beträgt die in den Ebenen 0.81, während auf der Höhe des Mont Blanc und des Chimborazo

diese Intensitäten nach den Formeln der »Himmelsmechanik«[48] nur 0.89 und 0.91 betragen.[A] Diese photometrischen Unterschiede verändern die Funktionen der kortikalen und zellulären Poren, der ausscheidenden und lymphatischen Haare und all jener Organe, die ausatmen und Wasser und Gase anziehen. Diese Energie der Lebensfunktion der Haut der Gewächse scheint sich im großen Überfluss an Haaren niederzuschlagen, die die meisten alpinen Pflanzen bedecken. Auf den Rücken der Kordilleren sind Espeletia, Culcitium und andere Pflanzen der Familie der Kompositen, deren Blätter den Indianern, die nachts in der Nähe des ewigen Schnees überrascht werden, als Decke dienen, auf der Höhe des Mont Blanc behaarter als auf der des Pik von Teneriffa. Auch haben Physiologen in Europa seit langem beobachtet, dass viele Alpenpflanzen beim Anbau in unseren Ebenen einen Teil ihrer Haare verlieren. Die Pflanzen der Kordilleren haben, wie die der Alpen und der Pyrenäen, einen harzigen und aromatischen Charakter, es besteht kein Zweifel daran, dass die Energie der Sonnenstrahlen mächtig die Atmung der Pflanzen, die Bildung des färbenden Anteils, entsprechend dem harzigen, und, nach Herrn Berthollet, die Stickstoffbindung in Stärke[49] beeinflusst. Das Photometer von Herrn
Leslie ist | noch nicht auf hohe Gipfel getragen worden: Es wird wertvoll werden, |2v
indem es die Energie des direkten Lichts in den Ebenen und auf dem Rücken der 4
Berge, in der gemäßigten Zone und in den Äquinoktialregionen misst.

3) So wie nicht alle sehr behaarten Pflanzen Griechenlands und Persiens alpine Pflanzen sind, gibt es eine bestimmte Anzahl von Gewächsen, die sich, ausgestattet mit einer großen Biegsamkeit der Organisation, an sehr unterschiedliche Höhen und Temperaturen anpassen. In Europa zum Beispiel haben Gentiana verna und acaulis, Primula elatior, Saxifraga cotyledon keine festen Grenzen wie Ranunculus glacialis, Saxifraga androsacea, Aretia alpina und Draba tomentosa. Dieses Phänomen ist vor allem krautartigen Pflanzen in der gemäßigten Zone eigen. In den Alpen und den Pyrenäen, in der Nähe des ewigen Schnees, steigt die Tageswärme im Sommer noch auf 16 und 18 Grad Celsius. Am Hospiz von Sankt Gotthard beträgt die Durchschnittstemperatur im Juli 8°. In gleichen relativen Höhen, das heißt in gleichen Abständen vom ewigen Schnee, bieten die Kordilleren den Gewächsen keine so gemäßigten Tage. In der heißen Zone hat jede Höhe ihr eigenes Klima, jeder Tag seine eigenen Jahreszeiten. Eine außerordentliche Temperaturgleichmäßig-
keit macht die Gewächse dort sehr empfindlich gegenüber | geringsten Schwan- |3r
kungen und es gibt dort keine solchen Pflanzen, die man als vage bezeichnen 5
könnte, denn an den Hängen des Pik von Teneriffa, in den Schweizer Alpen und auf den Bergen Lapplands, findet man sie auf sehr unterschiedlichen Höhen.

[A] *Anmerkung des Autors* Die Verluste betragen daher auf den Bergen 1/10 und in den Ebenen 2/10.

[48] Laplace 1798–1825. [49] Berthollet 1803, II, 495–497.

4) Wir kennen nach direkten Messungen die Haupterscheinungen der Geographie der Pflanzen am Äquator, zwischen dem 45. und 47. Breitengrad und am Polarkreis. Ich habe in dieser Abhandlung die Unterschiede erläutert, die der Beginn der heißen Zone bietet: Er ist ein Übergang zwischen dem Äquator und der mittleren Breite von 45°. Die Höhen- und Temperaturgrenzen zu bestimmen, die die Natur den Gewächsen in verschiedenen Zonen vorschreibt, bedeutet, Kurven zu bestimmen, die sich, ohne parallel zueinander zu sein, auf der Ebene der Meridiane vom Äquator bis zum Pol erstrecken. Diese Bestimmung ist umso genauer, wie man die Anzahl der Punkte, durch die die Kurven verlaufen müssen, vervielfacht.

5) Es ergibt sich aus den Messungen und Beobachtungen, die die Herren Ramond, von Buch, Wahlenberg und ich vom 15. Grad südlicher bis zum 71. Grad nördlicher Breite vorgenommen haben, dass der Abstand großer Bäume zur Grenze des ewigen Schnees in der gemäßigten Zone und am Polarkreis halb so groß ist wie in den Äquinoktialregionen.[A, B, C, D]

In diesen Letzteren hören die Bäume bei 1800 Toisen Höhe auf und der Schnee findet sich auf 2460 Toisen. Alpine Pflanzen besiedeln eine Region von 650 Toisen. Zu den Grenzen der heißen Zone Mexikos hin ist diese Region bereits auf 360 Toisen beschränkt. Weiter weg, in den Alpen, den Pyrenäen und Lappland, steigen die Bäume noch höher, noch näher an den ewigen Schnee heran.

|3v |Indem man den Mittelwert der Beobachtungen in den Pyrenäen und an den Abhängen der Schweizer Alpen nimmt, findet man für 45° eine Entfernung zum ewigen Schnee von 340 Toisen und bei 67° in der Höhe von 300 Toisen. Die Zahlen, die diese Zusammenhänge am Äquator, in der Nähe des Wendekreises des Krebses, bei 45° und am Polarkreis widerspiegeln, sind also

33, 18, 17 und 15.

Diese Erscheinung ist zweifellos sehr außergewöhnlich und lässt sich nicht direkt durch Temperatur- oder Luftdruckunterschiede erklären. Am Äquator und in Neuspanien unterscheiden sich die absoluten Höhen nur um 200 Toisen und in diesen Breitengraden unterscheiden sich die Durchschnittstemperaturen von zwei Luftschichten, die sich 360 Toisen vom ewigen Schnee entfernt befinden, nicht um 2° Celsius. Die eigentliche Ursache für dieses außergewöhnliche Phänomen ist der Unterschied in den Baumarten, mit denen die Vegetation am Äquator und in Mexiko endet. Auf den Kordilleren Perus fanden wir nur Wintera, Escallonia, Alstonia theiformis, Araliaceae und Vaccinieae, es gibt keine Kiefern, keine immergrünen

A *Anmerkung des Autors* 1370 + 1370 + 1300 = 4040 1347 – 1023 […] = 324 B *Anmerkung des Autors* 450 + 520 = 970 ÷ 3 = 323 C *Anmerkung des Autors* 920 + 1100 + 1050 = 3070 ÷ 3 = 1023 D *Anmerkung des Autors* 450 + 550 = 1000 ÷ 3 = 333

Bäume, überhaupt keine Nadelhölzer. An der Flanke des Chimborazo sahen wir die Baumvegetation in einer Höhe aufhören, deren Durchschnittstemperatur 7° beträgt. Das ist diejenige des Monats März in Paris, des Monats Mai in Stockholm und des Monats Juni am Hospiz von Sankt Gotthard.[A] Nun kann man die Wintera, Escallonia und Aralia der | Hochkordilleren nicht mit den Nadelhölzern Europas |4r
und Mexikos vergleichen: Die Pflanzenphysiologie zeigt keinen Zusammenhang 7.
zwischen Gewächsen so unterschiedlicher Familien. Sobald man sich darauf beschränkt, die Zusammenhänge, welche die Kiefern Mexikos und die der Pyrenäen und der Alpen (wenn auch unterschiedlicher Arten), darbieten, zu untersuchen, taucht die Harmonie wieder auf: Man findet fast die gleichen Entfernungen des ewigen Schnees. Sie sind vom 20. bis 71. Breitengrad wie die Zahlen

18, 17 und 15.

und die Aufstellung dieses Gesetzes ist ohne Zweifel sehr wichtig für die Physik für Gewächse.

6) Wir haben gerade die Höhe der Bäume unter einem allgemeinen Gesichtspunkt untersucht, indem wir den Wendekreis mit dem Polarkreis verglichen haben. Wenn man auf die Einzelheiten dieser Messungen eingeht, sieht man, dass es hinsichtlich der Baumgrenze ein relativ kleines, aber sehr regelmäßiges Fortschreiten von 21° bis 71° gibt. Ihre Entfernung zum Schnee beträgt 360 Toisen in Mexiko, 323 in Mittel-

[A] *Anmerkung des Autors* Man kann die Höhe bestimmen, in der ein Baum, der jährlich neue Blätter ausbildet, wachsen kann. Man beobachtet die Durchschnittstemperatur des Monats, in dem dieser Baum an irgendeinem Ort seine ersten Blätter entwickelt, und schließt daraus, dass der Baum überall dort nicht wachsen kann, wo keiner der Sommermonate diese Temperaturgrenze erreicht. Diese Gradzahlen sind, nach Wahlenberg, für Betula alba 11° Celsius. Die Prunus padus erblüht erst bei 13°. Es ist schwieriger zu bestimmen, wo immergrüne Bäume (Kiefern) aufhören zu wachsen. Es gibt einige in Enontekies, wo die Durchschnittstemperatur in den Wintermonaten −18° beträgt. In Lappland gibt es keine bei 300 Toisen absoluter Höhe und doch liegt die durchschnittliche Wintertemperatur ohne Zweifel etwas über −18°. Aber es gibt noch andere Umstände, die entscheiden: 1) Die Bäume werden jedes Jahr durch übermäßige Fröste von einigen Tagen zerstört, die die durchschnittlichen Wintertemperaturen kaum verändern. 2) Die Bäume mit krautartigen Blättern würden, wenn es notwendig wäre, 30–40 Tage leben, vorausgesetzt, dass diese Tage für Betula eine Durchschnittstemperatur von 11° erreichen, sie durchlaufen schnell den Zyklus der Blattbildung und Blüte, aber die immergrünen Bäume benötigen langsamere, weniger heiße, aber längere Sommer für ihre Lebensfunktionen. Sie benötigen eine bestimmte Anzahl von Tagen, die eine bestimmte Temperaturgrenze haben. An zwei Orten kann die Temperatur der 3 Sommermonate gleich sein, und doch würden in einem Fall keine Kiefern wachsen, da ein sehr heißer August auf einen sehr kalten Juni und Juli folgt. Die Kiefern wachsen, wo die Durchschnittstemperatur von keinem der 4 Sommermonate unter … ist. Diskutiere nach diesen Gedanken die Erscheinungen, die die Kiefern in Sibirien bieten. Gilbert[50] Seite 293. Bäume Allgemeiner Charakter. Alle Bäume benötigen eine höhere Sommertemperatur als Gräser. Wahlenberg. Eine kleine Menge an Wärme, die gleich verteilt ist, ist für Kräuter ausreichend. Gilbert[51] Seite 283.

[50] Wahlenberg 1812a. Der Aufsatz erschien in den von Ludwig Wilhelm Gilbert herausgegebenen Annalen der Physik. [51] Wahlenberg 1812a.

europa und 300 in Lappland.[A, B] Vergleicht man die Berge Lapplands nicht mit den *Senken(?)*, sondern mit dem Nordhang der Alpen, so sieht man die Bäume dem Schnee unter dem Polarkreis viel näher kommen als auf 47° Breite. In Nordeuropa endet die Baumvegetation mit den Birken Betula alba, einem Baum mit krautartigen Blättern, der sozusagen nur im Sommer lebt; in den Alpen und den Pyrenäen endet die Vegetation mit Pinus sylvestris und Pinus mugo, die längere und weniger heiße
|4v Sommer mögen. Die Birke | benötigt für die Blattentwicklung eine Durchschnitts-
8. temperatur von 11°, und in der Schweiz erreicht an der Grenze zu den großen Bäumen kein Sommermonat eine Durchschnittstemperatur von 9°, wie wir mit Sicherheit wissen, nicht durch Berechnungen, die auf dem Abfall der Wärme beruhen, sondern durch meteorologische Beobachtungen, die über 18 Jahre am Hospiz von Sankt Gotthard und im Urserental gemacht wurden.

7) Die Zahlen, die die Entfernung des ewigen Schnees zur Grenze des Getreides (Weizen und Gerste) ausdrücken, liegen am Äquator, in den Alpen und in Lappland im Verhältnis von

38, 40 und 23.

Am Äquator, bis zum Zentrum der gemäßigten Zone, ist die Entfernung etwa gleich (von 760 bis 800 Toisen), aber in Lappland ist sie um die Hälfte kleiner.[C] Das Leben der Gräser ist auf 4–5 Monate des Sommers begrenzt, ihr Wachstum ist jenseits des Polarkreises übermäßig schnell, dort wo die Lufttemperatur bei 70° Breite tagsüber 17°, nachts (bei niedrigerem Sonnenstand) 10–11° Celsius beträgt. Nun sind aber die bewirtschafteten Felder bei 100 Toisen absoluter Höhe schon nicht mehr als 450 Toisen vom ewigen Schnee entfernt, und die Abnahme der Wärme, die 100 Toisen Höhe entspricht, bewirkt einen sehr geringen Einfluss auf die Getreidegrenze.

|5r |8) Um mehr Licht über die Gesamtheit dieser Erscheinungen zu verbreiten, genügt
9 es, an die Temperatur der Luftschicht zu erinnern, die den ewigen Schnee in verschiedenen Breiten umgibt. Diese Durchschnittstemperatur ist nicht Null, wie wir so lange nach Bouguer dachten, und wie Herr Kirwan es in all diesen Berechnungen über die Wärmeabnahme annimmt. Der ewige Schnee ist einige hundert Toisen höher als das Kloster von Sankt Gotthard, das in einem Tal liegt und von warmen Winden aus den Ebenen der Lombardei umflossen wird. Man kennt mit Genauigkeit die durchschnittliche Temperatur dieser Hochfläche. Trotz der warmen Winde beträgt sie ein Grad unter Null. Es folgt aus den Untersuchungen, die ich

[A] *Anmerkung des Autors* Diese Zahlen sind das Mittel *um(?)* [...] [B] *Anmerkung des Autors* In Mexiko ist die Kiefer (Pinus occidentalis) eine alpine Pflanze, die dort beginnt, wo die Bäume in Europa enden (auf 950 Toisen) und auf der Höhe des Pik von Teneriffa endet. [C] *Anmerkung des Autors* Wenn die Gerste nur in einer Entfernung von 800 Toisen vom ewigen Schnee angebaut werden könnte, müsste die gesamte Landwirtschaft auf den Ebenen am 63. Breitengrad aufhören, und doch findet man in Lappland Getreide bis 70°.

anderswo dargelegt habe, dass die durchschnittliche Lufttemperatur an der Grenze des ewigen Schnees am Äquator 1½°, im Wendekreis des Krebses 0°, bei 45° Breite −4,° und am Polarkreis −6° beträgt. Aber das Wachstum der krautartigen Pflanzen, vor allem des Getreides, hängt nicht von der Durchschnittstemperatur des ganzen Jahres ab, sondern von derjenigen der Sommermonate. Diese letztere beträgt für den Monat August am

- Äquator +2°
- in den Alpen +6°
- In Lappland +10°

Dies ist eine Reihe steigender Temperaturen vom Äquator bis zum Pol, während die Reihe schnell abnimmt, wenn man die gesamte Wärmeeinwirkung von Winter und Sommer betrachtet. Aus diesen Überlegungen folgt 1), dass die Luftschicht, in der der Schnee sich erhält, keine gleiche Durchschnittstemperatur in verschiedenen Zonen hat und 2), dass diese Temperatur im Sommer in Lappland sechsmal höher
ist als am Äquator. Diese Unterschiede | erklären die hohe vegetative Kraft, die |5v
man auf den Bergen des Nordens in der Nähe des ewigen Eises beobachtet.[A] 10.

9) Die Temperatur der Quellen und des Erdinneren in beträchtlichen Tiefen ist am Äquator und in der gemäßigten Zone ungefähr der durchschnittlichen Temperatur der Luft und der des Ozeans in denselben Breitengraden gleich. Im Gegensatz dazu liegt sie in der Nähe des Polarkreises und auf der Höhe von Sankt Gotthard 3–4° über der durchschnittlichen Lufttemperatur. Die Kenntnis dieser außergewöhnlichen Tatsache, die vor drei Jahren völlig unbekannt war, ist Herrn Wahlenberg zu verdanken, der gelehrte Autor der »Flora Lapponica«[52] und eines lateinischen Werkes[53], in dem zugleich die Pflanzenstandorte in den Hochalpen und auf den am Polarkreis gelegenen Bergen diskutiert werden. Herr Wahlenberg hat die Temperatur von Quellen in Europa, in verschiedenen Höhen, mit entsprechenden Beobachtungen, die Herr Bonpland und ich auf dem Rücken der Anden gemacht haben, verglichen. Der soeben entdeckte Unterschied zwischen der Erdtemperatur am Äquator und in Lappland, in den Ebenen der gemäßigten Zone und auf dem Rücken der Alpen, ist ohne Zweifel der Schneemasse geschuldet, die den Rücken der Berge der Schweiz und die Ebenen des Nordens gleichmäßig und mit großer Mächtigkeit bedeckt. Dieser weiche Schnee, der in seinen Zwischenräumen viel Luft enthält, ist ein schlechter Wärmeleiter. Die Wirkung großer Fröste, von 20 bis 30° unter Null, die für eine kurze Zeit überall zirkulieren, ist zu langsam, um vollständig an das Innere der Erde weitergegeben zu werden. Unsere Instrumente berücksichtigen die kurz-

[A] *Anmerkung des Autors* Die Höhe des ewigen Schnees ist das gleichzeitige Ergebnis der Schneemenge, die im Winter fällt, und der Hitze der Sommermonate.

[52] Wahlenberg 1812. [53] Wahlenberg 1813.

lebigsten Temperaturveränderungen: Aber die Erdkugel, die gleichmäßig mit einer mächtigen Schicht aus Schnee und Eis bedeckt ist, entgeht dem Einfluss kleinerer Schwankungen der Atmosphäre. Auf diese Weise können Erscheinungen der Vegetation mit einiger Sicherheit diskutiert werden, wenn es gelingt, sie in Zahlen auszudrücken und sie auf allgemeine Gesetze zurückzuführen.[A]

[A] *Anmerkung des Autors* Wahlenberg glaubt, dass überall dort, wo die Erdtemperatur 0 beträgt, die Vegetation aufhört, das heißt an der Grenze des ewigen Schnees. Gilbert[54], Seite 278. Infolgedessen ist meiner Meinung nach 1) bei 67° Breite, auf 550 Toisen, die durchschnittliche Lufttemperatur mindestens −5°, da der Unterschied zwischen Luft und Erde in dieser Höhe größer sein wird als in Lappland in den Ebenen. 2) Dass am Äquator die Erdtemperatur bei 2460 Toisen unter der Lufttemperatur liegt.

[54] Wahlenberg 1812a.

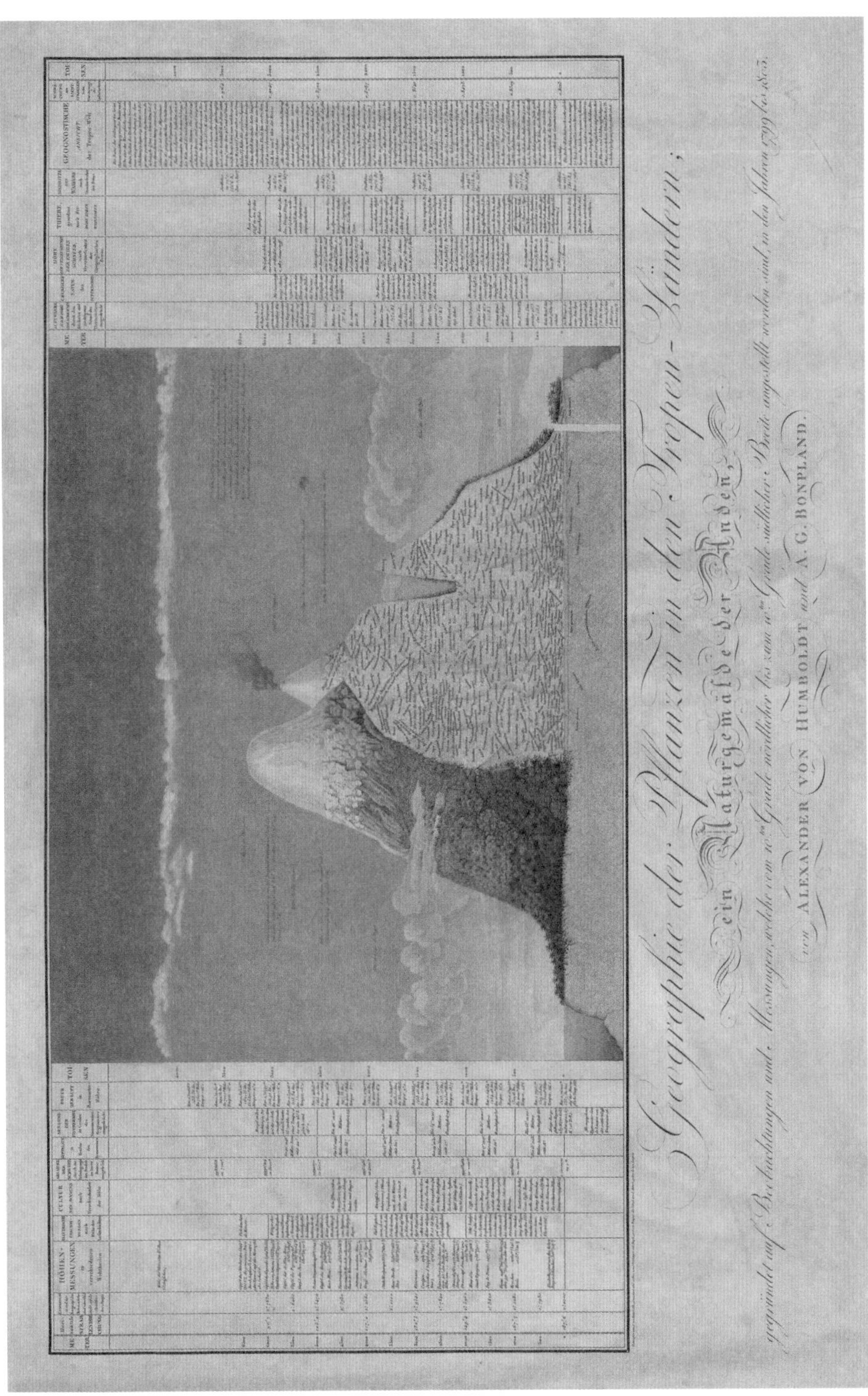

Abb. 1.9 Alexander von Humboldt, »Geographie der Pflanzen in den Tropen-Ländern«, 1807 (Quelle: Zentralbibliothek Zürich, Wikimedia Commons, Public Domain)

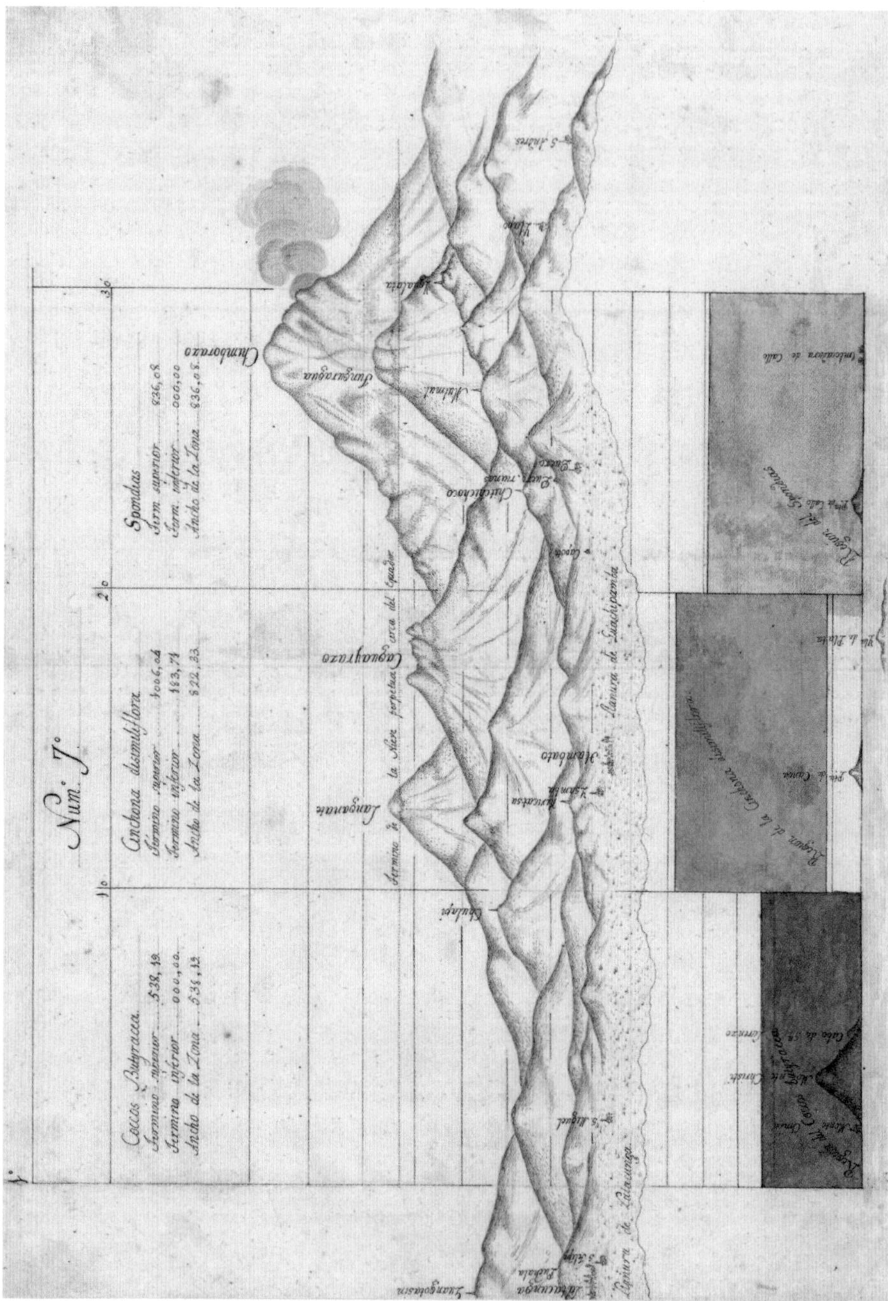

Abb. 1.10 Francisco José de Caldas, Pflanzengeographisches Profil der Anden von Loja bis Quito, undatiert (Quelle: Mauricio Nieto Olarte, La obra cartográfica de Francisco José de Caldas, Bogotá: Ed. Uniandes 2006. Mit freundlicher Genehmigung des Autors)

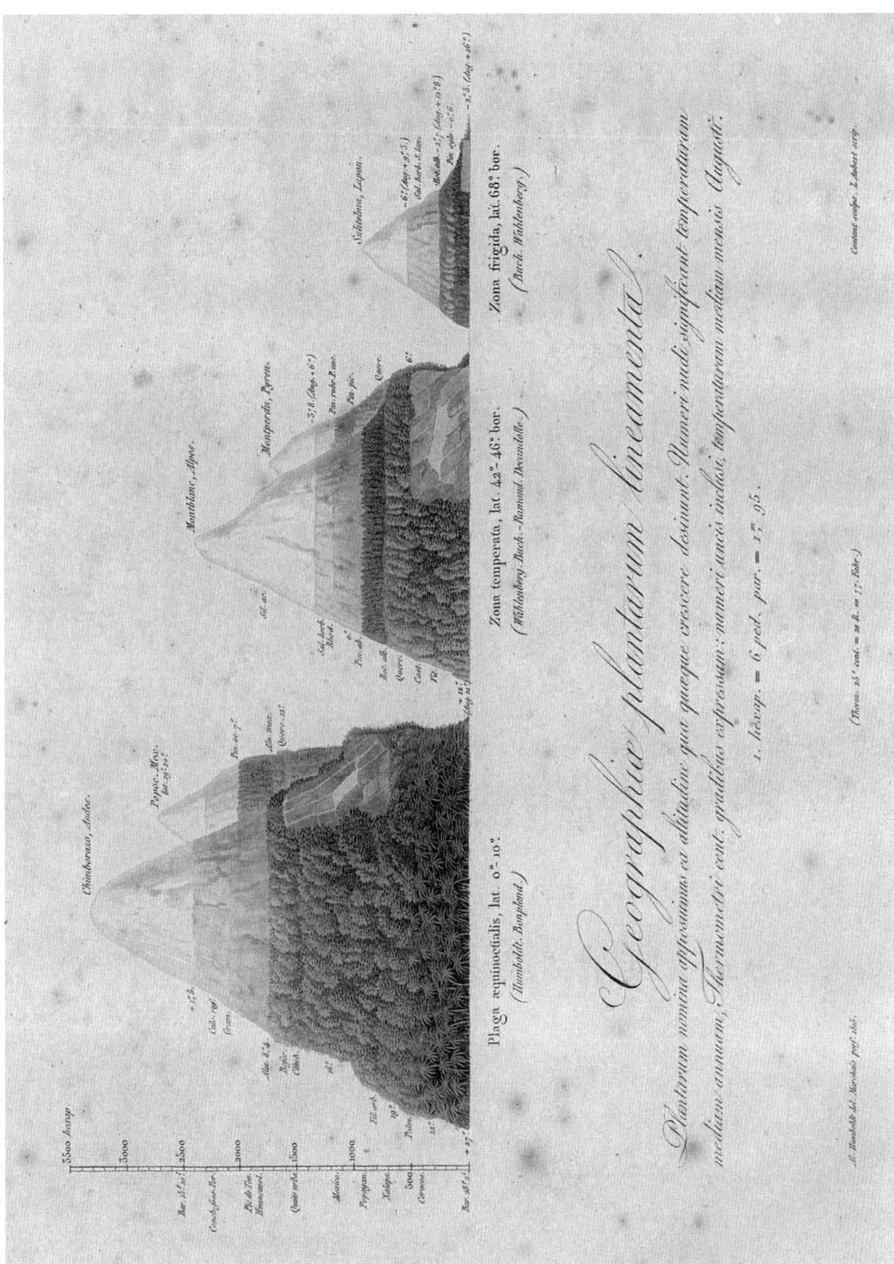

Abb. 1.11 »Geographiae plantarum lineamenta«, in: Humboldt, Alexander von/Bonpland, Aimé/Kunth, Carl Sigismund (1815[1816]): *Nova genera et species plantarum*. Tome premier. Paris: Libraria Graeco-Latino-Germanica (Voyage de Humboldt et Bonpland, Sixième Partie. Botanique)

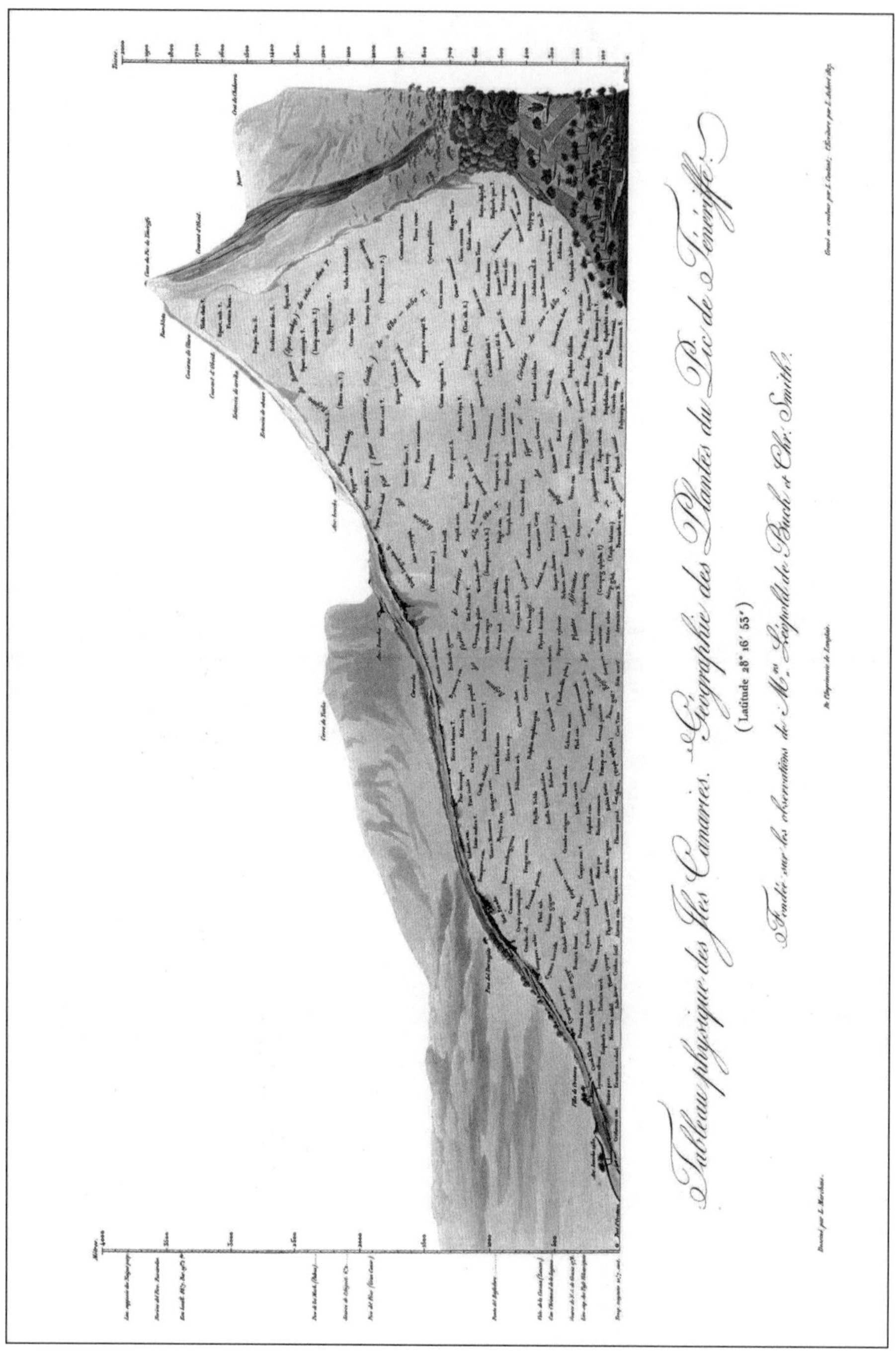

Abb. 1.12 »Tableau physique des Iles Canaries. Géographie des Plantes du Pic de Ténériffe«, in: Humboldt, Alexander von (1814–1834[–1838]): *Atlas géographique et physique des régions équinoxiales du Nouveau Continent, fondé sur des observations astronomiques, des mesures trigonométriques et des nivellemens barométriques.* Paris: Librairie de Gide (Voyage de Humboldt et Bonpland, Première Partie)

Fragen Humboldts an Robert Brown zur Pflanzengeographie (1816)

Diesen Fragenkatalog richtete Humboldt an den Botaniker und Forschungsreisenden Robert Brown, der sich im Spätsommer 1816 in Paris aufhielt (vgl. Mabberley 1985, 198f.). Die Fragen stehen zeitlich und inhaltlich mit Humboldts Schrift *De Distributione geographica plantarum secundum coeli temperiem et altitudinem montium, Prolegomena* in Zusammenhang. Diese war zunächst 1815 als Vorrede zum ersten Band der *Nova genera et species plantarum* erschienen (Humboldt/Bonpland/Kunth 1815–1825, I, III–LVIII). Ende 1816 veröffentlichte Humboldt einen erweiterten Separatdruck (Humboldt 1817, vgl. Fiedler/Leitner 2000, 319). Robert Brown beschäftigte sich zur gleichen Zeit wie Humboldt mit den weltweiten geographischen Verteilungsmustern der Pflanzen (vgl. z.B. Brown 1814). Die 22 Fragen (die Nr. 13 vergibt Humboldt aus Versehen doppelt) behandeln unter anderem die Verbreitung der Gattungen Pinus und Quercus in Europa, Asien und Amerika, mögliche Ausbreitungswege von Pflanzen über die Erde, Pflanzen, die sowohl der nördlichen als auch der südlichen Hemisphäre angehören sowie einen Vergleich des Vegetationscharakters von Südafrika, Australien und Amerika.

↗H0015180

| Humboldt |3r

à Paris quai Malaquai numéro 3

Géographie des Plantes, jusqu'au mois de Janvier ou Février 1817.

1. Si vrayement pas de Pinus dans l'hémisphère austral, si le Brésil, Buenos ayres et le Chili n'en renferment pas et si tout ce que les Espagnols et Brésiliens apellent Pino est l'Araucaria.

2. L'Araucaria du Brésil diffère-t-elle de celle de Chili?

3. Y-a-t-il des Pins dans la partie équinoxiale des Indes orientales? Le Pinus longifolia avance-t-il au Sud du Napaul au-delà du tropique du Cancer.

4. Quels sont les Pins du Thibet; de la Chine? Sont ce des espèces d'Europe ou de l'Asie boréale?

5. Procurer des fruits de Pinus occidentalis de la Jamaique. Savoir, jusqu'à quelle hauteur il descend des montagnes: on peut juger de la hauteur par le climat.

6. Est-il probable, comme le prétend Thunberg que nos Pinus sylvestris et Pinus cembra sont au Japon?

|3v | 7. Cactus. Reste-t-il quelque doute sur son origine toute Américaine. Les Cactus des Indes orientales de Roxbourg?

8. Azores. Ont-elles quelque trait de Végétation Américaine? On n'y a pas trouvé de Cactus.

9. Demandez aux personnes qui ont habité l'Inde orientale, si le Tabasheer du Bambusa, lorsqu'il n'est pas encore endurci, a de la douceur? C'est le Sucre des anciens.

10. Trouve-t-on dans les Indes orientales dans la partie tropicale des plantes dicotylédones de l'Europe et de la Sibérie. Passent-elles du Nord au Sud les montagnes de l'Asie centrale?

11. Prunella vulgaris, Potentilla anserina, Samolus Valerandi que Vous avez trouvées dans la Nouvelle Hollande, les a-t-on trouvés dans le Boutan, aux montagnes de Silhet, dans la région tempérée des Indes orientales?

|4r | 12. L'Afrique australe, le Cap de bonne Espérance, a-t-il des espèces européennes?

13. Leschenault dit avoir vu des chênes (quercus) dans l'est de Java. En connoissez-Vous dans l'hémisphère austral autre part?

13.[55] Plantes communes aux tropiques des deux Continents. Si les Bombax diffèrent? Guilandina Bonduc? Sesuvium portulacastrum?

14. Asplenium monanthemum et Aspidium punctulatum seroient-ils les mêmes dans les deux Continens?

15. Le Rhizophora Mangle, décrit par Strabon.

16 Pas de Rosa dans l'hémisphère austral?

17. Si nos Céréales sont sauvages dans le nord de l'Inde, comme on l'assure.

18. Rapports dans la Physionomie des végétaux et leurs affinités naturelles entre les
|4v 3 extrémités des continents, le Sud de | L'Afrique, de la Nouvelle Hollande et de
l'Amérique.

[55] Humboldt vergibt die Nummer 13 in seinem Fragenkatalog versehentlich doppelt. Brown führt die Zählung in seinen Antworten allerdings lückenlos fort. Im Folgenden beziehen sich also Humboldts Frage 13[b] auf Browns Antwort 14; Humboldts Frage 14 auf Browns Antwort 15 usf.

19. Beaucoup de marins anglois séjournent aux Galapagos à cause de la pêche de la baleine. Se procurer quelques plantes, pour voir si elles ont déjà des rapports avec les plantes des îles de la Société.

20. En examinant les îles de la mer du Sud de l'ouest à l'est, de la Nouvelle Hollande vers l'Île de Pâques, voit-on augmenter un peu les rapports avec l'Amérique. Je pense que non!

21. Je voudrois connoître une plante qui fût à la fois dans les zones tempérées et équinoxiales des 2 hémisphères. Dactyloctenium aegyptiacum?

Je serai très heureux si Monsieur Brown daigne seulement répondre à quelques unes de ces questions.

humboldt.

Fragen Humboldts an Robert Brown zur Pflanzengeographie (1816) – deutsche Übersetzung

Siehe die Herausgebereinleitung zu diesem Text S. 59.

↗H0018388

| Humboldt |3r

in Paris, Quai Malaquai Nummer 3.

Geographie der Pflanzen, bis Januar oder Februar 1817.

1. Ob wirklich keine Pinus in der südlichen Hemisphäre, ob Brasilien, Buenos Aires und Chile solche nicht einschließen und ob alles, was die Spanier und Brasilianer Pino nennen, die Araucaria ist?

2. Unterscheidet sich die Araucaria Brasiliens von derjenigen Chiles?

3. Gibt es Kiefern im äquinoktialen Teil von Ostindien? Wandert die Pinus longifolia südlich von Nepal über den Wendekreis des Krebses hinaus?

4. Welche sind die Kiefern von Tibet, von China? Sind es Arten aus Europa oder aus Nordasien?

5. Beschaffen Sie Früchte von Pinus occidentalis aus Jamaika. Man muss wissen, bis zu welcher Höhe sie von den Bergen hinabsteigt: Man kann die Höhe nach dem Klima beurteilen.

6. Ist es wahrscheinlich, wie Thunberg behauptet, dass unsere Pinus sylvestris und Pinus cembra in Japan sind?

|3v | 7. Kaktus. Bleibt irgendein Zweifel an seiner rein amerikanischen Herkunft? Die ostindischen Kakteen von Roxburgh?

8. Azoren. Haben sie irgendeinen Zug der amerikanischen Vegetation? Man hat dort keinen Kaktus gefunden.

9. Fragen Sie die Menschen, die in Ostindien gewohnt haben, ob der Tabaxir der Bambusa, wenn er noch nicht gehärtet ist, Süße hat. Es ist der Zucker der Alten.

10. Findet man in Ostindien im tropischen Teil zweikeimblättrige Pflanzen Europas und Sibiriens? Überqueren sie die Berge Zentralasiens von Nord nach Süd?

11. Hat man Prunella vulgaris, Potentilla anserina, Samolus valerandi, die Sie in Neuholland gefunden haben, in Bhutan, in den Bergen von Sylhet, in der gemäßigten Region von Ostindien gefunden?

|4r | 12. Hat das südliche Afrika, das Kap der Guten Hoffnung, europäische Arten?

13. Leschenault sagt, dass er Eichen (Quercus) in Ostjava gesehen hat. Sind Ihnen solche in der südlichen Hemisphäre anderswo bekannt?

13.[56] Pflanzen, die den Tropen beider Kontinente gemein sind. Ob die Bombax sich unterscheiden? Guilandina Bonduc? Sesuvium portulacastrum?

14. Wären Asplenium monanthemum und Aspidium punctulatum in beiden Kontinenten die gleichen?

15. Die Rhizophora mangle, von Strabon beschrieben?

[56] Humboldt vergibt die Nummer 13 in seinem Fragenkatalog versehentlich doppelt. Brown führt die Zählung in seinen Antworten allerdings lückenlos fort. Im Folgenden beziehen sich also Humboldts Frage 13[b] auf Browns Antwort 14; Humboldts Frage 14 auf Browns Antwort 15 usf.

16 Keine Rosa in der südlichen Hemisphäre?

17. Ob unsere Getreidearten in Nordindien wild vorkommen, wie man versichert?

18. Beziehungen der Physiognomie der Gewächse und ihre natürlichen Verwandtschaften zwischen den drei äußeren Rändern der | Kontinente, dem Süden Afrikas, |4v
Neuhollands und Amerikas.

19. Viele englische Seeleute halten sich wegen des Walfangs auf den Galapagosinseln auf. Beschaffen Sie sich einige Pflanzen, um zu sehen, ob sie bereits Beziehungen zu den Pflanzen der Gesellschaftsinseln haben.

20. Betrachtet man die Inseln der Südsee von West nach Ost, von Neuholland bis zur Osterinsel, sieht man die Beziehungen zu Amerika etwas zunehmen? Ich glaube das nicht!

21. Ich möchte eine Pflanze kennenlernen, die zugleich in den gemäßigten und äquinoktialen Zonen beider Hemisphären vorkäme. Dactyloctenium aegyptiacum?

Ich werde sehr glücklich sein, wenn Herr Brown geruht, nur einige dieser Fragen zu beantworten.

Humboldt.

Answers to Baron A. Humboldt's queries on Botanical Geography (Ende 1816 oder Anfang 1817)

Robert Brown

Das Dokument enthält die Antworten des Botanikers und Forschungsreisenden Robert Brown auf einen im Spätsommer 1816 in Paris verfassten Fragenkatalog Humboldts zur Pflanzengeographie. In seinem Dankschreiben (Paris, 18. April 1817, British Library, Correspondence and Papers of Robert Brown, Add MS 32440, fol. 144) geht Humboldt insbesondere auf die ausführliche Liste in Antwort Nummer 14 ein, in der Brown Pflanzen aufführt, die sowohl in den Tropen der Alten als auch der Neuen Welt heimisch sind. Die zahlreichen Bearbeitungsspuren Humboldts in Form von Notizen und angeklebten Zetteln belegen eine immer wieder aufgenommene, mindestens bis in die späten 1840er Jahre reichende Beschäftigung mit diesem Manuskript.

↗H0015188

N1

|6r | Answers to Baron A. Humboldt's queries on Botanical Geography.[A]

Number 1. I have no reason to believe that any species of Pinus is found in the Southern hemisphere.

– 2. The Araucaria of Brazil (no doubt the Pino of the inhabitants) of which we have seeds and specimens with young female aments, appears to be the same as that of Chili.

– 3. There are at least two species of Pinus in India. Pinus longifolia of Roxburgh & Lambert, and Pinus Deodwara of Roxburgh's unpublished flora indica[57], which is nearly allied to Pinus Cedrus.

Neither of them are known to grow within the tropic. Of Pinus longifolia, Roxburgh says that it is found among the mountains of Nepaul and on those north of the plains of Bengal, Oude &c. Pinus Deodwara is a native of the mountains north of Rohilcund.

– 4. I possess no correct information concerning the Pines of Thibet nor even of
|6v those of China except Pinus Massoniana of Lambert, of which | there are specimens in Sir Joseph Banks's Herbarium from Danes Island near Canton.

– 5. Pinus occidentalis is not a native of Jamaica. The only specimens in Sir Joseph Banks's Herbarium are a branch without fructification from Doctor Swadtz and two cones lately received from Hispaniola. Of these I send one for your inspection begging it may be return'd by Mister Von Buch[58].

– 6. I have no means of answering this query there being no Japanese specimens of the genus Pinus here. It is however I think quite as likely that Thunberg may be mistaken as correct on this subject & it is not unlikely that Pinus Massoniana may be his Pinus sylvestris.

[A] *Anmerkung des Empfängers* par Monsieur Brown

[57] Eine erste Edition der Flora Indica gab William Carey zwischen 1820 und 1824 heraus (Roxburgh/Carey/Wallich 1820–1824). [58] Vgl. Humboldt an Brown, Paris, 18. April 1817: »Le cône de Pinus occidentalis ressemble beaucoup à celui du Mexique, mais il me paroît bien singulier que ce Pin ne se trouve pas sur les hautes montagnes de la Jamaïque, tandis qu'il est si commun à l'Île des Pinos au Sud de la Havane presque au niveau de la mer.« British Library, Correspondence and Papers of Robert Brown, Add MS 32440, fol. 144.

– 7. Doctor Roxburgh (in flora indica inedita) regards his Cactus indicus as distinct from Cactus cochinellifer and Cactus Opuntia and believes it (chiefly from information of its being very general, and from its having a native name) to be indigenous in India: of the probability of this I have no good means of judging. But it appears somewhat unfavourable to the opinion that there is no Sanscrit name for the plant. In the same work Doctor Roxburgh has also a second species from China which he considers new and which indeed both from his description and figure may very well N2 be distinct from | Cactus cochinellifer and Cactus opuntia to which it most nearly |8r approaches. This plant it appears is now growing in the Island of Saint Helena.

– 8. I know of no approach to American vegetation in the Azores. But we know very little of the Botany of these Islands. It is remarkable that Erica vulgaris should be a common plant on the hills of Saint Miguel.

– 9. On the subject of the taste of recent Tabasheer I may refer you to Doctor Russell's paper in Philosophical Transactions volume 80. page 274 & seq.[59] where he says that in a semifluid state it had a slight saline sub-astringent taste; that the residuum had a pretty strong saline taste with less astringency. The substance in a more inspissated state had a sharp salt taste which it loses in a great degree by keeping.

Tabasheer was produced in the Hothouse of Doctor Pitcairn in a solid state. The taste of this pebble is not mention'd.

– 10. I have no correct information to give on the subject of this query.

– 11. None of the plants mention'd in this query are known to me as natives of Northern India. In Mister Saunders's Journal published in Philosophical Transactions | volume 79[60] and in the appendix to Turner's Tibet[61] many European plants are |8v mention'd as natives of that country. Among these are Vaccinium Myrtillus and Vaccinium oxycoccos. Arbutus Uva-ursi and what is more remarkable still an Erica of which the specific name is not given but he can hardly have been mistaken in the genus.

– 12. Many European plants are noticed by Thunberg as natives of South Africa and of several of these, at least, there seems to be no reason to doubt. I have myself found at the Cape Samolus Valerandi and Corrigiola littoralis.

– 13. There appears to me no reason to doubt Rumph's Quercus molucca's from which the Linnean species so called was established, being really a Quercus. Altho' Commerson has consider'd it as more probably a Laurus. In Sir Joseph Banks's Herbarium there is more than one species of the genus from Sumatra, and one from Java.

[59] Russell 1790. Vgl. Humboldt 1817, 211. [60] Saunders 1789. [61] Turner 1800.

– 14.[62] I entertain myself no doubt that there are many plants common to the aequinoctial regions of both Continents: with respect to the plants mention'd in your
N3 query | the specimens here are too imperfect to determine the point. But I subjoin
|10r a list of those I consider the best ascertain'd.[A]

Acotyledones

- Pteris pedata Linnaeus
- Psilotum triquetrum Swadtz
- Lycopodium cernuum Linnaeus

Monocotyledones

- Milium punctatum Linnaeus
- Agrostis virginica Linnaeus
- Setaria glauca
- Cladium mariscus Brown prodromus[63]
- Fuirena umbellata
- Eleocharis capitata prodromus[64]
- Rhynchospora aurea prodromus[65]

Dicotyledones

- Avicennia tomentosa
- Herpestis Monniera = gratiola Monnieria
- Sphenoclea zeylanica
- Ipomoea Pes-caprae
- Scoparia dulcis
- Sonchus oleraceus
- Oxalis corniculata
- Cardiospermum halicacabum
- Suriana maritima
- |10v Sophora tomentosa[B] |

[A] *Anmerkung des Empfängers* Plantes communes aux Régions tropicales de l'ancien et nouveau Continent. [B] *Anmerkung des Empfängers* Samolus Valerandi und Corrigiola littoralis (europäisch) fand Brown am Cap. MSS numero 12, auch Goodenia littoralis Neu Holland identisch mit südamerikanischer von Cavanilles beschrieben.

[62] Humboldt vergibt die Nummer 13 in seinem Fragenkatalog versehentlich doppelt. Brown führt die Zählung in seinen Antworten allerdings lückenlos fort. Im Folgenden beziehen sich also Browns Antwort 14 auf Humboldts Frage 13[b] (»Plantes communes aux tropiques...«), Browns Antwort 15 auf Humboldts Frage 14 usf. [63] Brown 1810a, 236. [64] Brown 1810a, 225. [65] Brown 1810a, 230.

– 15. To answer this query it is necessary to go a little into the history of the two plants mention'd in it.

1st Asplenium monanthemum. Linnaeus. Linneus by whom the species was established had his plant from Promontorio bonae spei and it is figur'd in Smith's icones ineditae 73[66]. This plant I have gather'd at the Cape of Good Hope. The additional loci natales of »Insulae Philipp. Marian. Peru & Nova Hispania« in Swadtz's synopsis[67] & Willdenow's species[68] are first given by Cavanilles in his demonstrations 1801 page 258[69] on the authority of Nee's Herbarium and probably adopted by these authors without consideration.

In Herbario Banksiano there is no American species approaching to monanthemum. There is one however from the Sandwich Islands nearly related to it which may very likely be the plant of the Phillippine & Mariane Islands. The evidence of either this or of true monanthemum being American does not appear to me satisfactory.

2d Aspidium punctulatum Willdenow species 5 page 220[70] is first established by Swadtz in synopsis filicum[71] probably from the Sierra Leone plant which it appears he had from Afzelius, though the specific name be taken from Plumier: loco citato[72]. I am inclin'd to think Swadtz has no West India specimen of his punctulatum & if so its being American will depend on the correctness of his reference. In my opinion a very slender foundation for identity of species in that tribe or | section of Nephrodium to which it belongs. |11r

–16. I have not yet looked into Strabo for Rhizophora Mangle.

–17. No Rosa I believe is known to exist in the Southern hemisphere. Nor is our other national genus, Carduus.

–18. I have nothing satisfactory to say on this subject.

–19. I have nothing to add to what I have formerly said on this subject in my General remarks &c[73].

–20. At present we know little or nothing of the vegetation of the Galapagoes.

–21. To this I have only to repeat what I have said respecting 19.

[66] Smith 1789–1791, Fasciculus III, 73. [67] Swartz 1806, 80. [68] Linné/Willdenow/Link 1797–1830, V, 322–323. [69] Cavanilles 1802. [70] Linné/Willdenow/Link 1797–1830. [71] Swartz 1806, 46; 245. [72] Swartz 1806, 245. [73] Brown 1814.

–22. In answer to this query I subjoin a list of plants common to the temperate and torrid zones of both hemispheres.

Acotyledones

- Roccella fuciformis }
- Sticta crocata } Acharius lichenographia[74]
- Stereocaulon paschale }
- |11v | Psilotum triquetrum[A, B]

Monocotyledones

- Agrostis virginica
- Sporobolus indicus
- Milium punctatum
- Setaria glauca
- Scirpus maritimus
- Cladium mariscus[C]

[A] *Anmerkung des Empfängers* Plantes communes à la Zone équinoxiale et tempérée [B] *Anmerkung des Empfängers* !! Viel allgemeines über Verbreitung gewisser Species Siehe in meiner Relation historique livre 4 Chapitre 13 édition octavo Tome 4 pages 226–243[75]. [C] *Anmerkung des Empfängers* in Neu Zeeland (Nord Insel) Avicennia tomentosa wie bei Cumaná, Mexico und Guayaquil und West Afrika. Kunth Synopsis[76] II 67 und in Neu Zeeland häufig Typha angustifolia von Europa, vielleicht auch Tacarigua Kunth Synopsis[77] I 132.

[74] Vgl. Acharius 1810, 115; 440; 447 f. [75] Humboldt 1816–1831. [76] Kunth 1822–1825. [77] Kunth 1822–1825.

Dicotyledones

- Verbena officinalis
- Oxalis corniculata
- Solanum nigrum
- Sigesbeckia orientalis
- Sonchus oleraceus[A, B, C]

[A] *Anmerkung des Empfängers* Potentilla anserina fast in der ganzen Welt Hooker pagina 264[78]. Schleiden nennt Gänseblumen Bellis perennis (Pflanze pagina 91[79]) und 237 und will auch sie sei überall. Dubito. [B] *Anmerkung des Empfängers* Pflanzen die sich ersezen Hooker pagina 230[80]. [C] *Anmerkung des Empfängers*

a) Pflanzen die gemein sind Neu Holland Deutschland und Nord America nach Brown also nördliche und südliche temperierte Zonen. Humboldt de distributione pagina 57. 63.[81]
b) Alles gemeinsame behandelt Ibidem[82] pagina 53–67.
c) noch mein Manuskript und Hooker Montagne DeCaisne.
d) in Neu Holland und Europa Prunella vulgaris, Lemna minor, Arundo phragmites Schleiden pagina 237[83] alles De distributione pagina 57[84].
e) Nord Europa und Nord Amerika gemein de distributione pagina 55[85] im Ganzen 385 Species pagina 53[86]
f) Unsere Typha angustifolia gewiss in Neu Zeeland Dieffenbach. I pagina 426[87].

3) Gemeinschaftliche Gräser Europa und Neu Holland De distributione pagina 202[88].
4) Gentiana andicola Grisebach in Peru und Campbell Island.
   Gentiana prostrata Cärnther Alpen, Cap de l'Espérance, Campbell Island und Süd Chili Hooker pagina 56[89]!! geht wie Trisetum subspicatum im North East über Andes von Pol zu Polarland Hooker pagina 230.[90]

5) Drimys Winteri von Neu Granada bis Tierra del Fuego in 68° latitudo Hooker pagina 230[91].
6) Viola cheirantifolia vom Pic Tenerife gehört den Pyrenäen Relation historique octavo Tome IV pagina 230[92]. Phleum alpinum Schweiz und Magellanica nach Brown loco citato pagina 229[93].

[78] Hooker, J. D. 1844–1860, I.1. [79] Schleiden 1848. [80] Hooker, J. D. 1844–1860, I.1: »There are many instances of genera having representatives in those three botanical regions [Südamerika, Australien, Neuseeland, UP], the species being in general mutually more related than to any others [...]. This similarity in some of the botanical productions of countries, otherwise unlike in vegetation, is far more remarkable than a total dissimilarity between lands so far separated, or even than a positive specific identity would be at first sight; because it argues the operation of some agent far above our powers of comprehension, and far other from what we commonly observe to affect geographical distribution. [81] Humboldt 1817. [82] Humboldt 1817. [83] Schleiden 1848. [84] Humboldt 1817. [85] Humboldt 1817. [86] Humboldt 1817. [87] Dieffenbach 1843. [88] Humboldt 1817. [89] Hooker, J. D. 1844–1866, I.1. [90] Hooker, J. D. 1844–1860, I.1. [91] Hooker, J. D. 1844–1860, I.1. [92] Humboldt 1816–1831. [93] Humboldt 1816–1831, IV.

N1 *Aufgeklebte Notiz des Empfängers*

|5r | Brown m'a dit que le Goodenia littoralis de la Nouvelle Hollande a été décrit par Cavanilles (Sellière) de l'Amérique méridionale (la même espèce). Il y a de vrais Wintera à la Nouvelle Zéelande. Voyez Remarks page 57[94].

N2 *Aufgeklebte Notiz des Empfängers*

|7v | Plantes sociales

Monsieur Brown dans un célèbre mémoire sur les Protéacées (Transactions of the Linnean Society Volume 10 Part I (1810) page 20[95] adopte mon idée des plantes sociales et ajoute que celles que l'on trouve sous les tropiques ne se trouvent presque qu'à de grandes hauteurs ou sur les côtes. Protéacées sociales bloß Protea argentea et Protea mellifera (Afrika) und Banksia speciosa (New Holland).

Les Protéacées presque exclusives à l'hémisphère austral surtout aux grandes îles (Nouvelle Hollande Nouvelle Zéelande), pas les petites, pas à Madagascar, moins les Continens, ceux de l'Amérique ressemblans plus à celles de la Nouvelle Hollande qu'à celles de l'Afrique. Les plus grandes masses sous les 30–36°,[A] latitude Sud. Grevillea. Hakea. Banksia. Persoonia. À la Nouvelle Hollande plus au Sudouest qu'à l'est. Östlich mehr Amerika, westlich mehr afrika ähnlich. Gehen in Tropen bis höchste Berge.

tournez

|7r | Brown bemerkt daß so wie ich Embothrium emarginatum (Oreocallis grandiflora) bei Cuenca so hoch gefunden, so auch er in Van Diemen Embothrium bis 4000 englische Fuß hoch.

Nur 2 genera gemeinschaftlich den Continenten, ein nördliches Genus Rhopala in Amerika, Cochinchine und Malayisches Archipel. und Embothrium das südlichste genus Amerika und Neu Holland.

Lieben Seenähe, trokne sandige Klippen, daher wohl selten Orinoco.

wenige Salzige Sümpfe von Embothrium ferrugineum Cavanilles.

Nach Brown in Amerika 2 ächte Embothria nemlich Embothrium coccineum Forster tierra del fuego und Embothrium lanceolatum Flora Peruviana[96] Concepción de Chili und 1 Oriocallis nemlich: Oriocallis grandiflora (Embothrium grandiflorum Lamarck) ou Embothrium

A *Anmerkung des Empfängers* Banksia integrifolia Seepflanze bis 40 latitudo

94 Brown 1814. 95 Brown 1810, 23: »The celebrated traveller Humboldt is the first who has expressly pointed out a remarkable difference in the distribution of the species of plants. He observes that, while the greater number grow irregularly scattered and mixed with each other, there are some which form considerable masses, or even extensive tracts, to the nearly absolute exclusion of other species.« 96 Ruiz/Pavón 1798–1802, I, 62.

emarginatum Flora Peruviana[97] in collibus frigidis Tarmae und 10 Species Roupala in Amerika Roupala montana, Roupala media, Roupala nitida, Roupala peruviana (Embothrium monospermum. Flora Peruviana[98]) lezte in montibus frigidis Peruviae: in Molukken Roupala moluccana, Roupala serrata: in Cochinchine Roupala cochinchinensis.

N3 *Aufgeklebte Notiz des Empfängers*
| Ausser Tierra del Fuego wo 33 englische Pflanzen sind, ist es falsch dass analoge Klimate gleiche Pflanzen hervorbringen, lies Hooker in Ross Voyage Tome II page 302[99]. |9r

[97] Ruiz/Pavón 1798–1802, I, 62. [98] Ruiz/Pavón 1798–1802, I, 63. [99] Ross 1847, II, 302: »The naturalist who first visited the Fuegian shores felt probably only disappointment when recognising the familiar genera and representative species of his European home: he would naturally infer, with a corresponding diminution of interest, that analogous latitudes produce an analogous vegetation in opposite hemispheres. Experience has proved the fallacy of such a conclusion; and accordingly the Flora of Fuegia claims an additional and peculiar charm, in its being the only region south of the tropics where the botany of our temperate zone is, as it were, repeated to a very considerable extent.«

2.

Netzwerke botanischer Forschung

»Jederzeit zu Diensten«
Karl Ludwig Willdenows und Carl Sigismund Kunths Beiträge zur Pflanzengeographie Alexander von Humboldts

Staffan Müller-Wille
Katrin Böhme

> Charakteristisch für Humboldts Forschen und Schreiben ist, dass es an kein Ende gelangt.[1]

Einleitung

Unter Wissenschaftshistorikern ist Alexander von Humboldt vor allem für die Einführung messender, quantifizierender und statistischer Verfahren in die naturgeschichtlichen und geographischen Disziplinen bekannt. Wissenschaft Humboldt'scher Prägung war wesentlich, wie der Ökologiehistoriker Frank N. Egerton formuliert hat, eine »Wissenschaft der Korrelationen«.[2] Dabei ging es Humboldt nicht einfach nur um die Registrierung empirischer Sachverhalte. In der Ermittlung von Verteilungen, Durchschnitten und Zahlenverhältnissen sah er vielmehr den Schlüssel zur Erkenntnis von Naturgesetzen, die die scheinbar chaotischen Erscheinungen der belebten und unbelebten Natur beherrschten, und deren Erkenntnis auch empirische Naturwissenschaften wie Botanik und Geognosie, Immanuel Kants Skepsis zum Trotz, auf mathematische Grundlagen zu stellen vermochte.[3] Ein Wissensfeld, auf das dieser Ansatz besonders befruchtend wirkte, war die Pflanzengeographie oder »botanische Arithmetik«, wie Humboldt selbst es nannte.[4] Neben Augustin-Pyrame de Candolle in Frankreich und Robert Brown in England, gilt Humboldt als Begründer dieser Wissenschaft, die bis weit in die zweite Hälfte des 19. Jahrhunderts mit ihren avancierten statistischen und kartographischen Methoden so etwas wie die Königsdisziplin der Botanik bildete.[5]

[1] »Alexander von Humboldt«. In: *Wikipedia, Die freie Enzyklopädie*. Bearbeitungsstand: 19. Februar 2019, 15:01 UTC, https://de.wikipedia.org/w/index.php?title=Alexander_von_Humboldt&oldid=187585033 (Abgerufen: 15. April 2019, 15:41 UTC). [2] Egerton 2009; zur »Humboldtian Science«, vgl. auch Cannon 1978; Dettelbach 1996; Bourguet 2002. Sie schloss interessanterweise die Beobachtung und Beschreibung anthropogener Naturveränderungen schon mit ein; vgl. Cushman 2011. [3] Knobloch 2009; zum Einfluss, den Kants *Metaphysische Anfangsgründe der Naturwissenschaft* (Kant 1786) auf den jungen Humboldt hatten, vgl. Klein 2012. [4] Browne 1983; Nicolson 1987; Pässler 2018. Zur Rezeption, insbesondere durch Darwin, vgl. Browne 1983; Richardson 1981. [5] Güttler 2014.

In unserem Beitrag wollen wir am Beispiel der Pflanzengeographie auf zwei Aspekte Humboldt'scher Wissenschaftspraxis eingehen, die erst in den letzten Jahren in den Vordergrund der Historiographie gerückt sind. Erstens handelte es sich bei »Humboldt'scher Wissenschaft« um ein datenintensives Unternehmen, das papierbasierte Techniken der Zusammenführung, Verarbeitung und Visualisierung einer Vielzahl von Einzeltatsachen voraussetzte. Zweitens war dieses Unternehmen ein kollektives und arbeitsteiliges, das von komplizierten Absprachen über Zuarbeiten, Kooperationen und die Anerkennung geistigen Eigentums abhing.[6] Dabei geht es uns nicht darum, die Bedeutung und Originalität Humboldts zu schmälern. Wenn wir uns im Folgenden mit Karl Ludwig Willdenows und Carl Sigismund Kunths Anteil an der Pflanzengeographie Humboldts befassen, dann interessiert uns vielmehr ein Aspekt der Entstehung eines neuen Wissenschaftlertypus, einer neuen »scientific persona«: des Kurators oder Kustos', der bereit war, den Dienst an einem kollektiven Gesamtwerk über die eigene Autorschaft zu stellen.[7] Im ersten Abschnitt dieses Beitrags wollen wir uns zunächst Willdenow annähern, der sowohl Lehrer Humboldts als auch Kunths war. Obwohl Willdenow und Humboldt nur vier Jahre trennten, lag zwischen den beiden ein Generationenwechsel; während ersterer sich an den Kanon der Linné'schen Naturgeschichte mit seiner Fixierung auf die reine Artenkenntnis hielt, strebte letzterer »etwas Höheres« an, und sprach in diesem Zusammenhang auch durchaus despektierlich von Naturforschern wie Willdenow als »elenden Registratoren«.[8] Wie wir dann im zweiten Abschnitt am Beispiel Kunths sehen werden, ließ sich »Höheres« aber eben nur auf den Schultern solcher »elender Registratoren« erreichen, die Humboldt selbst bei hochspekulativen und eigentlich aussichtslosen Projekten zuverlässig mit Informationen versorgten. An Kunth zeigt sich darüber hinaus auch, dass das Ethos der Dienstbarkeit, welches Kuratoren auszeichnet, nicht selten tatsächlichen »Dienstbarkeitsverhältnissen« entsprang.

Willdenow: Vom Freund und Lehrer zum »streng specifisch unterscheidende[n] Mann«

Als »beste[n] aller Freunde und Schüler in der Botanik« bezeichnete sich Alexander von Humboldt am 1. Oktober 1788 im Poesiealbum von Karl Ludwig Willdenow. Der Laktanz-Spruch, den er bei dieser Gelegenheit seinem Freund mit auf den Weg gab, sprüht vor jugendlichem und aufklärerischem Übermut: Hinterfrage das tradierte Wissen kritisch, übernimm nicht die Meinung Deiner Vorfahren, sondern vertraue auf Deine Beobachtungsgabe! Benutze Deinen Verstand, um eigene Erkenntnisse

[6] Werner 2004; Schäffner 2008. [7] Zum Konzept der »scientific persona« vgl. Daston/Sibum 2003, 2: »a cultural identity that simultaneously shapes the individual in body and mind and creates a collective with a shared and recognizable physiognomy.« [8] Werner 2015, 86.

zu gewinnen![9] (Abb. 2.1) Während sich Humboldt, gespeist von zahlreichen und weit entfernten Reisen, diesen frischen Blick bewahren sollte, scheint Willdenow den hochgesteckten Ansprüchen seines Freundes später dann nicht mehr genügt zu haben.

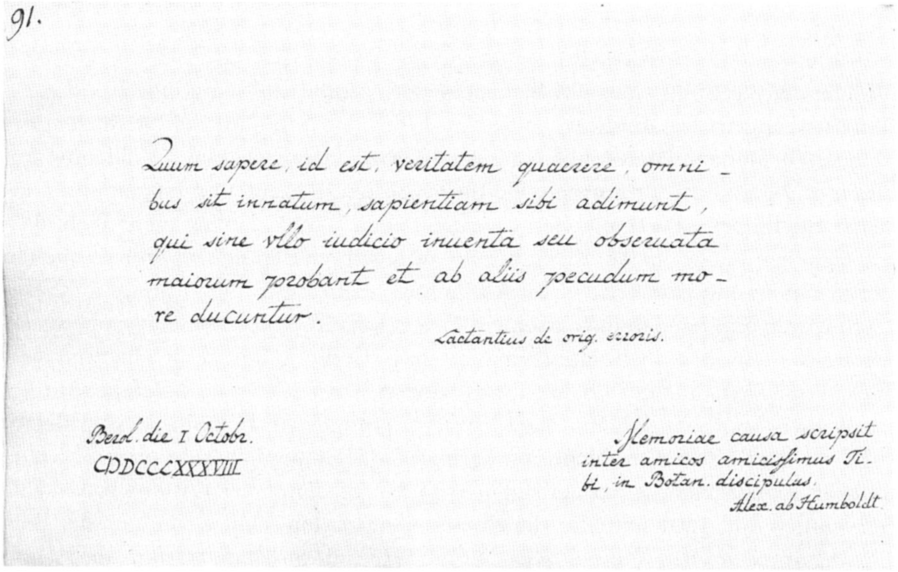

91.

Quum sapere, id est, veritatem quaerere, omnibus sit innatum, sapientiam sibi adimunt,
qui sine vllo iudicio inuenta seu obseruata
maiorum probant et ab aliis pecudum more ducuntur.

Lactantius de orig. erroris.

Berol. die I Octobr.
CIƆDCCLXXXVIII

Memoriae causa scripsit
inter amicos amicissimus Tibi, in Botan. discipulus.
Alex. ab Humboldt

Abb. 2.1 Alexander von Humboldt: Seite im Poesiealbum Karl Ludwig Willdenows. Berlin, 1. Oktober 1788. Quelle: »Denckmahl der Freundschaft gewidmet von C. L. W. 1784«, Willdenow C. L. von, Freundschafts- und Erinnerungsbuch 1784–91, Bl. 91. Botanischer Garten und Botanisches Museum Berlin – Archiv, Freie Universität Berlin.

Willdenows erstes Werk, der »Vorbote einer Flora Berlins« (*Florae Berolinensis Prodromus*), war im Frühjahr 1787 in Berlin erschienen. Der junge Humboldt nahm anhand dieser Berliner Flora botanische Bestimmungsübungen vor, legte ein eigenes »förmliches Herbarium« an und besuchte Willdenow daraufhin »unempfohlen«. Er selbst wertete diese Begegnung als wegweisend: »Von welchen Folgen war dieser Besuch für mein übriges Leben.«[10] Die Freundschaft der beiden Männer wurde vor allem aus dem gemeinsamen Interesse für Botanik gespeist. Sie schlug sich, wie wir später sehen werden, auch im Willdenow'schen Herbarium nieder. Zunächst aber wurde vor allem Humboldts botanisches Interesse im persönlichen Austausch mit Willdenow

[9] Einbandtitel: »Denckmahl der Freundschaft gewidmet von C. L. W. 1784«. Karl Ludwig Willdenow, Freundschafts- und Erinnerungsbuch 1784–91, Botanischer Garten und Botanisches Museum Berlin, Freie Universität Berlin, Archiv (ohne Signatur), Bl. 91: »Quum sapere, id est, veritatem quaerere, omnibus sit innatum sapientiam sibi adimunt, qui sine vllo iudicio inuenta seu obseruata maiorum probant, et ab aliis pecudum more ducuntur. / Lactantius de orig[ini] erroris. / Berol. die I Octbr. MDCCLXXXVIII / Memoriae causa scripsit inter amicos amicissimus Tibi, in Botan. discipulus Alex. ab Humboldt.« Vgl. Lactantius 2005, 142. [10] Humboldt 1801, Bl. 135r.

weiter entfacht, und sie diskutierten unter anderem über Ideen, wie sich die gegenwärtige geographische Verbreitung der Pflanzen unter Annahme von mehreren ›Schöpfungszentren‹ erklären lasse.[11] Angeregt durch Willdenow, begann Humboldt bereits in den frühen 1790er Jahren auf der Grundlage eigener Beobachtungen, Pläne zur Erforschung der Verteilung von Pflanzenarten auf der Erde zu entwickeln.[12]

Willdenow war Sohn eines Apothekers in Berlin und hatte selbst eine Apothekerlehre in Langensalza absolviert, bevor er 1785 zum Studium der Medizin unter anderem bei Johann Reinhold Forster nach Halle an der Saale ging. Willdenow war also mit Dokumentationsformen wie Inventarlisten, Rezeptsammlungen und doppelter Buchführung vertraut. Bereits seit der Renaissance zählten diese Techniken zur täglichen Praxis des Apothekerberufes und verbreiteten sich schon bald auch in der Verzeichnungspraxis der Naturgeschichte.[13] Sein frühzeitiges Interesse für Botanik wurde unter anderem von seinem Onkel Johann Gottlieb Gleditsch geweckt. Dieser war Direktor des Botanischen Gartens in Berlin und hatte sich hier mit Versuchen zur Sexualität der Pflanzen hervorgetan.[14] Ab 1788 war Willdenow in der väterlichen Apotheke tätig und hielt Privatvorlesungen zur Botanik. 1789 erhielt er die Professur für Naturgeschichte am Berliner Collegio medico-chirurgicum, wurde 1794 als »öffentlicher Lehrer der Botanik« in die Akademie der Wissenschaften aufgenommen und 1801 Direktor des Botanischen Gartens. Mit Gründung der Berliner Universität 1810 übernahm er hier die Professur für Botanik, starb aber schon zwei Jahre nach seiner Berufung.[15]

Bereits in der ersten Auflage seines Botanik-Lehrbuchs hatte Willdenow Fragen der Verbreitung der Pflanzen aufgeworfen. Unter dem Titel *Grundriss der Kräuterkunde* erlebte dieses Lehrbuch bis 1833 sieben Auflagen, wobei die letzten beiden von seinem Nachfolger auf dem Lehrstuhl für Botanik in Berlin, Heinrich Friedrich Link, bearbeitet worden sind. Im Kapitel »Geschichte der Pflanzen« behandelt Willdenow auch Themen der Pflanzengeographie, wozu er den Einfluss des Klimas auf die Vegetation, die Veränderungen der Pflanzenwelt selbst, die Ausbreitung der Pflanzen und letztlich ihre Verteilung über die Erde sowie den Einfluss des Menschen darauf rechnete.[16] Wie bei Humboldt später in systematischer Weise, ist schon hier bei Willdenow die Idee angelegt, dass die Verbreitung der Pflanzen von den biotischen wie abiotischen Bedingungen der Region sowie menschlicher Einflussnahme abhängig ist. Zugrunde liegen dieser Idee Beobachtungen der Ungleichverteilung der Pflanzenarten über den Erdball, wie zum Beispiel die einfache Tatsache, dass in wärmeren Regionen in der Regel mehr Pflanzenarten anzutreffen sind als in kälteren.

[11] Vgl. z.B. Jahn 1966. [12] Jahn et al. 1998, 308; Werner 2015, 86. [13] Pugliano 2012. [14] Sukopp 2011. [15] Schlechtendal 1814, v–xvi. [16] Willdenow 1792, 345.

Willdenow belegte diese Wahrnehmung mit ungefähren Mengenangaben aus geographischen Regionen und berief sich dabei auf die »Verzeichnisse der Botanisten über verschiedene Gegenden unsers Erdballs«. Er bezog sich also in seinen Überlegungen auf Lokalfloren anderer Autoren, so zum Beispiel Carl von Linnés *Flora lapponica* von 1737 oder dessen *Flora svecica* in der zweiten Auflage von 1755.[17] Linné hatte die aufgeführten Pflanzenarten durchgängig nummeriert, so dass sich Angaben zu Artenzahlen rasch ermitteln und vergleichen ließen. Auch bei Willdenow, der ganz von der Fortschreibung der Linné'schen Botanik eingenommen war, spielten solche Zahlen eine große Rolle. Anhand von Willdenows Handexemplar des *Prodromus* lässt sich aufzeigen, wie der Umgang mit diesen Zahlen dabei neues Wissen generierte.

Das Handexemplar wird heute in der Staatsbibliothek zu Berlin – Preußischer Kulturbesitz aufbewahrt, wo es sich seit dem Erwerb der Willdenow'schen Bibliothek durch den Preußischen Staat im Jahre 1818 befindet.[18] Es ist durchschossen und durchgängig annotiert, denn offenbar bereitete Willdenow eine zweite Auflage seines Erstlingswerkes vor. Sowohl auf den Durchschussblättern als auch im gedruckten Text finden sich handschriftliche Ergänzungen zur Druckausgabe. Diese betreffen insbesondere Angaben zu weiteren Fundorten von Pflanzenarten in und um Berlin, deren Häufigkeit, Korrekturen in den Artbeschreibungen, sowie Beschreibungen neuer Pflanzenarten, die in der ersten Ausgabe 1787 noch nicht verzeichnet waren.[19] Die wechselnde Tinte und das Schriftbild vermitteln den Eindruck, dass diese Notizen über einen längeren Zeitraum und unter verschiedenen Bedingungen eingetragen wurden. Es finden sich zudem vereinzelt Feuchtigkeitsränder und Reste von Pflanzen, welche die Vermutung nahelegen, dass Willdenow dieses Exemplar auf seinen Exkursionen mit sich führte und seine Eintragungen im Feld vornahm, um sie dann zu einem späteren Zeitpunkt weiterzuverwenden.

Die Pflanzenarten von Willdenows Lokalflora sind ebenfalls durchgängig gezählt. Sie enthält inklusive der im Nachtrag enthaltenen Arten 1243 Species, die auf der Grundlage des Linné'schen Sexualsystems in der veränderten Fassung seines Schülers Carl Peter Thunberg angeordnet sind.[20] Am Ende des Bandes befindet sich auf zwei Durchschussblättern eine handschriftliche Liste mit Pflanzenarten, auf die Willdenow nach Publikation des *Prodromus* bei seinen botanischen Erkundungen in und um Berlin stieß, und die als Index fungiert. Im Unterschied zum gedruckten, systematischen Teil folgt die Anordnung der neu entdeckten Arten keinem System, sondern

[17] Willdenow 1792, 349. Vgl. Linné 1737, Linné 1755. Zur Bedeutung des Artenzählens für die Entwicklung der Naturgeschichte um 1800 siehe Müller-Wille 2017. [18] »Acta betrifft den Ankauf der Bibliothek des Professor Willdenow de anno 1818«, Staatsbibliothek zu Berlin – Preußischer Kulturbesitz (fortan: SBB-PK), Handschriftenabteilung, Signatur: Acta III B 14. [19] Willdenow 1787. Das durchschossene und annotierte Exemplar befindet sich in der SBB-PK, Abteilung Historische Drucke, unter der Signatur 8° Lx 9406: R. Ausführlicher zu diesem Exemplar vgl. Böhme/Müller-Wille 2013. [20] Thunberg 1784.

ist rein kumulativ. Die fortlaufend durchgezählten Arten sind in der Reihenfolge ihrer Entdeckung respektive Eintragung aufgelistet. Die jeweilige Nummer (von 1244 bis 1378) spiegelt nun zwar nicht mehr die Position im Linné'schen System wider (dies leistete vielmehr indirekt der Artname); stattdessen gibt sie Auskunft über den Zuwachs an neu beschriebenen Arten (insgesamt 135). Humboldts Rede von »Registratoren« hatte also durchaus einen ernstzunehmenden Hintergrund, wenn man die arbiträre Mechanik in den Blick nimmt, mit der Naturhistoriker wie Willdenow Arten verzeichneten und in das Linné'sche System ›einschalteten‹, um einen unter Zeitgenossen beliebten Ausdruck zu verwenden.[21]

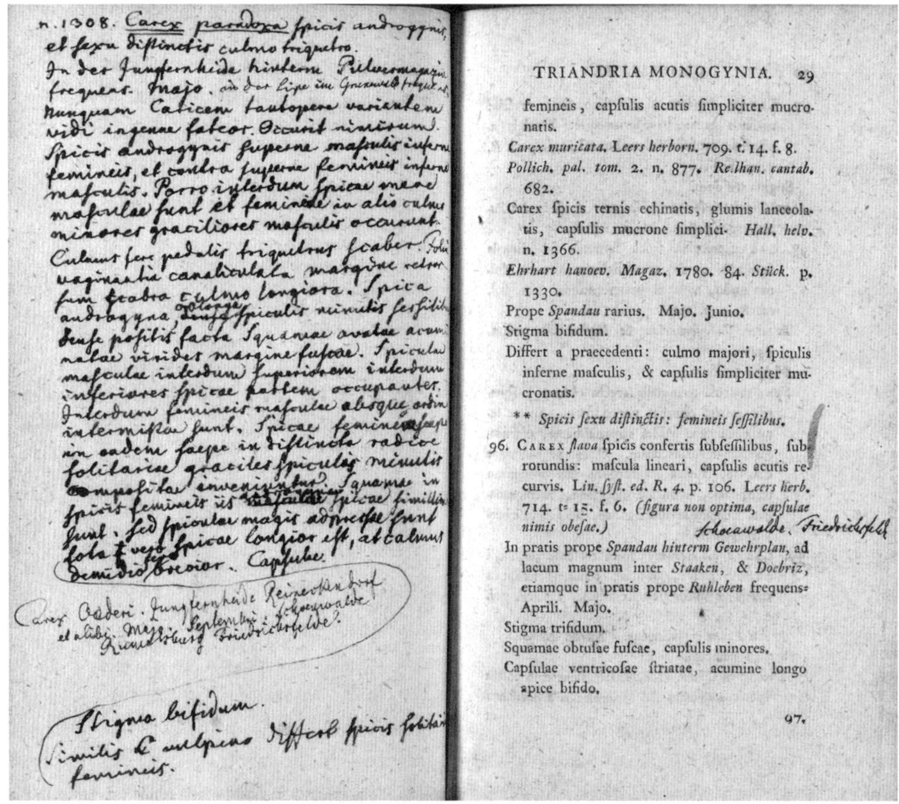

TRIANDRIA MONOGYNIA. 29

femineis, capſulis acutis ſimpliciter mucronatis.

Carex muricata. Leers herborn. 709. t. 14. f. 8. *Pollich. pal. tom.* 2. n. 877. *Relhan. cantab.* 682.

Carex ſpicis ternis echinatis, glumis lanceolatis, capſulis mucrone ſimplici. *Hall. helv.* n. 1366.

Ehrhart hanoev. Magaz. 1780. 84. *Stück.* p. 1330.

Prope *Spandau* rarius. Majo. Junio.

Stigma bifidum.

Differt a praecedenti: culmo majori, ſpiculis inferne maſculis, & capſulis ſimpliciter mucronatis.

** *Spicis ſexu diſtinctis: femineis ſeſſilibus.*

96. Carex *flava* ſpicis confertis ſubſeſſilibus, ſubrotundis: maſcula lineari, capſulis acutis recurvis. Lin. *ſyſt. ed. R.* 4. p. 106. Leers *herb.* 714. t. 15. f. 6. *(figura non optima, capſulae nimis obeſae.)*

In pratis prope *Spandau hinterm Gewehrplan*, ad lacum magnum inter *Staaken*, & *Doebriz*, etiamque in pratis prope *Ruhleben* frequens. Aprili. Majo.

Stigma trifidum.

Squamae obtuſae fuſcae, capſulis minores.

Capſulae ventricoſae ſtriatae, acumine longo apice bifido.

97.

Abb. 2.2 »Carex paradoxa« von Willdenow handschriftlich ergänzte Neubeschreibung auf einem Durchschussblatt seines Handexamplars (SBB-PK, 8° Lx 9406, Durchschussblatt vor S. 29). Mit freundlicher Genehmigung der Staatsbibliothek zu Berlin – Preußischer Kulturbesitz.

Wir wollen diesen Punkt am Beispiel der Schwarzschopf-Segge (*Carex paradoxa*) vertiefen (Abb. 2.2). Die Pflanze gehörte zu den neuen Arten, die Willdenow nach Veröffentlichung seines *Prodromus* bei seinen botanischen Exkursionen entdeckte

[21] Müller-Wille 2017, 118.

und welche dem Index folgend die Nummer 1308 erhielt. Willdenow lieferte auf dem Durchschussblatt vor der Seite 29 eine ausführliche handschriftliche Beschreibung dieser neuen Art, die sich auch typographisch an die Gestaltung der Druckfassung anlehnte.[22] In Willdenows Herbarium, das sich als geschlossene Sammlung gegenwärtig im Botanischen Museum Berlin befindet, werden noch sieben Belegexemplare von *Carex paradoxa* aufbewahrt, teilweise zusammen mit den handschriftlichen Notizen Willdenows.[23] So liegt einem Exemplar ein Zettel bei, auf dem neben der vorläufigen Artbezeichnung »Car. flav.« die Nummer 1368 β vermerkt ist (vermutlich ein Schreibfehler für 1308, d. h. die Nummer, die *Carex paradoxa* im Index des Handexemplars erhielt; griechische Kleinbuchstaben bezeichneten nach Linné'scher Konvention Varietäten ein und derselben Art).

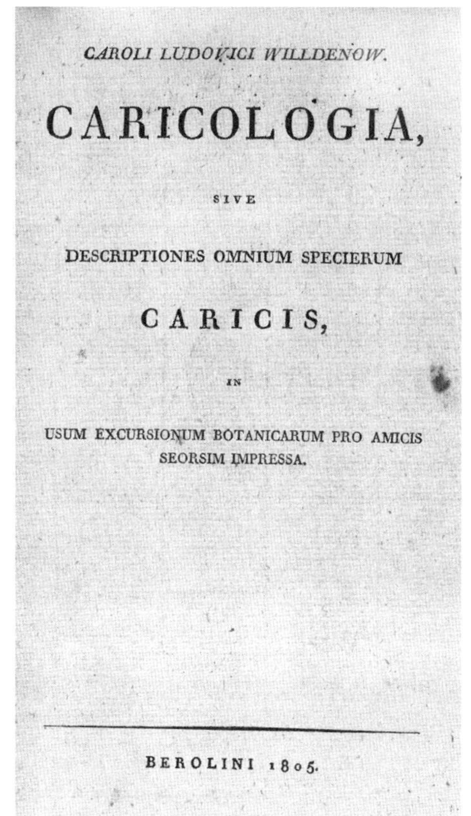
CAROLI LUDOVICI WILLDENOW.

CARICOLOGIA,

SIVE

DESCRIPTIONES OMNIUM SPECIERUM

CARICIS,

IN

USUM EXCURSIONUM BOTANICARUM PRO AMICIS SEORSIM IMPRESSA.

BEROLINI 1805.

Abb. 2.3 Willdenow, *Caricologia Sive Descriptiones Omnium Specierum Caricis: In Usum Excursionum Botanicarum Pro Amicis Seorsim Impressa.* – Berolini, 1805 (SBB-PK, 8° Md 12100). Mit freundlicher Genehmigung der Staatsbibliothek zu Berlin – Preußischer Kulturbesitz.

22 Auf die Angabe der Nummer folgt der Artname, wobei die Gattungsbezeichnung doppelt, das Artepitheton einfach unterstrichen sind, ganz ähnlich der gedruckten Gattungs- und Artnamen, die in Kapitälchen (Gattung) bzw. kursiv (Art) gesetzt sind. 23 Hiepko 1972, vii.

Die Gattung *Carex* gehört zu den sogenannten Sauergrasgewächsen; der *Prodromus* zählt allein 31 Arten, und Willdenow teilte diese artenreiche Gattung in zwei Gruppen: Seggen mit zweigeschlechtlichen Ähren und Seggen mit getrenntgeschlechtlichen Ähren. Die erste Gruppe endet auf Seite 29 des *Prodromus* mit der Art *Carex Leersii*; die zweite Gruppe beginnt auf derselben Seite mit der Art *Carex flava*. *Carex paradoxa* konnte nun aber laut Willdenows Artbeschreibung sowohl zwei- als auch getrenntgeschlechtliche Ähren haben und erhielt entsprechend ihren Platz genau zwischen den beiden genannten Seggenarten. Die oben erwähnte Artbezeichnung *Carex flava* auf dem Notizzettel lässt sich so auf eine zunächst falsche Artbestimmung zurückführen, die dann durch die Neubeschreibung korrigiert wurde.

Den Schwierigkeiten bei der Bestimmung von Seggen begegnete Willdenow mit einem kleinen Bändchen, das ausschließlich die Arten der Gattung *Carex* behandelte, und in dem er nun mehrere Arten mit »gemischten«, zwei- wie getrenntgeschlechtlichen Ähren aufzählte.[24] Diese »Caricologia« von 1805 war als Bestimmungshilfe im Feld gedacht und verdeutlicht noch einmal die Unsicherheiten, welche mit der Verwendung des Linné'schen Klassifikationssystems einhergingen (Abb. 2.3). Die konsequente Anwendung dieser Kriterien war bei der Art *Carex paradoxa* nicht möglich, da hier die Position und Verteilung der männlichen und weiblichen Blütenteile besonders variabel und damit für eine eindeutige Artbestimmung ungeeignet war. Damit zeigt dieses Beispiel einerseits die Grenzen des Linné'schen Systems auf, andererseits aber auch, wie flexibel es sich als bloßes Instrument für die Auflistung und Katalogisierung von Arten einsetzen ließ.

Die ursprünglich vorbereitete zweite Auflage des *Prodromus* kam ganz offenkundig nicht zustande. Die Neubeschreibung von *Carex paradoxa* publizierte Willdenow stattdessen 1799 in den Schriften der Berliner Akademie.[25] Ein Grund für das Ausbleiben einer zweiten Auflage dürfte gewesen sein, dass Willdenow inzwischen mit der Arbeit an einer vierten Ausgabe der *Species plantarum* von Linné begonnen hatte. 1797 legte er den ersten Band dieses Werkes vor, dem bis zu seinem frühen Tod 1812 neun weitere folgen sollten, ergänzt um zwei postum erschienene Bände, die sein Nachfolger Link besorgte.[26] Auch in diesem globalen Pflanzenkatalog spielen Zahlen eine wichtige Rolle, wurden doch sowohl die Gattungen selbst als auch die in ihnen enthaltenen Arten fortlaufend durchnummeriert. Im Falle von *Carex* erhielt die Gattung die Nummer 1642 und enthält 211 Spezies, wobei *Carex paradoxa* die Nummer 75 trägt. Der gleich am Beginn dieses Abschnittes mit der Nummer 1407 gegebene Verweis auf den Gattungseintrag in einer gut fünfzehn Jahre zuvor erschienen Ausgabe der *Species plantarum* lässt den rasanten Zuwachs an Gattungen ahnen,

24 Willdenow 1805. Das Exemplar des Botanischen Museums Berlin enthält eine handschriftliche Notiz von Heinrich Gustav Flörke: »Von diesem kleinen Buche sind nur 12 Exemplare gedruckt worden. Ein Geschenk von dem Herrn Verfasser.« 25 Willdenow 1799, 39. 26 Linné/Willdenow/Link 1797–1830.

der zwischen diesen beiden Veröffentlichungen stattfand.[27] Und auch die Anzahl der bekannten Arten wuchs beträchtlich: In der dritten Ausgabe von Linnés *Species plantarum* aus dem Jahre 1764 ist die Gattung *Carex* mit nur 37 Arten vertreten.[28]

Diese Beispiele zeigen nur einen kleinen Ausschnitt, werfen aber ein Licht auf die empirische Basis botanisch-systematischer Arbeit – also das Entdecken, Beschreiben, Ordnen und Benennen neuer Arten –, die es erlaubte, eine große und rapide wachsende Menge an Informationen zu verwalten und zu verarbeiten. Wie andere Herausgeber und Übersetzer Linnés im späten achtzehnten und frühen neunzehnten Jahrhundert bediente Willdenow sich eines weitgespannten Korrespondentennetzes und der Neuerscheinungen aus den Beständen seiner eigenen und anderer Berliner Bibliotheken, um das Werk Linnés durch rein kompilatorische ›Einschaltung‹ von neu entdeckten Arten zu vervollständigen. Dabei trat Willdenow ganz als Autor zurück; der Titel seiner vierten Ausgabe verzeichnet den längst verstorbenen Linné als Urheber des Werkes (*Caroli a Linné Species plantarum*), während Willdenow selbst auf dem Titel bloß als derjenige erscheint, der sich um die neue Ausgabe »gekümmert« habe (*curante Carolo Ludovico Willdenow*). Ganz in diesem Sinne diskutierte das knapp gehaltene Vorwort nur vorherige Ausgaben von Linnés *Species plantarum* und dankte dann »den berühmten Männern und Freunden, die nicht aufhörten, mein bescheidenes Herbar (*Herbariolem*) um Arten zu vermehren.«[29]

Auch Humboldt führte Willdenow unter denjenigen auf, denen er »öffentlichen Dank« (*publicas gratias*) schuldete. Dessen Beitrag zu den *Species plantarum* schwoll beträchtlich während seiner Südamerikareise an. Zusammen mit seinem Reisegefährten Aimé Bonpland beobachtete, verzeichnete, sammelte und präparierte Humboldt unzählige Pflanzen. Zahlreiche Belege und Sämereien schickte er dabei an seinen Freund Willdenow, begleitet von Briefen, die von der tiefen Verbundenheit und Freundschaft der beiden Naturforscher zeugen. So machte Humboldt mit einer im März 1801 aus Havanna abgesandten Sendung Willdenow insgesamt 1950 Pflanzenarten zum Geschenk. Das Herbarium Willdenows ist entsprechend reich an südamerikanischen Pflanzenbelegen und im Königlichen Botanischen Garten Berlins wurden südamerikanische Pflanzenarten angebaut. Der Nutzen für die beiden Naturforscher war wechselseitig: Willdenow konnte seine Sammlung und den königlichen Garten um Artenbelege aus einem bislang kaum erforschten Gebiet vervollständigen, während Humboldt diese Sammlung sowie Willdenows Fachverstand gewissermaßen als vorläufiges Repositorium seiner botanischen Forschungsergebnisse nutzen konnte.[30] Vor allem für den Fall seines Todes sprach Humboldt in einem am 21. Februar aus Havanna an Willdenow abgesandten Brief die Hoffnung aus,

[27] Linné/Willdenow/Link 1797–1830, IV (1805), 207. Der Verweis erfolgt auf Linné/Schreber 1789–1791. [28] Linné 1764, II, 972–979. [29] Linné/Willdenow/Link 1797–1830, I, ix. Vgl. Dietz 2017 zum kompilatorischen und kollektiven Charakter postumer Wiederauflagen und Übersetzungen von Linnés Werken. [30] Stearn 1968; Leuenberger 2004; Stauffer/Stauffer/Dorr 2012.

dass »Du[,] Du – mein Guter (so hoffe ich) meine botanischen [Manuskripte] unter Bonplands u meinem Namen ediren [wirst].«[31]

Auch für Humboldt und Bonpland spielten Zahlen während ihrer Reise und in der Feldarbeit eine wichtige Rolle. Im sogenannten Feldbuch (*Journal botanique*) befinden sich Notizen und Artbeschreibungen zu den von ihnen gesammelten Belegen. Jeder zu einer Art gehörige Eintrag erhielt darin eine Nummer in fortlaufender Zählung. Die letzte Zahl gab also über den Umfang des gesammelten Materials Auskunft (ganze 4528 Nummern) und zeigte damit ganz wie bei Willdenows ergänzender Liste im *Prodromus* den Wissensfortschritt an, der erzielt worden war. Wie Hans-Walter Lack zeigen konnte, befinden sich diese Nummern auch auf Notizzetteln, separaten Pflanzenabdrucken (Naturselbstdrucken) und bei den auf Papier montierten Herbarbelegen selbst.[32] Sie bildeten damit das integrative Moment bei der Zusammenführung der in verschiedenen Medien abgelegten Informationen und waren der entscheidende Schlüssel, um später die Informationsfülle in dem gleichermaßen umfangreichen Reisewerk Humboldts verarbeiten zu können. Dies ist genau der Grund, warum Humboldt Willdenow in einem weiteren, am 4. März 1801 aus Havanna abgesandten Brief mit Bezug auf »eine Sammlung auserlesener Pflanzen (250 Spec[ies]), welche ich Dir zum Geschenk bestim̄t habe« dazu riet: »Bewahre die n° wenn Du die Pflanzen in Dein Herbarium legst. Sie werden einst sehr nüzlich sein.«[33]

Außerdem hatte Humboldt in diesem Brief seinem Freund Willdenow die Lieferung weiterer »1700 Spec[ies] ebenfalls Früchte unsrer Reise am Orinoco, Río Negro u der Parime« angekündigt. Für diesen Teil der Sammlung bat er sich allerdings ausdrücklich aus, sie »vor meiner Rükkunft noch nicht in Dein Herbarium einzurangiren«, »da ich meine Pflanzen selbst zu ediren gedenke.«[34] Tatsächlich scheint Willdenow diese Bitte erfüllt zu haben, nachdem er die Pflanzenbelege im September 1801 erhalten hatte, und in den *Species plantarum* lassen sich dementsprechend nur wenige amerikanische Pflanzenarten direkt auf von Humboldt zugesandtes Material zurückführen.[35] Wahrscheinlich handelt es sich bei diesen um die 250 Pflanzenbelege, die Humboldt Willdenow direkt zum Geschenk gemacht hatte. In jedem Fall konnte Kunth Willdenow zehn Jahre nach dessen Tod bescheinigen, dass er »das [ihm] anvertraute Gut niemals missbrauchte, und dies auch nicht missbraucht haben würde, wenn sein Leben länger gedauert hätte«.[36]

[31] Humboldt an Karl Ludwig Willdenow, Havanna, 21. Februar 1801 (↗H0001181). [32] Lack 2004; Götz 2018. Allerdings sammelten Humboldt und Bonpland auch eine große Zahl Pflanzen, die keine derartigen Nummern erhielten; vgl. Rankin Rodríguez/Greuter 2001, 1233. Die Nummern bezogen sich daher nicht eigentlich auf die gesammelten Pflanzenbelege, sondern auf die Einträge in das Feldbuch. [33] Humboldt an Karl Ludwig Willdenow, Havanna, 4. März 1801. [34] Humboldt an Karl Ludwig Willdenow, Havanna, 4. März 1801, 1r–1v (↗H0006053). [35] Rankin Rodríguez/Greuter 2001, 1235. [36] Kunth 1822–1825, I, ii: »Qua fiducia Willdenowius nunquam abusus est, neque, si vitam produxisset, unquam fuisset abusurus«.

Nach seiner Rückkehr nach Europa am 3. August 1804 versuchte Humboldt, Willdenow für eine Mitarbeit an der Auswertung der Expeditionsergebnisse zu gewinnen. Im Frühjahr 1810 lud er ihn dann ein, nach Paris zu kommen, um sich dort an der Bearbeitung der gesamten, überaus reichhaltigen, nach eigenen Angaben mehr als 5000 tropische Spezies umfassenden Pflanzensammlungen zu beteiligen.[37] Allerdings dauerte der Aufenthalt Willdenows nur wenige Monate und er kehrte nach Berlin zurück, wo er im Juli 1812 verstarb. Im Rückblick äußerte sich Humboldt dazu knapp dreißig Jahre später wie folgt:

> [D]as von Willdenow so willig Geleistete [konnte] um so weniger meinen Zweck erfüllen, als der streng specifisch unterscheidende Mann, anhänglich den Eindrücken seiner bisherigen wissenschaftlichen Thätigkeit, sich von den allgemeineren Betrachtungen natürlicher Familien-Verwandtschaft fern hielt.[38]

Offenbar gab es nicht nur familiäre oder gesundheitliche Gründe für Willdenow, wieder nach Berlin zurückzukehren. Es hatten sich zwischen den beiden Botanikern bei aller Freundschaft unterdessen offenbar auch fachliche Differenzen ergeben, da Willdenow an dem übergeordneten Ziel systematischer Arterfassung nach dem Vorbild von Linnés *Species plantarum* festhielt, während für ihn andere theoretische Ziele zurücktraten. Auf Gründe, die mit der von Humboldt vorgesehenen untergeordneten Stellung Willdenows zusammenhängen und die das Ende der Zusammenarbeit beschleunigt haben könnten, werden wir im folgenden Abschnitt zurückkommen. Auf jeden Fall scheint sich Humboldt bei dieser letzten Begegnung mit seinem Freund – um es bildhaft auszudrücken – endgültig aus der Schule Willdenows verabschiedet zu haben. Anstatt seiner holte Humboldt dann 1813 den jungen Carl Sigismund Kunth zu sich nach Paris, dem Humboldt nach dessen Tod im Jahre 1850 bescheinigte, zwar ein »ausgezeichnete[r] Schüler« Willdenows gewesen zu sein, im Gegensatz zu seinem Lehrer jedoch »jugendliche Empfänglichkeit und umfassendere Ansichten organischer Entwickelung« besessen zu haben.[39] Der Spannung, die in dieser Charakterisierung liegt, wollen wir im nächsten Abschnitt nachgehen.

Kunth: Vom »ausgezeichneten Schüler« Willdenows zum Rechenmeister Humboldts

Carl Sigismund Kunth zog 1806 mit gerade achtzehn Jahren von Leipzig nach Berlin. Sein Vater Gottlieb Friedrich, Englisch-Lektor an der Universität Leipzig, war im vorangegangenen Jahr gestorben, so dass Kunth seine Studien an der Thomasschule aus finanziellen Gründen abbrechen musste. In Berlin nahm sich sein Onkel, der Oberregierungsrat Gottlob Johann Christian Kunth, von 1777 bis 1789 Haus-

[37] Humboldt an Karl Ludwig Willdenow, Paris, 17. Mai 1810 (↗H0006055). [38] Humboldt 1851, 211.
[39] Humboldt 1851, 211.

lehrer der beiden Humboldt-Brüder, seiner an und vermittelte ihm eine »Registratur-Assistenzstelle« bei der Seehandlungs-Sozietät, einer 1772 gegründeten staatlichen Aktiengesellschaft, die den Außenhandel Preußens befördern sollte. Die beruflichen Anforderungen ließen Kunth genügend Zeit, um neben seiner Anstellung auch naturkundliche Vorlesungen an Berliner Lehranstalten zu besuchen, unter anderem bei Willdenow. Nach seiner eigenen späteren Aussage war es Humboldt, der ihn schon damals »vielfach [...] beschäftigte« und ihm offenbar im Gegenzug die nötigen Mittel zur Begleichung der Hörgelder bereitstellte.[40]

Kunths Interesse für Botanik wurde, ähnlich wie Humboldts, vor allem durch den Kontakt mit und die Förderung durch Willdenow geschürt. Dabei kam es zwischen Lehrer und Schüler zu einer direkten Zusammenarbeit. Eine Spur dieser Zusammenarbeit findet sich am Ende von Willdenows Handexemplar des *Prodromus*. Auf einem Durchschussblatt steht eine Rechnung von Kunths Hand, mit der er den Anteil der Blütenpflanzen an der Gesamtzahl der von Willdenow aufgeführten Arten berechnete. Diese Berechnung diente ihm dazu, den Umfang der geplanten eigenen Berliner Flora abzuschätzen. Wie Kunth im Vorwort zu seinem kurz nach Willdenows Tod erschienenen Erstlingswerk beschrieb, vertraute dieser ihm die Ausarbeitung einer neuen Berliner Flora auf der Basis des *Prodromus* von 1787 und neu gesammelter Beobachtungen an, wobei ihm nicht die Rolle eines »Helfers« (*adjutor*) sondern »Urhebers« (*auctor*) zukommen sollte.[41] Da diese Flora, anders als der *Prodromus*, vor allem als Bestimmungshilfe für botanische Exkursionen und daher für den Feldgebrauch konzipiert war, kam es ihm darauf an, den Umfang der Einzelbände gering zu halten.[42]

Von den ursprünglich geplanten zwei Bänden zu Phanerogamen (Blütenpflanzen, oder *vegetabilia phaenogama*, wie sie im Titel des Buches genannt wurden) einerseits und Kryptogamen (blütenlosen Pflanzen) andererseits erschien lediglich der erste Band; vermutlich hinderte der Umzug nach Paris Kunth an der Fortsetzung dieses Projekts. Er enthielt laut Kunth eine Gesamtzahl von 872 Arten, nur acht mehr als die ursprünglich im *Prodromus* aufgeführten 864 Arten, von denen Kunth jedoch 94 auf Grund ihres zweifelhaften einheimischen Status ausgeschieden hatte.[43] Auch Kunth nummerierte seine Arten durch, allerdings mit einem entscheidenden Unterschied: Wurden in Willdenows *Prodromus* die Arten durchgängig gezählt, so dass *Carex paradoxa* – um das Beispiel noch einmal aufzugreifen – die Nummer 1308 erhielt, zählte Kunth die Arten innerhalb der Gattungen. So enthielt die Gattung *Carex* 37 Spezies, wobei *Carex paradoxa* die Nummer 13 trug.[44] Auf diese Weise

[40] Carl Sigismund Kunth: Lebenslauf mit Werkverzeichnis, o. O., o. D. [1831]. Stadtgeschichtliches Museum Leipzig, A/2014/2944, Bl. 1r (https://www.stadtmuseum.leipzig.de/ete?action=queryDetails/1&index=xdbdtdn&desc="objekt+Z0113340"). Vgl. Humboldt 1851; Neuer Nekrolog 1852.
[41] Kunth 1813, vi. [42] Böhme/Müller-Wille 2013, 102–103; Kunth 1813, [v]–vii. [43] Kunth 1813, vii.
[44] Kunth 1813, 242–254.

gewannen die Gattungen eine größere Autonomie gegenüber dem systematischen Gesamtarrangement des Katalogs, und konnten leicht auf ihren Artenumfang geprüft und neu geordnet werden.

Dieser Umstand dürfte Kunth geholfen haben, als er sich entschied, seine 1838 in einem zweiten Anlauf erstellte, nun vollständig in zwei Bänden erschienene *Flora Berolinensis* nicht nach dem Linné'schen Sexualsystem, sondern nach sogenannten natürlichen Pflanzenfamilien zu gliedern. Das notwendige vergleichend-morphologische Wissen hatte Kunth in den 25 Jahren erworben, die zwischen seinen beiden Berliner Floren lagen und in denen er nach eigener Auskunft auch »sehr viele Familien, Gattungen und Arten untersucht hatte, die in unserer Region nicht vorkommen.«[45] Diese 25 Jahre waren aber vor allem durch seinen Aufenthalt in Paris von 1813 bis 1829 und die unermüdliche Arbeit mit und für Humboldt geprägt. Dieser hatte 1813 erwirkt, dass Kunth von seiner Anstellung in der Seehandlungs-Sozietät beurlaubt wurde und mit einem Empfehlungsschreiben für einen reibungslosen Grenzübertritt nach Frankreich gesorgt. Zum Unwillen seines Bruders Wilhelm ließ Humboldt ihn lange Jahre bei sich in Paris wohnen.[46] Durch seine Vermittlung fand Kunth dann rasch Zugang in den Kreis führender Botaniker in Paris, darunter Antoine Laurent de Jussieu, dem Begründer des Systems »natürlicher Pflanzenfamilien«.[47] Ein durch Humboldt und Jussieu vermittelter Aufenthalt in London erweiterte seinen botanischen Horizont zusätzlich, vor allem durch Kontakt mit Robert Brown, der in England das natürliche System der Pflanzen vorantrieb.[48]

Humboldts Bemerkung über die »jugendliche Empfänglichkeit und umfassendere Ansichten organischer Entwickelung«, die Kunth gegenüber Willdenow ausgezeichnet habe, läßt sich daher auf seine Bereitschaft beziehen, sich mit neueren Tendenzen in der Botanik auseinanderzusetzen. Es ist allerdings auch eine andere Lesart möglich. Während sich zwischen Willdenow und Bonpland Spannungen in der Zusammenarbeit aufbauten, da letzterer befürchtete, um seine Autorschaft gebracht zu werden, stand die untergeordnete Rolle von Kunth offenbar von Anfang an fest. Der junge Kunth, versicherte Humboldt Bonpland im Frühjahr 1813 brieflich, werde anders als Willdenow nicht als Herausgeber, sondern bloß als »ein Werkzeug« (*un instrument)* für das geplante Werk zu den Pflanzen Südamerikas dienen.[49] Der erste Band des groß angelegten botanischen Teils des Humboldt-Bonpland'schen Reisewerks,

[45] Kunth 1838, I, [v]: »[…] in permultas inquisivi familias, genera et species, quae absunt a nostra regione.« [46] Carl Sigismund Kunth an Karl August von Hardenberg, Berlin, 22. Januar 1813. Geheimes Staatsarchiv – Preußischer Kulturbesitz, I. HA Rep. 109, Nr. 4150, Acta betr. das Personal der Seehandlungs-Societät, Vol. I (1809–1812), Bl. 66; Humboldt an Carl Sigismund Kunth, Paris, 27. April 1813 (↗H0015058); Alexander an Wilhelm von Humboldt, Verona, 17. Oktober 1822 (Humboldt 1923, 126). [47] Zu Jussieus Stellung in der Geschichte der botanischen Systematik vgl. Stevens 1994. [48] Stearn 1968, 140–142; Pässler 2009, 80–82; Humboldt an James Edward Smith, Paris, 12. Juli 1816. The Correspondence of Sir James Edward Smith, Library of the Linnean Society of London, Ref. no. GB-110/JES/COR/6/18 (http://linnean-online.org/61993/). [49] Humboldt an Aimé Bonpland, Paris, undatiert (nach Februar 1813) (Humboldt 2004, 61).

die *Nova genera et species plantarum*, erschien bereits 1815, und verrät mit seinem vollständigen Titel die Arbeitsteilung zwischen den drei Autoren. Während Humboldt und Bonpland im Haupttitel als diejenigen benannt werden, welche die neuen Pflanzengattungen und -arten »sammelten, beschrieben und teilweise zeichneten«, führt der Untertitel – in einer Formulierung, auf die sich Humboldt und Bonpland erst kurz vor Erscheinen des Bandes einigten – Kunth bloß als denjenigen auf, der das gesammelte Material »nach den handschriftlichen Zetteln Aimé Bonplands ordnete.«[50]

Dieser erste Band der *Nova genera et species plantarum* spielt in der Historiographie eine besondere Rolle, da Humboldt darin erstmals seine bereits 1805 im *Essai sur la géographie des plantes* skizzierte Idee umsetzte, Florenregionen anhand der relativen Anteile bestimmter Pflanzenfamilien an der Gesamtzahl der aus der jeweiligen Region bekannten Arten zu charakterisieren.[51] Dies geschah in Form einer Tabelle, die in einem einleitenden, mit »Vorbemerkungen« (»Prolegomena«) überschriebenen und allein von Humboldt gezeichneten Kapitel erschien. Den Anteil, den Kunth an der Ausarbeitung dieser Tabelle hatte, würdigte Humboldt in einer Fußnote:

> Weil unsere Floren zum größten Teil nach dem künstlichen System Linnés angeordnet sind, hat Kunth, dem ich sehr dafür verbunden bin, dass er in meinen Diensten steht, die Pflanzen, die unter verschiedenen Zonen wild wachsen, unter den natürlichen Ordnungen beschrieben; eine mühselige und langwierige Arbeit, und wenn sie nicht genauestens ausgeführt worden wäre, hätte ich die arithmetischen Verhältnisse der Geographie der Pflanzen hier keinesfalls herausstellen können.[52]

Um Humboldts Bemerkung über Kunths Beitrag zu verstehen, lohnt sich zunächst ein genauerer Blick auf die Tabelle (Abb. 2.4). Die Reihen dieser Tabelle werden durch bestimmte Pflanzenfamilien gebildet, während die Spalten jeweils drei geographische Regionen – Frankreich (*Gallia*), Deutschland (*Germania*) und Lappland (*Laponia*) – repräsentieren. In den resultierenden Feldern ist dann in der linken Hälfte der Tabelle die absolute Anzahl der Arten für die jeweilige Pflanzenfamilie und Region eingetragen (*Numerus specierum*), während in der rechten Hälfte der relative

[50] Humboldt/ Bonpland/Kunth 1815–1825, I, Titelblatt; Humboldt an Aimé Bonpland, Paris, o. D. (Dezember 1814?) (Humboldt 2004, 68). [51] Ausführlich zur Vorgeschichte der »Prolegomena«, vgl. Pässler 2018. Welche Bedeutung Humboldt den »Prolegomena« zumaß, verdeutlicht die Tatsache, dass der eigentlich als Einführung gedachte Text bereits 1817 noch einmal separat publiziert wurde (Humboldt 1817). [52] Humboldt/Bonpland/Kunth 1815–1825, I, xiii, Fußnote 6: »Cum Florae nostrae maxima ex parte secundum systema artificiale Linnaei dispositae sint, conjunctissimus Kunthius pro eo quo est in me officio, plantas sub diversis zonis sponte nascentes in ordines naturales descripsit; quo labore, operoso sane ac diuturno, nisi acuratissime perfunctus esset, rationes arithmeticas Geographiae plantarum hic exponere nullo modo potuissem.«

Anteil dieser Arten an der Gesamtzahl der Blütenpflanzenarten der jeweiligen Region zu finden ist (*Ratio cujusque familiae ad universam copiam Phanerogamae*).[53]

FAMILIÆ NATURALES.	NUMERUS SPECIERUM in			RATIO CUJUSQUE FAMILIÆ ad universam copiam Phanerogamarum in		
	Gallia.	Germania.	Laponia.	Gallia.	Germania.	Laponia.
Cyperoideæ.	134.	102.	55.	1/27	1/18	1/9
Gramineæ.	284.	143.	49.	1/13	1/13	1/10
Junceæ.	42.	20.	20.	1/86	1/94	1/25
Tres fam. præcedentes. .	460.	265.	124.	1/8	1/7	1/4
Orchideæ.	54.	44.	11.	1/67	1/43	1/45
Labiatæ.	149.	72.	7.	1/24	1/26	1/71
Rhinantheæ et Scrophul.	147.	76.	17.	1/24	1/24	1/29
Boragineæ.	49.	26.	6.	1/74	1/72	1/83
Ericeæ et Rhodod. . .	29.	21.	20.	1/125	1/90	1/25
Compositæ	490.	233.	38.	1/7	1/8	1/13
Umbelliferæ.	170.	86.	9.	1/34	1/22	1/55
Cruciferæ	190.	106.	22.	1/19	1/18	1/23
Malvaceæ.	25.	8.	0.	1/145	1/235	0.
Caryophylleæ	165.	71.	29.	1/22	1/27	1/17
Leguminosæ	230.	96.	14.	1/16	1/18	1/35
Euphorbiæ.	51.	18.	1.	1/71	1/104	1/497
Amentaceæ	69.	48.	23.	1/52	1/39	1/21
Coniferæ.	19.	7.	3.	1/192	1/269	1/165
Phanerogamæ.	3645.	1884.	497.	0.	0.	0.

Gallia, lat. 42 ½° — 51° Calor med. annuus 16°,7—11°. (Calor medius æstatis 24°—19°. Menses quorum calor med. 11° superat: Mart. — Nov. et Mai. — Sept.)
Germania, lat. 46°—54°. Cal. med. 12°⅓—8°½ (Cal. æstiv. medius 21° — 18°. Menses quorum cal. med. 11° superat: Apr. — Oct. et Mai. — Sept.)
Laponia, lat. 64°—71°. Cal. med. + 1° ad — 8°,8. (Cal. med. æst. 13° — 7°. Mens. ultra 11°: Jun. — Aug. et Jun. — Jul.)

Abb. 2.4 Pflanzengeographische Tabelle aus den »Prolegomena« zu Humboldt und Bonplands *Nova Genera et Species Plantarum*, Bd. 1, S. xiv (SBB-PK, 2° Ux 1012–1). Mit freundlicher Genehmigung der Staatsbibliothek zu Berlin – Preußischer Kulturbesitz.

53 Die Gesamtzahl der phanerogamen Pflanzenarten ist für die jeweilige Region in der letzten Zeile der Tabelle gesondert aufgeführt. So lässt sich die Berechnung der Verhältniszahlen leicht nachvollziehen: Teilt man die für Sauergrasgewächse oder Seggen (Cyperoidae) in Frankreich aufgeführte Zahl von 134 durch die Gesamtzahl der Arten in Frankreich von 3645, so ergibt sich tatsächlich in etwa das Verhältnis von 1:27, das für dieselbe Pflanzenfamilie in derselben Region in der rechten Hälfte der Tabelle aufgeführt ist.

Woher stammten jedoch diese Zahlen? Aus Humboldts Erläuterungen im Text der »Prolegomena«, sowie nachgelassenen Vorarbeiten, ergibt sich, dass den Berechnungen drei Quellen zu Grunde lagen: die dritte Auflage der *Flore française*, die Jean-Baptiste Lamarck und Candolle 1815 mit der Publikation des fünften und letzten Bandes abgeschlossen hatten;[54] die *Flora lapponica* des schwedischen Botanikers Georg (Göran) Wahlenberg, von der eine dritte Auflage 1812 in Berlin erschienen war;[55] sowie Georg Franz Hoffmanns *Deutschlands Flora oder botanisches Taschenbuch* (1791–1800).[56] Lamarck und Candolle machten Humboldt die Auswertung leicht. Nicht nur war die *Flore française* eine der ersten Nationalfloren, die nach natürlichen Pflanzenfamilien angeordnet war und Gattungen und Arten in der bereits erläuterten Weise durchnummerierte; Candolle selbst hatte sich darüber hinaus offenbar bereit erklärt, Humboldt mit entsprechenden Zahlen zu versorgen. »Dies sind, mein Herr und berühmter Freund, die Zahlen über die einheimischen Pflanzen Frankreichs, die Sie von mir verlangt haben«, bemerkte Candolle trocken in einem undatierten Brief, der in den Papieren Humboldts erhalten ist (Abb. 2.5). Tatsächlich liefert dieser Brief absolute Zahlen für Pflanzenfamilien, die in der Tabelle der »Prolegomena« wiederzufinden sind, und auch der Anteil an der Gesamtzahl der Phanerogamenarten, den Humboldt offenbar selbst errechnet und der brieflichen Aufstellung Candolles handschriftlich hinzugefügt hatte, tauchen in dieser Tabelle mehr oder weniger unverändert wieder auf.[57]

Bei Wahlenbergs lappändischer Flora und der Hoffmann'schen Flora Deutschlands handelte es sich dagegen um Werke, die nach Linnés Sexualsystem angeordnet waren. In diesen Fällen ließ sich die Zahl der Arten für jede Familie nur ermitteln, indem man Gattungen und Arten aus dem System herauslöste, sie den jeweiligen natürlichen Familien neu zuordnete, und die Artenzahlen auf dieser neuen Grundlage ermittelte. In Wahlenbergs Einleitung zur *Flora lapponica* findet sich zwar ein Abschnitt, in dem natürliche Familien mit ihrer jeweiligen Artenzahl aufgeführt wurden.[58] Aber die Zahlen stimmen nur gelegentlich mit den Angaben in der publizierten Tabelle überein. Da Wahlenberg andere Namen für die von ihm diskutierten Pflanzenfamilien verwendete, kann man annehmen, dass diese Differenzen auf unterschiedliche Vorstellungen zum natürlichen System zurückzuführen sind. Tatsächlich findet sich im Nachlass Humboldts ein elf Blätter umfassendes Konvolut aus Kunths Hand, das mit »Flora lapponica secundum ordines naturales« überschrieben ist, und Wahlenbergs lappländische Pflanzenarten nach den natürlichen Familien auflistet, in welche sich auch die Tabelle aus den »Prolegomena« gliedert (Abb. 2.6). In Wahlenbergs Aufstellung findet sich zum Beispiel die Familie der Seggen (*Cyperoideae*) nicht. Kunths Liste dagegen führt unter der Überschrift »Cyperaceae« 55 Pflanzen-

[54] Lamarck/Candolle 1805–1815. [55] Wahlenberg 1812. [56] Hoffmann 1791–1800. [57] Candolle an Humboldt, o. O., o. D., SBB-PK, Handschriftenabteilung, Nachlass Alexander von Humboldt, gr. Kasten 6, Nr. 82a, Bl. 2–3 (http://resolver.staatsbibliothek-berlin.de/SBB00019F5000000000). Vgl. z. B. Candolles Zahl von 54 Arten der »Orchidées de France« und Humboldts Zusatz »(1/69 des phanér[ogames])« mit den Angaben zu den »Orchideæ« in der publizierten Tabelle. [58] Wahlenberg 1812, lviii–lxiv.

arten auf, was genau dem entsprechenden Eintrag in der publizierten Tabelle entspricht.[59] Es dürfte sich mit an Sicherheit grenzender Wahrscheinlichkeit also bei dieser Liste um die Frucht der »mühselige[n] und langwierige[n] Arbeit« handeln, für die Humboldt Kunth in der oben zitierten Fußnote dankte.

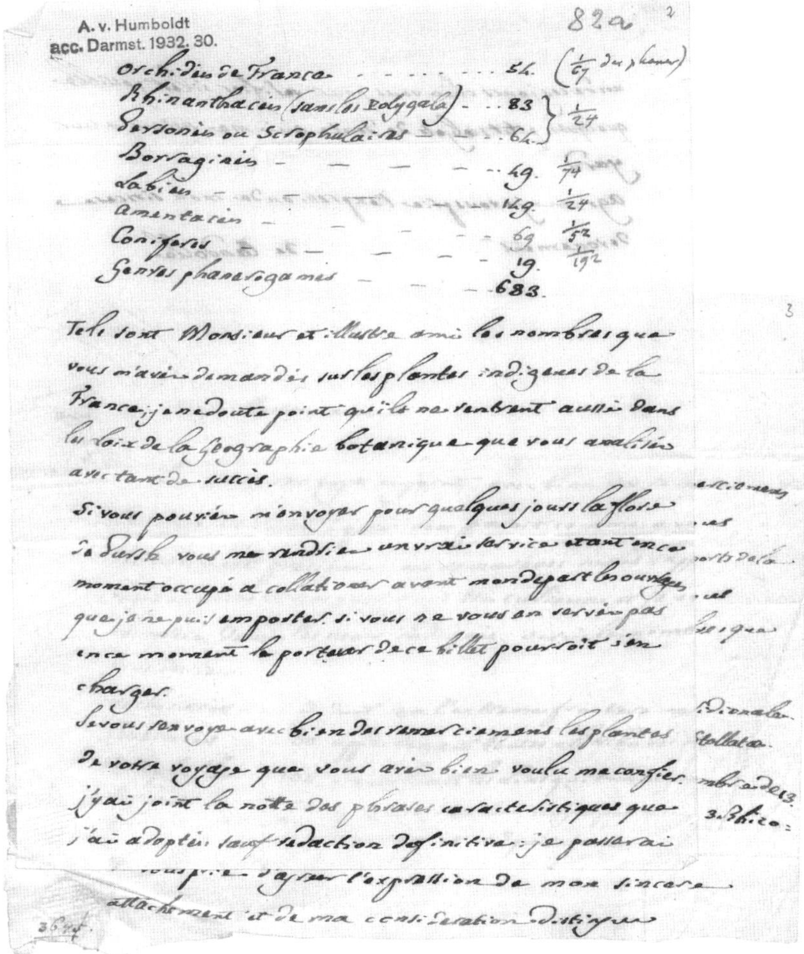

82a 2

Orchidées de France .... 54. (1/67 du phaner)
Rhinanthacées (sans les Polygala) ... 83 } 1/24
Personées ou Scrophulaires ... 64 }
Borraginées ... 49. 1/74
Labiées ... 149. 1/24
Amentacées ... 69. 1/52
Conifères ... 19. 1/192
Genres phanerogames ... 683.

Tels sont Monsieur et illustre ami les nombres que vous m'avez demandés sur les plantes indigènes de la France, je ne doute point qu'ils ne rentrent aussi dans les loix de la geographie botanique que vous analisez avec tant de succès.

Si vous pouviez m'envoyer pour quelques jours la flore de Dessé vous me rendriez un vrai service étant en ce moment occupé a collationer avant mon depart les ouvrages que je ne puis emporter. si vous ne vous en servez pas en ce moment le porteur de ce billet pourroit s'en charger.

Je vous renvoye avec bien des remerciemens les plantes de votre voyage que vous avez bien voulu me confier. j'y ai joint la notte des phrases caractéristiques que j'ai adoptées sauf redaction definitive: je passerai ...

vous prie d'agréer l'expression de mon sincere attachement et de ma consideration distinguée

Abb. 2.5 Angaben zur Zahl der Arten für bestimmte Pflanzenfamilien in Frankreich in einem undatierten Brief von Augustin-Pyrame de Candolle an Alexander von Humboldt. SBB-PK, Handschriftenabteilung, Nachlass Alexander von Humboldt, gr. Kasten 6, Nr. 82a, Bl. 2–3 (https://digital.staatsbibliothek-berlin.de/werkansicht?PPN=PPN826367437). Mit freundlicher Genehmigung der Staatsbibliothek zu Berlin – Preußischer Kulturbesitz.

59 Carl Sigismund Kunth, »Flora lapponica secundum Ordines naturales«, o. D., SBB-PK, Handschriftenabteilung, Nachlass Alexander von Humboldt, gr. Kasten 6, Nr. 67–69, hier Nr. 68, Bl. 3r–6v (http://resolver.staatsbibliothek-berlin.de/SBB00019F1800000000).

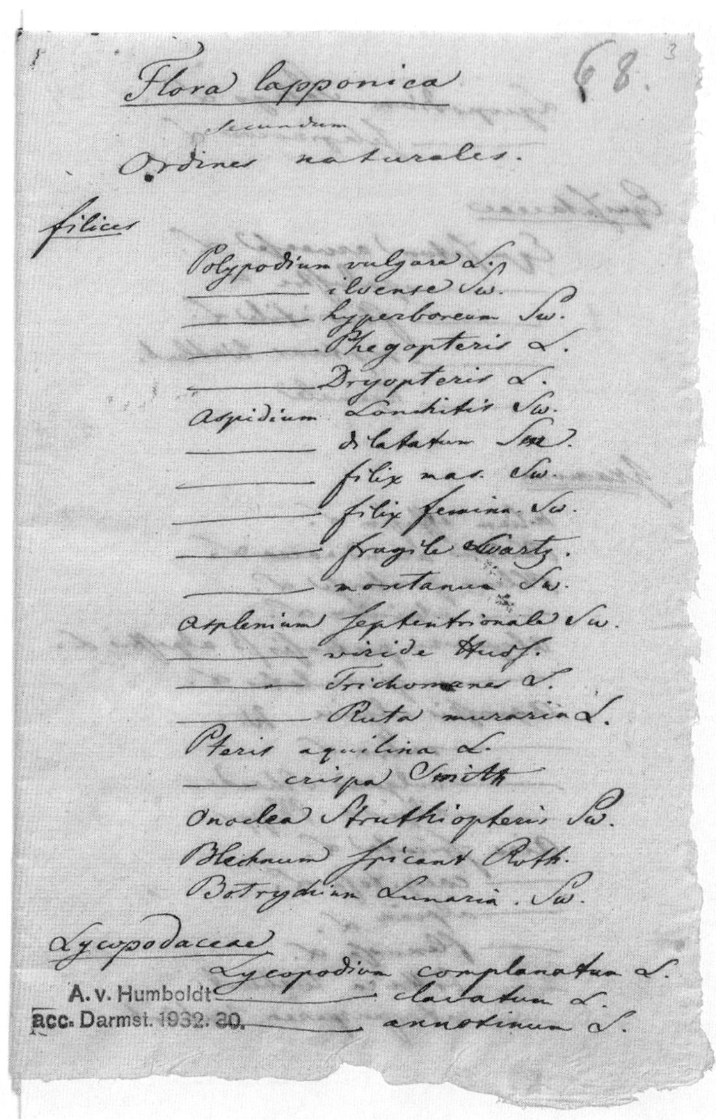

68.

Flora lapponica
secundum
Ordines naturales.

Filices
Polypodium vulgare L.
——— ilvense Sw.
——— hyperboreum Sw.
——— Phegopteris L.
——— Dryopteris L.
Aspidium Lonchitis Sw.
——— dilatatum Sw.?
——— filix mas. Sw.
——— filix femina. Sw.
——— fragile Swartz.
——— montanum Sw.
Asplenium septentrionale Sw.
——— viride Huds.
——— Trichomanes L.
——— Ruta muraria L.
Pteris aquilina L.
——— crispa Smith
Onoclea Struthiopteris Sw.
Blechnum spicant Roth.
Botrychium Lunaria. Sw.

Lycopodiaceae
Lycopodium complanatum L.
——— clavatum L.
——— annotinum L.

Abb. 2.6 Erste Seite eines Manuskripts, in dem Carl Sigismund Kunth Pflanzenarten, die in Göran Wahlenbergs *Flora Lapponica* (Berlin 1812) aufgeführt sind, nach dem natürlichen System anordnet. Carl Sigismund Kunth, »Flora lapponica secundum Ordines naturales«, o. D., SBB-PK, Handschriftenabteilung, Nachlass Alexander von Humboldt, gr. Kasten 6, Nr. 68, Bl. 3r, https://digital.staatsbibliothek-berlin.de/werkansicht?PPN=PPN826366805. Mit freundlicher Genehmigung der Staatsbibliothek zu Berlin – Preußischer Kulturbesitz.

Dieselbe Angabe von »55« zur Zahl der Cyperaceen-Arten findet sich auch in einer Tabelle im handschriftlichen Nachlass Humboldts, die derselbe in Französisch mit »Verteilung der Floren Deutschlands (Roth) und Lapplands (Wahlenberg)« überschrieb. Die Tabelle selbst aber stammt eindeutig aus Kunths Feder (Abb. 2.7).[60]

Bei der Angabe des Autors der deutschen Flora im Titel muss sich Humboldt geirrt haben, denn Kunth führte in der Tabelle »nach Hoffm.« als Quelle auf, und die darin enthaltenen Angaben zur Zahl der monocotyledonen (418) und dicotyledonen (1466) Pflanzenarten in Deutschland stimmen exakt mit den Zahlen überein, die die »Prolegomena« an einer Stelle unter Berufung auf Hoffmanns *Flora* zitieren.[61] Die Auswertung dieser Quelle dürfte Kunth die meisten Schwierigkeiten bereitet haben, denn anders als Candolle und Wahlenberg versuchte Hoffmann nicht, die aufgeführten Arten Deutschlands auf das natürliche System der Pflanzenfamilien zu beziehen.[62] Auf einem mit »In Hoffmanns Deutschlands Flora sind beschrieben« betitelten Notizblatt in Humboldts Nachlass verzeichnete Kunth die ermittelten Zahlen (Abb. 2.8), die unverändert sowohl in die handschriftliche als auch in die publizierte Tabelle übernommen wurden. Um diese Zahlen zu gewinnen, musste Kunth sämtliche von Hoffmann beschriebene und nach Linné'scher Façon durchnummerierte Arten ihren jeweiligen natürlichen Familien zuordnen, ohne dabei auf irgendwelche Hinweise des Autors bauen zu können. Das Notizblatt ist außerdem mit Rechnungen und Kommentaren übersät, die belegen, dass Kunth und Humboldt mit unterschiedlichen Verhältniszahlen experimentierten, so etwa das bereits erwähnte Verhältnis von mono- zu dicotyledonen Pflanzenarten.[63] Auch die handschriftliche Tabelle, welche die Zahlen gegenüberstellte, die Kunth für Lappland und Deutschland ermittelt hatte, führt noch andere Verhältniszahlen auf, als die schließlich publizierte Tabelle. Unter anderem errechnete Kunth das »Verhältniß der Zahl der Species in beiden Ländern« für jede der aufgeführten Pflanzenfamilien. Für Deutschland verzeichnete die Tabelle beispielsweise 105 Arten der Familie Cyperaceae, und für Lappland wie bereits erwähnt 55, woraus sich das ungefähre Verhältnis von 2:1 ergab.

[60] Alexander von Humboldt und Carl Sigismund Kunth, »Distribution de toute la flore d'Allemagne (Roth) et de Laponie (Wahlenberg)«, o. D., SBB-PK, Handschriftenabteilung, Nachlass Alexander von Humboldt, gr. Kasten 6, Nr. 67, Bl. 1r (http://resolver.staatsbibliothek-berlin.de/SBB00019F1700000000).
[61] Humboldt/Bonpland/Kunth 1815–1825, I, xii, Fußnote 4. [62] Das im handlichen Duodezformat gedruckte Werk richtete sich an »Liebhaber«, und es sollten nach Aussage des Autors für dessen Lektüre bloß »[e]inige Vorkenntnisse der einzeln [sic] Pflanzentheile und des linneischen Systems, nach welchem hier, ohne alle bisher mit mehr oder weniger Glück gemachten Abänderungen, die Pflanzen vertheilt sind, [...] zureichen«; siehe Hoffmann 1791–1800, I (1791), »Vorbericht« (unpaginiert). [63] Alexander von Humboldt und Carl Sigismund Kunth, »In Hoffmanns Deutschlands Flora sind beschrieben«, o. D., SBB-PK, Handschriftenabteilung, Nachlass Alexander von Humboldt, gr. Kasten 6, Nr. 66b, Bl. 1r (http://resolver.staatsbibliothek-berlin.de/SBB00019F1600000000). Robert Brown hatte als Erster die Verhältniszahlen von Moncotyledonen und Dicotyledonen zur Diskussion gestellt; vgl. Brown 1814, 537–38.

Distribution de toute la Flore d'Allemagne (Roth) et de Laponie (Wahlenberg)

	Zahl in Deutschland	Zahl in Lappland	Verhältniß der Zahl der Species in beiden Ländern	Verhältniß zu der ganzen Masse der Monocotyledonen in Deutschl.	Verhältniß zu der ganzen Masse der Monocotyledonen in Lappland	Verhältniß zu der ganzen Masse der Dicotyledonen in Deutschl.	Verhältniß zu der ganzen Masse der Dicotyledonen in Lappland	Verhältniß zu der ganzen Masse der phänogamischen Gewächse in Deutschl.	Verhältniß zu der ganzen Masse der phänogamischen Gewächse in Lappland
Monocotyledones	418.	157.	8 : 3.	1 : 1.	1 : 1.	2 : 9.	4 : 9.	—	—
Gramina	143.	49.	3 : 1.	1 : 3.	1 : 3.	—	—	1:13.	1:10.
Cyperaceae	102.	55.	2 : 1.	1 : 4	1 : 3.	—	—	1:18.	1 : 9.
Junceae	20.	20.	1 : 1.	1 : 21.	1 : 8.	—	—	1 : 94.	1 : 25.
übrige 3 Familien zusammen	265	124.	2 : 1.	3 : 5.	5 : 6	—	—	1 : 7.	1 : 4.
Orchideae	44.	11.	4 : 1.	2 : 19.	1 : 14.	—	—	1 : 43.	1 : 45.
Rest der Monocotyledonen	109	22.	5 : 1.	1 : 4.	1 : 7.	—	—	1 : 17.	2 : 45.
Dicotyledones	1466.	340.	13 : 3.	9 : 2.	9 : 4.	—	—	—	—
Apetalae	141	47.	3 : 1.	—	—	1 : 10.	1 : 7.	1 : 14.	1 : 10
Monopetalae	620	121.	5 : 1.	—	—	3 : 7.	1 : 3.	1 : 3	1 : 4.
Polypetalae	705.	163.	13 : 3.	—	—	1 : 2.	1 : 2.	2 : 5.	1 : 3.
Umbellatae	86	9	9 : 1.	—	—	1 : 17.	1 : 38.	1 : 22.	1 : 55.
Cruciferae	106.	22.	5 : 1.	—	—	1 : 14.	1 : 16.	1 : 18.	1 : 23.
Leguminosae	96.	14.	7 : 1.	—	—	1 : 15.	1 : 24.	1 : 18.	1 : 35.
Caryophylleae	71.	29	5 : 2.	—	—	1 : 20.	1 : 12.	1 : 27.	1 : 17.
Compositae	233.	38	6 : 1.	—	—	1 : 6.	1 : 9.	1 : 8.	1 : 13.
Ericinae et Rhodod.	21.	20.	21 : 20.	—	—	1 : 70.	1 : 17.	1 : 90.	1 : 25.
Ranunculaceae	66.	20.	10 : 3.	—	—	1 : 22.	1 : 17.	1 : 29.	1 : 25.
Rosaceae	73.	21.	7 : 2.	—	—	1 : 20.	1 : 16.	1 : 26.	1 : 24.
Malvaceae	8.	- 0	—	—	—	1 : 183.	—	1 : 235.	—
Euphorbiaceae	18.	1.?	18 : 1.	—	—	1 : 81.	1 : 340.	1 : 105.	1 : 497.
Convolvulaceae	6.	0.	—	—	—	1 : 244.	—	1 : 314.	—
Rubiaceae	27.	6.	9 : 2.	—	—	1 : 54.	1 : 57	1 : 69.	1 : 82.
Verbenaceae	1.	0.	—	—	—	1 : 1466.	—	1 : 1884.	—
Valerianeae	22.	1.	22 : 1.	—	—	1 : 66.	1 : 340.	1 : 86.	1 : 497.
Cucurbitaceae	2.	0	—	—	—	1 : 733.	—	1 : 942.	—
Apocineae	2.	0	—	—	—	1 : 733.	—	1 : 942.	—
Solaneae	14.	0	—	—	—	1 : 105.	—	1 : 134.	—
Phaenogamische Gewächse	1884. nach Roth	497. nach Wahlenb.	15 : 4.	—	—				

Abb. 2.7 Pflanzengeographische Tabelle, in der die Floren Deutschlands und Lapplands miteinander verglichen werden. Die Überschrift stammt von Humboldt, während die Tabelle selbst von Kunth erstellt wurde. Alexander von Humboldt und Carl Sigismund Kunth, »Distribution de toute la flore d'Allemagne (Roth) et de Laponie (Wahlenberg)«, o. D., SBB-PK, Handschriftenabteilung, Nachlass Alexander von Humboldt, gr. Kasten 6, Nr. 67, Bl. 1r, https://digital.staatsbibliothek-berlin.de/werkansicht?PPN=PPN826366791. Mit freundlicher Genehmigung der Staatsbibliothek zu Berlin – Preußischer Kulturbesitz.

Es ist schwer abzuschätzen, wie viel Arbeit die Auswertung von Wahlenbergs *Flora lapponica* und Hoffmanns *Deutschlands Flora* für Kunth wirklich bedeutete. Humboldts oben zitierte Danksagung scheint zumindest nahezulegen, dass er sich selbst diese Arbeit nicht zumuten wollte, oder vielleicht sogar nicht zutraute. Kunths Tätigkeit als »Registratur-Assistent« in der Seehandlungs-Societät, seine Arbeit an der Neuauflage einer Berliner Flora mit Willdenow als Mentor, sowie die Vertrautheit mit dem System »natürlicher« Pflanzenfamilien, die er sich durch die Arbeit an den *Nova genera et species plantarum* und Kontakte mit führenden Botanikern in den ersten Jahren in Paris erworben hatte, prädestinierten ihn dagegen für diese Arbeit, die »genauestens« ausgeführt werden musste. Das Artenzählen selbst und das Ermitteln verschiedener Verhältniszahlen setzte dabei nicht unbedingt ein tieferes Verständnis der Pflanzengeographie voraus. In diesem Zusammenhang ist es bemerkenswert, dass von den Verhältniszahlen, die Kunth in den handschriftlichen Notizen und seiner Tabelle festhielt, nur das »Verhältniss zu der ganzen Masse der phanerogamischen Gewächse« Eingang in die Tabelle fand, die Humboldt schließlich der Öffentlichkeit in den »Prolegomena« präsentierte. Wir wollen im nächsten Abschnitt darauf zurückkommen.

Abb. 2.8 Notizblatt zu pflanzengeographischen Verhältnisszahlen in Deutschland. Alexander von Humboldt und Carl Sigismund Kunth, »In Hoffmanns Deutschlands Flora sind beschrieben«, o. D., SBB-PK, Handschriftenabteilung, Nachlass Alexander von Humboldt, gr. Kasten 6, Nr. 66b, 1r, https://digital.staatsbibliothek-berlin.de/werkansicht?PPN=PPN826366783. Mit freundlicher Genehmigung der Staatsbibliothek zu Berlin – Preußischer Kulturbesitz.

Humboldt, Kunth und die geplante Neuausgabe der *Ideen zu einer Geographie der Pflanzen*

Im Rückblick scheint Kunth unglücklich, wenn nicht gar verbittert, über die untergeordnete Rolle gewesen zu sein, die ihm das Titelblatt der *Nova genera et species plantarum* zusprach. In dem Schriftenverzeichnis, mit dem er einen handschriftlichen, vermutlich im Jahr 1830 angefertigten Lebenslauf abschloß (Abb. 2.9), steht Humboldts und Bonplands Werk an erster Stelle, und ist mit dem Kommentar versehen: »Das Werk ist die alleinige Arbeit K[un]ths mit Ausnahme der Einleithung (Prolegomena) und einigen pflanzengeographischen Noten welche auch von Herrn v. Humboldt gezeichnet sind.«[64] Das im Original nachträglich eingeschobene »auch« belegt, dass Kunths Anspruch auf Autorschaft sich nur auf die taxonomischen Inhalte des Werkes erstreckte, und dass er sich ansonsten gerecht behandelt sah. Der in der Bemerkung dennoch durchscheinende Anspruch auf Autorschaft dürfte sich nicht zuletzt dem Umstand verdanken, dass Humboldt und Bonpland im Laufe der Jahre mehr und mehr Bände des groß angelegten botanischen Teils des Reisewerks Kunth als Alleinautor überließen.[65] Daneben nutzte Kunth den Zugang zu den umfangreichen botanischen Sammlungen in Paris, um zahlreiche vergleichend-morphologische Aufsätze zu einzelnen Pflanzengattungen und -familien in naturhistorischen und botanischen Zeitschriften unter seinem Namen zu veröffentlichen.[66]

[64] Carl Sigismund Kunth: Lebenslauf mit Werkverzeichnis, o. O., [1831], Stadtgeschichtliches Museum Leipzig, A/2014/2944, Bl. 1v (https://www.stadtmuseum.leipzig.de/ete?action=queryDetails/1&index=xdbdtdn&desc="objekt+Z0113340"). Unterstreichung im Original. Unter anderem gibt Kunth an, dass 3 Hefte des zweiten Bandes der *Révision des Graminées* (Kunth 1829) erschienen seien (»Erschienen sind 1 vol. et 3 cah. du second vol.«). Laut Sherborn/Woodward 1901 erschienen die ersten drei Bögen des zweiten Bandes des Werkes am 12. Februar 1831. Vgl. auch Fiedler/Leitner 2000, 333. [65] Im botanischen Teil des Reisewerks erschienen unter alleiniger Nennung Kunths als Autor u. a. die *Synopsis plantarum* (Kunth 1822–1825), eine Art Bestimmungshilfe, sowie der mit *Révision des Graminées* betitelte sechste bis achte Band (Kunth 1829). Die Bände zu den *Mimoses et autres plantes légumineuses* führen Kunth als denjenigen auf, der die von Humboldt und Bonpland gesammelten Pflanzen »beschrieb und veröffentlichte« (Humboldt/Bonpland/Kunth 1819). Vgl. Fiedler/Leitner 2000, 321–322, 327–328. [66] Vgl. u. a. zu den Cyperaceae Kunth 1815. Darin heißt es (Seite 2): »Ich habe das große Glück gehabt, eine große Zahl von Cyperaceen-Arten in den reichhaltigen Sammlungen des Jardin des Plantes, und der Herren Jussieu, Desfontaines, sowie Humboldt und Bonpland untersuchen zu können.« Das handschriftliche Schriftenverzeichnis (vgl. Anmerkung 64) listet fünfzehn Aufsätze auf, die in den Zeitschriften *Mémoires du Muséum d'Histoire Naturelle*, *Mémoires de la Société d'Histoire Naturelle*, *Journal de Physique*, *Annales des Sciences Naturelles*, *Journal de Botanique*, und *Linnaea* erschienen. Kunth setzte diese Arbeiten nach seiner Rückkehr nach Berlin unermüdlich fort. Den Cyperaceen wandte er sich beispielsweise in einem 1839 erschienenen Aufsatz in den *Abhandlungen der Königlichen Akademie der Wissenschaften zu Berlin* wieder zu (Kunth 1839).

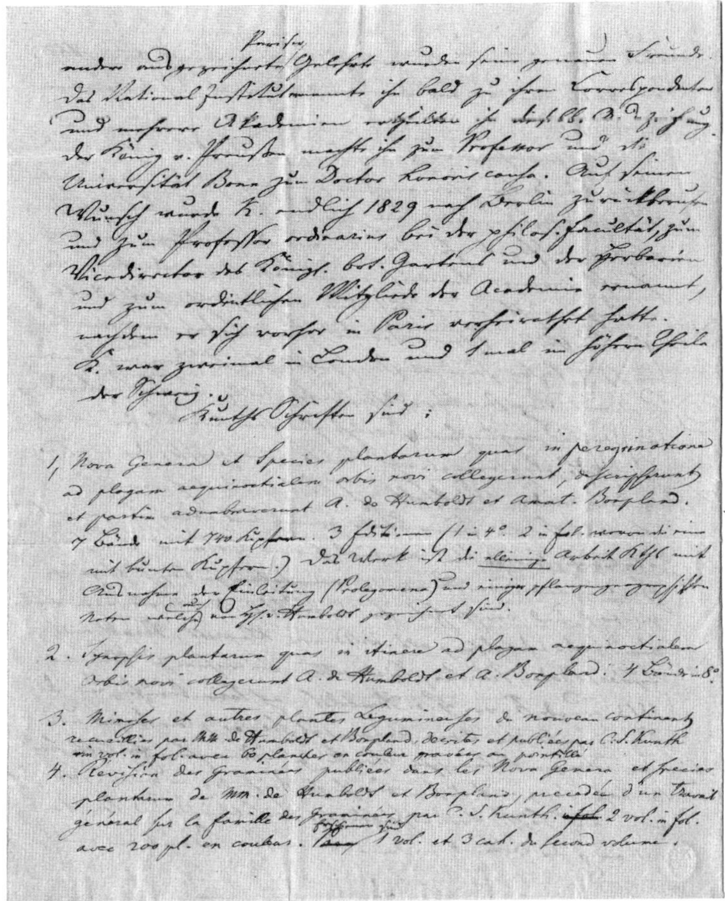

Abb. 2.9 Seite aus Carl Sigismund Kunths handschriftlichem Lebenslauf. Die Bibliographie auf der unteren Hälfte der Seite beginnt mit einem Eintrag zu Bonpland und Humboldts *Nova genera et species plantarum* (1815–1825). Carl Sigismund Kunth: Lebenslauf mit Werkverzeichnis, o. O., o. D. [1831], Stadtgeschichtliches Museum Leipzig, A/2014/2944, Bl. 1v (https://www.stadtmuseum.leipzig.de/ete?action=queryDetails/1&index=xdbdtdn&desc="objekt+Z0113340"). Mit freundlicher Genehmigung des Stadtgeschichtlichen Museums Leipzig.

In seiner Pariser Zeit emanzipierte sich Kunth also von seinem Förderer Humboldt als ein Botaniker, der neben anderen Forschern wie Candolle und Brown an vorderster Front an morphologisch-systematischen Problemen arbeitete, die mit den umstrittenen Konturen des natürlichen Systems der Pflanzen zu tun hatten.[67] Dass Humboldt Kunths Expertise auf diesem Gebiet mehr und mehr schätzte, verdeutlicht vor allem der gemeinsam mit Kunth 1825 mit den Pariser Verlegern James

[67] Hoquet 2014, 531.

Smith und Théophile Étienne Gide abgeschlossene Vertrag über eine Neuauflage der *Ideen zu einer Geographie der Pflanzen*, die alles bisher auf diesem Gebiet geleistete in den Schatten stellen und zugleich neue Impulse für zukünftige Forschungen liefern sollte.[68] Humboldts Motivationen sowie die umfangreichen Manuskripte, die sich zu diesem Projekt in seinem Nachlass finden, sind von Ulrich Päßler analysiert worden.[69] Wir wollen uns hier auf Kunths Beitrag konzentrieren und dabei die bislang offen gebliebene Frage diskutieren, warum dieses gemeinsame Projekt am Ende gescheitert ist.[70]

Wie schon bei den *Nova genera et species plantarum* scheint es Kunths Aufgabe gewesen zu sein, vorhandenes Datenmaterial zunächst einmal zu ordnen. Ein in Humboldts Nachlass überliefertes Manuskript in der Handschrift Kunths enthält den Entwurf einer Gliederung der geplanten Neuausgabe, das über Siglen mit einem umfangreichen Konvolut von Notizen verbunden ist. Die Gliederung beginnt mit drei Abschnitten, die sich der »Definition, Geschichte und Absonderung der Pflanzengeographie von allem was eigentlich der Physik der Pfl[anzen] oder der Meteorologie oder der Geschichte der Pfl[anzen] […] gehört«, widmen sollten. Darauf folgt ein weiterer, mit »N[umer]o. 4. Unser Plan« überschriebener Abschnitt.[71] In diesem Abschnitt sollten offenbar Idee und Struktur des Gesamtwerkes entwickelt werden. Geplant waren demnach drei, mit griechischen Buchstaben gekennzeichnete »Abtheilung[en]«: eine Abteilung »α)«, in der es um »die Verhältnisse der höhern und niedern Grouppen [sic] (Classen, Familien, genera) zu der Erde und dem Wasser« gehen sollte, in dem also »Hauptgegenstand immer die [taxonomische] Gruppe« gewesen wäre; eine Abteilung »β.)«, die die umgekehrte Perspektive einnehmen und dementsprechend die »Verhältnisse der Länder zu den Verschiedenen Gruppen« betrachten sollte; sowie eine »als Zusatz« gedachte Abteilung »γ.)«, in der dann schließlich die Faktoren betrachtet worden wären, welche die in den ersten beiden Abteilungen ermittelten »Verbreitungsgesetze erklären« konnten. Dazu sollten einerseits »physisch[e] Momente« gehören, zum anderen aber auch »etwas von den [sic] Genetischen, von der Idee von Species, an die Geschichte der Pflanzen angrenzend.«[72] Beiden Autoren war zu diesem Zeitpunkt also klar, dass sich pflanzengeographische Verteilungsmuster nicht einfach auf klimatische und geologische Faktoren reduzieren ließen, sondern dass für ihre Erklärung auch die Evolution und Verbreitungsgeschichte der Pflanzen in Betracht gezogen werden musste.

68 Théophile Étienne Gide; Alexander von Humboldt; Carl Sigismund Kunth; James Smith: Verlagsvertrag zur »Géographie des plantes dans les deux hémisphères« (1825) (↗H0016424). 69 Päßler 2018a. 70 Vgl. Päßler 2018. 71 Carl Sigismund Kunth: Ideensammlung für die Neuausgabe der Geographie der Pflanzen (↗H0000005), Bl. 2r. Neben Kunths »Ideensammlung« findet sich auch ein ähnliches Manuskript von Humboldt, das mit »matériaux pour la nouv[elle] édit[ion] de la Géographie des plantes« (↗H0002731) überschrieben ist. Anders als bei Kunth scheint es sich allerdings um bloße Lesenotizen zu handeln, ohne jeden Versuch, das Material in eine Ordnung zu bringen. 72 Carl Sigismund Kunth: Ideensammlung für die Neuausgabe der Geographie der Pflanzen (↗H0000005), Bl. 2–3.

Dieser scheinbar klaren Übersicht schließen sich allerdings Ausführungen an, die belegen, dass Humboldt und Kunth zunächst einige grundsätzliche Klärungen für nötig hielten, bevor ihr »Plan« überhaupt in Angriff genommen werden konnte. »Vor α Nach den Prolegomenen« sollte Folgendes diskutiert werden:

> das allgemeinste aller Vegetation, also a) wieviel Pflanzen es giebt? (Zahl), und physische Verhältnisse b.) wo es Pflanzen geben kann, subterranea, marina, aerites, (wie tief, ohne Licht?), auf der Erde, im Schnee, c.) Höhen (Himelaya [sic]) und Tiefe im Meere, […].[73]

Erst nach diesem Einschub setzt sich dann im Manuskript die Nummerierung nach Abschnitten fort, die durch den Einschub unterbrochen wird (»No. 5«, »No. 6« etc.). Im Einzelnen lassen die darunter aufgeführten Stichworte zwar eine Beziehung zur Gliederung in drei Abteilungen erkennen, so z. B. »No. 7. SüdSee« oder »No. 10. Verbreitung der Moose«. Insgesamt handelt es sich aber um eine eher lose Folge von Stichworten, die über die bereits erwähnten Siglen auf eine Sammlung von Notizen und Literaturexzerpten verweist, die nicht nur von Kunth und Humboldt, sondern auch von anderen Naturforschern, wie zum Beispiel Willdenow, stammten.[74] Es entsteht damit der Eindruck, dass sich das geplante Buchprojekt in einer »Fülle botanischer Daten« verlor, die über einen langen, mindestens bis zu Willdenows Besuch in Paris 1811 zurückreichenden Zeitraum gesammelt worden waren. Wie Ulrich Päßler bemerkt hat, war eine »Synthese pflanzengeographischer Forschung nach dem so erfolgreichen Vorbild der *Ideen zu einer Geographie der Pflanzen* […] zu einem kaum praktikablen Unterfangen« geworden.[75]

Der das »allgemeinste aller Vegetation« betreffende Einschub enthält allerdings einen Hinweis auf ein weiteres, systematisches Hindernis, an dem das gemeinsame Projekt gescheitert sein könnte. An erster Stelle steht hier die scheinbar unverfängliche Frage, »wieviel Pflanzen es giebt? (Zahl)«. Ihr widmet sich gleich im Anschluss an den Einschub der Abschnitt »No. 5«, in dem die »Zahl der Species eines und desselben Genus« der »Zahl der Species im Verhältniß zur ganzen Maße der Phänerogamen« gegenübergestellt wird.[76] In der letzteren Zahl lassen sich leicht die Verhältniszahlen wiedererkennen, die Humboldt in den »Prolegomena« in Form einer Tabelle präsentiert hatte und deren Zustandekommen unter Mithilfe Kunths wir

[73] Carl Sigismund Kunth: Ideensammlung für die Neuausgabe der Geographie der Pflanzen, Bl. 4r (↗H0000005). Die Aufzählung setzt sich mit einigen spezielleren, die Größe, die Farbe, die Lebensdauer und die Verbreitungsfähigkeit der Pflanzen betreffenden Punkten bis zum Buchstaben g) fort. Mit den »Prolegomenen« dürften die Abschnitte 1 bis 3 gemeint sein. [74] Vgl. z. B. das neunzehnseitige Manuskript des schottischen Botanikers George Arnott Walker-Arnott zur geographischen Verbreitung einzelner Moosgattungen: Walker-Arnott, George Arnott; Humboldt, Alexander von: B / C – Geographie der Moose (↗H0000007). Eine handschriftliche Notiz Willdenows findet sich in Karl Ludwig Willdenow; Alexander von Humboldt: Ag / Ah – Cruciferen und Umbellaten Amerikas (↗H0015184). [75] Päßler 2018a, 14. [76] Carl Sigismund Kunth: Ideensammlung für die Neuausgabe der Geographie der Pflanzen, Bl. 5r.

am Ende des vorigen Abschnittes diskutiert haben. Eine Randnotiz Kunths – »gegen Decandolle« – verweist auf die Quelle für die erste der genannten Zahlen. Tatsächlich hatte Candolle 1820 eine Alternative zu den Humboldt'schen Verhältniszahlen vorgeschlagen: Unterschiedliche geographische Regionen ließen sich seiner Meinung nach besser durch die »durchschnittliche Zahl der Arten in jeder Gattung oder Familie« (»nombre moyen des espèces de chaque genre ou de chaque famille«) charakterisieren. So kamen laut einer angefügten Tabelle in Frankreich im Durchschnitt 7⅕ und in Deutschland 6⅔ Arten auf jede bekannte Gattung.[77]

Wie Kunths Randnotiz belegt, hatten er und Humboldt offenbar vor, Candolles prominenten Vorschlag in der Neuauflage der *Ideen* zurückzuweisen. Das Beharren auf den einmal eingeführten Verhältniszahlen hing mit Humboldts Überzeugung zusammen, dass es mit der arithmetischen Botanik um mehr ging als die bloße Beschreibung der Artenvielfalt. Wie er in einer Verlagsanzeige festhielt, sollte das geplante Werk Einblick in die »unwandelbaren [...] Gesetz[e]« geben, nach denen sich »auf irgend einem Punkte der Erdkugel« aus der Zahl der Arten einer Pflanzenfamilie sowohl die »Totalmenge« der Arten, als auch die »Anzahl der Arten, woraus die anderen Gewächse-Stämme bestehen«, abschätzen ließe.[78] Humboldt beharrte also auf der Forderung nach einem Gesamtbild oder »Panorama« der konkreten Verteilung von Lebensformen auf geographisch und physisch definierte Naturräume, wie er es mit seinem berühmten »Naturgemälde der Anden« geliefert hatte; daher auch die gleich an die Frage nach der Zahl der Arten anschließende Frage, »wo es Pflanzen geben kann«. Nur die Kenntnis des gesetzmäßigen Gesamtzusammenhanges ließ seiner Meinung nach Rückschlüsse auf besondere Naturverhältnisse zu.[79] Candolles Zahlen lieferten dagegen nur ein abstraktes Maß für die Artenvielfalt einer beliebigen Region; für das innere Auge boten sie nicht den »Totaleindruck« einer wirklichen oder bloß imaginierten Landschaft, und sie ließen auch keine über sie selbst hinausreichenden Schlussfolgerungen zu.[80]

[77] Candolle 1820a, 41–43. Wir zitieren nach dem Separatdruck in den Sammlungen der Bayerischen Staatsbibliothek, der in der Digitalen Bibliothek des Münchner Digitalisierungszentrums online zugänglich ist (http://mdz-nbn-resolving.de/urn:nbn:de:bvb:12-bsb10301226-1). [78] Humboldt 1826b, 56. Von einem »ewigen Gesetz«, das die geographische Verteilung der Pflanzen beherrsche, war bereits in den »Prolegomena« die Rede; vgl. Humboldt 1817, xiii. [79] Vgl. Humboldt 1806, 11–16. Zu Humboldts Beharren auf einem panoramischen Blick, vgl. auch Güttler 2014, Kap. 2; Pässler 2018. [80] Vgl. Ebach 2015, 65. Den Begriff »Totaleindruck« entnehmen wir Humboldt 1806, 11. Zur Konkurrenz zwischen Humboldt und Candolle, die gelegentlich gehässige Formen annahm, vgl. Bourguet 2015. Ob dabei auch nationale Interessen eine Rolle spielten, sei dahingestellt. Zumindest ist es augenfällig, dass sich aus Candolles Zahlen ergab, dass Frankreich durchschnittlich »reicher« an Arten war als Deutschland. In der Beschäftigung mit Fragen der Pflanzengeographie zu Beginn des 19. Jahrhunderts kann in diesem Sinne der Ursprung des modernen Konzepts der »Biodiversität« gesehen werden; vgl. Müller-Wille 2016.

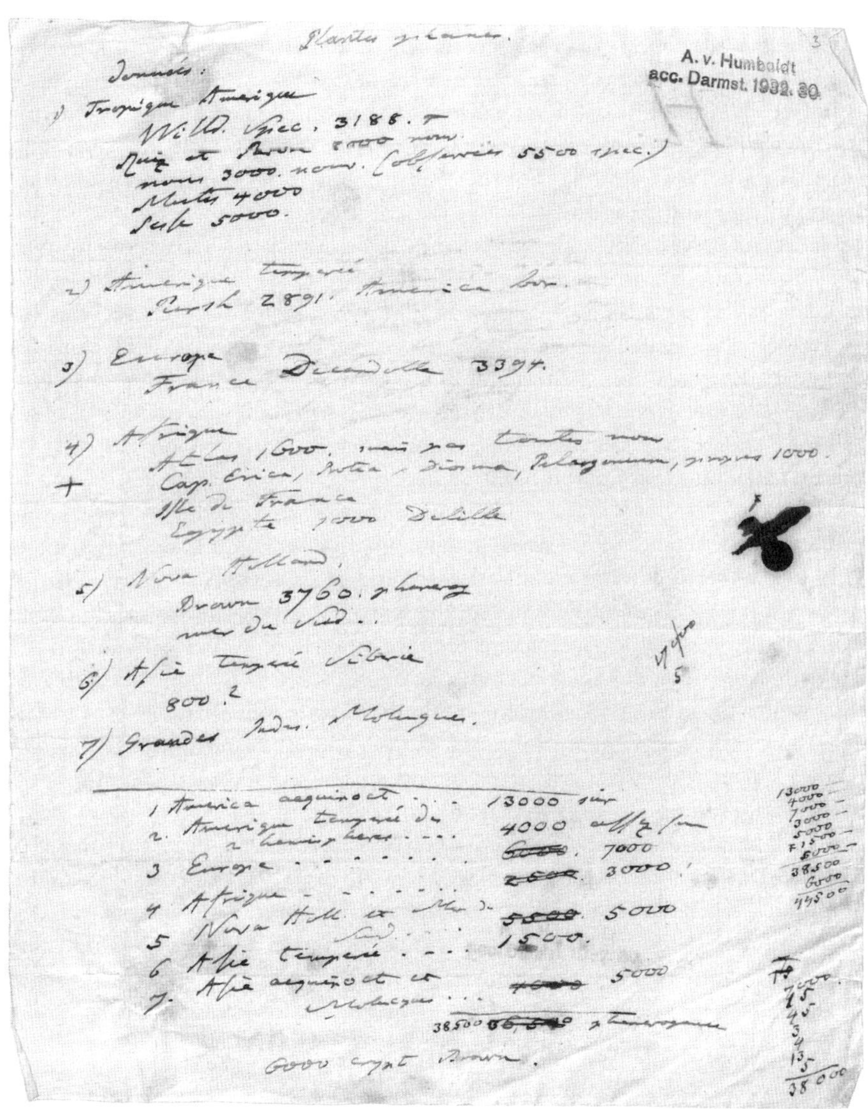

Abb. 2.10 Humboldts Notizen zu Gesamtzahl der Phanerogamen-Arten. Alexander von Humboldt: H – Anzahl der Phanerogamen, SBB–PK, Handschriftenabteilung, Nachlass Alexander von Humboldt, gr. Kasten 6, Nr. 81a, Bl. 3r, http://resolver.staatsbibliothek-berlin.de/SBB00019F4D00000001. Mit freundlicher Genehmigung der Staatsbibliothek zu Berlin – Preußischer Kulturbesitz.

Wir wissen nicht, inwieweit Kunth Humboldts Sicht der Dinge wirklich teilte, als er den Gliederungsentwurf verfasste. Es ergab sich daraus jedoch der Zwang, vor jeder Beschäftigung mit Artenzahlen zunächst einmal die Gesamtzahl aller Arten einer mehr oder weniger weit gefassten taxonomischen Gruppe zu etablieren. So verweist Kunth unter der »No. 5« der Gliederung mit der Sigle »H.« auf ein mit »Plantes phanér[ogames]« überschriebenes Blatt, auf dem Humboldt für verschiedene Weltregionen die Gesamtzahl phanerogamer Arten aufführte (Abb. 2.10). Als Grundlage dienten ihm dafür eine Vielzahl von Quellen, darunter Willdenows *Species plantarum*, die angeblich 3188 phanerogame Arten für die amerikanischen Tropen verzeichneten (»Willd. Spec[ies] [plantarum] 3188 sp[ecies]«), während er selbst und Bonpland 5500 »beobachtet« hatten, darunter 3000 »neue« (»nous 3000 nouv[elles] (observées 5500 spec[ies])«). Am Ende des Blattes versuchte Humboldt dann, die Gesamtzahl phanerogamer Arten weltweit zu ermitteln, indem er aufgerundete Schätzwerte für jede Region addierte. Er kam auf 38 500.[81] Kunth schien sich mit derselben Frage zu beschäftigen, wobei auch entlegene Quellen zum Einsatz kamen. Eine von ihm stammende Randnotiz zu »No. 5« verweist zum einen auf Linné, der von »nicht 10 000« Pflanzenarten ausgegangen war, und hält dagegen, dass die »Zendavesta«, d. h. die heilige Schrift der Zoroastrier, von »120 000 Gewächsgestalten aus dem Stierblut entstanden« spricht.[82]

Wie bereits angedeutet, wurde aus dem gemeinsamen Werk zur Pflanzengeographie nichts. Nach Veröffentlichung der Verlagsankündigung finden sich nur noch einige wenige Spuren in Humboldts und Kunths Korrespondenz, die darauf hindeuten, dass sie das Projekt weiter verfolgten. Dennoch beschäftigte beide Naturforscher, auf jeweils eigene Art, die Frage nach der Artenzahl auch nach ihrer Rückkehr nach Berlin weiterhin intensiv. So berichtet Humboldt in einem Brief an Kunth vom 8. Juli 1833, dass ein Zeitgenosse Linnés, der holländische Arzt und Naturforscher Johannes Burman, die Zahl der Arten bereits auf 29 000 geschätzt haben soll.[83] In den Papieren Humboldts ist außerdem ein von ihm selbst auf 1835 datiertes Datenblatt erhalten, auf dem Kunth Artenzahlen für die Berliner Flora aufführte, die Humboldt in Verhältniszahlen umsetzte.[84] Vor allem in den späten 1840er Jahren, als Humboldt an dem fünften Band des *Kosmos*, der dritten Auflage der *Ansichten der Natur*, sowie deren Übersetzung ins Englische durch Elizabeth Juliana Leeves Sabine arbeitete, schien ihn die Frage nach Verhältniszahlen wieder umzutreiben.

[81] Alexander von Humboldt: H – Anzahl der Phanerogamen. Das Notizblatt entstand vermutlich zur selben Zeit wie Kunths Gliederungsentwurf; Die Angabe »Égypte 1000 Delille« geht wohl auf eine schriftliche Mitteilung Alire Raffeneau-Deliles zurück. Vgl. Raffeneau-Delile an Humboldt, Paris, 16. Juni, o. J., SBB-PK, Handschriftenabteilung, Nachlass Alexander von Humboldt, gr. Kasten 6, Nr. 59, Bl. 1r–1v (http://resolver.staatsbibliothek-berlin.de/SBB00019F0B00000000). Siehe auch dessen 1824 erschienene *Flore d'Égypte* (Raffeneau-Delile 1824). [82] Carl Sigismund Kunth: Ideensammlung für die Neuausgabe der Geographie der Pflanzen, Bl. 5r (↗H0000005). Kunth bezieht sich mit dem Zitat »Rhod. 286« auf die Darstellung des Zoroastrismus von Johann Gottlieb Rhode, die 1820 in Frankfurt am Main erschienen war. Die Angabe von »120 000 Gewächsgestalten« findet sich anders als von Kunth irrtümlich angegeben auf Seite 386 dieser Ausgabe; vgl. Rhode 1820, 386 sowie Humboldt 1826, II, 88 und Humboldt 1849, II, 121. [83] Humboldt an Carl Sigismund Kunth, [Berlin], Montag, [8. Juli 1833] (↗H0006047). [84] Carl Sigismund Kunth, Alexander von Humboldt, Flora Berolinensis, 1835. SBB-PK, Handschriftenabteilung, Nachlass Alexander von Humboldt, gr. Kasten 6, Nr. 48, Bl. 1r (http://resolver.staatsbibliothek-berlin.de/SBB00019EF700000000).

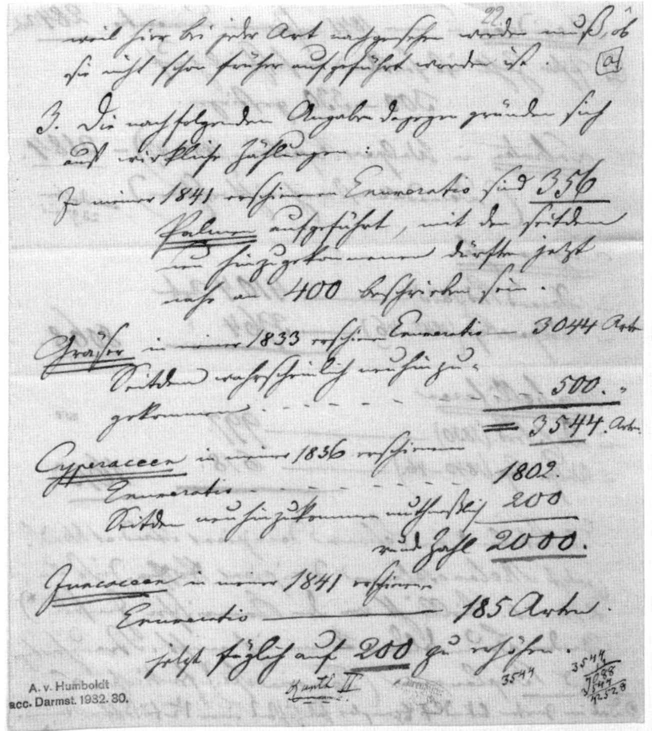

Abb. 2.11 Kunths Aufstellung von Artenzahlen pro natürlicher Familie in einem Brief an Humboldt. Brief von Carl Sigismund Kunth an Alexander von Humboldt, SBB-PK, Handschriftenabteilung, Nachlass Alexander von Humboldt, gr. Kasten 8, Nr. 22, Bl. 1r, http://resolver.staatsbibliothek-berlin.de/SBB0001677F00000001. Mit freundlicher Genehmigung der Staatsbibliothek zu Berlin – Preußischer Kulturbesitz.

So forderte er im November 1848 von Kunth: »Wagen Sie ohngefahr eine Schäzung a) der beschriebenen Glumaceen (d. i. Gramineen[,] Juncaceen und Cyperaceen zusammen[),] b) der Leguminosen, c) der Labiaten«.[85] Kunth antwortete beflissen und prompt mit einem langen Brief, in dem er die geforderten Zahlen lieferte (Abb. 2.11).[86] Schon zuvor hatte Kunth Humboldt das Manuskript einer Rede zukommen lassen, die er am 27. Dezember 1846 in einer Sitzung des Königlich-Preußischen Gartenbauvereins gehalten hatte. Darin hielt er fest, dass sich nach Anfertigung eines vollständigen Katalogs die Anzahl der im Botanischen Garten von Berlin angebauten Pflanzen auf etwa 14 000 schätzen ließe. Diese Zahl nahm er dann zum Ausgangspunkt einer Schätzung der Anzahl aller Arten, indem er zunächst »die zahlreichen Arten anderer Gärten, welche der unsrige noch nicht besitzt,«

85 Alexander von Humboldt an Carl Sigismund Kunth, Potsdam, Freitag, [24. November 1848] (↗H0000608).
86 Carl Sigismund Kunth an Alexander von Humboldt, [Berlin], nach 24. November 1848, Bl. 1r–1v (↗H0015156).

hinzurechnete, was in einer Schätzung der »Zahl sämmtlicher in den botanischen Gärten cultivirter Phänerogamen auf 20 000« resultierte. Im Anschluss sprach er die Vermutung aus, »daß wir [kaum] den 8ten oder 9ten Theil aller bis jetzt bekannten Phänerogamen kultiviren«, woraus auf eine »ungefähre Zahl von 150 000 Arten« geschlossen werden könne.[87] Humboldt fügte Kunths Briefen eigene Notizen und Rechnungen bei und verwertete dessen Angaben teilweise in einer langen Fußnote, die er der dritten Auflage der *Ansichten* hinzufügte, u. a., indem er einen großen Teil von Kunths Redemanuskript abdrucken ließ.[88]

Kunth seinerseits hatte bereits kurz nach seiner Rückkehr nach Berlin, die mit dem Antritt einer Professur für Botanik und des Vize-Direktorats über den Botanischen Garten verbunden war, mit der Veröffentlichung eines mehrbändigen, Alexander von Humboldt, dem »wohlmeinenden Förderer« (»fautore benignissimo«), gewidmeten Werks begonnen, das sich in sehr konkreter Weise mit der Artenzahl befasste. 1833 erschien der erste Band der *Enumeratio plantarum*, dessen vollständiger Titel in deutscher Übersetzung »Aufzählung aller bis jetzt bekannten Arten, nach natürlichen Familien geordnet, und ergänzt um Beschreibungen, Unterschiede und Synonyme« lautet.[89] Durch seinen Titel gab sich das ehrgeizige Werk klar als Ausweitung des von Willdenow begonnenen, und von Link wiederaufgelegten Katalogs des Berliner Botanischen Gartens zu einem weltweiten Pflanzenkatalog zu erkennen.[90] Humboldt lobte den ersten, den Gräsern gewidmeten Band in einem kurzen Brief – »mit welchem Verstande u[nd] Fleiss ist ihre Agrostographie gemacht«[91] – und Kunth bezog sich in seiner Antwort auf Humboldts briefliche Forderung nach Artenzahlen gut fünfzehn Jahre später ausdrücklich auf seine *Enumeratio*, darunter auf den 1836 erschienenen Band zu den Cyperaceen, der laut Kunth 1802 Riedgrasarten enthielt, zu denen allerdings seitdem »muthmaßlich« 200 Arten hinzugekommen wären. Er hob hervor, dass es sich bei diesen Angaben um »wirkliche Zählungen« handelte (siehe Abb. 2.11).[92]

Mit Kunths *Enumeratio* wird außerdem deutlich, welchen ungeheuren Umfang das Unterfangen annahm, zu sicheren Aussagen über die Zahl der Arten in den verschiedenen Pflanzenfamilien zu kommen. Nicht nur wuchs der Kenntnisstand kontinuierlich durch ständig eintreffende Berichte über »neue« Arten; vielfach war der taxonomische Status dieser Arten auch ungeklärt. Schon der zweite, 1835 erschienene Band des Werkes war eigentlich ein Supplement, das den ersten Band um neue Arten

[87] Carl Sigismund Kunth: Vortrag über die Artenvielfalt des Berliner Botanischen Gartens (Berlin, 27. Dezember 1846, Auszug), Bl. 1r–v (↗H0015190). [88] Humboldt 1849, II, 118–150; vgl. vor allem 141–142 und 152. [89] Kunth 1833–1850. Der vollständige lateinische Titel lautet »Enumeratio plantarum omnium hucusque cognitarum, secundum familias naturales disposita, adjectis characteribus, differentiis et synonymis«. [90] Willdenow 1809–1813; Link 1821–1822. Die Titel beider Gartenkataloge beginnen mit »Enumeratio plantarum«. [91] Alexander von Humboldt an Carl Sigismund Kunth, [Berlin], Mittwoch, [1833] (↗H0015079). [92] Carl Sigismund Kunth an Alexander von Humboldt, [Berlin], nach 24. November 1848, Bl. 1r (↗H0015156).

ergänzte; und der letzte, 1850 erschienene Band verlor sich in umfangreichen Diskussionen zu »zweifelhaften Arten« (»species dubiae«).[93] Anfang 1849 machte Kunth in seiner Antwort auf eine letzte Bitte Humboldts um Berichtigungen und Ergänzungen – darunter nicht weniger als ein »Aufsaz über die Grundsäze der numerischen Vertheilung der Arten«[94] – zu dem gerade erschienenen zweiten Band der *Ansichten der Natur* dieses Problem deutlich, und wies zugleich indirekt darauf hin, dass es sich eigentlich nur durch ein Werk wie seine eigene *Enumeratio plantarum* lösen ließ:

> Wieviel Pflanzenarten es überhaupt auf der Erde giebt, und wieviel davon auf jede einzelne Pflanzenfamilie kommen, dürfte schon deshalb nie zu ermitteln sein, da der Begriff Art von den Botanikern nicht allein im Allgemeinen, sondern selbst in den verschiedenen Familien ganz verschieden aufgefaßt wird. [...] Blos in dem Falle, daß sämmtliche Pflanzenarten von einem und demselben Botaniker und nach demselben Princip untersucht und bearbeitet worden wären, würde sich vielleicht ein richtigeres relatives Zahlenverhältniß zwischen den Familien herausstellen, aber nie die absolute Zahl weder aller bekannten Arten noch der Arten der einzelnen Familien ergeben.[95]

In diesen Bemerkungen Kunths schwingt Kritik an Humboldts Pflanzengeographie mit, und es fällt auf, dass sein 1847 erschienenes *Lehrbuch der Botanik* zwar kurz und knapp festhält, dass »[b]ei größeren natürlichen Gruppen [...] die numerischen Verhältnisse der Arten, aus denen sie bestehen, zu berücksichtigen [sind] (Statistik der Gewächse)«, in der dann folgenden Darstellung pflanzengeographischer Ergebnisse Florenregionen aber ausschließlich qualitativ-taxonomisch charakterisiert werden.[96] Humboldt scheint für diese Kritik auch empfänglich gewesen zu sein. So hatte er resignierend in der dritten Auflage der *Ansichten*, die Kunth kritisch durchsehen sollte, selbst eingestanden, dass die Frage »wie viel Pflanzengestalten [...] vorhanden sind? keiner directen wissenschaftlichen Lösung fähig ist«. Immerhin könne man sie aber auf »annähernde[m] Weg« und durch »gewisse *untere Grenzzahlen* (numerische Angaben der Minima)« ermitteln.[97] Offenbar blieb Humboldt auf dem einmal eingeschlagenen Weg, dessen Ziel für ihn letztlich die »Lösung eines großen numerischen Lebensproblems« bedeutete, nämlich Antwort auf die Frage zu finden: »Ist aber die Zahl der Organismen selbst constant?«.[98] Ein Brief an Johann Georg von Cotta vom 24. Juni 1854, also mehr als vier Jahre nach dem Tod Kunths, ist in

[93] Kunth 1833–1850, V, z. B. 73–75. [94] Alexander von Humboldt an Carl Sigismund Kunth, [Berlin], Freitag, [Frühjahr 1849], Bl. 1r (↗H0002924). [95] Carl Sigismund Kunth: Berichtigungen und Ergänzungen zu Band 2 der *Ansichten der Natur*, 3. Auflage (Anfang 1849), Bl. 3r (↗H0005459). Kunth bezieht sich in dieser Anmerkung auf »Pag. 145«. In der gedruckten Ausgabe argumentiert Humboldt auf dieser Seite, dass bislang auf der Grundlage von Verhältniszahlen geschätzte Gesamtzahlen der Arten zu niedrig seien; vgl. Humboldt 1849, II, 145. [96] Kunth 1847, 528. [97] Humboldt 1849, II, 121. Hervorhebung im Original. [98] Humboldt 1849, II, 149 f.

dieser Hinsicht bemerkenswert. Darin schreibt Humboldt von Plänen zu seinem »Lieblingswerk«, den *Ideen zu einer Geographie der Pflanzen*, die ihn seit »mehr als 20 Jahre[n] beschäftigen« und kündigt an, weitere »16 Bogen« neuen Text zu liefern.[99] Kunth wird in diesem Brief nur an einer Stelle im Zusammenhang mit der ersten Ausgabe der »Prolegomena« und den für die Darstellung der Höhenverteilung der Vegetation notwendigen Berechnungen erwähnt, also wiederum bloß als Mitarbeiter an Humboldts (alleinigen) Werken.[100]

Schluss

Es würde sicherlich zu weit gehen, wenn man annähme, daß Kunth die *Enumeratio* nur begann, um Humboldts Appetit auf absolute Artenzahlen zu befriedigen. Auch wenn sich das Werk vom Linné'schen System löste und Pflanzenarten nach ihren natürlichen Familien anordnete, lässt es sich als direkte Fortsetzung von Willdenows *Species plantarum* verstehen. Mit Antritt der Professur für Botanik und des Vize-Direktorats über den Botanischen Garten sah es Kunth offenbar als seine Aufgabe an, bekannt gewordene Arten möglichst vollständig zu katalogisieren, unabhängig von etwaigen Spekulationen über vermeintliche Gesetze, die ihre geographische Verbreitung erklärten. Dass Kunth darüber den Glauben an die Möglichkeit eines Humboldt'schen »Naturgemäldes« der numerischen Verteilung von Arten verlor, war für Humboldt unerheblich, so lange er sich nur darauf verlassen konnte, dass ihm Kunth jederzeit als verlässliche Auskunftsquelle zur Verfügung stand.[101] Das Verhältnis zwischen den beiden Naturforschern spiegelt eine Arbeitsteilung zwischen »Datenkuratoren« und an theoretischen Fragestellungen interessierten Biologen wider, die bis heute fortdauert, und erneut schwierige Fragen mit Bezug auf Autorschaft und sozialen Status aufwirft.[102]

Es bleibt ein Nachtrag. 1850 beging Kunth Selbstmord. »[I]n einem Anfalle von Gemütskrankheit«, so berichtet ein Nachruf im *Neuen Nekrolog der Deutschen*, »durchschnitt er sich am 22. März Morgens die Blutgefäße am Halse und gab in Folge von Verblutung wenige Stunden darnach seinen Geist auf.« Der anonyme Verfasser vermutete »geistig[e] Unmäßigkeit« als Grund;[103] Humboldt dagegen, der einen Nachruf für den *Preußischen Staatsanzeiger* verfasste, eine »Luxation der Schulter«, die sich Kunth 1839 zugezogen hatte und in deren Folge sich »rheumatische Schmerzen und zugleich Schwächung des Gehörorgans [einstellten], die seine Heiterkeit trübten.«[104] In seinen letzten Briefen zeigte sich Humboldt liebevoll besorgt um den Gesundheitszustand Kunths, vor allem seine »Schlaflosigkeit«,[105] was ihn

[99] Humboldt 2009, 536. [100] Humboldt 2009, 533. [101] Zur Arbeitsweise Humboldts, der sich für seine Werke auf eine Vielzahl von Korrespondenten verließ, vgl. Werner 2004. [102] Ankeny/Leonelli 2015. [103] Neuer Nekrolog 1852. [104] Wir zitieren nach Humboldt 1851, 212–213. Zu den genauen Umständen von Kunths Suizid und Humboldts Reaktion darauf, vgl. Lederer 2018, 16–20. [105] Alexander von Humboldt an Carl Sigismund Kunth, [Berlin], Mittwoch, [Frühjahr 1849] (↗H0006178).

aber nicht davon abhielt, ihn weiterhin »mit neuen Bitten zu belästigen«, die Kunth auch gewissenhaft erfüllte.[106]

Es ist verlockend, Kunths unglückliches Lebensende mit seiner lebenslangen Position als ›Rechenmeister‹ Humboldts und der unermüdlichen Arbeit an dem letztlich aussichtslosen Projekt eines vollständigen Artenkatalogs in Verbindung zu bringen. Unserer Meinung nach spricht dagegen allerdings einiges. Kunth hatte Humboldt sehr viel zu verdanken. Nicht nur die Einführung in die innersten Kreise avancierter, botanischer Forschung während seiner Zeit in Paris sowie seine Berufung an die Universität in Berlin. Sondern auch beständige politische Unterstützung bei der Beschaffung von teurem Pflanzenmaterial für die Berliner Sammlungen sowie persönliche Verwendung beim Verlagshaus Cotta, um die Drucklegung der letzten Bände der schlecht gehenden *Enumeratio plantarum* zu befördern. Humboldt sprach Kunth in seinen Briefen oft als »Freund« an, und konnte sich durchaus herzlich für die erwiesenen Dienste bedanken. »Ihre Berichtigungen und Zusäze sind wie immer es bei Ihnen der Fall war, voller gründlicher Klarheit und Scharfsinn«, schrieb Humboldt beispielsweise Anfang 1849, und fügte hinzu: »und da dies alles aus alter Liebe für mich geschehen ist, so ist meine Dankbarkeit für Sie um so daurender, und inniger.«[107] In den wenigen erhaltenen Briefen Kunths dominiert dagegen ein sehr viel distanzierterer, und zuweilen unterwürfiger Ton; die im Titel unseres Beitrags zitierte Phrase stammt aus einem Satz, mit dem Kunth den oben zitierten, Ende November 1848 verfassten Brief abschloss, in welchem er Humboldt ein letztes Mal mit Verhältniszahlen versorgte.[108]

Am besten lässt sich das Verhältnis der beiden Naturforscher verstehen, wenn man bedenkt, dass neben der professionellen Beziehung die alte, quasi-familiäre Beziehung zwischen (adeligem) Herrn und Diener fortbestand, wie sie durch den Onkel Kunths als Hauslehrer der Humboldt-Brüder begründet worden war. In einem Brief, den Humboldt an seinen Bruder Wilhelm nach der Rückkehr Kunths von einem Besuch in Berlin schrieb, wird dies sehr deutlich:

> Der junge Kunth ist zurück und berichtete mir von Dir, Deiner Familie und der Villa. Man freut sich, jemand zu sehen, der Personen sah, die man liebt. Ich kann nie die Briefe der Alten lesen, ohne den Gedanken, wie viel beruhigender ein Sklave, ein alter Diener der Familie, der direkt von Kappadozien nach Brundisium kam, wirken mußte als unsere kalten Briefe, die die Post

[106] Alexander von Humboldt an Carl Sigismund Kunth, [Berlin], Mittwoch, [Frühjahr 1849], Bl. 1r (↗H0006178); Alexander von Humboldt an Carl Sigismund Kunth, Berlin, Donnerstag, [11. Januar 1849] (↗H0000009); Carl Sigismund Kunth an Alexander von Humboldt, Berlin, 13. Januar 1849 (↗H0015159).
[107] Alexander von Humboldt an Carl Sigismund Kunth, Mittwoch, [Frühjahr 1849], Bl. 1r (↗H0006178).
[108] Carl Sigismund Kunth an Alexander von Humboldt, [Berlin], nach 24. November 1848, Bl. 2v (↗H0015156): »Ich brauche wohl nicht von neuem zu versichern, wie gern ich Ihnen, hochverehrter Wohlthäter, jederzeit zu Diensten stehe.«

> gefühllos in die Welt schickt. Kunth ist sehr dankbar für die Aufnahme bei Dir; er ist ein trefflicher junger Mann, nicht sehr beweglich, aber anständig und zuverlässig. Er wird seinen Weg machen, er beschäftigt sich unablässig damit und ist aufrecht ohne Falsch. Seit 10 Jahren hatte ich nie über ihn zu klagen.[109]

In Humboldts Charakterisierung verrät sich, wie sehr Kunths Arbeit als Naturforscher in »Dienstbarkeitsverhältnisse« eingebettet blieb, deren Geschichte Markus Krajewski in seinem Buch *Der Diener* erkundet hat.[110] Kunth war nicht allein damit; in ähnlichen Abhängigkeitsverhältnissen befanden sich auch andere prominente Botaniker seiner Zeit. Brown stand ab 1810 als Bibliothekar in den Diensten des englischen Adligen Joseph Banks – eine Position, die zuvor zwei Linné-Schüler, Daniel Solander und Jonas Dryander, inne gehabt hatten – und wurde erst 1827, mit der Überführung von Banks' Sammlung, zum »Keeper of the Banksian Collection« am British Museum bestellt.[111] Candolle hatte vor seiner Berufung auf einen Lehrstuhl an der Universität Montpellier am Herbarium von Charles Louis L'Héritier de Brutelle gearbeitet, der einer reichen und einflussreichen Familie in Paris angehörte, und stand in enger Beziehung zu Benjamin Delessert, einem Genfer Bankier und Industriellen, der in Paris ein privates naturhistorisches Museum betrieb.[112] Das Ethos des Im-Hintergrund-Bleibens und Jederzeit-zur-Verfügung-Stehens, das Willdenow und Kunth, aber auch Brown und Candolle verkörpern, speiste sich nicht nur aus methodologischen Erwägungen; es war vielmehr in eine Kultur des Dienens eingebunden, die im Schatten der Macht gedieh.

109 Alexander von Humboldt an Wilhelm von Humboldt, Paris, 29. Oktober 1824 (Humboldt 1923, 155).
110 Krajewski 2010. 111 Mabberley 1985. 112 Hoquet 2014.

Einleitung zum Briefwechsel mit Karl Ludwig Willdenow

Der Mediziner und Botaniker Karl Ludwig Willdenow war seit 1809 Professor der Botanik an der neugegründeten Berliner Universität und ab 1810 Direktor des Botanischen Gartens. Unter Willdenows Anleitung hatte Humboldt in den 1780er Jahren seine ersten botanischen Studien betrieben. Die sehr lückenhaft überlieferte Korrespondenz zwischen den Duzfreunden Humboldt und Willdenow – bislang sind nur elf Schreiben Humboldts an Willdenow bekannt – erstreckt sich von 1795 bis 1811. Für den vorliegenden Band wurden vier Briefe Humboldts ausgewählt, die der Planung und Durchführung der botanischen Forschungen auf der amerikanischen Reise sowie der Auswertung der Sammlungen gewidmet sind.

Aus Humboldts berühmten Brief an Willdenow aus Aranjuez und La Coruña, verfasst am 20. April und 5. Juni 1799, erfahren wir über die schwierige Vorbereitungsphase seiner großen Forschungsreise. In seinen Schreiben aus Havanna vom 21. Februar und 4. März 1801 skizziert Humboldt die bis dahin absolvierten Reiseetappen und zieht eine erste Bilanz seiner botanischen Sammlungen.

Am 17. Mai 1810 lädt Humboldt Willdenow nach Paris zur Mitarbeit am botanischen Hauptwerk der Amerikareise, den *Nova genera et species plantarum*, ein. Willdenow sollte das Herbar der amerikanischen Reise sowie Bonplands *Journal botanique* ordnen und für die Publikation vorbereiten. Er hielt sich allerdings nur im Winter 1810/1811 für wenige Monate in Paris auf und verstarb am 10. Juli 1812 in Berlin. An die Stelle Willdenows als Bearbeiter der botanischen Sammlungen Humboldts und Bonplands in Paris trat 1813 sein Schüler Carl Sigismund Kunth.

Briefwechsel mit Karl Ludwig Willdenow
(Auszug, 4 Briefe 1799–1810)

↗H0001200

Alexander von Humboldt an Karl Ludwig Willdenow. Aranjuez, 20. April 1799; La Coruña, 5. Juni 1799

|1r |Aranjuez unfern Madrid, den 20. April 99.

Wenn ich, mein brüderlichst geliebter Freund, seit Marseille auch keine Zeile an Dich geschrieben habe, so bin ich deshalb, wie der Inhalt dieses Briefes zeigen wird, doch nicht minder thätig für Dich und Deine Freuden gewesen. Ich schlage so eben eine Kiste von 400 Pflanzen für Dich zu, von denen ¼ gewiß noch unbeschrieben und aus Gegenden sind, die (wie St. Blasio in Californien, Chiloe und die Philippinen) kaum von einem Botanisten betreten worden sind. Wenn Du diese Pflanzen durchgehst, so wirst Du Dich überzeugen, daß kaum ein Tag vergangen ist, an dem nicht in Wäldern, Wiesen und am Meeresufer Dein Andenken mir lebendig gewesen ist. Ueberall habe ich für Dich gesammlet und zwar nur für Dich, da ich selbst erst jenseits des Oceans mein eigenes Herbarium anfangen will. Doch ehe ich Dir die Pflanzen nenne, welche für Dich, mein Lieber, bestimmt sind, muß ich Dich über mich selbst und mein Schiksal orientiren. Dieses Schiksal ist nun in diesem Jahr wunderbar genug gewesen, doch wirst Du bemerken, daß ich wenigstens Hartnäkkig in Verfolgung meiner Pläne gewesen bin und daß diese Hartnäkkigkeit mich nun doch noch von Californien bis zum Patagonenlande, vielleicht selbst um die Welt führt. Bei einem so arbeitsamen und tumultuarischen Leben als das meinige, bei der großen Menge von Dingen, die als Folge von Experimenten, astronomischen Beobachtungen p. stündlich aufzuzeichnen sind, bei der vielen Zeit, welche ich dem gesellschaftlichen Leben aufopfere, siehst Du, mein Theurer, selbst ein, daß ich keinen sehr lebhaften Briefwechsel führen kann. In der That habe ich eigentlich

allen Briefwechsel völlig aufgegeben, denn da ich mit so vielen hundert Menschen in Verbindung stehe, da mit jeder neuen Reise die alten Correspondenten den neuen Plaz machen mußten – so werden meine nachsichtigsten Freunde von selbst das widrige einer solchen Lage einsehen. Arbeit ist doch einmal der Zwek unseres Lebens und wo ist Arbeit möglich, wenn man täglich 6–8 gleichlautende Briefe schreibt und doch immer ein Rest bleibt. Ich führe also jezt keine andre Correspondenz als mit 4–5 meiner vertrautesten Freunde, und daß Du, mein Guter, unter dieser kleinen Zahl begriffen bist, brauche ich wohl nicht erst zu sagen. Wenn ich auch nur alle 2–3 Monathe schreibe, so suche ich doch immer einen Brief an den anderen anzuknüpfen. Also zuerst von mir selbst: Seitdem ich in Salzburg meine zweite Reise nach Italien und die Zahl wichtiger Versuche, welche ich in Neapel über die gasartigen Ausdünstungen der Vulkane zu machen gedachte, aufgab; hatte ich keinen anderen Zwek als den, mich in die heiße Zone zu begeben. Du weißt, daß der alte und tolle Lord Bristol ein Schiff in Livorno gekauft hatte, welches uns mit Küche und Keller, Mahler und Bildhauer den Nÿl herauf bis an die Cataraktе führen sollte. Diese Reise nach Egypten war verabredet (November 97) ehe Buonaparte sich damit beschäftigte. Ich wollte in Paris noch einige Instrumente zusammenkaufen als die Franzosen mir meinen tollen Lord bei Bologna wegfangen, und ihn in Mailand festsezen, damit er (da er 60 000 Pfund Sterling Einkünfte hat) ein ansehnliches Lösegeld zahlt. In Paris wurde ich aufgenommen wie ich nie erwarten durfte und wie ich mir nur aus der Mittelmäßigkeit der Deutschen erklären kann, die sich dort gezeigt hatten. Der alte Bougainville projectirt eine neue Reise um die Welt besonders nach dem Südpol. Er beredet mich ihm zu folgen und gerade damals mit magnetischen Untersuchungen beschäftigt, leuchtete eine Reise nach dem Südpol mir mehr als Egÿpten ein, wohin (als ich in Frankreich ankam) Buonaparte mit seinen 10 000 Gelehrten, die sich noch vor Toulon wie die Gassenbuben zankten, bereits abgesegelt war. Mit diesen weitaus sehenden Hofnungen | war ich |1v
beschäftigt, als auf einmal das Directorium den heroischen Entschluß faßt, nicht den 75jährigen Bougainville sondern den Capitaine Baudin eine Reise um die Welt machen zu lassen. Ich höre von diesem arrêté nicht eher, als auch schon das Gouvernement mich einladen läßt, mich auf dem Volcan, einer der 3 Corvetten einzuschiffen. Alle National-Samlungen wurden mir geöfnet, um von Instrumenten zu sammeln, was ich wollte. Bei der Wahl der Naturalisten, bei allem was die Ausrüstung betraf wurde ich um Rath befragt. Viele meiner Freunde waren unzufrieden damit, mich den Gefahren einer 5jährigen Seereise ausgesezt zu sehen, aber mein Entschluß stand eisern fest und ich würde mich selbst verachtet haben, wenn ich eine solche Gelegenheit nüzlich zu sein, versäumt hätte. Die Schiffe waren bemastet. Bougainville wollte mir seinen 14jährigen Sohn anvertrauen, damit er sich früh an die Gefahren des Seelebens gewöhnte. Die Wahl unserer Gefährten war vortreflich, lauter junge, kenntnißvolle, kräftige Menschen. Wie scharf jeder den anderen ins Auge faßte, wenn er ihn zum ersten Male sah. Vorher fremd und dann so viele Jahre lang einander so nahe. Das 1ste Jahr sollten wir in Paraguaÿ, und im Patagonenlande, das 2te in Peru, Chili, Mexiko und Californien, das 3te im Südmeer, das 4te in Madagascar und das 5te in Guinea zubringen. Mein Bruder und

meine Schwägerin wollten mich bis in den Havre begleiten. Wir waren alle mit der Idee so vertraut, daß diese Abreise uns ein Fest schien. Welch ein unnennbarer Schmerz, als in 14 Tagen, alle, alle diese Hofnungen scheiterten. Elende 300 000 livres und der nahe gefürchtete Ausbruch des Krieges waren die Ursachen. Mein persönlicher Einfluß bei François de Neufchâteau, der mir sehr wohl will, alle Triebfedern waren umsonst. In Paris, das von dieser Reise voll gewesen war, glaubte man uns abgesegelt. Das directorium sezte durch ein 2tes arrêté die Abreise bis zum künftigen Jahre (??) aus. Eine solche Lage, ein solcher Schmerz läßt sich nur fühlen. Aber Männer müssen handeln, und sich nicht dem Schmerz überlassen. Ich faßte nun den Entschluß der egÿptischen Armee auf dem Landwege mit der Caravane die von Tripolis durch die Wüste Selimar nach Cairo geht zu folgen. Ich gesellte einen der jungen Leute der mit zur Reise um die Welt bestimmt war, Bonpland, einen sehr guten Botanisten, den besten Schüler von Jussieu und Desfontaines mir zu. Er hat auf der Flotte gedient, ist sehr stämmig, muthig, gutmüthig, und in der anatomia comparata geschikt. Wir eilten nach Marseille um von dort aus mit dem Schwedischen Consul Sköldebrand auf einer Fregatte, welche Geschenke führte, abzugehen. Ich wollte den Winter in Alger und dem Atlas zubringen, wo in der Provinz Constantine (laut Desfontaines) noch ein 400 neue species zu finden sind, von da wollte ich über Suffetula, Tunis, Tripoli auf der Caravane, welche nach Mecka geht, zu Buonaparte stoßen. 2 Monathe lang harrten wir vergeblich. Unsere Koffer mußten gepakt bleiben und wir liefen täglich ans Ufer. Die Fregatte Jaramas, welche uns führen sollte, ging unter. Alle Manschaft ersoff. Einige meiner Freunde, welche mich schon eingeschift glaubten, hat diese Nachricht sehr erschrekt. Ich miethete, durch das lange Harren nicht abgeschrekt, einen Ragusaner der uns directe nach Tunis führen sollte. Die Municipalität zu Marseille aber, wahrscheinlich schon unterrichtet von den Stürmen welche bald in der Berberei gegen alle Franzosen ausbrechen sollten, verweigerte die Pässe. Bald darauf kam die Nachricht an, daß der Dey von Alger die Caravane nach Mekka nicht abgehen lassen wolle, damit sie nicht durch das von Christen verunreinigte Egÿpten gehe – nun war alle Hofnung
|2r nach Cairo zur Armee zu stoßen dahin. Zur See war alle | Communikation abgeschnitten. Es blieb mir nichts übrig, als für den Herbst die Reise in den Orient aufzugeben, den Winter in Spanien zuzubringen und von dort aus im Frühjahr ein Schiff nach Smyrna zu suchen. Traurige Zeiten in denen man troz aller Aufopferungen und wollte man Millionen daran wenden, nicht sicher von Küste zu Küste kommen kann. Ich reiste nun, meist zu Fuß, längst der Küste des mittelländischen Meeres, über Cette, Monpellier, Narbonne, Perpignan, die Pyrenäen, und Catalonien nach Valencia und Murcia und von da durch die hohe Ebene von La Mancha hieher. In Montpellier brachte ich köstliche Tage in Chaptals Hause, in Barcellona bei John Gille einem Engländer zu, mit dem ich in Hamburg zusamen wohnte und der jezt in Spanien Chef einer großen Handlung ist. In den Thälern der Pyrenäen blühten die Schoten, während daß der Canigou sein schneebedektes Haupt daneben erhob, in Katalonien und Valencia ist das Land ein ewiger Garten, mit Cactus und Agave eingefaßt. 40–50 Fuß hohe Dattelpalmen streben mit Traubenfrüchten beladen über alle Klöster empor. Der Akker scheint ein Wald von Ceratonia, Oel-

bäumen und Orangen, von denen viele Kronen wie unsere Birnbäume haben. In Valencia kosten 68 Orangen 1 piacette d. i. 6 Groschen. Bei Balaguet und am Ausfluß des Ebro ist eine 10 Meilen lange Ebene mit Chamaerops, Pistacien und zahllosen Erica-Arten (Erica vagans. Erica scoparia. Erica mediterranea) und Cistus bewachsen. Die Heide blühte und mitten in der Wildniß pflükten wir Narcissen und Jonquillen. Bei Cambrils ist Phönix dactilifera so verwildert, daß man 20–30 Stämme so dicht groupпirt sieht, daß kein Thier durchdringen kann. Da man weiße Palmenblätter sehr in den Kirchen liebt, so sieht man in Valencia Dattelstämme deren mittlerer Trieb mit einer Art conischer Müze von Stipa tenacissima überzogen ist, damit die jungen Blätter im Finstern etiolirt werden. Das bassin in dem die Stadt Valence liegt, südlich wie Calabrien, hat an Ueppigkeit der Vegetation seines Gleichen in Europa nicht. Man glaubt nie Bäume und Blätter gesehen zu haben, wenn man diese Palmen, Granaten, Ceratonia, Malven p. sieht. Mitte Januar stand das Thermometer im Schatten 18° Réaumur. Alle Blüthen waren fast schon abgefallen. Im Pouzzol blühen Musa bihai, Aletris und Ravenalien im Freien. Schinus molle, Anona reticulata und Laurus Persea sind dort sehr gemein und tragen jährlich reife Früchte. Von den Ruinen von Tarragon, dem Berge von Murviedro, oder dem Dianentempel des alten Sagunt, seinem ungeheuren Amphitheater, dem Herkulesthurm, von dem man die Thürme von Valencia aus einem Walde von Dattelpalmen und Garaffen hervorragen sieht und das Meer und das Cabo de Culleras – von dem allen sage ich nichts. Ihr Armen die Ihr Euch kaum erwärmen kontet, während daß ich mit triefender Stirn unter blühenden Orangen und auf Aekkern umherlief, die durch tausend Kanäle bewässert, in einem Jahre 5 Erndten (Reis, Weizen, Hanf, Erbsen und Baumwolle) tragen. Wie gern vergißt man bei dieser Ueppigkeit des Pflanzenwuchses, bei dieser unbeschreiblichen Schönheit der Menschenformen die Beschwerden des Weges und die Wirtshäuser in denen auch nicht einmal Brod zu haben ist. Dazu ist die Küste fast überall schön angebaut. In Catalonien herscht eine Industrie die der Holländischen gleicht. In allen Dörfern wird gewebt, Schifbau getrieben p. alles arbeitet. Der Akker- und Gartenbau ist vielleicht in Europa nicht weiter gediehen, als zwischen Castellón de la Plana und Valencia. Aber 15 Meilen in das Innere des Landes hinein ist alles öde. Dieses Innere ist die Kuppe eines Gebirges, daß 2–3000 Fuß hoch über dem Meere stehen geblieben ist, als das Mittelmeer alles verschlang. Dieser Höhe verdankt Spanien sein Dasein, aber auch (die Küsten abgerechnet) seine Dürre und zum Theil seine Kälte. Bei Madrid leiden die Oelbäume schon oft im Freien; und Orangen im Freien sind eine Seltenheit. Doch ich fange an zu beschreiben, was ich eigentlich nie thun will, da ich Bücher statt eines Briefes schikken müßte. Ich kehre zu meinen Plänen zurük:

| Die Ministerialwendung allhier und das Emporsteigen des neuen Günstlings Che- |2v
valier Urquijo habe ich so glüklich zu benuzen gesucht, daß ich dem König und besonders der Königin aufs dringendste empfohlen ward. Beide Monarchen haben mich so oft ich am Hof erschien aufs wunderbarste ausgezeichnet und ich habe (was Spanier selbst für unmöglich hielten) nicht nur königliche Erlaubniß gekriegt mit allen meinen Instrumenten in die Spanischen Colonien einzudringen, sondern ich

bin auch mit Königlichen Empfehlungen an alle Vicekönige und Gouverneurs ausgerüstet. Ich gehe nun zuerst nach Cuba dann nach Mexico, Californien, Panamá, Peru … Der französische Botanist Bonpland begleitet mich und Dein Herbarium soll nicht vergessen werden, ob gleich während des Krieges es sehr schwer ist Pflanzen sicher nach Europa zu senden.

Ich beschwöre Dich mir von Deinen prächtigen Species[1] die wir nur bis Pentandria (2 Theile) haben, durch Cavanilles nachzuschikken, durch die Gesandtschaft zum Beispiel. Ich habe nicht Zeit den Catalogus der für Dich gesamleten Pflanzen abzuschreiben. Er folgt also in brutto.

Cavanilles bittet dringend um: Leers flora herbonnensis editio Willdenow[2], Gräser von Schreber[3], Deine Phytographie[4] von der er nur den 1sten fascikel hat, und Host flora austriaca[5].

Corunna, den 5. Jun. 99.

Wenige Stunden vor meiner Abreise mit der Fregatte Pizarro muß ich noch einmal, mein guter, mein Andenken in Dir zurükrufen. In 5 Tagen sind wir in den Canarien, dann an der Küste von Caracas wo der Capitaine Briefe abgiebt und dann in la Trinidad auf Cuba. Umarme Deine liebe Gattin, Dein Kleines, Hermes und grüße Zöllner, Bode, Klaproth, Hermbstaedt und wer meiner gedenkt. Ich hoffe wir sehen uns gesund wieder. Alle meine Instrumente sind schon an Bord. – Dein Andenken begleitet mich. Der Mensch muß das Große und Gute wollen. Das übrige hängt vom Schiksal ab. Schreibe mir ja alle Jahre und gieb Kunthen den Brief.

Mit brüderlicher Liebe.

Humboldt

---

1 Linné/Willdenow/Link 1797–1830. 2 Leers 1789. 3 Schreber 1797–1810. 4 Willdenow 1794.
5 Host 1797.

↗H0001181

Alexander von Humboldt an Karl Ludwig Willdenow. Havanna, 21. Februar 1801

|Havana, den 21. Februar 1801. |1r

Mein brüderlichst geliebter Freund! Ungewiß ob diese Zeilen, wie so manche andere, die ich aus dieser Tropenwelt an Dich gerichtet, verloren gehen, schränke ich mich bloß auf die Bitte ein, die ich zu thun habe. Auf einer Reise um die Welt zu einer Zeit, wo das Meer von raub-Gesindel wimmelt, wo Neutral-Pässe so wenig als Neutrale Schiffe respectirt werden, beschäftigt mich nichts so ängstlich, als die Rettung meiner Manuscripte und Herbarien. Es ist sehr ungewiß, fast unwahrscheinlich, daß wir beide Bonpland und ich lebendig über die Philippinen und das Cap der guten Hofnung zurükkehren. Wie traurig wäre es, in dieser Lage die Früchte seiner Arbeiten verloren gehen zu sehen. Um das zu vermeiden haben wir von unseren Pflanzenbeschreibungen (2 Bände enthaltend heute 1400 Species bloß seltene und neue) Abschrift genommen. Ein Manuscript behalten wir bei uns, die Copie senden wir theilweise durch die Französischen Vice-Consuls nach Frankreich, an Bonplands Bruder nach la Rochelle. Die Pflanzen haben wir in 3 Samlungen vertheilt, da wir doubletten und tripletten von allem haben. Ein Herbarium im kleineren Format schleppen wir mit uns um die Welt, um zu vergleichen. Ein zweites (Bonpland gehörig, mit dem ich natürlich alles theile) ist bereits nach Frankreich abgegangen und das dritte (in 2 Kisten mit Cryptogamisten und Gräsern 1600 verschiedene Species enthaltend, meist aus dem unbekannten Theile der Parime und Guayana zwischen dem Río Negro und Bresil wo wir voriges Frühjahr waren) sende ich heute durch Mister John Fraser über Charleston nach | London. Durch |1v
Vervielfältigung vermindern wir die Gefahr. Meine Idee ist, da meine Reise so viele Gegenstände umfaßt, welche unmöglich dieselben Leser interessieren können, die Beobachtungen in verschiedenen Theilen dem Publikum vorzulegen als zum Beispiel eine eigentliche Reise, physisch moralisch bloß die allgemeinen Verhältnisse schildernd, das was jeden gebildeten Menschen interessirt, Charakter der Indianischen Völkerschaften, Sprache, Sitten, Handel der Kolonien, Städte, Ansicht des Landes, Akkerbau, Höhen der Berge, bloß Resultate, Meteorologie – dann in besonderen Ländern 1) Construktion des Erdkörpers. Geognosie 2) Astronomische Beobachtungen latitudo und longitudo, Jupitersbeobachtungen. Refraction … 3) Physik und Chemie. Versuche über chemische Beschaffenheit des Luftkreises. Hygrometrie. Elektricität. Barometer. Pathologische Beobachtung Irritabilität. 4) Beschreibung von neuen Species Affen, Crocodill, Vögel, Fische, Insekten … Anatomie der Seegewürmer … 5) Das botanische Werk gemeinschaftlich mit Bonpland und zwar nicht bloß nova genera und Species sondern nach Folge des Linné'schen Systems Beschreibung, Aufzählung aller Species über die wir mehr als andere gesehen, wie ich hoffe neue 5–6000 Species, denn in Manilla, Ceylon wird

die Beute sehr, sehr groß sein. Dies mein Guter ist mein Plan im Allgemeinen. Sterbe ich so wird Delambre meine astronomischen, Freiesleben oder Buch meine Geognostischen, Scherer meine physikalischen, chemischen, Blumenbach meine Zoologischen Manuscripte und Du, Du – mein Guter (so hoffe ich) meine botanischen unter Bonplands und meinem Namen ediren. Mein Bruder wird jedem die Manuscripte zukommen lassen.

Ich bleibe meinem alten Versprechen getreu, daß alle, alle in dieser Reise gesammelten mir gehörigen Pflanzen Dein sind. Ich will nie, nie etwas besizen. Nur muß
|2r ich Dich bitten, da ich mir nach meiner Zurükkunft | die Publication vorbehalte,
mein Herbarium vor dieser Publikation oder vor meinem Tode nicht Deiner Sammlung einzuverleiben. Die 2 Kisten (1600 Species) welche ich heute Herrn Fraser anvertraue, habe ich nicht unmittelbar nach Hamburg adressiren wollen, nicht bloß weil kein Neutrales Schif in Spanische Häfen einläuft, sondern weil ich nicht weiß, ob Du es selbst nicht für sicherer hälst, die Kisten bei Fraser bis zum Frieden stehen zu lassen. Es hängt bloß von Dir ab, sie sogleich oder später zu besizen und Herr Fraser hat Order, sobald Du ihm schreibst (auf französisch) und ihm adresse nach Hamburg schikst, Dir die Kisten als Dein künftiges Eigenthum verabfolgen zu lassen. Schreibst Du ihm nicht, so bleiben die Kisten in London stehen bei Fraser. Seine Adresse ist: Mister John Fraser Botanical Collector of His Majesty the Emperor of Russia Chelsea near London. Ich habe Ursach zu glauben, daß meine Pflanzen bei diesem Manne wohl aufgehoben sind, da ich ihm mehrere sehr wesentliche Dienste geleistet. Du erinnerst Dich, mein Guter, aus Walteri Flora Caroliniana[6] daß Fraser 4 Reisen in Labrador und Canada theils als Botanist, theils als Gärtner und Saamenhändler gemacht. Er war seit 1799 auf einer 5ten Reise am Ohio in Kentucky und Tennessey begriffen, einer jezt sehr gangbaren Gegend, denn in 4 Wochen schikt man Güter zu Lande und Wasser von Philadelphia über Fort Pitt, über den Ohio und Missisipi nach Nueva Orleans. Unbekannt mit der Schwierigkeit ohne Erlaubniß des Königs von Spanien in die Kolonien einzudringen, kam Fraser nach Havana, um hier Pflanzen zu sammeln. Er litt Schifbruch, brachte 3 unglükliche Tage in einer Sandbank 10 Meilen von der Küste zu, ward endlich von Fischern von Matanzas gerettet und kam von allem entblößt hier an. Sein Name und sein Gewerbe war genug, um ihn mir zu empfehlen. Ich habe ihn in meinem Hause aufgenommen, ich habe ihn mit Geld und allem was er bedurfte unterstüzt, ihm durch meine Verbindungen die Erlaubniß verschaft, die Insel Cuba zu bereisen und ich darf hoffen,
|2v daß er und sein sehr, sehr liebenswürdiger Sohn alles aufbie | ten werden, um mir
gefällig zu sein. Ich habe dem Vater vorgeschlagen, den Sohn in meine Expedition aufzunehmen und ihn mit nach Mexiko zu nehmen, aber der junge Mensch fürchtet die Spanier, deren Sprache er nicht versteht und er eilt in London seine Pflanzen von Kentucky zu beschreiben. Ich gehe von hier über Mexico und Californien nach Acapulco um dort mit dem Capitaine Baudin die Reise um die Welt zu vollenden.

[6] Walter 1788.

Ich habe Dir gesagt, mein Lieber (verzeih mein elendes Deutsch da ich seit 2 Jahren ewig spanisch und französisch spreche) daß ich meine Pflanzen nach meiner Rükkunft selbst zu publiciren denke. Solltest Du indeß in den 2 Kisten, die Fraser Dir einhändigen kann, neue Species entdekken, die Deine Aufmerksamkeit besonders auf sich ziehen, so steht es natürlich ganz in Deinem Willen, einzelne derselben, nur nicht viele und alle, in Deine vortrefliche Ausgabe der Species[7] einzuschalten. Im Gegentheil wird es uns (Bonpland und mir) eine besondere Ehre sein, von Dir in so einem Werke erwähnt zu werden. Ich sage mit Fleiß nur nicht viele und alle, weil es unmöglich ist, nach troknen Exemplare so gut zu beschreiben, als nach dem, was wir in der Natur selbst aufgezeichnet. Gmelins elende Species[8], Schrebers Genera[9] wo von wir den 1. Theil in einem Schifbruch auf dem Orinoco (Palmsontag 1800) eingebüßt, Deine herrliche Ausgabe der Species[10] bis Pentandria Polygynia, die Flora Peruana Tomus II[11], Ortega's Decades[12], Reichards Species[13], Jussieu Genera[14], Aiton Hortus Kewensis[15] und Murray[16] ist alles, alles was ich von Spanien abreisend erzielen konnte. Ich glaube mit Bonpland sehr, sehr genaue Diagnosen niedergeschrieben zu haben, aber ich wage es nicht zu sagen wie viele neue genera wir besizen. In Palmen und Gräsern, in Melastomis, Piper, Malpighia, Cipura Aublet, Caesalpina, der Cortex Angosturae (die ein neues von Cinchona verschiedenes genus ist) sind wir sehr, sehr reich. Einzelne genera besizen wir, von denen es mir entschieden scheint, daß sie neu sind als eine Pflanze in dem Gebirge Tumiriquiri zwischen dem Guarapiche und Orinoco: Calyx 5-phyllus. foliolis ovato-lanceolatis coniventibus. Cortex duplex exterior (rubra) 5 petala patens. Cortex interior (alba) 5 petala clausa. Stamina duplici serie disposita, altera numerosa inter petala exteriora et interiora sita (filamentis tenuissimis, antheris ovatis substerilibus) altera in corolla interiori latentia 5, filamentis nullis, antheris. sagittatis sessilibus erectis. Germen subrotundum Pistillum unicum. Stylus 1. (Pentandria Monogynia) Kein Monstrum! Sehr, sehr constant, Planta herbacea. | foliis alternis sessilibus lanceolato-linearibus, |3r crenatis, stipulis lanceolatis ciliatis, floribus oxillaribus longe pedunculatis Habitatio Caripe Cumanacoa in umbrosis. Man kann auch sagen Corolla 10 petala, petalis 5 interioribus 5 exterioribus. Das ist wohl gewiß ein neues genus in so vielen Palmen die wir am Río Negro und Atabapo in den Wäldern von Hevea und Cinchona und Theobroma entdekt, aber wie viele andere nova genera bleiben uns zweifelhaft, da uns der Hortus Schönbrunnensis[17], Swartz Flora Indica occidentalis[18] … fehlen. Ich bin daher fest entschlossen, während der 5–6 Jahre die meine Reise dauern wird der Versuchung zu widerstehen irgend etwas zu publicieren, ich bin gewiß daß ⅔ unser neuen genera und Species nach Europa zurükkehrend als uralt erkannt werden, aber man gewinnt immer in so entlegenen Ländern durch Aufzeichnung neuer nach der Natur gemachten Beschreibungen. Welch ein Schaz von Pflanzen in dem

[7] Linné/Willdenow/Link 1797–1830. [8] Linné/Gmelin 1788–1793. [9] Linné/Schreber 1789–1791. [10] Linné/Willdenow/Link 1797–1830, I. [11] Ruiz/Pavón 1798–1802. [12] Gómez de Ortega 1797–1810. [13] Linné/Reichard 1779–1780. [14] Jussieu 1789. [15] Aiton 1789. [16] Linné/Murray 1784; Linné/Murray 1797. [17] Jacquin 1797–1804. [18] Swartz 1797–1806.

wunderbaren, von so vielen neuen Affen und undurchdringlichen Wäldern erfüllten Lande zwischen dem Orinoco und Amazon in dem ich 1400 Meilen geographisch zurükgelegt. Kaum ⅒ von dem was wir gesehen, habe ich gesammlet. Ich bin nun völlig überzeugt, was ich in England nicht glaubte, aber schon aus Ruiz und Pavón[19], Nee's und Haenken's Herbarium schloß, daß wir nicht ⅗ aller existirenden Pflanzenspecies kennen. Welche wundersamen Früchte, von denen wir (als wir vom Aequator zurükkamen) eine große Kiste voll nach Madrid und Frankreich gesandt. Wir haben viel, recht viel gearbeitet aber vergiß nicht, daß das Pflanzenbeschreiben nur ein Nebenzwek meiner Reise war.

In der Ungewißheit, daß diese 2 Kisten Dir spät zu Gesicht kommen, sende ich in 14 Tagen über Sankt Thomas 200 auserlesene Species unmittelbar für Dich nach Hamburg. Du wirst darin mit Freuden neue species von Befaria erkennen! Die Pariana campestris…

Aber ach! mit Thränen eröfnen wir fast unsere Pflanzenkisten. Unsere Herbaria haben dasselbe Schiksal über das bereits Sparman, Banks, Swartz und Jacquin geklagt. Die unermeßliche Nässe des amerikanischen Klimas, die Geilheit der Vegetation in der es so schwer ist alte, ausgewachsene Blätter zu finden, haben über ⅓ unserer Samlung verdorben. Wir finden täglich neue Insekten welche Papier und
|3v Pflanzen zerstöhren. | Kampfer, Terpentin, Theer, verpichte Bretter, Aufhängen der Kisten an Seilen in freier Luft, alle in Europa ersonnenen Künste scheitern hier und unsere Geduld ermüdet. Ist man 3–4 Monath abwesend, so kennt man sein Herbarium kaum wieder, von 8 Exemplaren muß man 5 wegwerfen, vollends in der Guayana, dem Dorado und dem Amazonenlande, wo wir täglich im Regen schwammen, am Atabapo wo unter Wilden, die stets vom Faulfieber leiden, unsere Gesundheit unbegreiflich widerstand. Vier Monathe lang schliefen wir in den Wäldern, von Crocodillen, Boas und Tiegern (die hier selbst Canoen anfallen) umgeben, nichts genießend als Reis, Ameisen, Manioc, Pisang und Orinoco Wasser und bisweilen Affen; von Mandavaca bis zum Vulkan Duida, von den Grenzen des Quito bis Surinam hin Strekken von 8000 Quadratmeilen treffend, in dem kein Indianer, nichts, nichts als Affen und Schlangen leben, das Gesicht, die Hände von Moskitenstichen geschwollen … Aber dagegen auch welcher Genuß in diesen majestätischen Palmenwäldern, diese Verschiedenheit unabhängiger freier Indianischer Völkerschaften, diesen Rest Peruanischer Kultur unter Nazionen, die ihren Akker wohl bestellend, Gastfreundschaft ausübend, sanft und menschlich scheinend wie die Othaheiter, wie sie, – Anthropophagen sind. Ueberall, überall, im freien Süd Amerika (ich rede von dem Theil südlich von den Katarakten des Orinoco, wo außer 5–6 Franziskaner Mönchen kein Weißer Mensch vor uns eindrang) fanden wir in den Hütten die entsezlichen Spuren des Menschenfressens!!

[19] Ruiz/Pavón 1798–1802.

Meine Gesundheit und Fröhlichkeit hat troz des ewigen Wechsels von Nässe, Hize
und Gebirgskälte (der südliche Theil der Guayana, die Parime ist keineswegs ein
seichtes ebenes Land, wie es die Geographen schildern, nein es hat einen mächtigen
von Popayán und Quito auslaufenden sich mit dem Oyapock (bei Cayenne) ver-
bindenden Gebirgsstok, den ich in 1° Breite nördlich vom Aequator 9600 Fuß hoch
fand.) meine Gesundheit sag' ich hat sichtbar zugenommen seitdem | ich Spanien |4r
verließ. Die Tropenwelt ist mein Element und ich bin nie so ununterbrochen gesund
gewesen als in den lezten 2 Jahren. Ich arbeite sehr viel, schlafe wenig, bin oft bei
astronomischen Beobachtungen 4–5 Stunden lang ohne Huth der Sonne ausgesezt,
ich war in Städten (la Guayra, Portocabello) wo das gräßliche gelbe Fieber wüthete
und nie, nie hatte ich nur Kopfweh. Nur in Santo Thomé de la Angostura der
Hauptstadt der Guayana und in Nueva Barcellona hatte ich 3 Tage lang Fieber, einmal am Tage meiner Rükkunft vom Río Negro da ich nach langem Hungern zum
ersten Mal und unmäßig Brod genoß und das andere Mal von einem kleinen hier
stets Fieber erregenden Staubregen bei Sonnenschein benezt. Meine Aufnahme in
den Spanischen Colonien ist so schmeichelhaft, als der eitelste und aristokratischste
Mensch sie nur wünschen kann. In Ländern, in denen kein Gemeinsinn herrscht,
und in denen alles nach Willkühr gelenkt wird, entscheidet die Gunst des Hofes
alles. Das Gerücht, daß ich von der Königin und dem König von Spanien persönlich ausgezeichnet worden bin, die Empfehlungen eines neuen allmächtigen Mi-
nisters Don Luis Mariano de Urquijo – erweichen alle Herzen. Nie, nie hat ein
Naturalist mit solcher Freiheit verfahren können. Dazu ist die Reise bei weitem
nicht so theuer als man glauben möchte, wenn man hört, daß ich auf den Flüssen
24 Indianer viele Monathe lang, im Innern oft 14 Maulthiere für Pflanzen und Instrumente bedurfte … Meine Unabhängigkeit ist mir mit jedem Tage über alles
theuer. Daher habe ich nie, nie eine Spur von Unterstüzung irgend eines Gouver-
nements angenommen und (falls deutsche Zeitungen vielleicht einen englischen
mir übrigens sehr schmeichelhaften Artikel übersezen »daß ich mit besondern Auf-
trägen reise, zu einem großen Posten im Indischen Rath bestimmt bin«) so lache,
wie ich, darüber. Falls ich nach Europa glüklich zurükkehre, so werden mich ganz
andere Pläne beschäftigen, die mit dem Consejo de Yndias wenig zusammenhängen.
Ein Menschenleben, begonnen wie das meinige, ist zum Handeln bestimmt und
sollte ich unterliegen, so wissen die, welche meinem Herzen so nahe als Du sind,
daß ich mich nicht gemeinen Zwekken aufopfere. Wir Ost- und Nordeuropaer
haben übrigens gar tolle und wunderbare Vorurtheile über das Spanische Volk. Ich
habe nun 2 Jahre lang vom Capuciner an (ich war lange in ihren Missionen unter
den Chaymas-Indianern) bis zum Vicekönig mit | allen Menschenklassen genau |4v
verbunden gelebt, ich bin der Spanischen Sprache jezt fast wie meiner Mutter-
sprache mächtig – und in dieser genauen Kentniß kann ich versichern, daß diese
Nazion troz des Staats- und Pfaffenzwanges mit Riesenschritten ihrer Bildung ent-
gegengeht, daß ein großer Charakter sich in ihr entwikkelt …

Ob Du von so vielen Dir geschriebenen Briefen denn keinen erhalten? Ich wiederhole deshalb, da Dich aus alter Jugendfreundschaft meine Abendtheuer so genau

interessiren, die Hauptepochen meiner Reise. Am 5. Junius 1799. segelten wir von Coruña ab auf Fregatte Pizarro nach den Canarien, wo wir den Pic de Teyde bis in den Crater bestiegen. Seit 12 Jahren war niemand dort gewesen. Mister Johnstone ein Kaufmann aus Madeira war der lezte vor uns. Am 16. Julius im Hafen von Cumaná. Bis November dort und in dem Gebirge Tumiriquiri, unter den Indios Chaymas, am Guarapiche und Costa de Paria. Am 18. November zur See nach La Guayra und Caraccas. Dort in umliegende Gegend, die Silla besteigend, 2 Monath. Dann durch Valles de Aragua, die Cacao Pflanzungen am Romantischen See von Valencia (wo wir einen Baum entdekten, dessen Milch die Indianer wie Kuhmilch genießen, sie ist sehr nährend und giebt sauren Käse!) nach Portocabello dann südlich durch das große Llano (eine Wüste voll Gymnotus electricus in Sümpfen und wilde Pferde zu 1 Reichsthaler das Stük) in die Provinz Varinas an der Grenze von Santa Fé bis Río Apure in 7° Latitudo. Auf diesem Fluß östlich in den Orinoco bis Cabruta dann diesen südlich aufwärts bis jenseits der fürchterlichen Cataracte de Maypure und Atures, an die Mündung des von Quito kommenden Guaviare in 3° Latitudo. Dann den Orinoco verlassend auf den kleinen Flüssen Atabapo, Tuamini und Temi gegen Südost ein 150 Meilen von Quito bis an den wegen Schlangen berüchtigten monte de Pimichín. Durch diesen Wald trugen die Indianer 3 Tage lang die Piragua bis an den Río Negro, diesen hinab südöstlich bis San Carlos, einer von 8 Mann bewachten Grenzfestung gegen den Bresil (Gegenüber besizen die Portugiesen San José de Maravitanos, sie hinderten mich mit den Instrumenten weiter vor bis an den nahen Amazonenfluß zu dringen). Dann durch den Casiquiare nördlich an den Quellen des Orinoco, diesen aufwärts bis jenseits dem Vulkan Duida im Dorado in Wäldern von Cacao, Caryocar, einem neuen genus Juvia (Mandelbaum mit 14 zoll breiten Früchten) … dann den ganzen Orinoco abwärts bis an die Mündung eine Reise von 1200 Meilen auf den Flüssen von der Mündung des Orinoco durch das Llano de Curacatiche nach Barcellona, um endlich am 1. September 1800 in Cumaná zurük im Hause unseres Freundes Don Vicente Emperán (Gouverneurs dieser Provinz.) Bis 24. November ordneten wir unsere Samlungen und machten Excursionen ins Gebirge Chuparuparú, dann mit vieler Gefahr und schreklichem Sturm von Nueva Barcellona nach Havana, wo wir 19. December 1800 ankamen und wo ich die ersten Briefe aus Europa seit 18 Monathen las, mit Freuden las, denn alle Nachrichten waren fröhlich. So viel damit Du und unsere Freunde (Du theilst wohl Herrn Kunth oder meinem Bruder Wilhelm falls er in Berlin ist, diesen Brief mit) den Faden meiner Reise nicht verlieren.

|5r |Mit meinem Reisegefährten Alexandre Bonpland bin ich überaus zufrieden. Es ist ein würdiger Schüler Jussieu's, Desfontaine's und besonders des alten wunderlichen Richard's (der wohl der beste Botanist in Paris ist). Er ist überaus thätig, arbeitsam, sich leicht in Sitten und Menschen findend, spricht sehr gut spanisch, ist sehr muthvoll und unerschrokken. Er hat vortrefliche Eigenschaften eines reisenden Naturalisten. Die Pflanzen mit doubletten über 12000 hat er allein getroknet, die Beschreibungen sind etwa zur Hälfte sein Werk. Oft haben wir jeder besonders dieselben Pflanzen beschrieben, um gewisser zu sein. In der Guayana wo man we-

gen der Mosquiten die die Luft verfinstern, Kopf und Hände stets verdekt halten muß, ist es fast unmöglich am Tageslicht zu schreiben. Man kann die Feder nicht ruhig halten, so wüthig schmerzt das Gift dieser Insekten. Alle unsre Arbeit geschah beim Feuer in einem Theile der Indianischen Hütten, wo kein Sonnenstrahl eindringt und in die man auf dem Bauch kriecht. Dort erstikt man fast vor Rauch, aber leidet weniger von den Mosquitos. In Maypure retteten wir uns mit den Indianern mitten in die Catarakte, wo der Strohm rasend tobt und wo der Schaum die Insekten vertreibt. In Higuerote gräbt man sich Nachts in den Sand, so daß bloß der Kopf hervorragt und der ganze Leib mit 3–4 Zoll Erde bedekt bleibt. Man hält es für Fabel wenn man es nicht sieht. Sonderbar daß wo die schwarzen Wasser, eigentlich die kaffeebraunen Flüsse (Atabapo, Guainía …) anfangen weder Mosquitos noch Crocodille gefunden werden.

Und Du, mein Guter, wie führst Du im häuslichen stillen Glükke Dein arbeitsames Leben fort? Wie glüklich bist Du diese undurchdringlichen Wälder am Río Negro; diese Palmenwelt nicht zu sehen – es würde Dir unmöglich scheinen Dich nochmals an einen Kienenwald zu gewöhnen. Nur hier, hier und selbst nicht mehr hier, in der Guayana in SüdAmerika ist die Welt recht eigentlich grün. Der Artocarpus incisus, den man in der Guayana kultivirt, gedeiht vortreflich. Ich kenne Plantagen welche 4–500 Stämme besizen. Vierjährige Bäume geben unzählige Früchte, sind 30 Fuß hoch und haben 3 Fuß lange und 18 Zoll breite Blätter! Aber Epoche in der Geschichte des Akkerbaus macht das Zukkerrohr von Otaheiti, das man in ganz Westindien baut, das 3fach dikker als das alte hier sonst gewöhnliche ist und wenigstens ⅓ mehr Zukker giebt. Diese Pflanze allein könnte Cooks Namen verewigen.
| Wie sehnlich harre ich auf die Fortsezung Deiner Species plantarum[20]! Vergebens |5v
habe ich sie in Philadelphia suchen lassen. Im Kriege gedeiht nichts. Hättest Du nicht Gelegenheit mir 2 Exemplare zukommen zu lassen, eines nach dem Cap de bonne espérance durch Holland und das andere nach Mexico. Sende das Exemplar durch den Französischen Gesandten in Berlin an den Französischen Gesandten in Madrid oder an Don Raphael Clavijo, Brigadier de los Reales Exercitos en la Coruña. Auch durch Sankt Thomas oder Charleston an mich nach Havana addressirt (Casa del Señor Don Luis de la Cuesta) wäre es leicht. Auf allen diesen Wegen kommt mir das Exemplar zu. Ich erhielt hier zum Beispiel meines Bruders Aesthetische Versuche[21]. Von meiner Dankbarkeit gegen Dich sag ich nichts. Ich wiederhole, daß mein ganzes Herbarium, so bald ich publicirt, Dein sein soll.

Hier in Amerika sind ungeheure Pflanzenschäze, vortrefliche Zeichnungen, Beschreibungen, alles ist fertig, aber wie ist an Publication in einem Lande zu gedenken, wo die Buchhändler 20 000 Reichsthaler fordern, um ein Buch drukken zu lassen, in einem Lande wo man noch 10 Jahr lang mit Ruiz Flora[22] beschäftigt sein wird. Don Celestino Mutis in Santa Fé hat gewiß über 1500 bis 2000 neue species. Die Flora

[20] Linné/Willdenow/Link 1797–1830. [21] Humboldt, W. v. 1799. [22] Ruiz/Pavón 1798–1802.

Novae Grenadae ist fertig. Haenke ist noch in Chili, nachdem er mit Malaspina die ganze Welt bereist. Reicher an Pflanzen ist niemand in der Welt. Sesse ein sehr, sehr guter Botanist, hat 7 Jahre lang ganz Mexiko und Californien bereist. Er hat 2000 Zeichnungen. Tafala arbeitet noch in Peru wie Cervantes in Mexiko. Hier in der Insel Cuba ist eine eigene Botanische Comission, deren Haupt Doctor Boldo am gelben Fieber gestorben ist. Der junge Estévez, Sessé's Schüler, hat ihn substituirt. Mit ihm arbeitet ein Mexikanischer Mahler Echeveria, dessen Talent im Pflanzenzeichnen ich mit nichts vergleichen kann. Alle Bauer[23] und Pariser Künstler verschwinden gegen den Mexikaner. Broussonet hat sich wegen der Pest von Mogador nach Santa Cruz de Teneriffa geflüchtet, wo er jezt Consul ist. Ich habe das Ministerium gebeten, einen jungen Franciscaner Mönch durch Cavanilles unterrichten zu lassen, um den Río Negro zu bereisen. Nur in dem Frok, oder in Begleitung eines Mönchs kann
|6r man dort reisen ohne sich vor den Indianern | zu fürchten. Der jezige Padre Guardian der Missionen Fray Juaquin Márquez ein wakkerer Mönch mit dem ich in genauer Freundschaft gelebt, hat das Projekt sehr unterstüzt. Ich habe an manchen Orten Instrumente gelassen und wir dürfen hoffen bald über diesen finstern, unbekannten Theil der Welt, über den alle Karten erlogen sind, einiges Licht zu erhalten.

Wenn ich an die Zeit zurükdenke, wo ich Dir Hordeum murinum zu bestimmen brachte, wenn ich mich erinnere, daß das botanische Studium mehr als meine Reise mit Forster, den Trieb in mir rege machte, die Tropenwelt zu besuchen – wenn ich in meiner Phantasie die Rehberge, die Panke, und die Katarakte von Atures, ein Haus von China (Cinchona alba) in dem ich lange gewohnt, vereinige – so kommt mir das alles oft wie ein Traum vor! Wie viele Schwierigkeit habe ich überwunden! Vergeblich auf Baudins Reise um die Welt gewartet, dann Egypten und Algier um einen Schritt nahe, dann in SüdAmerika und nun wieder in der Hofnung Baudin und Michaux in der Südsee zu finden – Wie wunderbar ist ein Menschenleben verkettet. Träume ich mir dann bisweilen ein glükliches Ende dieser gefahrvollen Irrfahrt, träume ich mich an die Ekke der Friedrichsstraße in Dein altes Zimmer, Deinem Herzen immer gleich nahe, mache ich mir diese Bilder recht lebhaft, o dann wäre ich im Stande das Ende dieser Reise früher heranzurükken, und zu vergessen, daß in großen Unternehmungen die kalte Vernunft und nicht die Neigung den Entschluß leiten soll. Eine innere Stimme sagt mir, daß wir uns wieder sehen.

Grüße Dein liebes Weib, die Schwiegermutter herzlich, umarme die Kleinen[24] und vor allem den Freund Hermes, der mich wohl nicht ganz vergessen hat. Von Jacquin und van der Schott, den ich so sehr liebe, habe ich nie eine Antwort erhalten können. Wann wird dieser entsezliche Krieg enden, der alle Verbindung hindert. Seit Merz 1800 hat hier niemand Briefe aus Spanien. Lebe wohl, mein theuer Willdenow und rufe mein Andenken in der Versamlung unserer vortreflichen Freunde, bei Klaproth, Karsten, Zöllner, Hermbstedt, Bode, Herz … zurük.

[23] Die beiden botanischen Zeichner und Maler Ferdinand Lucas und Franz Andreas Bauer. [24] Willdenows Söhne Carl Wilhelm und Johann Carl.

Mit brüderlicher Liebe Dein alter Schüler

Alex. Humboldt

meine sicheren Adressen in Spanien sind: Monsieur de H. à Madrid chez Monsieur le Baron de Forell Casa de Saxonia.

Tausend Empfehlungen an Herrn Kunth, den Du wohl aufsuchst, wenn Du diesen Brief erhälst. Sage diesem alten Freunde, daß ich meinem Entschlusse getreu, jeder Gelegenheit nur 1 Brief anzuvertrauen ihm heute mit einem anderen Schiffe ebenfalls geschrieben.

| Hast Du im Oktober 1800 Saamen erhalten, die ich an Vahl in Copenhagen addressirt. Wir haben zu verschiedenem Male eine große Menge Saamen nach Paris an Jussieu, an Sir Joseph Banks nach London und an Ortega nach Madrid gesandt. Ich hoffe daß sie gedeihen, denn sie waren sehr frisch und gewiß selten, da wir uns höchstens mit Aublet[25] hier und da begegnet sind. |6v

Existirt mein alter Freund Persoon noch in Europa, so bitte ihn mir Empfehlungen an seine Familie gradehin nach dem Cap zu senden.

↗H0006053

Alexander von Humboldt an Karl Ludwig Willdenow. Havanna, 4. März 1801

| Liebster Freund, |1r

In meinem lezten Briefe versprach ich Dir eine Samlung auserlesener Pflanzen (250 Species) welche ich Dir zum Geschenk bestimmt habe. Heute gehen sie ab, mein Lieber und die Eil mit der ich sie einpakke hindert mich die Beschreibungen zu copiren. Bewahre die Nummern wenn Du die Pflanzen in Dein Herbarium legst. Sie werden einst sehr nüzlich sein. Die Melastomae, Befariae, Paulliniae, Pariana … sind Dir gewiß angenehm.

1700 Species ebenfalls Früchte unsrer Reise am Orinoco, Río Negro und der Parime, 1700 Species (die doubletten abgerechnet) sind Dir ebenfalls zum Geschenk bestimmt, wie alle, alle Pflanzen welche ich samle. Mister John Fraser den Du aus

[25] Aublet 1775.

Walters Flora[26] kennst, bringt sie nach England. Diese 1700 Species bitte ich Dich,
|1v da ich meine Pflanzen selbst zu ediren gedenke, vor meiner Rükkunft | noch nicht in Dein Herbarium einzurangiren, damit mir die Arbeit leichter ist. Fraser wird Dir schreiben, so bald er mit dem Pflanzenschaz ankommt. Du siehst, daß ich mein Versprechen halte und daß wir auf einer Reise, die nicht eigentlich botanische Zwekke hat, nicht faul sind.

Ich reise morgen von hier nach Carthagena, Panamá, Guajaquil und Quito ab, von da nach Lima, dann Acapulco, Mexico und Philippinen. So ist mein Plan. Meine Gesundheit ist eisern fest.

Ich umarme Dich herzlich. Mein Begleiter Bonpland, ein sehr wakkerer Botanist, grüßt Dich unbekannter Weise. Tausend Empfehlungen an Dein liebes Weib.

A Humboldt.

Havana den 4. Merz 1801.

|2v | À Monsieur
Monsieur le Professeur Willdenow
Membre de l'Académie
Berlin
en Allemagne
Germany
avec une Caisse
signée Prussia
contenant des plantes
sèches.

↗H0006055

Alexander von Humboldt an Karl Ludwig Willdenow. Paris, 17. Mai 1810

|1r |Mein theurer Willdenow! Es ist vor wenigen Wochen hier ein junger Mensch angekommen, Namens Sellow, der in dem botanischen Garten gearbeitet und der mir eine Empfehlung von meinem Bruder Wilhelm gebracht. Er sieht freundlich, munter und lehrbegierig aus. So elend auch Pflanzenzucht bekanntlich auch in

26 Walter 1788.

Paris bestellt ist, so kann ihm sein Aufenthalt doch in mancher Rüksicht nüzlich werden. Da er in Malmaison keine Collegia hören kann, so habe ich es für besser gehalten, ihn im Jardin des plantes anzustellen. Bei dem Zufluß junger Leute hat man ihm nicht einmal die gewöhnlichen 34 Soli täglich schaffen können. Ich werde das erste Jahr gern für sein Auskommen sorgen, das heißt ich werde von meiner Arbeit mit ihm theilen. Ich kann mir 1200 livres abmüssigen, für das nächste Jahr muß man ihm von Berlin aus etwas verschaffen. Es hat mich tief geschmerzt daß Du ihn an Andere und nicht an mich empfohlen hast.

Der Zwek dieser Zeilen ist eine Bitte, theurer Willdenow, aber eine der ernsthaftesten Angelegenheiten meines Lebens. Ich rede mit derselben Offenheit und treuen Liebe zu Dir, als vor 19 Jahren, da ich zuerst Dir Hordeum murinum zur Bestimung brachte. Die Bitte ist selbstsüchtig, aber vielleicht lassen sich mehrerlei Interessen dabei vereinigen. Mein Werk ist seiner Vollendung nahe. Sechs Quartbände sind fertig Physique Générale oder Géographie des plantes[27] – Astronomie 2 Bände[28] – Zoologie[29] – Mexico 2 Bände[30]. Dazu 3 folio Bände Plantes équinoxiales[31] – Melastomacées[32] – Monumens[33]. Man drukt jezt an den 4 Bänden historische Reise[34]. Schöll hat sich mit einem überaus reichen und liberalen Buchhändler Stone vereinigt, es fehlt weder an Geld, noch an Vorschuß. Man verkauft jährlich für mehr als 140 000 livres von meinen Werken. Die Botanik bleibt | ganz zurük. Seit 11 |1v
Monathen ist 1 Heft plantes équinoxiales[35] und 1 Heft Melastomacées[36] erschienen. Die Ursachen brauche ich Dir nicht zu enthüllen. Zu dem alten Uebel sind neue dazugekommen. Die Kaiserin Josephine hält sich jezt bald in Malmaison bald in Navarre auf, Bonpland hat sich ganz in die administration geworfen, er hat 12 000 livres Gehalt und verspricht wissenschaftliche Arbeiten die er nicht leisten kann, selbst bei gutem Willen nicht leisten könnte. Es wäre unnüz über verlorene Zeit zu klagen, es kommt darauf an, bessere Maaßregeln für die Zukunft zu nehmen. Bonpland hat die vortreflichsten Eigenschaften des Herzens, ich lebe auf dem freundschaftlichsten Fuße mit ihm, aber weder ich, noch er selbst hat Einfluß auf ihn. Mir liegt wenig an den Plantes équinoxiales[37] und Melastomacées[38]. Mögen diese langsam hinschländern – aber ich will nicht Europa verlassen ehe ich nicht unsere Species habe erscheinen sehen, es sind gewiß 12–1600 neue Species nach denen zu urtheilen die Du schon beschrieben. Ich habe von Bonpland verlangt, daß er mir die Manuscripte 4 Quart- und 3 folio Bände herausgiebt, daß er mir die Herausgabe der Species überläßt. Wärst Du barmherzig genug dieses Werk zu übernehmen. Hier meine Vorschläge, ganz frei und zuthulich:

[27] Humboldt 1807a. [28] Humboldt 1810. [29] Humboldt 1811–1833. [30] Humboldt 1811. [31] Humboldt/Bonpland 1808–1813. [32] Humboldt/Bonpland 1816–1823. [33] Humboldt 1810a. [34] Der Reisebericht (Relation historique – Humboldt 1814–1825) erschien in drei Bänden, ein geplanter vierter Band ist nicht erschienen. [35] Humboldt/Bonpland 1808–1813. [36] Humboldt/Bonpland 1816–1823. [37] Humboldt/Bonpland 1808–1813. [38] Humboldt/Bonpland 1816–1823.

Du kämest mit Frau und Kind hieher. Ich gebe Dir ein hüpsches Quartier, das mir gehört, das ich aber nicht bewohne nahe am Panthéon und am Jardin des plantes. In Malmaison findest Du auch Wohnung für Dich und Deine Familie. Ich kenne Deine Art zu arbeiten. In wenigen Monathen gehst Du das Herbarium und die Manuscripte durch. Du machst Dir hier Auszüge, Du nimmst entweder die Manuscripte mit nach Berlin oder was mir besser scheint, ich lasse abschreiben was Du willst. Eben so nimmst Du die Pflanzen mit nach Berlin, die Du noch näher studiren mußt. Ich wünsche eine Beschreibung ganz wie in Deinen Species[39]. Zu allem was in unseren Manuscripten und im Herbarium steht, wird Bonpl. oder Humb. gesezt, zu allem was Du selbst beschreibst und discutirst Willd. So geschieht jedem sein Recht. Ein Quart Band, linnäisch geordnet, entweder bloß neue Species 12–1600 oder alle von uns gesammelte Pflanzen 5–6000. Ersteres hätte ich lieber,
|2r zu jeder beinah haben wir etwas | anzumerken zum Beispiel Standort und Höhe wo die Pflanze wächst, wenig oder gar keine Synonima bloß Deine Species[40] citirend. Das ganze Werk lateinisch. Klein folio wie la Billardière[41], mit linear Zeichnungen, wo von schon ein 50 gestochen sind von Sellier. Man kann 5–6–800 und mehr stechen, das Werk trägt Kosten. Turpin zeichnet schnell und wünscht aus Armuth Arbeit. Du bezeichnetest hier, was Du gezeichnet haben willst. Von jedem neuen genus läßt man eine Species vollständig schön zeichnen und stechen. Wäre man der neuen genera gewiß, so finge man damit an, wo nicht, giebt man diese Zeichnungen (ich meine die schattirten) in den plantes équinoxiales[42]. In einer Vorrede werde ich selbst aufs deutlichste sagen was wir Dir verdanken: Titel Nova genera et Species plantarum quas in itinere collegerunt Humboldt et Bonpland, in ordinem digessit et notas luculentas instruxit Willdenow. Damit die Herausgabe des Textes, welcher die Hauptsache ist, unabhängig bliebe von den Kupfern au trait[43], hielt ich es für rathsam, die Kupfer im Texte gar nicht zu citiren und die Kupfer im gleichen formate ordnungslos Heftweise folgen zu lassen: Dann finge man mit Species seltener generum an und hielt es das Publikum aus so ließe man den Bettel der Salvien, Heliotropen und Solanen folgen! Das alles, versteht sich, ganz wie Du es willst. Liegt es in Deiner Lage den Vorschlag anzunehmen, so weiß ich was Dich bewegt, Liebe zu mir, Gewißheit ein nüzliches Werk in die Welt zu bringen und der Wissenschaft, die Du neu begründet hast, einen neuen Dienst zu erweisen. Ich muß noch einen Nebenpunkt berühren. Wir dürfen uns nicht mit Deinem Schweiße bereichern. So bald Du die Reise antreten kannst, zahlt Dir Friedländer 3000 francs, es ist ein geringer Zuschuß zu den Reisekosten und so bald wir den Contract mit den Buchhändlern geschlossen haben, schmeichle ich mir mehr anbieten zu können – und zwar unter dem strengsten Siegel der Verschwiegenheit. Es wäre nicht recht von mir, Dich zu bereden. Ich könnte hinzufügen, Du müßtest doch einmal das Dir so innigst verhaßte Paris sehen, die Herbaria werden Dich interessiren, der

39 Linné/Willdenow/Link 1797–1830. 40 Linné/Willdenow/Link 1797–1830. 41 La billardière 1804–1806. 42 Humboldt/Bonpland 1808–1813. 43 Dessin bzw. Gravure au trait: Umrisszeichnung bzw. -stich.

Garten würde gewinnen wenn Du im Herbste August–November hier wärest, Du könntest eigene wissenschaftliche Plane anspinnen. Ich verspreche, dazu mit Deiner theuren guten Frau alle Schusterbuden von ganz Paris zu durchwandern!! Willst Du schlechterdings nicht kommen, so müßte ich die Manuscripte und das Herbarium nach Berlin reisen lassen. Lezteres kostet an transport dann aufs neue hin und her 70–80 Louis d'or, ich kann dazu eigentlich nicht über das herbarium des Musée disponieren. Es ist selbst hart Bonpland die Manuscripte zu nehmen, er kann auch gewiß manche mündliche Aufklärung geben. Dazu ist Deine Anwesenheit nöthig, um | Turpin über die Zeichnungen zu instruiren. Was Du theurer guter Willdenow, |2v
auch bestimmst, werde ich in stiller Rührung gut heißen. Schreibe mir bald einige freundliche Worte. Ich umarme den Kleinen. Meine schönsten Grüße Deiner theuren Gattin.

AHumboldt

Rue de la vieille Estrapade numéro 11.

ce 17 Mai 1810.

Willst Du aber Paris recht genießen, so denke aber ja nicht auf Umwege nach Holland, Montpellier oder Turin. Das erlaubt Dir Deine Zeit nicht und jede Woche die Du nicht in den hiesigen Sammlungen lebst, wird Dich gereuen. Mein Arm ist immer lahm und sehr krank.

Einleitung zum Briefwechsel mit Carl Sigismund Kunth

Der Botaniker Carl Sigismund Kunth ist in der Humboldt-Forschung vor allem als Mitarbeiter am botanischen Teil des amerikanischen Reisewerks bekannt. Geboren 1788 in Leipzig, arbeitete Kunth ab 1806 zunächst an der Seehandlungsgesellschaft in Berlin. Da ihm zu einer akademischen Laufbahn die Mittel fehlten, bildete er sich autodidaktisch weiter. Unterstützung und Anleitung erhielt er durch den Botaniker Karl Ludwig Willdenow.

Nach Willdenows Tod rief Humboldt 1813 dessen Schüler Kunth von Berlin nach Paris, wo dieser zunächst die *Nova genera et species plantarum* nach den Sammlungen und Aufzeichnungen Bonplands und Humboldts ausarbeitete. Auch die weiteren Bände zur Botanik – unter anderem *Mimoses et autres plantes légumineuses*, *Révision des Graminée*s und die *Synopsis plantarum* – gab Kunth weitgehend selbständig heraus.

Der Großteil der überlieferten Korrespondenz entstammt der Berliner Zeit der 1830er und 1840er Jahre, wobei den 58 Briefen Humboldts lediglich drei Schreiben Kunths gegenüberstehen. Der darin dokumentierte Austausch ist durchaus typisch für Humboldts Briefwechsel mit Berliner Gelehrten während seines letzten Lebensdrittels: Humboldt bat um wissenschaftliche Auskünfte, die in seine Werke einflossen und unterstützte die Korrespondenzpartner im Gegenzug nach Kräften. Im Falle Kunths setzte sich Humboldt erfolgreich für Pflanzenankäufe des Botanischen Gartens ein oder vermittelte zwischen Kunth und Johann Georg Cotta in Verlagsangelegenheiten. Kunth verdankte Humboldts Einsatz zudem eine durch das Kultusministerium bezahlte Erholungsreise und die Verleihung des Ordens Pour le Mérite (Friedensklasse).

Für den vorliegenden Band wurden neun Briefe der Jahre 1848 und 1849 ausgewählt. In diesen Jahren bereitete Humboldt die dritte Auflage seiner *Ansichten der Natur* vor. Er plante, die Erläuterungen und Zusätze zum im zweiten Band enthaltenen Essay »Ideen zu einer Physiognomik der Gewächse« gegenüber der Auflage von 1826 erheblich zu erweitern. Humboldt sandte Kunth im Zuge dessen umfangreiche Fragelisten zur botanischen Systematik und Statistik sowie zur Pflanzenphysiologie. Einen großen Teil der Auskünfte Kunths übernahm Humboldt in die neue Auflage. Zwei in diesem Zusammenhang entstandene längere handschriftliche Ausarbeitungen Kunths ergänzen die Auszüge aus der Korrespondenz mit Humboldt.

Aus den vorliegenden Briefen und Dokumenten spricht eine wachsende Skepsis gegenüber Humboldts Pflanzengeographie: Kunth skizziert die methodischen Grenzen der botanischen Arithmetik. Sowohl Humboldt als auch Kunth halten nun das Konzept der Bestimmung physiognomischer Hauptformen mit der Klassifikation nach natürlichen Familien für unvereinbar (vgl. Humboldt 1849, II, 242–248).

Briefwechsel mit Carl Sigismund Kunth
(Auszug, 9 Briefe 1848–1849)

↗H0000700

Alexander von Humboldt an Carl Sigismund Kunth. Potsdam, Donnerstag, [2. November 1848]

| Ich freue mich, theurester Freund, dass es mir bei Cotta geglükt ist: er schreibt mir so eben Stuttgart 29. October:[1] | 1r

»Ihrer Andeutung in Beziehung auf Professor Kunth's Werk[2] soll alsbald Folge gegeben und dem Drucker der Auftrag zugefertigt werden mit dem Drucke fortzufahren. Zwar ist der Druck zu Berlin sehr theuer, aber da Ewro … sich für die Fortsezung dieses Druckwerkes so lebhaft interessiren, so soll die Sistirung desselben gleichbald aufgehoben werden.[3] Kommende Bände können ja allenfalls hier gedrukt werden, wenn nicht anders die Wiederkehr einer besseren Zeit es gestatten sollte, damit zu Berlin selbst fortzufahren. Wir waren Ende August und Anfang September hier im südlichen Deutschlande wieder leidlich im Geleise: allein die frankfurther September Tage die ich persönlich mitgemacht, Struve und Wien haben alles wieder erschüttert und in Frage gestellt.«

[1] Vgl. Humboldt 2009, 344. [2] Kunth 1833–1850. [3] Der vierte, und vorläufig letzte, Band der *Enumeratio plantarum* Kunths (Kunth 1833–1850) war 1843 erschienen. In einem im selben Jahr für das Verlagshaus Cotta verfassten Gutachten hatte der Botaniker Ernst Gottlieb von Steudel die Durchführbarkeit des Werkes grundsätzlich infrage gestellt: »Nach dem empfangenen Plane festgesetzt, wird das Ganze etwa 30–35 Bände geben, welche in 20 Jahren kaum erscheinen werden […].« Ueber Kunth[s] Enumeratio. Aus einem Briefe von Herrn Oberamtsarzt Dr. Steudel in Esslingen vom 21. Septr. 1843, DLA Marbach, Cotta-Archiv (Stiftung der Stuttgarter Zeitung), Cotta:Briefe. Hierin ist wohl der Grund für die »Sistierung«, also Aussetzung des Drucks, durch den Verlag zu suchen. 1850 erschien der fünfte und endgültig letzte Band der *Enumeratio*. Kunths Tod im selben Jahr bedeutete das Ende der Arbeiten.

Meine innige Verehrung Ihrer vortreflichen Gattin. Der Belagerungszustand in den die Linke die Kammer vorgestern Abend gesezt, ist ein scheussliches factum.

Ihr AHt

Potsdam Donnerstag

↗H0000608

Alexander von Humboldt an Carl Sigismund Kunth. Potsdam, Freitag, [24. November 1848]

|1r |Mein theurer Freund! Vor einigen Wochen habe ich mir die Freude gemacht, Ihnen zu melden dass Cotta auf mein Andringen den Druk Ihres wichtigen Werkes[4] in Berlin selbst fortsezen will. Ich klage nicht dass Sie mir nicht geantwortet, ich wünsche bloss zu wissen ob Ihnen mein Brief[5] richtig zugekommen ist. Vielleicht haben Sie, und mit Recht, abwarten wollen, ob das Versprechen mehr als ein höfliches Wort gewesen ist. Heute muss ich Sie theurer Kunth mit einigen Bitten belästigen, bitte aber sehr nicht deshalb eigene Untersuchungen anzustellen. Ich brauche sehr ohngefähre Schäzungen, bloss zu wissen was Sie glauben, wenn Sie mit 10–12 000 beschriebenen Composeen die 3 grossen Familien der Gräser, Leguminosen und Labiaten vergleichen.

1) Ein Doktor Münter Charitéstraße numero 1 der über das Curaregift gearbeitet, ist mir als ausgezeichnet in Chemie bekannt. Er quält mich, da Schauer in Eldena gestorben, um Empfehlung an Baumstark für Pflanzenphysiologie und Landwirthschaftliche Botanik. Dazu gehört neben der Chemie Botanik. Ist Ihnen der Mann bekannt und zwar vortheilhaft? Ich höre so eben von Lichtenstein dass er sich viel mit Botanik beschäftigte.

2) Ich habe in den Ansichten[6] mich des Worts bedient afrikanische Aloestämme candelaberartig getheilt. Ich habe dergleichen in Teneriffa gesehen, es waren nicht Cactus (Cerei) die allerdings bei Cumaná mit Lichenen bedekte dicke Stämme bilden, oben candelaberartig getheilt. Sehen Sie gütigst in Lamark Encyclopédie[7] ob dergleichen vom habitus unter Aloe angegeben ist? Antworten Sie auf diese

[4] Kunth 1833–1850. [5] Humboldts Schreiben vom 2. November 1848. [6] Humboldt 1826, II, 35; Humboldt 1849, I, 31. [7] Lamarck/Poiret 1783–1817.

Frage nicht. Ich finde eben dass das Candelaberartige baumartigen Aloestämmen und besonders den Euphorbien ähnlich ist.

Abb. 2.12 Zeichnerische Verdeutlichung des von Humboldt beschriebenen »kandelaberartigen« Blütenstandes der Aloe.

|3) Sie sagen in Ihrem früheren Werke[8] dessen Familien Aufzählung mir so unend- |1v
lich wichtig ist, es seien in Martius[9] 175 Palmenspecies beschrieben, pagina 259. Glauben Sie, dass die Palmen neuerdings sehr zugenommen, wohl beschrieben bis 200 Species?

4) Wagen Sie ohngefähr eine Schäzung

a) der beschriebenen Glumaceen (d. i. Gramineen, Juncaceen und Cyperaceen zusammen),

b) der Leguminosen,

c) der Labiaten, wenn man 10–11 000 Composeen annimmt. Ich nenne Sie bloss nach dem schönen Aufsaz über den Garten[11]; compromittire Sie aber sonst nicht in den Familien; also geben Sie sich nicht viel Mühe.[A]

[A] *Anmerkung des Autors* Sollte es nur 900 bis 1000 Doldengewächse geben? Ihre alte Auflage pagina 478.[10]

[8] Kunth 1831. [9] Martius 1823–1850. [10] Kunth 1831. [11] Vgl. Kunths Vortrag über die Artenvielfalt des Berliner Botanischen Gartens in der vorliegenden Edition (↗H0015190).

d) Ich habe nach Brown des sonderbaren Lichteffects erwähnen müssen[12] den in Australien die Richtung der Phylloden bei blattlosen Acacien und Eucalyptusarten hervorbringt. Werfen Sie einen Blik auf Jussieu (Adrien) Botanique page 106 (Note) und page 700[13]; auch Ihr neues Werk pagina 214[14]. Nicht wahr, diese verticale Stellung ist nur bei wirklichen phyllodien also bei blattlosen Arten von Myrthaceen Eucalyptus, Metrosideros und Melaleuca, aber giebt es unter diesen 3 generibus besonders unter Eucalyptus nicht auch Species mit wahren Blättern, mit solchen wie bei uns gerichteten. Adrien Jussieu sagt ja auch bestimmt page 107[15]: ce sont de véritables feuilles dans un certain nombre d'espèces, dans d'autres de simples phyllodes.

e) Ich hatte in Ansichten Theil II pagina 118[16] das 12 Fuss hohe Doldengewächs, ein wirklich baumartiges Selinum decipiens genannt. Haben Sie die Species noch im Garten. Können Sie mir schreiben ob sie aus dem Nördlichen Asien (woher?)
|2r ist und | Sie irgend ein zweites Beispiel von einem baumartigen Doldengewächs wie Selinum decipiens kennen. Etwa eine Ferula von denen Jussieu sagt Caulis altissimus, wohl nicht ein Eryngium, denn ich meine Baumartige über 10 Fuss hoch.

Zürnen Sie mir nicht über so viele quälende Fragen.

Indem ich diesen Brief schliesse, erhalte ich die Schreckensnachricht von dem Tode von Joseph Mendelssohn. Er ist sanft an einem Blutschlage heute früh um 7½ Uhr verschieden. Er war ein edler Mensch, mein ältester und wärmster Freund, ein merkwürdiges Gemisch von Stärke und Klarheit des Geistes und liebenswürdiger Gemüthlichkeit. Ich bin sehr traurig und beschäftige mich um so lieber mit Ihnen.

AHt

Potsdam Freitag Abend

↗H0015156

Carl Sigismund Kunth an Alexander von Humboldt. [Berlin], nach 24. November 1848 (Fragment)

|1r |weil hier bei jeder Art nachgesehen werden muß, ob sie nicht schon früher aufgeführt worden ist.[A]

[A] *Anmerkung des Empfängers* a

[12] Vgl. Humboldt 1849, II, 235. [13] Jussieu, Ad. 1844. [14] Kunth 1847. [15] Jussieu, Ad. 1844. [16] Humboldt 1826.

3. Die nachfolgenden Angaben dagegen gründen sich auf wirkliche Zählungen:

In meiner 1841 erschienenen Enumeratio[17] sind 356 Palmen aufgeführt, mit den seitdem neu hinzugekommenen dürften jetzt nahe an 400 beschrieben sein.

Gräser in meiner 1833 erschienenen Enumeratio[18]	– 3044 Arten.
Seitdem wahrscheinlich neu hinzugekommen	500. Arten
	= 3544. Arten.

Cyperaceen in meiner 1836 erschienenen Enumeratio[19]	1802.
Seitdem neu hinzugekommen muthmaßlich	200
runde Zahl	2000.

Juncaceen in meiner 1841 erschienenen Enumeratio[20]	185 Arten.
jetzt füglich auf 200 zu erhöhen.	

| [A, B, C] Aroideen in meiner 1841 erschienenen Enumeratio[21] 284 Arten. Ihre Zahl | 1v
ist seitdem wahrscheinlich auf 300–330 gestiegen.

Labiaten in Walpers Repertorium (1844–47.)[22] – 2184. (Decandolle ist noch nicht erschienen.)[D]

Leguminosen		
in Decandolle Prodromus (1825)[23]	4104 Arten	
in Walpers Repertorium (1842–46.)[24]	3964 –	8068.

[A] *Anmerkung des Empfängers* Kunth II [B] *Anmerkung des Empfängers* 3544. 3544 × 12 = 42528 [C] *Anmerkung des Empfängers* b [D] *Anmerkung des Empfängers* nach Bentham 2393 Labiaten

[17] Kunth 1833–1850, III. [18] Kunth 1833–1850, I. [19] Kunth 1833–1850, II. Im Titel ist das Erscheinungsjahr 1837 angegeben. [20] Kunth 1833–1850, III. [21] Kunth 1833–1850, III. [22] Walpers 1842–1848, III; VI. [23] Candolle 1824–1874, II. [24] Walpers 1842–1848, I; II; V.

Umbelliferen		
in DeCandolle Prodromus (1830)[25]	997.	A
in Walpers Repertorium (1843–46.)[26].	618.	1615.

Das Vaterland von Selinum decipiens Schrader et Wendland (jetzt Melanoselinum decipiens Hoffmann) ist unbekannt. Vielleicht von den Kanarischen Inseln.[B] Andre Baumdolden kenne ich nicht. Strauchartige sind Bupleurum (Tenoria Sprengel)
|2r Bupleurum fruticosum Linné |[C] von den Ufern des mittelländischen Meeres, Heteromorpha arborescens Chamisso et Schlechtendal vom Cap, Crithmum maritimum Linné am Seestrande, ein Halbstrauch. Bubon Galbanum und Bubon gummiferum Linné sind beides Sträucher und am Cap zu Hause. Ferula, Heracleum und Thapsia werden sehr hoch, sind aber Stauden.

Ich kenne keine Aloe mit candelaberartiger Verästelung, auch in Lamarck[27] finde ich darüber nichts. Aloe plicatilis Miller und Aloe dichotoma Linné bilden das ehemalige Willdenowsche genus Rhipidodendrum; ihr caulis ist arboreus, dichotomo-ramosus. Bei Aloe arborescens und Aloe africana Miller erreicht der (einfache) Stamm die Höhe von 7–8 Fuß.

Candelaberartig würde ich den Blüthenschaft von Agave americana nennen, er ist in Mirbels Elemens de botanique[28] abgebildet. Wenn ich nicht irre, hat zuweilen auch Araucaria dieses Ansehen.[29]

|2v |[D]4.) Nach meiner Ansicht können Phyllodia (Blattstielblätter) blos in Familien vorkommen, welche folia composita haben, und in der That hat man sie bis jetzt blos bei den Leguminosen (Acacia) angetroffen.[30, E] Bei Eucalyptus und Metrosideros und Melaleuca sind die Blätter simplicia und ihre Stellung auf der Schneide rührt von einer halben Drehung des Blattstiels her; dabei ist zu bemerken, daß beide Blattflächen von gleicher Beschaffenheit sind. Jussieu sagt ganz richtig daß eine verticale Stellung sowohl bei Phyllodia als bei eigentlichen Blättern vorkommen, ohne weder der Myrtaceen noch der Gattung Acacia zu erwähnen.

A *Anmerkung des Empfängers* 258. B *Anmerkung des Autors* Das im Garten befindliche Exemplar hat höchstens einen 1½ Fuß hohen Stamm. C *Anmerkung des Empfängers* c D *Anmerkung des Empfängers* d E *Anmerkung des Empfängers* Neue Kunth pagina 214[31] Endlicher pagina 110[32] Darwin pagina 433[33] Jussieu pagina 107. 700 pagina 120 § 141[34] Escallonia von Augustin Saint-Hilare pagina 52[35]. Eigene Familie Brown Franklin[36] Kunth Species II 335, III 36[37].

25 Candolle 1824–1874, IV. 26 Walpers 1842–1848, II; V. 27 Lamarck/Poiret 1783–1817. 28 Vgl. den Tafelband zu Brisseau 1815, Planche 6. 29 Vgl. Humboldt 1849, II. 214. 30 Humboldt übernahm diese Auskunft fast wörtlich in die dritte Auflage der Ansichten der Natur, vgl. Humboldt 1849, II, 235. 31 Kunth 1847, I. 32 Endlicher/Unger 1843. 33 Darwin 1845. 34 Jussieu, Ad. 1844. 35 Saint-Hilaire 1840. 36 Franklin 1823, 766. 37 Humboldt/Bonpland/Kunth 1815–1825.

Ich brauche wohl nicht von neuem zu versichern, wie gern ich Ihnen, hochverehrter Wohlthäter, jederzeit zu Diensten stehe.

Mit innigster Verehrung Ihr dankbar ergebenster

CKunth.
Meine Frau empfielt sich der Fortdauer Ihrer hohen Gewogenheit ganz ergebenst.

↗H0000009

Alexander von Humboldt an Carl Sigismund Kunth. Berlin, Donnerstag, [11. Januar 1849]

|Statt Ihnen, mein theurer Freund, innigst für Ihren Glükwunsch und den Ihrer liebenswürdigen und so verständigen Gattin zu danken bin ich in der Lage, Sie mit neuen Bitten zu belästigen. Seit einem Monate habe ich bei Gelegenheit der recht elenden, gehalt- und geschmaklosen Pflanze[38] sehr viel botanisches gelesen, und Sie selbst, Ihr neues so überaus mich physiologisch befriedigendes Werk[39] täglich in der Hand gehabt. Meine Bitten sind diese: |1r

1) Ich will, um meinen kleinen jezt ganz umgearbeiteten Aufsaz »über die Physiognomik der Gewächse«[40] auf seine eigentlichen Schranken zurükzuführen und um zu beweisen, dass ich diese Schranken und das Unbestimmte in der Ansicht selbst kenne auf den Umstand aufmerksam machen dass wundersam genug bis auf Ausnahme weniger natürlicher Familien die Form der appendicularen Organe eine grosse Unabhängigkeit von den, den botanischen Familiencharakter bestimmenden Blüthentheilen darbietet. Die Physiognomik beschäftigt sich mit den Vegetationsorganen die zur Erhaltung des Individuums nöthig sind, die rationelle und classificirende Botanik mit den Fortpflanzungsorganen die zur Erhaltung der Art gehören. Ich bediene mich Ihrer treflichen Andeutung Seite 510[41]. In diesem Sinne des scheinbaren Contrastes zwischen den appendicularen Vegetationsorganen und den Blüthentheilen bitte ich Sie nun mir noch 3–4 Beispiele, recht schlagende, zu geben.

---

[38] Schleiden 1848. [39] Kunth 1847. [40] Humboldt 1849, II, 3–248. [41] Kunth schreibt in seinem *Lehrbuch der Botanik*: »Sowohl den Gattungen als Familien liegt in der Natur ein gewisser Typus zum Grunde, welcher sie auszeichnet, und nicht selten selbst dem Nichtbotaniker bemerkbar macht, demungeachtet ist ihre Begrenzung, wegen der zahlreichen Uebergänge, oft überaus schwierig, und entzieht sich der gewünschten Genauigkeit. Dabei unterliegt die weitere oder engere Auffassung derselben meist grosser Willkühr, und ist, wie bei den Arten, persönlichen Ansichten unterworfen, so dass nicht selten Botaniker für Gattungen und Familien erklären, was andere für blosse Abtheilungen derselben halten.« (Kunth 1847, 511); vgl. Humboldt 1849, II, 245.

2) Ich wollte anführen:
   a) dass Physiognomik und Aehnlichkeit der Inflorescentia sich nur bei wenigen Familien finden und zwar bei Gräsern, Cyperaceen (nicht Juncaceen), bei Palmen, Coniferen, Umbellaten und den meisten Leguminösen.

|1v |b) dass in demselben genus zum Beispiel Weinmannia folia simplicia und pinnata selbst rachi alata vorkommen.
   Haben Sie andere Beispiele? Man darf wohl nicht sagen dass es Leguminosae giebt die keine solche composita (pinnata) besitzen denn die neuholländischen Acacien haben ja gar keine Blätter sondern blosse phyllodien.
   Giebt es Rosaceen mit einfachen, nicht gefiederten Blättern?
   Darf man sagen dass die meisten folia composita (pinnata) sich finden in Jussieu's Dicotylédones polypétales: Légumineuses, Méliacées, Cedreleen, Aurantiaceen, Sapindaceen, Rosaceen.
   In allen Monocotyledoneae kein folium compositum, aber Dioscorea?

3) De Candolle und Ramond geben die Höhe des Rhododendron der Pyreneen an.[42] Ich wünschte zu wissen welche Species dort ist, wohl nicht Rhododendron ferrugineum und Rhododendron hirsutum, wohl ein eigenes?

4) Ich würde gern wegen der sehr südlichen Lage die Namen der Areca Palme wissen die schon Banks in Neu Zeeland gefunden. (Meine kleine distributio pagina 36[43] Corypha australis Brown ist wohl bloss aus Neu Holland).

5) Was ist, das den Pandanus Arten ein so mehr ausgezeichnetes Spiral-Ansehen giebt. In Ihrem Lehrbuche Seite 225[44] des Pandanus nur wie zufällig. Es ist also wohl nur der Abstand der Wirtel der so auffällt?

Für den Zuccarini[45] danke ich sehr. Er ist älter als Endlicher[46] und für die Coniferen der südlichen Hemisphäre ziemlich falsch. Wunderbar wie er pagina 758 an der Pinus Cembra in Sibirien, die auf allen Tischen gegessen wird, zweifeln kann. Ich habe mir von der Bibliothek die Münchner Abhandlungen kommen lassen. Die Abhandlung steht Münchner Abhandlungen der mathematisch-physikalischen Klasse 1837–1843 Theil III Seite 753.[47]

Schicken Sie mir gütigst bald den Brief von Fräulein Caroline zurük, da ich ihr antworten muss.[48]

[42] Siehe Lamarck/Candolle 1805–1815, III, 673 sowie unter anderem Ramond 1789, 335. [43] Humboldt 1817. [44] Kunth 1847. [45] Zuccarini 1843. [46] Möglicherweise Endlicher/Unger 1843. [47] Zuccarini 1843. [48] Dieses Schreiben der Cousine Kunths Caroline Kunth-Valesi konnte bislang nicht nachgewiesen werden. Die im vorliegenden Brief angedeutete Eheschließung mit dem flüchtigen 1848er Revolutionär Gustav Rasch scheint nicht zustande gekommen sein: Humboldt vermittelte Kunth-Valesi noch 1849 ein Engagement in Sankt Petersburg (vgl. Humboldt an Kunth, nach 20. Juni 1849 (↗H0005457)). Rasch ging 1850 in Magdeburg in Festungshaft.

|Ist denn die Verbindung mit dem Referendar Gustav Rasch zu wünschen? Wäre er ganz unschuldig so würde er nicht entwichen sein. Der König scheint ihn amnestiren zu wollen wenn er seine Reue erklärt was man aber in der Zeitung publiciren wird. Ob er diese Bedingung annimmt. |2r

Verzeihen Sie die viele, viele Belästigung!

AHt

Berlin Donnerstags

| Seiner Wohlgeboren Herrn Professor Kunth mit einem Hefte AlHumboldt |2v

Da ich die Nova Genera[49] nicht besize so muss ich fragen ob Tomus I pagina 315 etwas anderes über Piriguao Palme steht als meine unbotanische Bescheibung[50]?

↗H0015159

Carl Sigismund Kunth an Alexander von Humboldt. Berlin, 13. Januar 1849

|[A]Hochverehrtester Gönner, |1r

Auf die an mich hochgeneigtest gerichteten Fragen habe ich die Ehre ganz ergebenst zu erwiedern:

1) als Beispiele des scheinbaren Contrastes zwischen den Vegetationsorganen und Blüthentheilen dürfte folgendes anzuführen sein:

a) Pflanzen, die bei äußerer Uebereinstimmung, eine sehr verschiedene Blüthen- und Fruchtbildung zeigen: Palmen und Cycadeen (die letzteren den Coniferen am nächsten verwandt.); Cuscuta (eine Convolvulacée) und Cassytha[B] (eine Laurinée); Equisetum (eine Familie der Cryptogamen), Ephedra (mit Gnetum eine besondere den Coniferen am nächsten |verwandte Familie, die Gnetaceen, bildend) und Casuarina (diese gehörte früher zu den Amentaceen, und bildet jetzt eine den |1v

A *Anmerkung des Empfängers* Kunth III B *Anmerkung des Empfängers* Kunth pagina 369

49 Humboldt/Bonpland/Kunth 1815–1825. 50 Vgl. Humboldt 1826, II, 91–102.

Myriceen verwandte Familie); Cactus und Euphorbia officinarum und Euphoriba antiquorum; endlich Stapelia (aus der Familie der Asclepiadeen) sieht wie Cereus aus (eine Abtheilung von Cactus).

b) Pflanzen, die bei Uebereinstimmung in der Blüthen- und Fruchtbildung, ein sehr verschiedenes äußeres Ansehen haben: Cactus und Ribes; Palmen und Juncus; Coniferae und Cycadeae, Myriceae und Casuarineae; Primualaceae (sämmtlich ⊙ oder Stauden) und Ardisiaceen (Bäume und Sträucher); Onagrae (Oenothera, Fuchsia) und Halorageae (Myriophyllum, Hippuris); Papayaceae (Carica) und Cucurbitaceae.

|2r |c) Pflanzen aus derselben Familie von sehr verschiedenem äußern Ansehen: Saxifraga und Cunonia (Saxifrageae), Cuscuta und Convolvulus (Convolvulaceae), Laurus und Cassytha (Laurineae), Tilia und Antichorus depressus (ein kleines einjähriges Gewächs) (Tiliaceae), Cereus, Pereskia, Rhipsalis, Melocactus und Echinocactus (Cacteen), Vicia und Robinia (Leguminosae), Trifolium und Cercis (Leguminosae), Pisum und Myroxylon (Leguminosae).

2) Physiognomie[A] und Aehnlichkeit der Inflorescenz finden sich, außer bei den von Ihnen selbst angeführten Familien (Gräsern, Cyperaceen, Palmen, Coniferen, Umbelliferen), auch bei den Compositen (Köpfchen), den Cruciferen (Trauben und
|2v Aehren), den Aroideen |(Spadix und Spatha) und den meisten übrigen, auf äußeres
4. Ansehen gegründeten Pflanzengruppen; so zeichnen sich die Proteaceen durch zapfenartige Aehren und Köpfchen, und die Labiaten durch die wirtelständigen Blüthen aus. Bei den Leguminösen läßt sich aber eine solche Uebereinstimmung nicht wahrnehmen, wenn man diese Gruppe in ihrer weitesten Ausdehnung nimmt. Theilt man sie aber in Papilionaceen, Caesalpinien und Mimoseen ein, so bildet bei den letztern die Inflorescenz jederzeit dichte Aehren oder Köpfchen.

3) Beispiele, wo in derselben Gattung folia simplicia und composita (pinnata, ternata, digitata) vorkommen, sind ziemlich häufig, zum Beispiel Bignonia, Rosa (berberi-
|3r folia), Cissus, Rhus (Rhus Cotinus), Spiraea, Fraxinus | (Fraxinus simplicifolia),
5. Jasminum etc.

Außerdem kommen auch Fälle vor, wo sich bei Foliis ternatis blos das Endblättchen ausbildet, was alsdann mit dem Blattstiel gegliedert erscheint (zum Beispiel Citrus.)

Eine merkwürdige Blattform, nämlich ein sogenanntes Folium lomentaceum kommt bei Phyllarthron (aus der Familie der Bignoniaceen) vor. Es entsteht, indem sich an einem folium imparipinnatum mit geflügelter Rhachis und Blattstiel blos das gipfelständige Blättchen ausbildet.

A *Anmerkung des Empfängers* ? ?

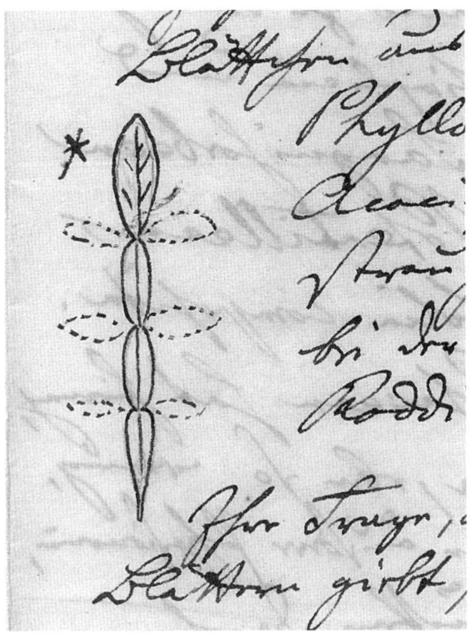

Abb. 2.13 Schematische Zeichnung der Blattbildung bei der Gattung Phyllarthron.

Phyllodia, wie bei den Neuholländischen Acacien, finden sich auch bei einigen strauchartigen Oxalis-Arten, namentlich bei der brasilianischen Oxalis mandioccana Raddi.

Ihre Frage, ob es Rosaceen mit einfachen Blättern giebt, beantworte ich, ohne zu
wissen | ob Sie die Familie bei ihrer frühern (Jussieuschen) Begrenzung oder bei |3v
der neuern engeren verstehen, mit ja, habe aber die Ehre folgendes zur Erläuterung
hinzuzufügen:

Die Drupaceen (Prunus, Amygdalus) haben jederzeit einfache Blätter, die Pomaceen (Pyrus, Mespilus, Cydonia) gleichfalls, mit Ausnahme von Sorbus; die eigentlichen Rosaceen (Potentilleen, Rubus, Rosa) haben Folia ternata, digitata und pinnata, Spiraea dagegen, die ebenfalls zu den ächten Rosaceen gehört, folia simplicia und Composita zugleich. Die Sanguisorbeen endlich nähern sich den Potentilleen, und haben wie diese Folia composita.

Die Familie der Rosaceen hat hiernach, bei der ältern Begrenzung, eben so wenig,
wie die Leguminosen, eine äußere Physiognomie, wenn ich mich so ausdrücken **N1**
darf. | (Die Berberis-Arten mit gefiederten Blättern bilden die Gattung Mahonia.) |5r

Ihre Bemerkung, daß die meisten zusammengesetzten Blätter bei den Dicotyledones polypetalae (welche auf der höchsten Stufe der Ausbildung stehen) vorkommen, hat mich als neu überrascht. Bei den Monopetalen kommen wirkliche Folia composita blos bei den Bignoniaceen und Jasmineen vor. Die Solaneen, Valerianeen, Labiaten, Compositen haben, und zwar nur zuweilen, scheinbar gefiederte (das heißt fiedrig zerschnittene) Blätter.

Wenn die Gliederung der einzelnen Blättchen mit dem Hauptstiel das Criterium
für zusammengesetzte Blätter ist, so finden sich dergleichen bei den Monocotyledonen nicht vor, als dann würden aber auch die Rosaceen (Rosa, Potentilla, Rubus)
|5v keine zusammengesetzten Blätter haben!! | Folgt man dagegen der ältern Ansicht,
8 so haben viele Anthurium- (Pothos-) und Dioscorea-Arten Folia digitata, und die
größte Hälfte der Palmen Folia pinnata.

4) Das von Decandolle und Ramond angeführte Rhododendrum ist ferrugineum (Rhododendrum hirsutum kommt in den Pyreneen nicht vor). Decandolle sagt in seiner Flore française[51]: il croit ordinairement entre 1500 et 2500 mètres d'élévation au-dessus du niveau de la mer. Je l'ai trouvé dans le Jura, au fond d'un Creux du Vent dans un lieu qui n'a pas plus de 1000 à 1100 mètres de hauteur.

5) Die Areca von Neu-Zeeland ist Areca sapida Solander in Forster Plantae esculentae[52] Endlicher Flora Norfolkica 26[53]. Sie wächst in Insula Norfolk (Forster, Bauer) und in Nova Zeelandia (J. Banks, A. Cunningham.)

|6r |6) Bei Pandanus bilden die Blätter mehrgliedrige, aufsteigende Spiralen.
9

7) In Decandolle's Prodromus[54] werden von Bentham 2397 Labiaten angeführt, darunter

410	Salvia
250	Hyptis
168	Stachys
113	Nepeta
92	Teucrium
86	Scutellaria
66	Plectranthus
1186.	Diese 7 Gattungen bilden also die Hälfte aller bekannten Labiaten.

[51] Lamarck/Candolle 1805–1815, III, 673. [52] Forster 1786. [53] Endlicher 1833. [54] Candolle 1824–1874.

8) Bentham beschreibt in Decandolles Prodromus[55] 429 eigentliche Ericeen und 10 Pflanzen, welche früher dieser Gattung angehörten, jetzt aber die Gattungen Calluna, Macnabaea und Pentapera bilden. In den Mascarenen-Inseln (Mauritius, Madagascar) wird | die Gattung Erica durch Philippia vertreten, jedoch finden sich |6v
auch 2 Philippia am Vorgebürge der guten Hoffnung.

9) In einer Abhandlung von Griffith: The Palms of the British East India[56] in dem Calcutta Journal of Natural History, die ich aber leider nur unvollständig (bis pagina 146) besitze, werden 45 neue Palmen aufgeführt. Die Zahl aller bekannten Palmen würde hiernach erhöhet werden müssen.

Ueber das Verhältniß meiner Cousine zu Gustav Rasch weiß ich nichts, indem wir schon seit Jahren außer aller Verbindung mit ihr stehen. | Im Publicum genießt N2
aber dieser Mann keinen guten Ruf. |8r

Mit innigster Verehrung Ihr dankbar ergebenster

CKunth.

Berlin den 13ten Januar 1849.

Wie gern ich Ihnen immer mit dergleichen kleinen Ausweisen zu Befehl stehe, brauche ich wohl nicht von neuem zu versichern. |[A] |8v

---

N1 *Aufgeklebte Notiz des Autors*
| Bei den Leguminosen kommen selten einfache Blätter vor, zum Beispiel 4r
bei Cercis aus der Abtheilung der Papilionaceae, und bei Bauhinia, welche zu den Caesalpinien gehört.

N2 *Aufgeklebte Notiz des Autors*
| Pirijao vel Pihiguao, trunco aculeato, foliolis membranaceis, undulato- 7r
crispis, singulis racemis 50 vel 80 fructus largiens pomiformes, speciosissimos, flavos, maturitate rubescentes, plerumque abortu apyrenos, 2–3 pollicares, coctos et assos alimentum praebentes, Musae et Solani tuberosi modo, farinosum, saluberrimum. Cultam vidimus procerrimam hanc palmam in ripa Orinoci et Atabapi propter pagos San Balthasar et Santa Barbara. An genus novum? Nova Genera et Species I pagina 315.[57]

[A] *Anmerkung des Empfängers* Professor Kunth gegen die Physiognomik.

[55] Candolle 1824–1874. [56] Griffith 1845. [57] Humboldt/Bonpland/Kunth 1815–1825.

↗H0005461

Carl Sigismund Kunth an Alexander von Humboldt. [Berlin], 1. Februar 1849

|1r | [A, B] Hochzuverehrender Gönner,

Folia pinnata kommen allerdings, wie Sie so treffend bemerkt haben, hauptsächlich in den Familien vor, welche auf der höchsten Stufe der Entwickelung stehen, nämlich den Polypetalen und zwar unter den perigynischen bei den Leguminosen, Rosaceen, Terebinthaceen, Juglandeen, unter den hypogynischen bei den Aurantiaceen, Cedrelaceen, Meliaceen, Sapindaceen und Simarubeen.

Die meisten Folia pinnata haben ohne Zweifel die Leguminosen aufzuweisen, aber
gleichzeitig giebt es unter ihnen fast eben so viele mit Foliis ternatis, quinatis und
|1v digitatis. Folia simplicia sind in dieser Familie sehr selten zum Beispiel Cercis. |
2 (Doppelt gefiederte Blätter (Folia bipinnata) finden sich am häufigsten in der Ab-
theilung der Mimoseen, außerdem auch bei einigen Caesalpinien (Caesalpinia, Coulteria, Gymnocladus, Gleditschia), niemals aber unter den Papilionaceen.)

Unter den Rosaceen (nach der Lindley-Endlicherschen Begrenzung, also mit Ausschluß der Drupaceen und Pomaceen) haben blos Rosa, Geum, Comarum, Agrimonia, Sanguisorba und einige Potentillen (Potentilla anserina, Potentilla supina) gefiederte Blätter, häufiger sind hier folia ternata (Fragaria), quinata und digitata (Potentillae pleraeque, Rubus); die meisten Spiraeen, welche gleichfalls hierher gehören, haben dagegen folia simplicia.

Sämmtliche Juglandeen und Cedrelaceen (Swietenia), so wie die Mehrzahl der
Aurantiaceen, Meliaceen, Simarubeen (Quassia) und Terebinthaceen, (Pistacia, Co-
mocladia, Schinus, Rhus.) haben folia pinnata; die Sapindaceen blos zum Theil
|2r (zum Beispiel Sapindus, Cupania, Talisia, Melicocca, Koelreuteria), indem | bei
3 andern (Cardiospermum, Serjania, Paullinia) folia bi-vel triternata und supradecom-

[A] *Anmerkung des Empfängers* folia pinnata wo keine Taxodium Judenkirchhof Ueberwallung[58] [B] *Anmerkung des Empfängers* Kunth IV

[58] In der dritten Auflage der Ansichten der Natur beschäftigt sich Humboldt mit den Kniewurzeln von Taxodium distichum: »Reisende haben diese Wurzel-Auswüchse, da wo sie sehr häufig sind, mit den Grabtafeln eines Judenkirchhofes verglichen.« Humboldt setzt sich zudem mit der Überwallung an Baumstümpfen auseinander. Er fragt, wie scheinbar tote Stammenden über viele Jahre Gewebe bilden können, ohne dass neue Zweige und Blätter entstehen. Kunth widerspricht im vorliegenden Schreiben der Annahme Heinrich Göpperts, dass diese Baumstümpfe durch die Wurzeln benachbarter, lebender Bäume mit Nährstoffen versorgt werden. Vgl. Humboldt 1849, II, 202–204.

posita, zuweilen (in Dodonaea, Cossinia) selbst einfache Blätter vorkommen.[A] Zu den Familien, in denen weder folia pinnata noch überhaupt composita vorkommen, gehören hauptsächlich die Gentianeen, Rubiaceen, Caryophylleen, Myrtaceen und Melastomaceen. Die Blätter dieser Familien sind außerdem integra und integerrima, mit Ausnahme der Melastomaceen, wo sie meist am Rande gesägt, gezähnt oder gekerbt sind.

Durch durchsichtige Punkte (Drüsen mit ätherischem Oele) zeichnen sich die Blätter sämmtlicher Aurantiaceen, Rutaceen, Diosmeen, Zanthoryleen und Myrtaceen aus. In den Labiaten, wo auch solche punktförmige Drüsen vorkommen, sind sie blos oberflächlich und undurchsichtig.

Ich kenne die sonderbaren Auswüchse bei Taxodium recht gut, habe sie aber leider in meinem neuen Handbuche[59] nicht erwähnt, wohl aber in der ersten Auflage
pagina 311[60] am Ende der Familie der Coniferen. |[B] Sie entspringen auf den ho- |2v
rizontalverlaufenden Neben- oder Tauwurzeln, und können füglich mit Augustin 4
de Saint-Hilaire Exostosen genannt werden. Sie treiben meines Wissens keine Zweige, können daher auch nicht mit den masrigen Auswüchsen des Stammes (zum Beispiel bei den Kiefern) verglichen werden, welche durch Anhäufung zahlloser Adventifknospen entstehen.

Was die Ueberwallung betrifft, so glaube ich, daß sich Goepperts Ansicht auf die frühere unrichtige Vorstellung gründet, welche man sich von der Safterzeugung machte, wonach ein auf- und absteigender Saft unterschieden und dem letzten die Bildung der Holz- oder Jahresschichten zugeschrieben wurde. (Siehe mein Handbuch pagina 166[61].) Die Schichten eines solchen Stubben bilden sich wahrscheinlich, wie bei allen andern Stämmen aus seiner Cambium-Schicht, und sind keinesweges von einem benachbarten Baume abhängig, mit dessen Wurzeln die seinigen
in Verbindung stehen sollen. Auf ähnliche Weise schließen | sich (große) Wunden |3r
der Rinde durch wulstartige Ueberwallungen und eingeschnittene Buchstaben, 5
eingeschlagene Nägel und andere Körper gelangen allmälig in das Innere des Holzkörpers (Handbuch 143[62]). Hirschgeweihe, welche zufällig zwischen zwei naheliegenden Aesten abgestreift werden, dringen bei Verdikkung derselben allmälig in den Holzkörper ein und erscheinen später mit ihm verwachsen.[63] Ich besitze die Goeppertsche Schrift[64] und ein sehr schönes Beispiel einer solchen Ueberwallung, welches er mir selbst mitgetheilt hat. Auch erinnere ich mich einmal einen Pappels-

[A] *Anmerkung des Empfängers* ↘ [B] *Anmerkung des Empfängers* Wurzelauswüchse.

[59] Kunth 1847. [60] Kunth 1831. [61] Kunth 1847. [62] Kunth 1847. [63] Humboldt übernahm diese Informationen unter Verweis auf Kunth fast wörtlich in die Ansichten der Natur. Vgl. Humboldt 1849, II, 203. [64] Göppert 1842.

tubben gesehen zu haben, an dessen Spitze zahlreiche Aeste zwischen Rinde und Holz hervorgewachsen waren.

Ich danke Ihnen verbindlichst für den gütigen Antheil, welchen Sie an meinem Befinden zu nehmen geruhen. Mein Fuß ist ziemlich wiederhergestellt, nur wird mir das Gehen, namentlich auf der Straße, noch etwas sauer. Doktor Mitscherlich[65] hat durchaus keine Besorgniße. Ihren verehrten Brief von Montag[66] erhielt ich erst gestern Abend, was die Beantwortung verzögert hat.

Mit tiefster Verehrung Ihr dankbar ergebenster

CKunth.

Donnerstag den 1. Februar 49.

↗H0006046

Alexander von Humboldt an Carl Sigismund Kunth. [Berlin], Freitag, [2. Februar 1849]

|1r |Sie haben mich, mein theurer Freund, durch eine sehr interessante Uebersicht der folia pinnata überaus befriedigt. Haben Sie den schönsten Dank für Ihre Geduld! Ich mach mir fast Vorwürfe, dass ich die Stellen über Taxodium und besonders von der Ueberwallung habe in Ihren beiden Schriften[67] übersehen können, denn niemand hat Sie fleissiger gelesen als ich. Mein Hauptverdienst ist, unter so vielen Zerstreuungen den Hang nach Klarheit erhalten zu haben. Schriften wie die Ihrige sind mir deshalb so wichtig weil sie meinen Denkkreis reinigen. Ich werde gewiss, wo ich bei der Ueberwallung Goepperts Idee von Verschlingung der Wurzeln habe erwähnen müssen, Ihre entgegensezte Meinung auf meinem Correcturbogen[68] anführen. Schenken Sie mir aber noch einige Zeilen Belehrung. Dass Stubben ohne Zweige und Blätter zu treiben aus dem Cambium durch die blosse fortgesezte Thätigkeit ihrer eigenen Wurzel Holzschichten absezen, scheint mir doch ganz anders wunderbar, als die Ueberwallung in den Stämmen unabgehauener Bäume. Wenn auch alles irrig ist was man von herabkommendem Safte gefabelt, so glaubte ich doch dass wegen des allgemeinen Zusammenhangs des Organismus zwischen Wurzel und belaubten Zweigen ein Pumpsystem statt findet, dass die Wurzelenden

[65] Wohl der Arzt Carl Gustav Mitscherlich. [66] Dieser Brief Humboldts konnte bislang nicht nachgewiesen werden. [67] Kunth 1831; Kunth 1847. [68] Vgl. Humboldt 1849, II, 203–204.

von Bäumen die Laub haben mehr einfangen und also mehr Cambium bilden als ein Blattloser Stubben. Das Stillestehen, Verlangsamern der Vegetation im Winter wo die Blätter abfallen, scheint mir dies zu bestätigen. | Ich dachte mir den Nuzen |1v der Verschlingung der Wurzeln mit einem belaubten Zapfenbaume ohne zurükkehrende Säfte. Sie wissen, ich lasse mich immer gern belehren.

Ihr A Ht

Freitags.

↗H0002924

Alexander von Humboldt an Carl Sigismund Kunth. [Berlin], Freitag, [Frühjahr 1849]

|Die neue englische Ausgabe der Ansichten der Natur[69] veranlasst mir die Bitte, |1r ob es Ihnen, theurer Kunth, wohl möglich sein würde, wenigstens den ganzen zweiten Theil ganz durchzusehen und mir was Ihnen beim Lesen einfiele und mit denselben Gegenständen im Zusammenhang stünde, aus dem Gedächtniss niederzuschreiben, etwas weitläuftig damit ich daraus schöpfen könne.[70] Am angenehmsten wäre mir ein

1) Aufsaz über die Grundsäze der numerischen Vertheilung der Arten und der Individuen bloss für die Zone die Sie in Deutschland und Frankreich Selbst aus Erinnerung kennen Theil II Seite 122–137[71].

2) Ob ich wohl im Rechten bin über gesellschaftliche Pflanzen und die Ursach des Phaenomens. Stolones? Theil I pagina 84, Theil II pagina 173.[72]

3) Die grösste Längenaxe, riesenmässige Höhen bei so ganz verschiedenen Familien Theil II pagina 196–199[73]. Warum am meisten Coniferen? warum in diesen keine Augen am Stamme (Seitenzweige) entstehen.

[69] Die im Herbst 1849 im Verlag Longman erschienene Übersetzung von Lady Sabine (Humboldt 1849a), zu der Humboldt Druckbogen der noch nicht erschienenen dritten deutschen Auflage von 1849 (Humboldt 1849) beisteuerte (siehe Fiedler/Leitner 2000, 45–46). [70] Siehe Kunths Berichtigungen und Ergänzungen zu Band 2 der Ansichten der Natur, 3. Auflage (↗H0005459). [71] Humboldt 1849. [72] Humboldt 1849. [73] Humboldt 1849.

|1v |4) Sie haben gewiss den Leib voller Wahrheit über das Unrichtige des Appendicularsystems, so verschieden in einem genus. Es quälen mich Theil II Seite 243–248[74].

5) Ich habe immer noch Zweifel über Umwallung Theil II pagina 203[75], wahrscheinlich weil ich irrige Meinung über die Holzfaser und ihre Entstehung habe.

6) Sie glauben nicht an Suminski[76] Theil II pagina 228[77]?

Aber ich quäle Sie nur zu viel!

AlHumboldt

Freitags

|2r | Seiner Wohlgeboren Herrn Professor Kunth Schüzenstraße numero 7. frei

---

↗H0006178

Alexander von Humboldt an Carl Sigismund Kunth. [Berlin], Mittwoch, [Frühjahr 1849]

|1r |Ich bin innigst gerührt, mein edler theurer Freund, von der aufopfernden Hingebung mit der Sie bei Ihren Leiden, unter denen die Schlaflosigkeit Sie am meisten martern muss, für mich gearbeitet haben. Ihre Berichtigungen und Zusäze[78] sind wie immer es bei Ihnen der Fall war, voller gründlicher Klarheit und Scharfsinn. Man ahndet schwer, dass es Ihnen so viel Anstrengung kostet und da dies alles aus alter Liebe für mich geschehen ist, so ist meine Dankbarkeit für Sie um so daurender und inniger. Sie haben meine Ansichten der Natur[79] mehr bereichert als Sie Selbst glauben und in der neuen vierten Auflage[80] werde ich von diesen schönen und lieben(?) Blättern Gebrauch machen. Sie sind aus Liebe für mich sogar in Zahlenverhältnisse eingegangen, die bei der Aufmerksamkeit die sie Ihnen gekostet, ich
|1v fast beklage. | Auch hier zeigt sich wieder das Edle Ihres Charakters und Ihre Anhänglichkeit an den, dessen Existenz in wichtigen Epochen des Lebens so ganz an die Ihrige gefesselt gewesen ist. Ich will Sie nicht durch Trostgründe zu beruhigen versuchen die im Widerspruch mit Ihren inneren Gefühlen sind: aber ich kann mir

74 Humboldt 1849. 75 Humboldt 1849. 76 Vgl. Leszczyc-Suminski 1848. 77 Humboldt 1849.
78 Siehe das vorausgehende Schreiben Humboldts sowie Kunths Berichtigungen und Ergänzungen zu Band 2 der Ansichten der Natur, 3. Auflage in der vorliegenden Edition (↗H0005459). 79 Humboldt 1849. 80 Eine vierte Auflage von Humboldt 1849 ist nicht mehr erschienen.

den Trost nicht versagen klar auszusprechen, dass nach Durchlesung der Blätter die Sie mir geschenkt, ich über das was Sie über Sich vermögen, erstaune und heiterer für Sie in die Zukunft sehe. Nur die grimmige Kälte und die politischen Minister Crisen, die ganz und Sicherung gewährend vorüber sind, haben mich so lange abhalten können. Ich werde, da jezt mildere Lüfte wehen, Sie und Ihre edle, gemüthliche Gattinn in den nächsten Tagen besuchen und beiden danken, Ihnen für Ihre sich aufopfernde Freundschaft für mich, der Gattin für die Pflege, die sie Ihnen klagelos schenkt.

AlHumboldt

Mittwoch Nacht

Vortrag über die Artenvielfalt des Berliner Botanischen Gartens (1846)

Carl Sigismund Kunth

Dieses Vortragsmanuskript über den Artenreichtum des Berliner Botanischen Gartens stellte dessen Vize-Direktor Carl Sigismund Kunth Humboldt für die dritte Auflage der Ansichten der Natur zur Verfügung. Humboldt veröffentlichte darin einen Teil dieses Manuskripts seines »vieljährigen Freundes und Mitarbeiters« (Humboldt 1849, II, 140–142). Es wird hier erstmals vollständig wiedergegeben.

↗H0015190

|1r |Vorgetragen in der Sitzung des Königlich Preußischen Gartenbauvereins am 27. December 1846.[A]

Obgleich der hiesige botanische Garten seit langer Zeit und zwar mit Recht für den wichtigsten gilt, das heißt für denjenigen, welcher gleichzeitig die größte Zahl lebender Pflanzen aufzuweisen hat, so gründet sich diese Behauptung mehr auf eine ungefähre Abschätzung, und veranlaßte manche übertriebene Angabe. Erst nach Anfertigung eines systematischen Katalogs[1] konnte eine wirkliche Zählung vorgenommen werden, wonach sich jene Zahl auf 14061. beläuft. Bei einer genaueren Bearbeitung des Katalogs dürfte sich jedoch ergeben, daß einerseits vorhandene Pflanzen ausgelassen worden sind, oder während der Anfertigung hinzugekommene darin noch fehlen, anderseits Arten doppelt aufgeführt oder seitdem wieder eingegangen sind. Da aber nothwendig hierbei eine ungefähre Ausgleichung statt findet, so dürfte dies in der angegebenen Zahl keine bedeutende Aenderung hervorbringen, sich diese vielmehr auf circa 14000 annehmen lassen.[B]

|1v |Hierunter befinden sich: 375 Farne, 458 Gräser, 140 Cyperaceen, 459 Orchideen, 55 Palmen, 132 Coniferen, 428 Labiaten, 1574 Compositen, 369 Umbellaten, 403 Cruciferen, 460 Caryophylleen, 1142 Leguminosen und so weiter.

[A] *Anmerkung des Empfängers* Kunth I [B] *Anmerkung des Empfängers* 3500 | 7000 – 2000 = 5000

[1] Karl David Bouché, seit 1843 Inspektor des Botanischen Gartens, hatte diesen Generalkatalog 1846 unter Anleitung Kunths zusammengestellt. Vgl. Wittmack 1882, 170.

Rechnet man zu obigen 14 000 hier vorhandenen Arten noch die zahlreichen Arten anderer Gärten, welche der unsrige noch nicht besitzt, so lässt sich ohne Uebertreibung die Zahl sämmtlicher in den botanischen Gärten cultivirter Phänerogamen auf 20 000 schätzen. Die Farrn bringen hierin keine namhafte Aenderung hervor.

Da nun kaum anzunehmen ist, daß wir den 8$^{\underline{ten}}$ oder 9$^{\underline{ten}}$ Theil aller bis jetzt bekannten Phänerogamen kultiviren, so würde hiernach jene die ungefähre Zahl von 150 000 Arten erreichen.[A, B]

Diese Abschätzung dürfte nicht übertrieben | erscheinen, wenn man erwägt, daß wir |2r
von vielen der größten Familien zum Beispiel den Guttiferen, Malpighiaceen, Melastomeen, Myrtaceen, Rubiaceen, kaum den 100$^{\underline{ten}}$ Theil, von den Gräsern blos den 10$^{\underline{ten}}$ Theil, und so weiter cultiviren. Eine ungefähre Abschätzung der in Decandolle und Walpers aufgeführten Compositen ergiebt circa 10 000 Arten, wovon wir etwas mehr als 1500, also etwa den 7$^{\underline{ten}}$ Theil in unsern Gärten aufzuweisen haben.

Um jedem Mißverständnisse vorzubeugen, wiederhole ich nochmals, daß, wenn ich den hiesigen Garten für den wichtigsten erkläre, es sich hier blos um die Zahl der gleichzeitig vorhandenen Pflanzen handelt, und daß keinesweges gesagt sein soll, daß nicht andere botanische Gärten in Deutschland, Belgien, Holland, Frankreich und England oft schönere und seltnere Exemplare besitzen als wir, nicht eine Menge von Pflanzen aufzuweisen haben, welche uns noch fehlen, nicht in Hinsicht der Treibhäuser prächtiger ausgestattet sind, als der unsrige, aber ich wiederhole | noch- |2v
mals, keiner dürfte ihm an Reichthum der Arten nur einigermaßen gleichkommen.

Wie sehr man darauf bedacht ist, ihn fortwährend zu bereichern, beweist, daß seit 3 Jahren die Zahl der neu acquirirten Pflanzen, worunter sich freilich auch ein großer Theil dem Garten im Laufe der Zeit verlohren gegangene befinden, sich auf nahe an 3000 beläuft.

Diese einfache Thatsache ehrt mehr als alle Lobsprüche die umsichtige Thätigkeit unseres jetzigen eben so talentvollen als bescheidenen Inspectors.

CKunth

A *Anmerkung des Empfängers* 458 + 140 = 598 **B** *Anmerkung des Empfängers* 14060 − 375 = 13 685[2]

[2] Diese Berechnung arbeitete Humboldt in die Druckfassung des vorliegenden Manuskripts ein: »[Die Zählung im Berliner Botanischen Garten] ergab etwas über 14 060 Arten; und wenn man von diesen 375 cultivirte Farren abzieht, so bleiben 13 685 Phanerogamen […].« (Humboldt 1849, II, 141).

Berichtigungen und Ergänzungen zu Band 2 der Ansichten der Natur, 3. Auflage (1849)

Carl Sigismund Kunth

In einem wohl im Frühjahr 1849 verfassten Schreiben bat Humboldt Carl Sigismund Kunth, ein Exemplar des bereits gedruckten (aber noch nicht veröffentlichten) zweiten Bandes der dritten Auflage der Ansichten der Natur (Humboldt 1849) durchzusehen. Humboldt beabsichtigte offenbar, Kunths Kommentare, Korrekturen und Zusätze in einer geplanten englischen Übersetzung (Humboldt 1849a) zu berücksichtigen. Die hier dokumentierten Anmerkungen Kunths gingen jedoch nicht in die englische Ausgabe oder eine andere Ausgabe der Ansichten ein.

↗H0005459

|3r |Pagina 145.[3]

Wieviel Pflanzenarten es überhaupt auf der Erde giebt, und wieviel davon auf jede einzelne Pflanzenfamilie kommen, dürfte schon deshalb nie zu ermitteln sein, da der Begriff Art von den Botanikern nicht allein im Allgemeinen, sondern selbst in den verschiedenen Familien ganz verschieden aufgefaßt wird. Das einzige Kriterium dafür, die gemeinschaftliche Abstammung von ein und demselben Individuum, läßt sich nur in sehr seltenen Fällen und dann jederzeit nur bis auf einen gewissen Punkt nachweisen. Sie wird daher blos aus Gründen der Wahrscheinlichkeit, wegen der großen Uebereinstimmung aller Merkmale, vorausgesetzt, wobei nothwendig die Individualität des Botanikers in Betracht kommt. So machen Reichenbach und ....
|3v offenbar zu viel, andere zu wenig Arten. Aber auch die Familien | selbst zeigen hierin einen bedeutenden Unterschied, bei solchen von sehr einfachem Bau, zum Beispiel Gräser und Cyperaceen, wird auf geringere sehr variable, bei anderen, zum Beispiel den Orchideen, auf wichtigere und beständigere Merkmale Rücksicht genommen. Eine Ausgleichung der hierbei stattfindenden Irrthümer ist aber nicht anzunehmen. Blos in dem Falle, daß sämmtliche Pflanzenarten von einem und demselben Botaniker und nach demselben Princip untersucht und bearbeitet worden wären, würde sich vielleicht ein richtigeres relatives Zahlenverhältniß zwischen den Familien herausstellen, aber nie die absolute Zahl weder aller bekannten Arten noch der Arten der einzelnen Familien ergeben.

[3] Humboldt 1849, II.

|Pagina 182.[4] |4r

Daß der Stamm der Coniferen eine so bedeutende Höhe erreicht, kann vielleicht darin seinen Grund haben, daß hier die respectiven Aeste (Triebe) nicht in ihren sämmtlichen Blattachseln, sondern nur in einigen der obern Knospen ausbilden, wodurch nothwendig jene weniger erschöpft werden, sich also kräftiger ausbilden können, als bei den Laubhölzern (zum Beispiel Eichen), wo sich in allen Blattachseln Knospen erzeugen.

Endlicher theilt die Coniferen, welche er als eine Klasse betrachtet wissen will, in vier Familien: die Cupressineen, Abietineen, Taxineen und Gneteen (Ephedra, Gnetum). Für andere Botaniker bilden diese Familien bloße Unterabtheilungen der größern Familie.

|Pagina 201.[5] |4v

Sehr große Verschiedenheiten in der Länge der Nadeln (1–3 Zoll) und in der Größe der Zapfen (1–3 Zoll) habe ich an Pinus Sylvestris in Morfontaines bei Paris beobachtet, so daß man hier leicht in Versuchung kommen könnte, verschiedene Arten zu unterscheiden.

Pagina 203.[6] Ich kann in meiner Ansicht über das sogenannte Umwallen der Tannenstöcke nichts ändern.[A]

Pag. 206.[7]

Die Blätter von Ginkgo sind nicht kurz sondern ziemlich (1–2 Zoll) lang gestielt, Endlicher nennt sie selbst longe petiolata.

|Pagina 207. Anmerkung 24.[8] |5r

Die beiden Gattungen Caladium und Pothos sind jetzt auf wenige Arten beschränkt. Namentlich besteht die letztere blos noch aus Pothos scandens Linné und vier zweifelhaften Roxburghschen Arten, und kommt blos in Ostindien vor. Die sehr zahlreichen amerikanischen Pothos-Arten bilden dagegen die Gattung Anthurium.

A *Anmerkung des Autors* Die Holzfasern (Holzzellen) entstehen aus den Zellen des Cambium durch Streckung.

4 Humboldt 1849, II. 5 Humboldt 1849, II. 6 Humboldt 1849, II. 7 Humboldt 1849, II. 8 Humboldt 1849, II.

Pothos pinnatus gehört zu Scindapsus, einer außerdem noch an neuen Arten reichen Gattung der östlichen Hemisphäre. Hiernach kann es nicht mehr heißen: »Caladium und Pothos sind bloß Formen der Tropenwelt« denn folgende Gattungen sind in demselben Falle: Arisaema, Sauromatum, Amorphophallus, Colocasia, Anthurium, Philodendrum, Aglaonema, Scindapsus, Monstera und viele andere.

|5v |Caladium arboreum ist jetzt ein Philodendrum; diese letztere Gattung ist blos amerikanisch und ziemlich reich an Arten.

Arum Dracunculus jetzt Dracunculus vulgaris Schott.

Arum tenuifolium = Biarum tenuifolium Schott.

Arum cordifolium Bory = Colocasia? Boryi Kunth.

Dracontium (Calla Kunth) pertusum Linné. heißt jetzt Monstera Adansonii Schott.

Pagina 213.[9] Die beiden Dracaena-Arten aus Neuholland heißen jetzt Cordyline terminalis und indivisa. Es giebt aber außerdem eine große Menge von Dracaena- und Cordyline-Arten in beiden Hemisphären!

|6r |Pagina 213.[10] Da das Genus Rhipidodendrum Willdenow als Unterabtheilung der Gattung Aloe beibehalten wird, so dürfte vielleicht das <u>einst</u> zu streichen sein.

Pagina 214.[11] Würde es auf jeden Fall heißen müssen: Phytelephas macrocarpa (aus Peru und Neu-Granada) und microcarpa (aus Peru) Ruiz et Pavón sind daher die <u>beiden</u> einzigen Pandaneen des neuen Continents. Dies ist aber nicht richtig, denn Phytelephas ist blos ein genus Pandaneis affine, ächte Pandaneen des neuen Continents dagegen sind: Carludovica Ruiz et Pavón (mit 9 Arten), Cyclanthus Poiteau (mit 2 Arten) und Wettinia Poeppig (mit 1 Art.)

Pagina 228.[12] <u>Liliengewächse</u>. Hiermit scheinen aber nach den citirten Gattungen (Alstroemeria, Pancratium, Haemanthus, Crinum) die Amaryllideen gemeint zu sein.

|6v |Das Vaterland der Gattung Amaryllis, in der jetzigen engern Begrenzung, ist das Vorgebirge der guten Hoffnung; Zephyranthes, Habranthus, Hippeastrum und mehrere andere auf Unkosten von Amaryllis gebildete Gattungen sind dagegen in Amerika zu Hause. Haemanthus kommt nur in Afrika vor. Unser Haemanthus dubius gehört einer andern Gattung (Phaedranassa chloracra Herbert) an.

[9] Humboldt 1849, II. [10] Humboldt 1849, II. [11] Humboldt 1849, II. [12] Humboldt 1849, II.

Die eigentlichen Liliaceen (Tulipaceen de Candolle zum Beispiel Erythronium, Lilium, Fritillaria, Tulipa, Gagea, Yucca) fehlen meines Wissens am Cap gänzlich.

Pagina 228. note 29.[13] Wenn das am Ende des Satzes Gesagte überhaupt behauptet werden kann, so gilt es alsdann von sämmtlichen Irideen.

Pagina 236.[14] Ich würde setzen: Die Gruppe begreift die beiden großen Linnéischen Geschlechter Melastoma und Rhexia in sich, welche von spätern Botanikern namentlich Decandolle in zahlreiche kleinere zertheilt worden sind und zwar mit Recht.

| Pagina 227.[15] | 7r

Graf Suminski[16] erklärt das was Nägeli bei den Farrn für zwei verschiedne Entwicklungsstufen der Antheridien (Spiralfaserorgane, wovon Analoga bei den Moosen vorkommen, deren eigentliche Funktionen jedoch noch unbekannt sind) hält, für die eigentlichen Geschlechtsorgane. Ich habe mir dies nicht klar machen können.

| Pagina 242–248.[17] | 8r

Der Systematiker berücksichtigt gleichzeitig die (beständigern) Fruktifications- und die (weniger beständigen) Vegetationsorgane; der Physiognomiker dagegen legt eine größere Wichtigkeit auf die letztern, und vernachläßigt oder übersieht mehr oder weniger die erstern. Er nähert auf diese Weise Ephedra der Gattung Equisetum, die neuholländischen Acacien den Weiden[A], und übersieht vielleicht die große reelle Uebereinstimmung zwischen Ribes und Cactus. Ich kann mich in meinem gegenwärtigen Gesundheitszustande nicht deutlicher ausdrücken, was ich eigentlich meine.

| Pagina 247.[18] | 8v

Die Gattung Aletris gegenwärtig blos auf drei Arten beschränkt (Aletris farinosa und aurea aus Nordamerika und Aletris japonica Lambert) und zu den Haemodoraceen gehörig, dürfte hier nicht gemeint sein, eben so wenig (obgleich sie pagina 213[19] ausdrücklich genannt wird) Aletris arborea Willdenow (Dracaena arborea Link.) eine blos in den Gärten vorkommende afrikanische? Pflanze, die noch nicht

[A] *Anmerkung des Autors* Die Fruktificationsorgane zeigen auch nicht die geringste Uebereinstimmung.

[13] Humboldt 1849, II. [14] Humboldt 1849, II. [15] Humboldt 1849, II. [16] Leszczyc-Sumiński 1848, 10–14. [17] Humboldt 1849, II. [18] Humboldt 1849, II. [19] Humboldt 1849, II.

geblüht hat. Wahrscheinlich ist (p. 247.[20]) damit Aletris guineensis Jacquin (Sansevieria[A] guineensis Willdenow) oder Aletris fragrans Linné (Dracaena fragrans Gawler) gemeint, beide in Guinea und Sierra Leone einheimisch.

A *Anmerkung des Autors* Diese Namen sind die richtigen und beizubehalten.

20 Humboldt 1849, II.

3.

Géographie des plantes dans les deux hémisphères

»Un peu de géographie des animaux«
Die Anfänge der Biogeographie als »Humboldtian science«

Matthias Glaubrecht

Einleitung

Anfang März 1801 verlassen Alexander von Humboldt und Aimé Bonpland Havanna und schiffen sich von Kuba nach Cartagena ein, an der Nordküste des spanischen Vizekönigreichs Neugranada (das heutige Kolumbien), das sie am 31. März 1801 erreichen. Von dort machen sie sich auf dem Landweg gen Süden auf, »über achthundert Meilen in einem Lande [...], das wir gar nicht hatten bereisen wollen«.[1] Ihr Ziel: die Hafenstadt Lima im Vizekönigreich Peru, wo sie bis Ende 1801 ankommen wollen. Humboldt plant, sich dort doch noch der lange ausstehenden französischen Expedition unter dem Kommando von Kapitän Nicolas Thomas Baudin in den Südpazifik anzuschließen. Bereits 1798 hatte Humboldt in Paris gehofft, an dessen geplanter Expedition teilnehmen zu können, die damals aber nicht zustande kam. Erst als Humboldt und Bonpland Anfang Januar 1802 in Quito eintreffen, stellen sich die Berichte über Baudins Expedition als falsch heraus. Statt wie ursprünglich geplant um Kap Hoorn zu segeln, nahmen die französischen Schiffe den Weg um das Kap der Guten Hoffnung nach Australien.

Es gehört zu den reizvollen Gedankenspielen, sich vorzustellen, wie wir heute von Humboldt sprächen, wenn die beiden Schiffe Baudins tatsächlich Lima angelaufen hätten und Humboldt dort an Bord einer Expedition in die Südsee gegangen wäre. Baudins Expedition nach Australien von 1801 bis 1804, »pour les recherches de géographie et d'histoire naturelle«, gehört zu den unterschätzten und völlig zu Unrecht weitgehend vergessenen der großen französischen Weltumsegelungen.[2] Bis heute ist sie, auch dank der tendenziösen Berichterstattung des mitreisenden Naturforschers François Péron,[3] weniger bekannt für die – indes durchaus beachtlichen – Errungenschaften im Bereich der Naturkunde, als vielmehr für ihr exzeptionelles graphisches Begleitwerk der beiden Zeichner Charles-Alexandre Lesueur und Nicolas-Martin Petit,[4] nachdem 960 Zeichnungen und Gemälde wiederentdeckt und ausgewertet wurden.[5]

[1] Humboldt 1991, I, 47, 62–63. [2] Bonnemains 2000; Horner 1987; Fornasiero/Monteath/West-Sooby 2004; Kingston 2007. [3] Péron/Freycinet 1807–1816. [4] Lesueur/Petit 1811. [5] Bonnemains/Forsyth/Smith 1988; Altmann 2012.

Tatsächlich liegt das Vermächtnis von Baudins Expedition weniger in den geographischen Entdeckungen (die in Konkurrenz zu denen einer zeitgleichen britischen unter dem Kommando von Matthew Flinders standen) oder gar in territorialer Inbesitznahme für Frankreich. Vielmehr ist es die seinerzeit erste bedeutende Sammlung von »curiosités naturelles«, die eine empirische Basis für die systematische Untersuchung etwa auch zu Vorkommen und Verbreitung einzelner Organismen bot. Neben den erstmals lebend mit nach Europa geführten Tieren wie Kängurus, Emus und schwarzen Schwänen hatte diese naturkundliche Sammlung immerhin den Umfang von mehr als 200 000 Einzelstücken von 3872 Tier- und etwa 1500 Pflanzenarten, wovon 2542 bzw. mehr als 640 für die Wissenschaft neue Arten waren. Sie verdoppelte seinerzeit die Bestände des Pariser Naturkundemuseums.[6]

Statt um die Welt zu segeln, bereiste Humboldt unter anderem Südamerika und das heutige Mexiko. Weitaus bescheidener als die Sammlung der Baudin-Expedition – aber auch anderer Einzelreisender, wie etwa Alfred Russel Wallace, der immerhin mehr als 125 000 Objekte allein aus dem Malaiischen Archipel zurückbringt[7] – nimmt sich dagegen die Ausbeute Humboldts und Bonplands aus. Dies gilt insbesondere für die zoologischen Teile. Tatsächlich müssen wir feststellen, dass Anschauung und Aufzeichnungen, Beobachtungen und Messungen vor Ort während der Reisen viel mehr das Fundament für Humboldts spätere Forschungen und Veröffentlichungen bilden, als dass seine Sammlungen von Naturalien und deren nachfolgende Untersuchung die Grundlage für spätere Publikationen waren. Eine Ausnahme machen hier jene Teile der botanischen Sammlungen, die nach der Rückkehr eingehend von Bonpland, Willdenow und Kunth bearbeitet wurden. Von noch größerer Bedeutung aber, so sei hier bereits thesenhaft vorangestellt, sollten sich Humboldts Vorläufer und Vorbilder insbesondere in der Botanik erweisen, obgleich er diesen ebenso wie einem Begründer der Tiergeographie dann nur in unzureichendem Maße Anerkennung und Achtung zollt.

Dieses Versäumnis und daraus ableitbare Folgerungen indes gehen weitgehend unter angesichts einer ikonenhaften Überhöhung und Heroisierung Alexander von Humboldts. Diese zieht sich durch die vergangenen Jahrzehnte bis heute, und betrifft populäre Autoren ebenso wie die aktuelle akademische Forschung. Hier sei nur eine kleine Auswahl angeführt. So hätten Humboldts Wirken und Werke durchaus »an epic scale which he devoted his life and his fortune to creating«;[8] auch sei er Forschungsreisender par excellence, zudem »der größte Geograph der Neuzeit« und »*der* Kartograph der Neuen Welt, der größte bis dahin überhaupt, der uns das umfangreichste Werk hinterlassen hat«.[9] Tatsächlich mache seine Sichtbarkeit, sein kolossales Ansehen zu Lebzeiten, sein Nachruhm »bis hin zur [sic] einer Art von Humboldt-Wettbewerb zwischen den traditionsbedürftigen deutschen Teilstaaten«

[6] Horner 1987, 357; Burkhardt 1997. [7] Glaubrecht 2013. [8] Pratt 1992, 115, 137. [9] Beck 2000, 45; Hervorhebung im Original.

ihn zu mehr als bloß einem Thema der Wissenschaftsgeschichte, konstatierte Jürgen Osterhammel;[10] zu mehr als einer nur historisch interessanten Figur.[11] Noch vor dem – wiederkehrenden oder anhaltenden – Humboldt-Hype der vergangenen zwei Jahrzehnte, bemerkte Osterhammel einen »Humboldt-Mythos« und eine »heroische Stilisierung«.[12] Nicht nur werden heute mit Humboldts Namen Dinge benannt, »die er gar nicht selbst entdeckt oder begründet hat«; sein Ruhm habe »zum Teil andere Quellen als die einer direkt zurechenbaren Leistung«.[13]

Inzwischen wird Alexander von Humboldt als moderner Forscher und Superstar schlechthin, als Weltreisender und »Weltbürger« mit »Weltbewußtsein«[14] idealisiert, zum letzten Universalgelehrten und enzyklopädisch gebildeten »Universalisten«[15] und zum Begründer gleich mehrerer Disziplinen und Forschungsfelder stilisiert, von der Pflanzengeographie und Ökologie bis zur Evolutionstheorie, von der Kontinentaldrift bis zum Naturschutz. Und dies geschieht durchgehend und kritiklos vom populären Roman bis zur vielgelobten Biographie, die sich dabei sämtlich auf die derzeitig dominierende Humboldt-Rezeption einzelner Fachwissenschaften stützen.[16]

Zwar wird durchaus wahrgenommen, dass Humboldts Werk – »trotz seiner Enormität immer noch unvollendet, das letzte Mega-Fragment der europäischen Sattelzeit«[17] – ein Unternehmen sei, eine »ästhetische Wissenschaft« zu begründen und zu betreiben, »das nach 1800 nur noch vereinzelt unternommen wurde«[18]. Doch wird Humboldts Lebenswerk gegenwärtig weniger in seiner Rückwärtsgewandtheit und Verhaftung in der Romantik der Zeit Schillers und Goethes erkannt,[19] als vielmehr dankbar als Versuch aufgefasst, der wissenschaftlichen Ausdifferenzierung und Spezialisierung am Beginn des 19. Jahrhunderts mit Humboldt ein »transdisziplinäres« und »interkulturelles« Projekt entgegenzusetzen; als ein frühes, der Tendenz jener im Gefolge von C. P. Snows vielzitierten divergierenden »zwei Kulturen« (von naturwissenschaftlicher und literarischer Bildung) gleichsam zuvorkommendes Modell einer zukunftsweisenden Wissenschaft.[20] Allerdings sei angemerkt, dass frühere Beiträge sich durchaus mit Humboldts Rolle im Verhältnis zur Romantik beschäftigt haben.[21]

[10] Osterhammel 1999, 108. [11] Vgl. Daum 2000; Ette 2009. [12] Osterhammel 1999, 108. [13] Osterhammel 1999, 107. [14] Ette 2003, 296; Ette 2009. [15] Richter 2009: »[...] der naturwissenschaftliches und philologisches Denken vereinigte«. [16] Kehlmann 2005; Wulf 2016. Eine Ausnahme macht hier jüngst Meinhardt 2018. [17] Osterhammel 1999, 108. [18] Böhme 2001, 17; vgl. auch Daum 2000, 245. [19] Obgleich Pratt 1992, 126 durchaus bemerkt, Humboldt sei »deeply rooted in eighteenth-century constructions of Nature and Man«; vgl. zum ideengeschichtlichen Hintergrund Nicolson 1987, 176–180; sowie Hey'l 2007 und Richter 2009. [20] Ette 2003. [21] Dies betrifft insbesondere die deutsch-deutschen Debatten der 1960er Jahre, bei der in der DDR eine aufklärerische Lektüre Humboldts dominierte, während sich im Westen die Positionen von Meyer-Abich, der Humboldt strikt als holistischen Romantiker interpretierte, und die von Bunge, der Humboldt als entschiedenen Gegner der Romantik einordnete, gegenüber standen; vgl. dazu Schuchardt 2010, 22.

Allgemein wird immer wieder herausgestellt, dass Humboldt ein neues Bild der Natur entwarf. Und kaum ein einzelnes Bild ist für diese Interpretation und Rezeption derart wirkmächtig gewesen und dabei von derartiger Popularität wie Humboldts zusammenfassendes bimediales »Tableau physique des Andes et Pays voisins« oder das »Naturgemälde der Tropenländer« von 1807, seine Darstellung von vertikal sich ablösenden Vegetationszonen anhand eines idealisierten Gebirgsprofils am Chimborazo. Vor allem aber hat er mit seinen *Ideen einer Geographie der Pflanzen* entscheidende Denkanstöße gleich für mehrere Forschungsdisziplinen gegeben.[22] Untrennbar damit verknüpft ist Humboldts Anspruch und Ansatz zu zeigen, wie wichtig es ist, bei der Bestimmung der Gesetze, die die Verteilung von Pflanzen bestimmen, physikalische Phänomene und Messungen rund um die Welt zu korrelieren. Insbesondere dies lässt ihn nach Ansicht vieler zum Begründer der Pflanzengeographie werden. Er hat damit demonstriert, wie die Welt der Pflanzen auf neue Art zu erforschen sei; übrigens bereits mit bewusster Berücksichtigung der Rolle des Menschen, etwa durch Veränderung der Vegetation in historischer Zeit mittels Einführung bestimmter Pflanzen und der Gestaltung ganzer Landschaften. Am Chimborazo im heutigen Ekuador, einstmals für den höchsten Berg der Welt gehalten, begründete Humboldt mit seiner ikonenhaften und stilbildenden Darstellung – jener »Pionierurkunde langsam werdenden modernen ökologischen Denkens« – zugleich die Ökologie, lange bevor der Begriff 1866 durch Ernst Haeckel als Lehre vom Haushalt der Natur geprägt wurde.[23] In der Tat ist Humboldts bimediale Synthese von Text und Bild eine herausragende Leistung.[24] Zudem hat Humboldt mit diesem transmedialen Bild der Bilder gleichsam die erste Infographik entwickelt, wie Oliver Lubrich und mit ihm andere betonen.[25]

Allerdings wurde meist übersehen (oder wenigstens unerwähnt gelassen), dass weder die Beobachtung und Messung der sich mit der Höhe über dem Meer verändernden Vegetation auf Humboldt zurückgeht, noch die erste graphische Darstellung dazu. Humboldt hat es jedoch verstanden, beide Tatsachen derart erfolgreich zu verklären, dass auch die Nachwelt bis in unsere Zeit diese Vorgänger kaum einmal entsprechend gewürdigt hat; geschweige denn, dass sie allgemein bekannt wären. Bislang ist zudem nicht hinreichend genau untersucht worden, inwieweit diese Vorgänger Humboldts Werden und Wirken beeinflusst und geprägt haben.

Übersehen wurde überdies, welche Verbindungen und Abhängigkeiten es zwischen den Anfängen einer Geographie der Pflanzen und jener der Tiere zu Lebzeiten

[22] Humboldts *Essai sur la géographie des plantes* bzw. seine *Ideen zu einer Geographie der Pflanzen* erschienen 1807 zeitgleich in Paris und Tübingen. Der Text behandelt auf 32 Seiten die Pflanzengeographie, auf 150 Seiten erläutert er das Naturgemälde, Humboldt 1807a und Humboldt 1807; vgl. Beck/Hein 1989; Beck 2000, 48. Auf die epistemologischen und linguistischen Differenzen des französischen Originals und der deutschen Übersetzung Humboldts hat Bersier 2017, 336–345 hingewiesen; vgl. dazu auch Hey'l 2007, 311–316. [23] Haeckel 1866; vgl. auch Egerton 2012, 121–124. [24] Humboldt 2009a; Lack 2009; Knobloch 2011; Bersier 2017. [25] Lubrich 2014; Wulf 2016.

Humboldts gab. Humboldt selbst gibt im *Kosmos* dazu später zwar die Auskunft: »Die geographische Verbreitung der Thierformen, über welche Buffon zuerst allgemeine und großentheils sehr richtige Ansichten aufgestellt, hat in neueren Zeiten aus den Fortschritten der Pflanzengeographie mannigfaltigen Nutzen gezogen«.[26] Indes knüpfen sich an diese Aussage eine Reihe von Fragen. Gegenstand des vorliegenden Artikels soll weniger eine vertiefende Studie darüber sein, wie der als Begründer einer Geographie der Pflanzen geltende Humboldt die Zusammenhänge einer Entsprechung von vertikaler und horizontaler Gliederung von Vegetationszonen auf der Erde systematisch untersucht. Vielmehr gilt es zu fragen, warum bei ihm im Vergleich zur Pflanzengeographie die Tiergeographie deutlich weniger Beachtung findet; obgleich eine Übertragung und Ausweitung seines diesbezüglichen Forschungsprogramms einer Geographie der Organismen unmittelbar naheliegend wäre. Doch »[d]ieser [...], von wenigen Ausnahmen abgesehen, recht vernachlässigte Zweig der Allgemeinen Geographie ist auch von Humboldt nicht systematisch entfaltet worden«, wie Hanno Beck bereits feststellte.[27]

Mehr als ›ein bisschen Tiergeographie‹ ist es tatsächlich nicht, was sich bei Alexander von Humboldt zu dieser seinerzeit in Entwicklung befindlichen Disziplin ausmachen lässt. »Un peu [de] géographie des animaux«, notierte er auf das Deckblatt einer um 1825/1826 entstandenen Ideensammlung zu einer geplanten Neuausgabe seiner *Geographie der Pflanzen*. Diese wenigen Notizen und Materialien, die sich in seinem Nachlass finden, bieten hier nur mehr den Anlass und sind Ausgangspunkt, den Wissensstand der Biogeographie als Forschungsdisziplin zur Zeit Humboldts anhand der damals zentralen Theoreme zu umreißen, um Humboldts Beitrag besser einordnen zu können. Dabei wird auch zu beleuchten sein, wie sich sein Forschungsprogramm in der Biogeographie insgesamt begründet, und auch, welche Vorbilder er in der Pflanzen- und in der Tiergeographie hatte.

»Humboldtian science«: Empirie und Synthese bei Humboldt

Dieses Forschungsprogramm der Biogeographie nach 1800 entwickelt sich zeitgleich zu einem sich mit und nach Alexander von Humboldt neu entfaltenden Ansatz der professionellen Naturkunde aus der Naturphilosophie heraus, d. h. einer generellen Neuorganisation von Wissen und einzelner Disziplinen am Beginn des 19. Jahrhunderts.[28] Für die dadurch charakterisierte Epoche der Naturwissenschaften – als exakte Beschreibung von allem – hat die amerikanische Wissenschaftshistorikerin Susan Faye Cannon den seither vielfach verwendeten Begriff »Humboldtian science« eingeführt; zum einen zur Beschreibung für die präzise Feststellung und Messung physikalisch quantifizierbarer Variablen oder Parameter. »The great

[26] Humboldt 1845–1862, I, 376. [27] Beck 1989, 212. [28] Jardine/Secord/Spary 1996; Daum 2000.

new thing in professional science in the first half of the 19th century was Humboldtian science, the accurate, measured study of widespread but interconnected real phenomena in order to find a definite law and a dynamical cause«.[29] Es ist darunter zum anderen aber auch der von Humboldt praktizierte Versuch zu sehen, diese wissenschaftliche Methodik mit dem ästhetischen Empfinden und Idealen der Romantik (etwa von Harmonie und Gleichgewicht) zu verknüpfen.[30] »Humboldtian science« ist mithin beides: der Gebrauch präziser wissenschaftlicher Instrumente und eine bestimmte Perspektive auf die Natur.

Es muss hier als eine eigene Untersuchung vorerst zurückgestellt werden, ob nicht bereits zuvor in der zweiten Hälfte des 18. Jahrhunderts die akkurate Vermessung der Welt einsetzte; wofür es gute Hinweise gibt, wie wir hier später noch zeigen werden, und was Susan Cannon selbst bereits wenigstens für die Astronomie konstatierte.[31] »If Humboldt was a revolutionary [...], it was not in inventing all the parts of Humboldtian science. It was in elevating the whole complex into the major concern of professional science for some forty years or so«.[32] Mary Louise Pratt beschrieb, und zwar nicht nur mit Blick auf die Linné'sche Botanik, »the eighteenth-century systematizing of nature as a European knowledge-building project that created a new kind of Eurocentered planetary consciousness«.[33] Das weniger kritische Bild einer gleichwohl »verräumlichten Wissensgeschichte« für die Humboldt'sche Idee von Natur als Kosmos entwirft dann auch Andreas Daum.[34] Wichtig ist hier festzuhalten: So sinnvoll der Begriff einerseits zur Charakterisierung dieses Prozesses von der Reorganisation des Wissens und der Wissensdisziplinen zu dieser Zeit ist, »the emergence of natural science out of natural philosophy«, so sehr trifft zu: »The evidently useful concept of Humboldtian science requires dismantling«.[35]

Wir müssen hier auch dazu übergehen, näher zu untersuchen, ob dann allein die Verkettung von Phänomenen und Beobachtungen eine tatsächlich primär Humboldt zuzuschreibende Leitidee ist (wogegen die unten aufgeführten Befunde zu Giraud-Soulavie stehen), während die Suche nach einer dynamischen Verursachung seine Sache sicher nicht war. So sammelte er zwar wie geradezu besessen Messungen, Daten und akkumulierte Fakten, ohne dadurch indes je ein Gesetz zu finden. »Humboldt went into natural history with only the hope of eventually getting mathematical laws. [...] Not all Humboldtian travellers theorized about their

[29] Cannon 1978, Kapitel 3, 73–110. Sie bezieht sich dabei explizit auf einen ursprünglich 1965 von William Goetzmann als »Humboldtean spirit« verwendeten Begriff. Im Zusammenhang mit dessen Einfluss auf Expeditionen in den Westen Nordamerikas betonte Goetzmann bereits, es handelte sich um einen »essentially cosmic approach«. [30] Vgl. dazu z. B. auch Hey'l 2007; Richter 2009. [31] Cannon 1978, 77: »[...] in spite of the obvious objections that some of its parts [...] were major concerns before Humboldt appeared on the scene«. Auch Bourguet 2002, 105 stellt für Naturforscher der zweiten Hälfte des 18. Jahrhunderts wie etwa Giraud-Souvalie fest: »[...] proved to be extremely concerned with measurements, which he considered a crucial part of his programme«. [32] Cannon 1978, 77. [33] Pratt 1992, 38. [34] Daum 2000, 245, 263. [35] Dettelbach 1996, 288, 304.

observations [...]. But the compleat Humboldtian was the man like Wallace who thought about what he collected«.[36] Beispielhaft sei erwähnt, dass Humboldt ausgehend von seinem Interesse an Geologie insbesondere die dynamische Verursachung der Gebirgsentstehung verstehen wollte (ein wichtiges Motiv für seine Südamerikareise); sein Ansatz der Akkumulation isolierter Fakten zahlte sich indes nach Cannon erst ein oder zwei Generationen später aus.[37] Im Fall der Anden etwa war es Charles Darwin, der als erster eine schlüssige Hebungstheorie vorlegte, die er zugleich mit der Theorie der Entstehung der Korallenriffe im Pazifik verband.[38] Humboldt vermisst und verbessert die Messungen immer wieder, aber versteht nicht; Darwin misst selbst nicht, aber versteht.

Hier sei außerdem nur angemerkt, dass wir mit dem kontingenten Übergang zur Epoche Humboldt'scher Wissenschaft weniger einen Paradigmenwechsel nach dem Verständnis von Thomas Kuhn als vielmehr in mustergültiger Weise Michel Foucaults Vorstellung einer epistemischen Transformation bestätigt finden.[39] Auf die Ablösung der Naturphilosophie durch die modernen Naturwissenschaften um 1800 wurde vielfach hingewiesen; sie reflektiert damit für die Biologie den Übergang der Renaissance zur Moderne. Im Fall von Humboldt markiert diese Transformation zugleich den überfälligen Wandel von der Spätaufklärung und Romantik zu einem zuerst durch Instrumente und Messungen, dann durch die experimentellen Wissenschaften genährten Empirismus. Ausgehend von Foucaults Kernthese, dass alle Wahrnehmung vom jeweiligen Wissenssystem abhängig ist und einzelne Wissensgebiete mehr durch ihnen zeitgleiche Entwicklungen in anderen Bereichen als aus ihrer jeweiligen Geschichte heraus beeinflusst werden (oder wenigstens verständlich sind, so können wir hier ergänzen), hat Malcolm Nicolson insbesondere die für Humboldts Wissenschaftsverständnis zentrale Pflanzengeographie vor dem Hintergrund von Foucaults Theorie der Episteme beleuchtet;[40] letztere verstanden als die Wissenschaft einer Epoche prägenden Ordnungen und Strukturen des Denkens, gleichsam als deren Geltungsrahmen oder das historische Apriori des Wissens.[41]

Kein Zweifel: Humboldt war eine der großen Gestalten des Übergangs.[42] In der Rezeption von Cannons Paradigma einer Humboldt'schen Wissenschaft wird heute meist nicht allein verstanden, dass mit seinem Anspruch, alles Messbare zu vermessen, die Empirie in die Naturkunde einzog. Humboldts Ziel war es, »die Erscheinungen der körperlichen Dinge in ihrem allgemeinen Zusammenhange, die Natur als ein durch innere Kräfte bewegtes und belebtes Ganze aufzufassen«.[43] Er hat so

[36] Cannon 1978, 79. [37] Cannon 1978, 81. [38] Glaubrecht 2009, 98–99, 135. [39] Kuhn 1962; Foucault 1966; vgl. zum Hintergrund z. B. Richards/Daston 2016 und Rheinberger 2007. [40] Nicolson 1987; Nicolson 1996. [41] Bislang nicht untersucht wurde dabei, inwieweit Toulmins (Toulmin 1968, 119) »vorgefasste« bzw. »fundamentale Begriffe« eines Forschers jenen Foucault'schen Epistemen entsprechen; gleichsam den »Brillengläsern, durch die ein bestimmter Forscher seine Gegenstände sieht«; vgl. Ramakers 1976, 14. [42] Osterhammel 1999, 114. [43] Humboldt 1845–1862, I, VI. Peters 2017, 445, spricht in diesem Zusammenhang von einem »ganzheitlichen epistemischen Anspruch« Humboldts.

die Grundlage für unser heutiges Verständnis einer vernetzten Umwelt gelegt, indem er die Natur als Kosmos begriff, in dem vom Winzigsten bis zum Größten alles miteinander verbunden ist.[44]

Übersehen wurde dabei aber meist zweierlei: zum einen, dass in Humboldts Begriffen vom »Kosmos« und von »Harmonie« eine alte geisteswissenschaftliche Tradition fortlebte, deren Wurzeln auf die antike stoische Naturphilosophie zurückgehen;[45] zum anderen, dass die konkrete Idee einer Verflechtung alles Seienden in der Natur auf den französischen Naturforscher Giraud-Soulavie zurückgeht, dessen einschlägiges Werk Humboldt nachweislich gelesen und verwendet hat, wie später noch zu zeigen sein wird, und der schrieb: »Rien n'est isolé dans la nature«.[46] Eben dieser Ansatz aber steht der These Cannons von einer vermeintlich neuen »Humboldtian science« in diametraler Weise entgegen (was indes, wie gesagt, einer eigenen Untersuchung vorbehalten bleiben muss).

Die bislang gängige Standard-Rezeption in diesem Kontext ist dagegen, dass Humboldts Pflanzengeographie den erfolgreichen Versuch darstellt, die Natur auf neue Art zu erforschen, indem er sie holistisch zu erfassen sucht, d. h. unter integrierender Berücksichtigung sowohl anorganischer wie organischer Faktoren. Humboldts Bedeutung liegt, so die gängige Auffassung, in der empirischen Ausarbeitung wie der theoretischen Begründung. Und dazu zählt bei ihm in besonderem Maße auch die Darstellung in Karten und neuartigen Illustrationen und Graphiken, im Sinne von Visualisierungen »as real tools in science« und als eines der Kriterien für wahre Humboldt'sche Wissenschaft.[47] Humboldts graphisch übersetzte *Ideen zu einer Geographie der Pflanzen* werden nicht zuletzt dank seiner eigenen Einschätzung als »das wichtigste Resultat meiner Reise« aufgefasst.[48] Nicht zufällig meint der Begriff »Tableau« im Französischen sowohl Gemälde als auch Tabelle;[49] und so wird die ikonographische Chimborazo-Darstellung von 20 Skalen begleitet; tabellarischen Zusammenstellungen physikalischer Parameter (darunter thermische, optische, meteorologische, chemische), die als exakte empirische Daten ihren eigentlichen Kern und Gehalt ausmachen. Humboldt verstand es in meisterhafter Weise, die Quintessenz seiner Südamerikareise wie auch sein System der Pflanzengeographie mithilfe dieses einen Diagramms des idealisierten Querschnitts durch das Andenprofil mit horizontal gestaffelten Vegetationszonen zu illustrieren – und damit zugleich

[44] Ette 2003; Ette 2009; Daum 2000. [45] Knobloch 2009 stellt diese Verbindung zur antiken Philosophie, speziell zur Stoa, ebenfalls her. [46] Vgl. Ramakers 1976, 11–12; unter Bezug auf Giraud-Soulavie 1780–1784, II.1, 228. [47] Cannon 1978: 95–96; sie betont dazu: »If you find a 19th-century scientist mapping or graphing his data, chances are good that you have found a Humboldtian.« Allerdings sei angemerkt, dass dieser holistische Ansatz, wie weiter unten zu zeigen sein wird, bereits vor Humboldt explizit auch für Giraud-Soulavie zutrifft; vgl. Bourguet 2002, 110 f.: »[…] we will have a true system of the world«. [48] Humboldt an Johann Friedrich von Cotta, Berlin, 3. Mai 1806, Humboldt 2009, 73. [49] Zum weiter gespannten Bedeutungsinhalt des Tableau gegenüber dem Gemälde vgl. Bersier 2017, 343.

»das Zusammen- und Ineinander-Weben aller Naturkräfte«.[50] Wichtiger war Humboldt fraglos, das harmonische Zusammenwirken physikalischer Faktoren und regional verschiedener Organismengruppen zu erfassen und in einer Synthese darzustellen; ja mehr noch, die Empirie durch eine »Philosophie der Natur« fortzuführen.[51] »Humboldt effortlessly combined a commitment to empiricism and the experimental elucidation of the laws of nature with an equally strong commitment to holism and to a view of nature which was intended to be aesthetically and spiritually satisfactory«.[52] Mithin ließe sich Humboldt'sche Wissenschaft »wohl am zutreffendsten als eine Vernetzungswissenschaft begreifen«, in der verschiedenste Bereiche relational miteinander verknüpft werden, wie vor allem der Romanist Ottmar Ette betont, der nach eigenem Bekunden versucht, Cannons Ansatz »eine transdisziplinäre Ausrichtung zu geben«.[53]

In der Auseinandersetzung von Empirie und Synthese haben Nicolson und andere detailliert nachgewiesen, dass es Humboldt nicht allein darum ging, neue Pflanzenarten zu finden und zu beschreiben.[54] Zwar hat sich Humboldt in seiner Jugend dementsprechend geäußert und mockiert: »Aber Sie fühlen mit mir, daß etwas Höheres zu suchen, daß es wiederzufinden ist; denn Aristoteles und Plinius [...], diese Alten hatten gewiß weitere Gesichtspunkte als unsere elenden Registratoren der Natur.«[55] Doch hat er sich dann später im Bereich der systematischen Botanik als einer jener »elenden Registratoren der Natur« durchaus Verdienste erworben. »Man schadet der Erweiterung der Wissenschaft«, so betont er in der Einleitung zu seiner Reisebeschreibung, »wenn man sich zu allgemeinen Ideen erheben und dabei die einzelnen Tatsachen nicht kennenlernen will«.[56]

Gleichwohl schreibt Humboldt in der Einleitung zur *Reise in die Äquinoktial-Gegenden des Neuen Kontinents*:

> Ich liebte die Botanik und einige Bereiche der Zoologie mit Leidenschaft; ich durfte mir schmeicheln, daß unsere Forschungen die bereits beschriebenen Arten durch einige neue vermehren würden. Da ich aber die Verbindung längst beobachteter der Kenntnis isolierter, wenn auch neuer Tatsachen von jeher vorgezogen hatte, schien mir die Entdeckung einer unbekannten Gattung weit minder wichtig als eine Erforschung der geographischen Verhältnisse in der Pflanzenwelt, als Beobachtungen über die Wanderungen der geselligen Pflanzen und über die Höhenlinie, zu der sich die verschiedenen Arten derselben gegen den Gipfel der Kordilleren erheben.[57]

50 Humboldt an David Friedländer, Madrid, 11. April 1799 (Humboldt 1973, 657). Vgl. Bersier 2017. 51 Hey'l 2007, 246. 52 Nicolson 1987, 169. 53 Ette 2003, 289. 54 Nicolson 1987, 169; Nicolson 1996; vgl. z. B. Daum 2000; Ette 2003. 55 Humboldt an Friedrich Schiller, Nieder-Flörsheim, 6. August 1794 (Humboldt 1973, 346–347). 56 Humboldt 1991, I, 13. 57 Humboldt 1991, I, 12–13; zur Empirie Humboldts vgl. auch Bourguet 2002, 116–119.

Wie wenig wir ungeachtet dessen Humboldts Rolle vor allem als Empiriker verkennen dürfen, zeigte sich erst unlängst, als ein Team dänischer und ekuadorianischer Botaniker am Chimborazo Humboldts historische Aufzeichnungen zum Ausgangspunkt eines zwei Jahrhunderte übergreifenden Vegetationsvergleichs nahmen. Die in den Reisetagebüchern sowie späteren Manuskripten dokumentierten empirischen Daten zum vertikalen Auftreten einzelner Pflanzengattungen und zum Vorkommen bestimmter Pflanzenarten erwiesen sich als derart präzise, dass sich damit eine offenkundig klimabedingte Höhenverschiebung der Pflanzenwelt um mehrere hundert Meter (von 4600 auf 5200 Meter Höhe) über zwei Jahrhunderte nachweisen lässt.[58]

Allerdings muss betont werden, dass Humboldts ikonisches Schaubild des Chimborazo und Cotopaxi ein »intuitives Konstrukt« ist, bei dem er sich einige Freiheiten genommen hat. Zum einen wurden die meisten der dort namentlich platzierten Pflanzen gar nicht auf dem Chimborazo gesammelt, sondern auf dem etwa 130 Kilometer weiter nördlich gelegenen, 5704 Meter hohen Vulkan Antisana, zum anderen veränderte Humboldt in aufeinanderfolgenden Veröffentlichungen die Höhenzuweisung dieser Pflanzen. Anhand historischer Dokumente, die bislang nicht umfassend genug studiert worden waren, legten Ökologen um Pierre Moret jüngst nahe, dass Humboldt und Bonpland am Chimborazo keine Pflanzen oberhalb von 3625 Meter Höhe gesammelt haben, eine Grundannahme indes bis in jüngste Zeit.[59]

Aus Humboldts Aufzeichnungen geht zudem hervor, dass die obere Vegetationsgrenze damals 260 Meter höher lag als sie im »tableau physique« eingezeichnet ist. Da sich damit der Lebensraum der Pflanzen zwischen 215 und 266 Meter verändert hat, ist die klimabedingte Höhenverschiebung nur halb so groß wie zuvor bei Morueta-Holme et al. angenommen – und das »tableau« sowohl »fiction and fact, a work in progress, an attempt to illustrate general plant distribution patterns on the equatorial peaks of South America«.[60]

Dass Humboldt tatsächlich die gesamten äquatorialen Anden in seinem Naturgemälde repräsentieren wollte, ist später vergessen worden. In seiner verdichteten Dokumentation versuchte der Empiriker Humboldt die von ihm beobachteten Erscheinungen in erster Linie in einem allgemeinen Bild zusammenzufassen. Damit legt er als Naturforscher ungeachtet der jüngsten Richtigstellungen die Grundlage exakter Wissenschaft, die erst heute jenen Feinabgleich mit dem Zustand der tropischen Vegetation an einem bestimmten Ort zu einem Zeitpunkt vor mehr als 200 Jahren ermöglicht. Nicht zuletzt zeigt sein Naturgemälde, wie biohistorische Aufzeichnungen – solche in Tagebüchern und die in Herbarien und anderen natur-

[58] Morueta-Holme et al. 2015. [59] Moret et al. 2019. [60] Morueta-Holme et al. 2015; Hestmark 2019.

kundlichen Sammlungen verborgenen Daten – zur Erforschung der Umweltgeschichte genutzt werden können, sofern sie sich hinreichend minutiös auswerten lassen.

Mithin lohnt es sich, hier im Zusammenhang mit der Begründung einer Geographie der Organismen Humboldts Verhältnis von Empirie und Synthese näher zu beleuchten. Dies bietet sich vornehmlich im Vergleich seiner botanischen zu den zoologischen Grundlagenarbeiten an.

Aus dem Leben und der Natur: Humboldt als Botaniker

Bei aller Poetik des Naturgenusses und der vielfach betonten Bedeutung von Ästhetik und Harmonie bei Humboldt sah sich dieser nicht als Philosoph der Natur, sondern als Empiriker.[61] Die empirische Basis für die Biogeographie bildet die systematische Kenntnis zu Vorkommen und Verbreitung einzelner Organismenarten und Artengruppen einer betrachteten Region. In diesem Kontext ist Alexander von Humboldt fraglos ein »Wirklichkeitswissenschaftler par excellence«,[62] als er dreißigjährig nach Amerika aufbricht. Bereits früh hatte er seine Arbeit als »Registrator der Natur« begonnen: mit der 1793 erschienenen *Flora Fribergensis*,[63] einem zweieinhalbhundert teils noch wenig bekannte Arten umfassenden floristischen Inventar der sogenannten kryptogamen Pflanzen in den Bergwerksstollen Freibergs. Zugleich wird immer wieder betont, dass hier der Beginn seiner physikalisch-geographischen Gedankenwelt bereitgestellt ist, auf die sich sämtliche andere Rückschreibungen auch der späteren Kosmos-Idee beziehen.[64]

Später während der Südamerikareise erwirbt er sich seine Verdienste als systematisch arbeitender Botaniker, begeistert sich für die Flora der bereisten Länder, sammelt und konserviert dort Pflanzen in den gemeinsam mit Aimé Bonpland angelegten Herbarien. Wobei hier unbedingt anzumerken ist, dass nach Walter Lacks Ansicht der Anteil Humboldts an der botanischen Feldarbeit wesentlich kleiner war als mehrfach von ihm in Briefen von der amerikanischen Reise und in späteren Veröffentlichungen behauptet worden ist.[65] Es ist dabei ein interessanter Umstand im Kontext einer Debatte um Deduktion und Induktion, dass Humboldt bereits recht rasch nach der Rückkehr vom Chimborazo, im Januar und Februar 1803 im Hafen von Guayaquil, den ersten Entwurf des Andenprofils skizziert,[66] lange bevor die dort gesammelten Pflanzen dann tatsächlich bis zu Gattung und Art eingehender

[61] Knobloch 2011, 300; vgl. indes die gegensätzliche Position z.B. bei Hey'l 2007. [62] Osterhammel 1999, 121. [63] Humboldt 1793. [64] Beck 2000, 60, 62; vgl. z.B. Nicolson 1987; Nicolson 1996; auch Richter 2009; Werner 2015; Ebach 2015. [65] Lack 2003, 108. [66] Lack 2003; Lack 2009; Knobloch 2011; vgl. Ramakers 1976, 18 zur deduktiven Methodik auch bei Humboldts Vorläufer Jean-Louis Giraud-Soulavie.

systematisch bearbeitet sind. Immerhin aber ist bereits dort die Idee angelegt, ein Filigrannetz von botanischen Gattungs- und Artnamen in das Höhenprofil einzutragen sowie die nummerische Erfassung des Naturgeschehens durch Messdaten anzulegen.

Was also stimmt nun: War Humboldt Empiriker oder »Kosmos-ologist«, wie Nicolson ihn zur deutlicheren Charakterisierung nannte?[67] Zum einen müssen wir festhalten, dass Humboldts Anteil an der von Bonpland, später von Kunth zusammengestellten Partie 6 »Botanique« des späteren Reisewerks nachweislich nur gering war. Dagegen erschien die umgekehrt von Humboldt verfasste Partie 5, der »Essai sur la géographie des plantes«, außerordentlich früh, nämlich mehr als zwei Jahrzehnte vor dem Abschluss des speziellen botanischen Hauptteils. Das sei sehr erstaunlich, so Walter Lack, »während nämlich üblicherweise die Muster der räumlichen Verteilung von Pflanzen (und Tieren) dargestellt werden, nachdem die gefundenen Organismen bestimmt und beschrieben worden sind, war es beim Essai gerade umgekehrt«. Zwar sei das, was Humboldt beim Aufstieg auf die Andengipfel beobachtete und erlebte, »sehr ins Auge springend und entscheidend für den Essai, trotzdem war es eine geniale und gleichzeitig mutige Leistung, die Synthese vor der Analyse durchzuführen und die zusammenfassenden, allgemein gültigen Ergebnisse im Vorgriff auf den speziellen Teil auch zu publizieren«.[68]

Sammlungen allgemein zeugen ebenso vom Entdeckergeist der reisenden Naturforscher und ihrer Faszination für das Neue und Unbekannte wie von der empirischen Akribie, mit der sie systematisch die Natur der bis dahin weitgehend fremden Länder erschlossen. In der Regel sind auch die genaue Beschreibung und Benennung von Organismen von solchen Sammlungen abhängig. Zurecht erblicken wir daher in der Pflanzensammlung Bonplands und Humboldts heute beredte Zeugnisse ihrer beschwerlichen und spektakulären Reise. Insgesamt haben Humboldt und Bonpland in Südamerika 6000 Pflanzen gesammelt, davon deutlich mehr als die Hälfte (ca. 3600) von in Europa bis dahin unbekannten Arten. In dem von Bonpland während der Reise angelegten siebenteiligen botanischen Feldbuch – dem *Journal botanique* mit den detaillierten Beschreibungen, Skizzen, vorläufigen Bestimmungen und Fundortangaben – sind 4528 nummerierte Pflanzen-Einträge (sowie 33 Tiere) vermerkt.[69] Dieses Pflanzenmaterial von über 4500 Pflanzenarten wurde in Paris später zuerst von Bonpland, dann kurzfristig von Karl Ludwig Willdenow, dann vor allem

[67] Nicolson 1996, 309. [68] Lack 2003, 109; vgl. auch Lack 2009, 46. Zu einem gegenteiligen Schluss kommt jedoch Osterhammel 1999, 110, der das »Naturgemälde« für ein abschließendes Ergebnis hält. Es seien hier indes die späteren, 1816 und 1825 publizierten überarbeiteten Ausgaben dieser und anderer Höhenprofile erwähnt. [69] Vgl. Carmen Götz: »Linnés Normen, Willdenows Lehren und Bonplands Feldtagebuch. Die Pflanzenbeschreibungen in Alexander von Humboldts erstem Amerikanischen Reisetagebuch« in der *edition humboldt digital*, ↗H0016429; Lack 2003, 113–115; vgl. zu Bonpland z. B. Schneppen 2002; Bell 2010.

über ein Jahrzehnt, von 1815 bis 1825, von Carl Sigismund Kunth bearbeitet und in sieben Foliobänden veröffentlicht. Bis heute sind diese 3360 Objekte des Herbars von Bonpland und Humboldt (soweit in Paris und Berlin noch erhalten) nicht nur Gegenstand der Forschung;[70] sie dienen weiterhin auch einer ästhetischen Inszenierung der Naturobjekte seiner Expedition, für die Humboldt als Pionier gelten darf.[71]

Wir haben gesehen, dass Alexander von Humboldt in seinem Wirken dennoch nicht die (mit ihrem Fokus auf die Taxonomie) ›klassische‹ Botanik Linnés verteidigt. Vielmehr geht es ihm um das Studium der Vegetation im Ganzen, um die Beziehungen innerhalb von und zwischen Pflanzengemeinschaften sowie zu ihren Umwelt-Variablen. Er ist weniger an der Entdeckung und Beschreibung neuer Arten interessiert, obgleich dies ein wichtiger Teil bleibt. Humboldt wandelte sich vom »botaniste nomenclateur« zum »botaniste physicien«, vom Linné'schen Sammler zum Naturforscher mit höheren »philosophischen Zielen«, wie Dettelbach dies nannte.[72]

Doch es geht Humboldt dabei auch nicht allein um die Verbreitung der Arten und um die Verbindung zwischen Pflanzen und Variablen wie Klima, Höhe und geologische Struktur, wie vielfach angenommen wird. Warum wir ihn nicht bloß als Pflanzengeographen oder gar als einen Ökologen (wenigstens in statu nascendi) bezeichnen dürfen, hat Malcolm Nicolson ausführlich dargestellt.[73] Demnach habe Humboldt bereits sehr früh begonnen, mit »la physique générale« ein holistisches Forschungsprogramm zu verfolgen und dabei falle der Pflanzengeographie zwar eine Schlüsselrolle zu. Doch wird oft übersehen, dass es Humboldt um eine noch viel weitreichendere Synthese ging; eine von buchstäblich weltumspannender Dimension, die später in seinem Kosmos-Ansatz weiter ausgeführt wird. Da spätere Forscher, auch solche mit dem Anspruch »Humboldtian science« zu betreiben, meist mit durchaus weniger weit gespanntem Horizont auf Humboldts Werk blickten und heute noch blicken, entgeht ihnen oft diese »kosmologische« Dimension seines Ansatzes.[74]

Wir müssen also bei der Behandlung von Humboldts Beitrag zur Biogeographie genauer differenzieren, worum es ihm selbst letztlich ging und was allgemein heute darunter verstanden wird. Nur so lässt sich der Hintergrund seiner Geographie von Organismen verstehen, dem hier für die Tiere noch nachzugehen sein wird. Es gilt also einerseits zu unterscheiden zwischen dem Beitrag der systematischen Botanik im klassischen Sinne, einer lediglich floristischen Beschreibung des Aussehens, Vorkommens

70 Stauffer/Stauffer/Dorr 2012. 71 Vgl. zu den Details von Ursprung, Umfang und Verbleib der Pflanzensammlungen und zum Schicksal des *Journal botanique* Bonplands die Übersichtsarbeiten von Lack 2003 und Lack 2009; vgl. auch Knobloch 2011. 72 Dettelbach 1996, 289, 302. 73 Nicolson 1987; Nicolson 1996. 74 Vgl. Beck 2000, 46–52 zur genauen Bestimmung einer Physikalischen Geographie im allgemeinen bei Humboldt im Unterschied zu einer reinen »Geographie der Pflanzen«; vgl. dazu auch Ramakers 1976, 13–22 und Daum 2000.

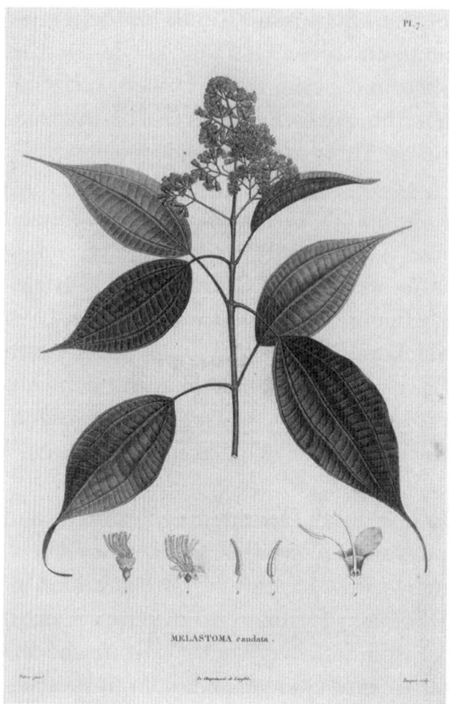

Abb. 3.1 Melastoma caudata, Bonpl. (Humboldt/Bonpland 1816–1823[75], I, Tafel 7), Kupferstich von Louis Bouquet nach einer Zeichnung von Pierre Jean François Turpin (Quelle: Zentralbibliothek Zürich, Bibliothek der Naturforschenden Gesellschaft Zürich http://doi.org/103931/e-rara-29929, Public Domain)

und der Verbreitung einzelner Pflanzen oder Arten im Sinne der Taxonomie, Systematik und Morphologie. Dem gegenüber steht andererseits die später als ökologisch bezeichnete Betrachtung ganzer Artengemeinschaften und Vegetationsformen in Abhängigkeit physikalischer Variablen, oder wie wir heute sagen: von Umwelt-Parametern.

Auf diese beiden durchaus für sich bereits distinkten Ausprägungen der Pflanzengeographie, einer im Kern Linné'schen Botanik versus des Humboldt'schen Ansatzes einer Vegetationsgeographie, hat zuerst der schwedische Biologiehistoriker Erik Nordenskiöld in den 1920er Jahren aufmerksam gemacht. Nordenskiölds Studie ist insofern nicht ohne Wirkung geblieben, als beinahe sämtliche Darstellungen diesen taxonomisch-floristischen versus ökologischen Ansatz in seiner Entwicklung bei Humboldt seit über einem Jahrhundert weitgehend identisch nachzeichnen, ohne indes explizit auf die jeweiligen Beiträge und Schwerpunktverlagerungen hinzuweisen.[76]

[75] Humboldt/Bonpland 1816–1823. [76] Nordenskiöld 1926, 317–319. Vgl. z. B. Hartshorne 1958; Ramakers 1976; Bourguet 2002; Egerton 2012; Werner 2015; Ebach 2015.

Dieser Unterscheidung muss allerdings nun nochmals das erweiterte holistische, raumgreifend »kosmische« Wissenschaftskonzept Humboldts hinzugefügt werden; sein Programm »for a universal science which would encompass all natural phenomena, and aesthetics and epistemology«.[77] Erst vor dem Hintergrund dieser erheblich erweiterten Vision einer tatsächlich holistischen Wissenschaft, die Humboldt bereits seit etwa 1793 verfolgte, lässt sich verstehen, warum er – von der »Idee« einer Geographie der Pflanzen geleitet – auch bereits ohne systematisch-botanische Detailaufarbeitung zur Zonierung einzelner Pflanzen am Chimborazo seine Vision einer physikalischen Geographie entwerfen konnte.

»in natura«? Humboldt als Zoologe

Bevor wir auf die Disziplingenese der Biogeographie blicken, müssen wir noch fragen, wie es sich mit Empirie und Synthese bei der Zoologie Humboldts verhält. Ähnlich wie bei den Pflanzen bemüht sich Humboldt in Amerika um eine zoologische Erfassung der Arten; mithin können wir festhalten, dass eine empirische Basis wenigstens im Ansatz vorhanden ist. Dagegen fehlt aber eine synthetische Leistung gänzlich. Um eine echte Erfassung und Analyse der Verteilung von Tierarten auf der Erdoberfläche hat sich Humboldt nicht bemüht.[78]

Einleitend zu seiner *Reise* hat Humboldt erläutert, dass es »durchaus unmöglich war, Fische und Reptilien in Spiritus, und in der Eile präparierte Tierhäute zu erhalten. Diese an sich sehr unwichtigen Umstände anzuführen schien mir nötig, um zu zeigen, daß es nicht von uns abhing, mehrere zoologische und anatomische Objekte, die wir beschrieben und abgebildet haben, in natura mitzubringen.«[79]

Tatsächlich legen die verfügbaren Quellen nahe, dass Humboldt und Bonpland eine Fülle zoologischer Objekte beobachtet und gesammelt, gezeichnet und beschrieben haben. Beispielsweise finden sich in Humboldts Reisetagebüchern Zeichnungen und Beschreibungen von Flussfischen des Orinoko. Diese begegnen uns wenigstens teilweise wieder in dem von Humboldt gemeinsam mit Achille Valenciennes verfassten und 1821 erschienenen Kapitel über die Flussfische Südamerikas.[80]

Auch lassen sich einzelne Ansätze und Hinweise auf zoologische Beobachtungen vor allem im Reisebericht und speziell in den beiden Bänden des amerikanischen Reisewerks ausmachen, dem in zwei Teilen über einen Zeitraum von zwei Jahrzehnten hinweg verlegten *Recueil d'observations de zoologie et d'anatomie comparée*.[81]

[77] Nicolson 1987, 169; vgl. auch Daum 2000. [78] Hier irrt etwa der Historiker Osterhammel 1999, 110. [79] Humboldt 1991, I, 18. [80] Humboldt/Valenciennes 1833. Trotz der auf dem Titelblatt gedruckten Jahreszahl 1833 wurde die betreffende Teillieferung bereits im September 1821 ausgeliefert; vgl. Fiedler/Leitner 2000, 177. [81] Humboldts und Bonplands *Recueil d'observations de zoologie et d'anatomie comparée* (Humboldt 1811–1833) erschien zwischen 1811 und 1833 in Paris.

Auf teilweise kolorierten zoologischen Bildtafeln werden dort, bei einigen bis in anatomische Details, verschiedene südamerikanische Tiere dargestellt. Darunter sind auch neue, bis dahin der Wissenschaft unbekannte Arten, wie etwa die venezolanische Klapperschlange (*Crotalus cumanensis*) oder der nachtaktive Guácharo-Vogel (*Steatornis caripensis*) aus der Höhle von Caripe (heute weiß man, dass die Art in Südamerika weitverbreitet vorkommt). Darunter sind von der Reise durch die Llanos und auf dem Orinoko auch verschiedene Affenarten oder die durch Beschreibung von Experimenten begleitete Darstellung des Zitteraals (*Electrophorus electricus*).

Dagegen widmet sich Humboldt anderen, eher unscheinbaren Tierarten kaum. Selbst angesichts einer schier unerschöpflichen Artenfülle in den tropischen Regionen Südamerikas interessiert er sich lediglich für die auffälligen Tiere. Von den meisten indes haben Humboldt und Bonpland aus den oben angeführten Gründen entweder keine Sammlungen angelegt, oder diese sind nicht lange erhalten geblieben und möglicherweise gar nicht bis nach Europa gelangt. So waren zur Konservierung großer Tiere keine geeigneten Mittel vorhanden. Zwar wurden einzelne Vertreter jener Tierarten, die nicht konserviert werden konnten, anfangs lebend mitgenommen, doch verendeten zahlreiche der gesammelten Exemplare unterwegs auf dem Transport. So verfassten Humboldt und Bonpland vor allem Beschreibungen und fertigten gelegentlich Skizzen von lebenden oder kurz zuvor verendeten Tieren an. Daneben gibt es Beschreibungen und Skizzen von Insekten, insbesondere von Schmetterlingen, von Schnecken und Muscheln sowie von anderen kleineren Tieren, die ausweislich des *Recueil* einst von Fachleuten in den Museen Europas nach der Rückkehr untersucht wurden. Der heutige Verbleib dieser Objekte oder gar geschlossener Sammlungsteile ist aber bis auf Ausnahmen weitgehend unbekannt und unerforscht; einen Überblick über jene Tiere, deren sich auch Humboldt und Bonpland nur am Rande widmeten, haben wir nicht.[82]

In Ermangelung der faktischen Naturobjekte bietet sich indes deren bildhafte Repräsentation in Humboldts graphischem Gesamtwerk als Proxy an.[83] Wie dessen Auswertung zeigt, sind von den insgesamt 1334 Tafeln 1274 der Flora gewidmet; das entspricht 95,5 Prozent. Dagegen nimmt die Darstellung der Fauna auf 60 Tafeln – und mithin gerade einmal 4,5 Prozent – einen deutlich geringeren Anteil ein. Abgebildet wurden dabei 259 Einzeltiere, ergänzt durch 21 Tafeln mit anatomischen Details.

Diesem verschwindend geringen Anteil steht allenfalls entgegen, dass Alexander von Humboldt später etwa in gleicher Weise von Zoologen wie Botanikern als Namenspate für wissenschaftliche Gattungs- und Artnamen bemüht wurde. So stehen 17 botanische Benennungen beinahe ausgewogen immerhin 15 zoologischen

[82] Glaubrecht 2009a, 585. [83] Lubrich 2014.

Benennungen nach Humboldt gegenüber (hinzukommen weitere vier als landessprachliche Vulgärnamen).

Speziell zur Tiergeographie finden wir in Humboldts veröffentlichten Werken, wenn überhaupt einmal, wenig Konkretes, ganz zu schweigen von einer gesonderten Abhandlung. Von der gleich noch zu behandelnden Erwähnung eines entsprechenden Forschungsprogramms zur Zoo- und Phytogeographie bereits 1793 abgesehen (siehe unten), handelt es sich allenfalls um Randbemerkungen. So sehr Humboldt die Technik der botanischen Arithmetik (die bereits bei seinem Vorläufer Giraud-Soulavie angelegt ist; siehe unten) weiter ausgebaut hat, so wenig vermag er dieses Prinzip bei den Tieren in irgendeiner Weise fruchtbar anzuwenden. Ein Beispiel dafür liefert ein einleitender Abschnitt in dem bereits erwähnten, mit Valenciennes verfassten Kapitel über die Flussfische Südamerikas im *Recueil d'observations de zoologie*. Dort findet sich, in Auseinandersetzung mit früheren Autoren wie Gmelin und Illiger, lediglich der eher flüchtige Hinweis darauf, dass auf der ganzen Erde »heute 500 Arten von Säugetieren, 4000 Vögel, 700 Reptilien und 2500 Fische bekannt sind«; und ergänzend in einer Fußnote, dass »wir heute 77 000 Wirbeltiere, 44 000 Insekten und 40 000 phanerogame Pflanzen kennen«.[84] Diese Zahlenangaben aus dem publizierten *Recueil*-Beitrag finden sich dann auch in einem 1821 in Okens *Isis* veröffentlichten Aufsatz mit dem Titel »Neue Untersuchungen über die Gesetze, welche man in der Vertheilung der Pflanzenformen bemerkt«: »Aus den ungeheuren Sammlungen im naturhist[orischen] Museum zu Paris es ergibt sich, daß auf der ganzen Erde bereits bekannt sind, 56 000 Gattungen (Species) Cryptogamen und Phanerogamen, 44 000 Insecten, 2500 Fische, 700 Lurche, 4000 Vögel und 500 Gattungen Säugethiere.«[85] Er bezieht sich explizit auf Untersuchungen, die er mit Valenciennes angestellt hat, und fährt fort, dass demnach »allein in Europa ungefähr 80 Gattungen Säugethiere, 400 Vögel und 30 Lurche« zu finden seien. Diese Zahlen dienen ihm zum Vergleich und der Schlußfolgerung: »[E]s gibt also unter dieser gemäßigten nördlichen Zone [Europas], 5 mal so viele Gattungen Vögel wie Säugethiere, so wie es auch hier (in Europa) 5 mal so viele compositae, als amentaceae und coniferae, 5 mal so viel Leguminosen, als Orchide[e]n und Euphorbiaceen gibt.« Humboldt vergleicht dann diese Angaben mit den Verhältnissen etwa der Säugetier- zu Vogelarten verschiedener Erdregionen entsprechend der (freilich noch sehr lückenhaften und kaum das wahre Bild reflektierenden) Angaben anderer Autoren.

[84] Humboldt/Valenciennes 1833, 145–153. [85] Humboldt 1821a, Sp. 1034. Das zoogeographische Zitat ist einer Passage entnommen, die Humboldt der deutschen Fassung seines Artikels »Nouvelles Recherches sur les lois que l'on observe dans la distribution des formes végétales« für den *Dictionnaire des sciences naturelles* (Humboldt 1820) voranstellte. Diesen Artikel hatte er seinerzeit in einer Fußnote als Vorabdruck aus der zweiten, unveröffentlichten Auflage der *Ideen zu einer Geographie der Pflanzen* gekennzeichnet (Humboldt 1820, 422).

Obgleich kaum von Bedeutung für unsere Betrachtung hier, sei indes nicht unerwähnt, dass sich in dem von Heinrich Karl Wilhelm Berghaus ausgeführten, aber auf Humboldt zurückgehenden Kartenwerk im zweiten Band des *Physikalischen Atlas* 12 Kartenblätter und 56 Seiten zur zoologischen Geographie finden; diese indes als Akkumulation des Wissens anderer aus seiner Zeit.[86]

Bereits damit ist die zu konstatierende Diskrepanz zwischen den botanischen und zoologischen Werkteilen ebenso auffällig wie ungewöhnlich. Dies hat insbesondere zu dem erwähnten Eindruck geführt, dass sich zu Zeiten Humboldts die Tiergeographie gegenüber der Pflanzengeographie als gänzlich unterentwickelt und zurückgeblieben darstellt. Just dies ist es auch, was Humboldts eigene Ausführungen nahelegen, wenn er im *Kosmos* später schreibt: »Die geographische Verbreitung der Thierformen [...] hat in neueren Zeiten aus den Fortschritten der Pflanzengeographie mannigfaltigen Nutzen gezogen«.[87]

Doch führt er uns damit gänzlich in die Irre, zumal es in keiner Weise historisch korrekt ist und Humboldt es besser wusste, wie wir seinen frühen Schriften selbst entnehmen können. Bevor wir dem näher nachgehen, müssen wir zuerst noch einen kurzen Blick auf die eigentlichen tiergeographischen Anmerkungen und Notizen in Humboldts Nachlass werfen.

»Un peu [de] Géogr[aphie] des animaux«: Humboldts Notizen

Hinweise auf eine »Géographie des animaux« finden sich im Nachlass von Alexander von Humboldts in den um 1825/1826 entstandenen Ideensammlungen zur geplanten Neuausgabe der *Geographie der Pflanzen*: zum einen in Humboldts »matériaux pour la nouv[elle] édit[ion] de la Géographie des plantes« (↗H0002731) im Kasten 6, Nr. 50, Bl. 1–23; zum anderen in einer Ideensammlung (↗H0000005) von Carl Sigismund Kunths Hand im Kasten 6, Nr. 53, Bl. 1–8). Auf dem Deckblatt zu ersteren hat Humboldt »un peu [de] Géographie des animaux« notiert. Das wenige an tiergeographisch relevanten Notizen (nur diese werden hier näher erwähnt) beschränkt sich meist auf kurze, bisweilen allenfalls kryptisch zu nennende Satzfragmente. Von diesen seien hier einige beispielgebend im Detail aufgeführt.

So notiert Humboldt etwa auf Blatt 2r in den »Matériaux«, hier in der Übersetzung aus dem französischen Original, unter der Überschrift »Geographie der Pflanzen – 1. Steppe«: »Gebt Gemälde dieser Natur«, um dann weniger eine tiergeographische denn ökologische Beobachtung zu notieren, und zwar zu einer biotischen Interaktionskette, die von durch Blütenpflanzen angelockte Insekten, über Agamen (»dürrhäutige Steppenamphibien«) zu Vipern und Vögeln führt. Diese aus der Li-

[86] Berghaus 1845–1848. Vgl. Beck 2000, 60–61. [87] Humboldt 1845–1862, I, 375f.

teratur stammende Beobachtung über die Kirgisensteppen mit »Steppenfüchse[n] (Canis Caragan) [und] Heerden von Antilope[n] Saiga« vergleicht Humboldt unmittelbar anschließend mit eigenen Beobachtungen in den »Steppen von Caracas« mit »Krokodilen [und] Jaguaren«.[88] Daran schließt sich auf derselben Seite unter der Überschrift »Gattungen in zwei Kontinenten« ein weiterer faunistischer Vergleich an, in dem Humboldt notiert: »die gleichen Gattungen in beiden Kontinenten, Boa tartarica (Cuvier hatte sich getäuscht)«.

Auf Blatt 5r der »Matériaux« notiert Humboldt, diesmal unter der Überschrift »Geographie der Tiere«:

> Die Fische einer gleichen Küste, zum Beispiel der westlichen Küste des Alten Kontinents, [sind] die gleichen (am Kap und Mittelmeer), trotz des enormen Breitenunterschiedes; im Gegenteil unterschiedliche bei gleicher Breite in Europa und Nordamerika. An diesen letzten Küsten kein Meeresfisch Europas. Valenciennes[.][89]
> Fische des Kap. Ist es wie mit europäischen Pflanzen Neu-Hollands, die es nicht in den dazwischenliegenden Gebirgen der Tropen gibt, oder gibt es sie auch im Senegal unter den warmen Wassern der Oberfläche[?]
> Gegenüberliegende Küsten, selbst dicht beieinanderliegende, unterscheiden sich oft in den Muscheln (Frankreich[,] England).
> Meeresfische, Form in Salzwasser[90][:] Orinoko-Rochen, Orinoko-Delphin (Atherina im Comer See). Valenc[iennes].
> Pleur[onectes] flesus ist nach Orléans hinaufgewandert. So gehen Küstenpflanzen ins Landesinnere.[91]

Auf der Rückseite (Blatt 5v) schließt sich ein auf drei Zeilen angelegter weiterer Vergleich von einigen Vogelarten an, die »allen Welttheilen [...] gemeinschaftlich« sind.[92]

Ebenfalls dort auf Blatt 18 notiert Humboldt die Zahl der Vogelarten des Kanton Genf.[93]

88 Alexander von Humboldt, Matériaux pour la nouvelle édition de la Géographie des plantes, Bl. 2r (↗H0002731). Die hier angeführten Bemerkungen beziehen sich auf Ausführungen von Lichtenstein in Eversmann/Lichtenstein 1823, die Humboldt mit seinen eigenen in den *Relation historique* (Humboldt 1814–1825, II und III, 4 bzw. 364) vergleicht. 89 Ob es sich um eine mündliche Auskunft von Achille Valenciennes oder um das Exzerpt einer Veröffentlichung handelt, muss noch geklärt werden. 90 Humboldt schreibt »eau salé[e]«, meint aber wohl »eau douce«. 91 Alexander von Humboldt, Matériaux pour la nouvelle édition de la Géographie des plantes, Bl. 5r (↗H0002731). 92 Alexander von Humboldt, Matériaux pour la nouvelle édition de la Géographie des plantes, Bl. 5v unter »Geographie Thiere«, teilweise im Original deutsch (↗H0002731). 93 Alexander von Humboldt, Matériaux pour la nouvelle édition de la Géographie des plantes, Bl. 18r (↗H0002731).

In dem Carl Sigismund Kunth zugeschriebenen Manuskript-Teil »Unser Plan« (gr. Kasten 6, Nr. 53, Bl. 1–8) finden sich weitere, kurze Notizen von Humboldts Hand; etwa als Exzerpt aus der Literatur, wie z. B. Jean-Antoine Desmoulins' Abhandlung über die geographische Verteilung der Wirbeltiere.[94] Als aufgeklebte Anmerkung ist hier notiert:

> Nimmt wie [...] ich mehrere Zentren der Schöpfung an, aber dass die Arten niemals den ganzen Umfang einer isothermen Zone bewohnen, sondern nur mehr oder weniger weitläufige Bögen, dass die Kontinente, die heute durch die Meere getrennt sind, dies immer waren, denn wenn nicht, hätten sich die selben Arten in einer selben isothermen Zone verbreiten können, die nördlichen Kontinente waren verbunden und sind es fast immer noch.[95]

Für die Tiergeographie ist aus diesen Bemerkungen zum geographischen Vorkommen exemplarischer Wirbeltiere wenig gewonnen; es sind lediglich erste Ansätze für faunistische Vergleiche, zum einen für gleiche oder wenigstens ähnliche Lebensräume (Steppen) oder zum anderen innerhalb und zwischen Kontinenten (z. B. Fische). Die teilweise erwähnten endemischen oder weitverbreiteten Vorkommen werden mit entsprechenden bei Pflanzen verglichen. Beide Formen solcher Beobachtungen ließen sich massenhaft erweitern, ohne dass allein dadurch Humboldt eine »höhere« Einsicht möglich war – oder überhaupt dadurch zu erlangen gewesen wäre.

Immerhin greift Humboldt mit einzelnen Bemerkungen – wie etwa: »nimmt [...] mehrere Zentren der Schöpfung an« oder »dass die Kontinente, die heute durch die Meere getrennt sind, dies immer waren« – seinerzeit aktuelle Vorstellungen von anderen Tiergeographen zur Entstehung von Faunen auf, ohne ihnen allerdings in irgendeiner Weise neue Daten oder Impulse in diesen Notizen hinzuzufügen. Auch geht er, durchaus verständlicherweise wie sämtliche seiner Zeitgenossen gut ein Jahrhundert vor der Wegener'schen Idee der Kontinentaldrift, von einer Permanenz der Ozeane und Kontinente aus.[96]

Offenkundig würden diese tiergeographischen Notizen mithin nicht zum Gegenstand einer eingehenderen historischen Untersuchung, hieße ihr Verfasser nicht Humboldt. Sie sind hier indes Ausgangspunkt einer Untersuchung zur Tiergeo-

[94] Desmoulins 1822, 157; und Desmoulins 1822a [95] Carl Sigismund Kunth, Ideensammlung für die Neuausgabe der Geographie der Pflanzen, Bl. 10r (↗H0000005). [96] Zwar findet sich in den *Ideen zu einer Geographie der Pflanzen* (Humboldt 1807, 10) der Hinweis: »[...] macht es wahrscheinlich, dass Süd-Amerika sich vor der Entwickelung organischer Keime [...] von Afrika getrennt, und dass beyde Kontinente [...] einst gegen den Nordpol hin, zusammengehangen haben.« Doch bezieht sich dies nicht auf eine Drift der Kontinente, sondern auf eine seinerzeit von Biogeographen vielfach angenommene landfeste Verbindung; es reflektiert mithin eine statische und nimmt eben nicht eine dynamische Vorstellung der Geographie vorweg.

graphie bei Humboldt, insbesondere im Vergleich zu seiner Rolle bei der Entstehung der Pflanzengeographie als Disziplin. Die Anfänge beider Disziplinen sind in einer Weise verknüpft, die bislang meist übersehen wurde. Seit Clemens Königs Abriss zur historischen Entwicklung der pflanzengeographischen Ideen Humboldts sind diese meiner Kenntnis nach für mehr als ein Jahrhundert ausnahmslos isoliert betrachtet worden.[97]

Zum Wissensstand der Biogeographie zu Humboldts Zeit

So selbstverständlich die Anfänge der (deskriptiven) Biogeographie bereits in der Linné'schen Schematisierung taxonomisch relevanter diagnostischer Merkmalsbeschreibung angelegt sind, die stets auch eine Feststellung der Herkunftslokalität enthielt, so unbestimmt bleibt ihr Beginn als eigenständige Disziplin. Ohne Zweifel bildet diese Feststellung des regional verschiedenen Vorkommens von Pflanzen und Tieren die Grundlage diesbezüglicher Forschungen. Hinweise auf Fundorte liefern mithin seit jeher das Rohmaterial der Naturkunde; und die europäische Expansion mit ihren Entdeckungsfahrten und Expeditionen vermittelte die frühen Ansätze einer Geographie der Organismen. Aus der anfänglichen Feststellung zum Vorkommen einzelner Gattungen und Arten wurden bald erste Lehrsätze destilliert, die als Lehrmeinungen zum Bestandteil wissenschaftlicher Theorienbildung der Naturgeschichte allgemein wurden, wie etwa die unter anderem von Linné, Buffon und Gmelin unterschiedlich aufgefasste Frage nach Schöpfungszentren im Kontext der biblischen Sintflutlehre.[98]

Tatsächlich waren zu Humboldts Zeiten erst wenige Naturgesetzmäßigkeiten als solche identifiziert. Sie waren eng verknüpft mit den allgemeinen Vorstellungen seiner Zeit zur Geologie der Erde, etwa der älteren Vorstellung vom Schrumpfen des Planeten. Georges Buffon etwa vertrat in seiner *Histoire Naturelle* als ein erstes sich herauskristallisierendes biogeographisches Prinzip (»Buffon's law«) die Vorstellung, dass die regional verschiedenen Arten das Produkt der Region sind, in der sie vorkommen: »Die Erde erzeugt die Pflanzen, Erde und Pflanzen erzeugen die Tiere«. [99] Er glaubte an einen polaren Ursprung der Biota und deren Südwanderung. Vor allem aber der Gedanke, dass die Verbreitung von Pflanzen und Tieren durch das Klima kontrolliert wird, findet sich zuerst bei ihm. Buffon irrte indes darin, von klimatisch bedingt gleichen Faunen auf verschiedenen Kontinenten auszugehen. Im Unterschied zur biblischen Schöpfungsgeschichte (nach der etwa Linné den Berg Ararat favorisierte und Buffon die Pole) postulierte Johann Georg Gmelin mehrere Schöpfungszentren.

[97] König 1895. [98] Vgl. zur Einführung z. B. Browne 1983; Browne 1996; Feuerstein-Herz 2006; Ebach 2015. [99] Georges Louis Leclerc, Comte de Buffon veröffentlichte zwischen 1749 und 1789 seine *Histoire Naturelle* (Buffon 1749–1789); vgl. Bodenheimer 1955; Larson 1986.

Ähnlich wie für Pflanzen wird in dieser Zeit auch die Abhängigkeit der Tiere vom Klima erkannt. Einer der ersten, der diese Zusammenhänge untersucht und diskutiert ist der französische Naturforscher Jean-Louis Giraud-Soulavie, der weiter unten noch im Detail zu behandeln sein wird. Ähnlich wie seine Einsicht in von Klima und Boden abhängige Vorkommen der Pflanzenwelt sind bei ihm diese Beziehungen wenigstens in Umrissen auch bereits für eine »Géographie physique des animaux« (und zudem eine entsprechende Betrachtung für den Menschen) angelegt; sie werden dann aber nicht weiter ausgeführt.[100] Dies bleibt, wie unten zu belegen sein wird, Eberhard August Wilhelm von Zimmermann vorbehalten. Doch zeigt dies, dass nichts so mächtig ist wie eine Idee, deren Zeit gekommen ist. Kurz vor Ende des 18. Jahrhunderts war offenkundig die Zeit reif für die Geographie »as a science of space«.[101] Eine entsprechend verstandene Geographie der Lebewesen hingegen stieß auf beträchtliche Schwierigkeiten.

Ohne hier auch nur im Ansatz eine zusammenfassende Einführung in den zeitgenössischen Stand der Biogeographie zu versuchen, sei darauf verwiesen, wie schwierig die Ab- und Begrenzung der Biogeographie als Disziplin bis heute ist. Unmittelbar mit diesen randlichen Unschärfen verknüpft ist, dass eine befriedigende Disziplingeschichte der Biogeographie noch immer aussteht. Der Zoologe Karl August Möbius vermittelte vor mehr als einem Jahrhundert einen Eindruck von den grundsätzlichen Problemen dabei:

> Die Wissenschaft der geographischen Verbreitung der Tiere, die Zoogeographie, würde in ihrer höchsten Vollendung nicht nur sämtliche Tierarten aller Länder und Meere anführen, sondern auch erklären, warum nicht alle Erdgebiete von denselben Arten bewohnt werden. Von diesem hohen Ziele sind bis jetzt auch die ausführlichsten und besten zoogeographischen Schriften so fern geblieben, daß die Freunde der Erdkunde in der hier ihnen dargebotenen Übersicht der geographischen Verbreitung der Tiere nicht mehr erwarten dürfen, als eine kurze Anleitung.[102]

Selbst eine moderne Beschreibung der Biogeographie legt diese weiterhin bestehenden Probleme der Disziplin offen:

> Biogeography is a branch of biology, of population and community ecology, and covers genetical and evolutionary topics as well as pure ecological ones. [...] It is nevertheless a branch with unusually fuzzy edges, differing from the related bits of biology largely by an emphasis on maps and geology.[103]

[100] Ramakers 1976, 17. [101] Hartshorne 1958. [102] Möbius 1902. [103] Williamson 2004.

Für besagte »fuzzy edges« hat in der Vergangenheit vor allem gesorgt, dass in einer tatsächlich umfassenden Biogeographie sowohl Ökologie und Evolution wie auch Geologie und Geographie eine fundamental wichtige Rolle einnehmen. Heute werden mithin zwei wesentliche Zweige oder Bestandteile einer modernen Biogeographie unterschieden, die sich keineswegs ausschließen, sondern zueinander komplementär sind. Die Ökologische Biogeographie erklärt Vorkommen und Verbreitung als Interaktion der Organismen mit biotischen und abiotischen Umweltfaktoren; sie untersucht dabei insbesondere auch aktive und passive Ausbreitungsmöglichkeiten. Dagegen rekonstruiert die Historische Biogeographie Ursprung, Ausbreitung und Aussterben von Taxa vor dem Hintergrund (paläo-)geographischer Befunde und versucht zu erklären, wie geologische und klimatische Ereignisse (z. B. Kontinentaldrift, Eiszeiten) das heutige Vorkommen von Taxa beeinflusst haben; ihr Fokus liegt bei Ausbreitungsvorgängen im Gegensatz zur Dispersion auf Vikarianz.[104]

Bei aller Interdisziplinarität der biogeographischen Betrachtung Humboldts ist wichtig festzuhalten, dass er gemäß den seiner Zeit entsprechenden Vorstellungen eine solche grundlegend wichtige Differenzierung noch nicht vornehmen konnte. Humboldt ist mit seiner Betonung klimatischer und anderer Umwelt-Faktoren einer allein ökologischen Betrachtung der Geographie der Lebewesen verhaftet. Anders als etwa der Begründer der Tiergeographie Eberhard August Wilhelm von Zimmermann, der explizit auch bereits die geologisch-historischen Komponenten in den Blick nahm, hat Humboldt diesen (mit Ausnahme geschichtlich durch den Menschen verursachter Verschleppungen von Pflanzen) keinerlei Gewicht beigemessen. Ihm blieb zeitlebens eine dynamische Betrachtung der Biota, wie sie später erst Charles Darwin einführte, noch verborgen.[105]

Humboldts geistige Ahnen: Zur Begründung seines Forschungsprogramms

> Das Sein wird in seinem Umfang und inneren Sein vollständig erst als ein Gewordenes erkannt.[106]

Alexander von Humboldt, der in der Naturgeschichte durchaus »etwas Höheres suchen wollte«,[107] hat sein Interesse am geographischen Vorkommen zwar anfangs sehr allgemein sowohl für Pflanzen (die ihm näher lagen) als auch Tiere formuliert; doch hat er diesen doppelten Anspruch kaum einmal ernsthaft verfolgt.

104 Vgl. zur Einführung z. B. Glaubrecht 2000 und die darin genannte weiterführende Literatur. 105 Vgl. dazu ausführlich auch Leask 2003. 106 Humboldt 1845–1862, I, 64. 107 Humboldt an Friedrich Schiller, Nieder-Flörsheim, 6. August 1794 (Humboldt 1973, 346–347).

Klar ist inzwischen, dass Humboldts Ideen dazu keineswegs erst während der Amerikareise entstanden. Vielmehr umriss er sein Forschungsprogramm zu einer Geographie der Lebewesen erstmals 1793 in seiner Schrift *Florae Fribergensis specimen* im Zusammenhang mit seiner Vision einer physischen Weltbeschreibung, einer allgemeinen, von ihm noch »Geognosie« genannten Wissenschaft der Erde.

> Diese betrachtet gleichzeitig die organischen und anorganischen Körper. Sie besteht daher aus drei Teilen: der oryktologischen Geographie, der zoologischen Geographie, welche Zimmermann gegründet hat, und der Pflanzengeographie, welche von den Zeitgenossen unberührt gelassen wurde.[108]

Bereits hier ist wichtig zu notieren, dass er jenen Eberhard August Wilhelm von Zimmermann (siehe unten) als Autorität für den zoologischen Bereich anführt.

Mittels in der Literatur inzwischen vielfach zitierter Briefe zwischen 1794 und 1799 lassen sich Humboldts konzeptionelle Vorstellungen einer Pflanzengeographie minutiös nachzeichnen, beginnend mit der thesenhaften Skizze einer »Geographie der Pflanzen« als Teil einer »allgemeinen Weltgeschichte«. Für die Zeit der Amerikareise gelingt es neuerdings zudem mittels der Reisetagebücher zu zeigen, wie dieses Konzept bis 1804 durch die Akkumulation von Daten zur Verbreitung von Pflanzen mit Leben gefüllt wurde. Die Genese von Humboldts Ideen zu einer Pflanzengeographie, die er selbst zu seinen wichtigsten wissenschaftlichen Ergebnissen zählte, die zur Etablierung des Fachgebietes führte und für das er seinen Prioritätsanspruch verteidigte, wurde mehrfach im Überblick dargestellt, einschließlich wichtiger intellektueller Vorläufer wie Immanuel Kant, Johann Reinhold und Georg Forster sowie vor allem Karl Ludwig Willdenow.[109] Humboldt hat Zeit seines Lebens an der Überarbeitung seiner ersten Ideen von 1807 sowie dann 1815/1817 und 1825 gearbeitet, vornehmlich verknüpft mit dem Wunsch nach empirischer und vor allem statistischer Erfassung einzelner Pflanzengruppen und deren Vorkommen. Obgleich sich dies beinahe ausschließlich auf die Botanik bezog, sind seine wenigen tiergeographisch relevanten Notizen in diesem Zusammenhang zu sehen.

Insbesondere der Einfluss des gelernten Apothekers und Botanikers Willdenow ist hervorzuheben.[110] Den damals 23-jährigen lernte der 19 Jahre alte Humboldt bereits 1788 kennen: »Er gab mir keine förmlichen Stunden, sondern ich brachte ihm die Pflanzen, die ich gesammelt hatte, und er bestimmte sie mir. Auf diese Weise

[108] Humboldt 1793, IX und X. Für einen Überblick über das Konzept einer Geographie als Raumkonzept vgl. zuerst Hartshorne 1958; vgl. auch Nicolson 1987. [109] König 1895; Hartshorne 1958; Wolter 1972; Nicolson 1987; Nicolson 1996; vgl. dazu auch Lack 2009; Ebach 2015; Werner 2015. [110] Dies taten vor allem König 1895 und später auch Nicolson 1987; wobei ersterer bemerkte, dass »der schlichte Gelehrte« durch Humboldt »ungemein an Ruf und Bedeutung gewonnen« habe.

wurde ich für die Botanik, insbesondere die Kryptogamen begeistert«.[111] Maßgeblich profitiert hat Humboldt dann von Willdenows pflanzengeographischen Einsichten in dessen 1792 erschienenem, allgemein sehr einflussreichen und bereits zu Lebzeiten mehrfach aufgelegten *Grundriss der Kräuterkunde*.[112] Ausgehend von dessen Ausführungen über floristische Provinzen, Ausbreitungsmöglichkeiten von Pflanzen (von Gebirgen als vermutete Entstehungszentren) und vor allem über den Einfluss insbesondere der Geologie und des Klimas auf die Verbreitung der Vegetation entwickelte Humboldt seine Grundgedanken zur Pflanzengeographie, wie sie dann für die entscheidenden Jahre von 1793 bis 1807 mehrfach in beinahe ähnlicher Weise nachgezeichnet wurden.

Mit Willdenow haben Humboldt und seine Zeitgenossen in erster Linie die Vorkommen im Raum im Sinne einer horizontalen Verbreitung, also auf und über Landmassen hinweg, in den Blick genommen; eine wichtige, anfangs vernachlässigte Komponente war die des vertikalen Vorkommens der Pflanzen.

Übersehen wurde dabei, von einigen wenigen Ausnahmen abgesehen (auf die wir gleich kommen), in den geläufigen Darstellungen zu den Forsters und Willdenow als geistigen Vorläufern, dass Humboldt weitere wichtige Anregungen, insbesondere zur Höhenverteilung, offenbar aus weiteren und früheren Quellen schöpfte. Diese hat er indes in seinen eigenen Darstellungen – im Unterschied zu den zitierten Bekenntnissen zu den bereits Genannten – dann später meist nicht mehr erwähnt.

»Man tut seinen Vorläufern nicht wehe, wenn man die Pflanzengeographie, von der nach Humboldt seinerzeit kaum der Name existierte, als seine ureigene Schöpfung bezeichnet«, urteilte vor einem halben Jahrhundert noch Herbert Scurla.[113] Umgekehrt meinten andere, der Hinweis auf Vorläufer mindere nicht Humboldts Verdienste um die Pflanzengeographie.[114] Tatsächlich sind gleich mehrere wichtige Vorläufer nicht nur zur Pflanzengeographie, sondern explizit auch zu einer graphischen Umsetzung der Ideen zu einer Geographie der Lebewesen, meist ungenannt und unbekannt geblieben; was heute ihre Bedeutung sehr wohl schmälert und umgekehrt die Humboldts überhöht. Vor allem aber ist bislang kaum einmal hinreichend untersucht worden, inwieweit sie bereits Humboldts Ansatz und Überlegungen vorwegnahmen.

John A. Wolter hat in seiner Untersuchung über kartographische Entdeckungen und Graphiken unter anderem auf frühe Darstellungen von Profilen topographischer Reliefs hingewiesen, wie sie uns in Humboldts Andenquerschnitt und ähnlichen

[111] König 1895, 79–80. Das Zitat ist einer für Marc-Auguste Pictet in Genf angefertigten autobiographischen Notiz (»Mes Confessions«, 1806) entnommen, vgl. Rilliet 1868, 181. [112] Willdenow 1792. [113] Scurla 1959, 31. [114] Knobloch 2011, 301.

späteren Graphiken dann wiederbegegnen.[115] Die ersten Anregungen dazu stammen von Charles Marie de La Condamine, dessen *Journal du voyage* den frühen systematischen Einsatz von Messungen zu Ortsbestimmungen zwischen 1735 und 1745 im heutigen Ekuador und speziell dem Anden-Hochland von Quito bezeugt.[116] La Condamine und seine Begleiter Pierre Bouguer und Louis Godin benutzten, neben geometrischen Messungen zur Distanz, in systematischer Weise vor allem den barometrischen Druck, um die absolute Höhe über dem Meeresspiegel von verschiedenen Andengipfeln zu bestimmen und kartographisch festzuhalten. So einfach das resultierende Höhenprofil noch sein mag; es zeigt, dass bereits hier die Idee der vergleichenden Höhenmessung zur Beschreibung der physischen Geographie angelegt ist. Obgleich von großer Bedeutung und an anderer Stelle immer wieder einmal genannt (vor allem, als er am Chimborazo höher steigt als dieser), unterlässt es Alexander von Humboldt, seinen intellektuellen und buchstäblichen Vorläufer La Condamine am wohl prominentesten Ort, in der Einleitung seiner *Relation historique*, als Vorbild zu seiner eigenen Reise und zur Reisebeschreibung zu erwähnen.[117]

In einem jener seltenen Hinweise in der heutigen Literatur auf andere Vorläufer bemerkte Susan Faye Cannon (wenngleich aus anderem Grund): »The most important now-neglected scientist of the latter 18th century was Horace Benedict de Saussure«.[118] Der Schweizer Geologe und Alpenforscher Horace-Bénédict de Saussure ist weniger für seine pflanzenanatomischen Arbeiten bekannt, als vielmehr für die erste wissenschaftliche Besteigung des Mont Blanc im Jahre 1787, bei der er neben geologischen Studien in der Gipfelregion ebenfalls routinemäßig barometrische und thermometrische Messungen durchführte.[119] Saussure entwickelte oder verbesserte Magnetometer, Hygro- und Cyanometer, die Humboldt dann bei seiner Südamerikareise mit sich führte. Ihn erwähnt Humboldt zwar einmal in der Einleitung seiner *Relation historique* als Vorbild seiner Reisebeschreibung;[120] doch nennt er auch Saussure nicht in angemessenem Maße als einen der Ideengeber für die Pflanzengeographie. Von späteren Biographen Humboldts wird Saussure dann allenfalls noch beiläufig im Zusammenhang mit der Bestimmung der Gipfelhöhe erwähnt, die Humboldt für seine berühmten Höhenquerschnitte nutzte.[121] Der

115 Wolter 1972, 190f. Wolter erwähnt noch weitere hier nicht behandelte Vorläufer, einschließlich der ersten graphischen Repräsentationen von Bergprofilen etwa der Alpen, auf die hier verwiesen werden muss. **116** La Condamine 1751. **117** Humboldt bezieht sich an anderer Stelle in der *Relation historique* indes immer wieder auf La Condamine und dessen *Voyage à l'équateur*. Er erwähnt ihn in den unterschiedlichsten Kontexten, korrigiert dessen Annahmen, anderswo findet er sie bestätigt und lobt dessen Arbeiten; das betrifft auch und gerade die Höhenmessungen und die entsprechenden Karten. **118** Cannon 1978, 96; vgl. auch 75–76. **119** Der dadurch, ein Jahr nach der Erstbesteigung, als der höchste Gipfel Europas erkannt wurde. **120** Humboldt 1991, I, 35. Saussure publizierte in Genf zwischen 1779 und 1796, neben einem Bericht über den Aufstieg zum Mont Blanc, eine vierbändige *Voyages dans les Alpes*, Saussure 1786–1796. **121** Vgl. Scurla 1959, 21; wobei er irrigerweise meinte, Humboldt habe diese Höhenquerschnitte »erfunden«.

Ideengeber dazu war jedoch in maßgeblicher Weise Saussure; und zwar nicht nur durch die Messmethodik der Höhenbestimmung, sondern durch die begleitende Bestimmung des vertikalen Vorkommens von Pflanzen entlang eines Höhengradienten.

Im Unterschied dazu nennt Humboldt unter anderem 1807 in seinen *Ideen*, aber auch später anderswo, den französischen Geologen und Botaniker Louis-François Ramond de Carbonnières als jemanden, der »die höchsten Gipfel der Pyrenäen erstiegen und geognostische, botanische und mathematische Kenntnisse mit dem reinsten Sinn für philosophische Naturbeobachtungen verbindet«; so habe er wichtige Beiträge zur Geographie europäischer Alpenpflanzen geliefert.[122] Humboldt verwendet überdies Ramonds (mit dem er auch später noch in Kontakt steht) mathematischen Ansatz zur Umrechnung barometrischer und thermometrischer Messwerte in Höhenangaben.[123]

Von zentraler Bedeutung allerdings ist Humboldts Behandlung des wohl bedeutendsten Vorläufers, des französischen Naturforschers Abbé Jean-Louis Giraud-Soulavie. Für dessen »géographie des plantes« fand der junge Alexander von Humboldt in seinen 1790 erschienenen *Mineralogischen Beobachtungen über einige Basalte am Rhein* anfänglich durchaus lobende Worte.[124] Später geriet Giraud-Soulavie zuerst bei ihm, dann allgemein beinahe völlig in Vergessenheit. Auf diesen wohl wichtigsten, aber übersehenen und in der Humboldt-Literatur meist unerwähnt gebliebenen Vorläufer haben dann ausführlich erst wieder Günter Ramakers und Marie-Noëlle Bourguet hingewiesen und ihn explizit als einen der bedeutenden Gründungsväter der Pflanzengeographie beschrieben, dessen Methode einen neuen Zugang zur Natur bedeutete.[125] Tatsächlich war es Giraud-Soulavie, der die Natur als integrierte und komplexe Einheit verstand, in der alles aufeinander wirkt, der die exakte Vermessung der Natur zum Programm erhob, der dies empirisch am Beispiel der Vegetation Südfrankreichs vorführte und schließlich die räumliche Ordnung der Pflanzen sogar in dreidimensionaler Graphik illustrierte. In diesem Sinne ließe sich pointiert sagen: Giraud-Soulavie ist der eigentliche Humboldt eines neuen wissenschaftlichen Zeitalters; und wenn es denn wirklich eines war, begann es bereits ein halbes Jahrhundert früher.

Humboldts anfänglich geäußerte Bewunderung für Giraud-Soulavie bezog sich auf dessen zwischen 1780 und 1784 erschienene achtbändige, aber unvollendet gebliebene *Histoire naturelle de la France méridionale*.[126] Für unseren Zusammenhang hier wichtig ist der 1783 erschienene 1. Band des 2. Teils (*Seconde Partie, Les Végétaux*),

122 Humboldt 1807, 77; vgl. Bourguet 2002, 98–104, 112–115; Knobloch 2011, 301. 123 Bourguet 2002, 114–117. 124 Humboldt 1790a, 23: »Desto schöner und *philosophischer* ist die Idee einer geographie des plantes« [Hervorhebung im Original]. 125 Ramakers 1976; Bourguet 2002; vgl. auch Knobloch 2011, 301. 126 Giraud-Soulavie 1780–1784.

»contenant les principes de la Géographie physique du règne végétal, l'exposition des climats des Plantes, avec des Cartes pour en exprimer des limites«. Dieser Zusatz war Giraud-Soulavies Programm. Er gehört zweifellos nicht nur zu den ersten, die den Schlüsselbegriff »Geographie der Pflanzen« systematisch verwendeten; er spricht zudem wiederholt und je nach Bezugsebene abwechselnd von einer »Géographie de la nature«, einer »Géographie physique des animaux« oder einer »Géographie physique des êtres organisés«.[127] Um kein Missverständnis aufkommen zu lassen: Dabei ging es Giraud-Soulavie keineswegs nur um die Beschreibung von Vorkommen und Verbreitung der Organismen im Sinne einer vegetationsgeographischen Landeskunde, vornehmlich (aber nicht ausschließlich!) aufgezeigt an Pflanzen seiner französischen Heimat in der Ardèche. Vielmehr versuchte er bereits, die Ursachen der Verbreitung durch den Rückgriff auf zugrundeliegende allgemeine Gesetzmäßigkeiten zu ergründen. Giraud-Soulavie sah jene »loix physiques générales« in der Abhängigkeit der Lebewesen von physischen Faktoren wie Klima und Boden, wie Ramakers detailliert nachgewiesen hat.[128]

Am Osthang des Zentralmassivs beobachtete und dokumentierte Giraud-Soulavie exemplarisch, für wenige Pflanzenarten und gleichsam auf regional begrenztem Raum als Blick »in das Ganze der Natur«[129], wie sich in höchst eindrucksvoller Weise bereits auf kurzer Entfernung die Pflanzenwelt (und zwar nicht bloß einzelne Pflanzenarten, sondern die gesamte Vegetation) in Abhängigkeit von mit der Höhe einhergehenden Temperaturänderungen und von der Bodenbeschaffenheit wandelt. Methodisch ging er hier in einer Weise vor, die fälschlicherweise seit Humboldt diesem und nicht Giraud-Soulavie zugerechnet wird: systematische Messungen von Temperatur und Höhe, Bestimmung des Vorkommens und der Grenzen der Ausdehnung ganzer Pflanzengebiete, Dokumentation in geographischen Karten und dreidimensionalen Landschaftsprofilen.

Insbesondere wenn man Giraud-Soulavies die »Carte Géographique des Plantes« ergänzende, als »Coupe verticale des montagnes vivaroises« überschriebene Profildarstellung von 1783 mit dem abgestuften Vorkommen charakteristischer Pflanzen und der Vegetationen betrachtet, drängt sich unmittelbar der Vergleich mit Humboldts später so berühmt gewordenem Andenprofil auf; zumal das Bergprofil bei Giraud-Soulavie gleichfalls von einer dieses beidseits einrahmenden Höhenskala (barometrisch in Form von Luftdruckangaben) begleitet wird.[130]

127 Vgl. Ramakers 1976, 14–15. 128 Ramakers 1976, 16–22. 129 Ramakers 1976, 18; vgl. auch Bourguet 2002, 106f., die von Giraud-Soulavie als »laying the milestones for a new science« spricht. 130 Giraud-Soulavie 1780–1784, *Seconde Partie, Les Végétaux*, I, gegenüber Seite 265; Ramakers 1976, 19–22; insbesondere fig. 2; Bourguet 2002, 109. Das Höhenprofil war erstmals gesondert bereits 1780 erschienen.

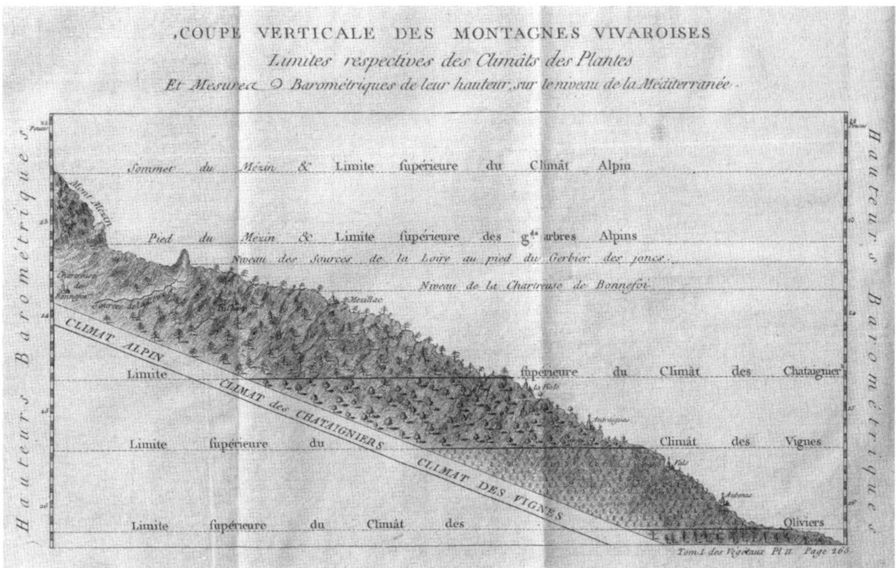

Abb. 3.2 Jean-Louis Giraud-Soulavie, »Coupe verticale des montagnes vivaroises«, 1783 (Quelle: Zentralbibliothek Zürich, http://doi.org/103931/e-rara-51136, Public Domain)

Im Zusammenhang mit dem generellen Fehlen von Illustrationen in Werken zur Naturkunde im ausgehenden 18. Jahrhundert (das keineswegs allein kostenbedingt war) hat auch Martin Rudwick auf Giraud-Soulavies »visuelle Sprache« aufmerksam gemacht und betont, welche Bedeutung diese erste kartographische Zeichen- und Darstellungstechnik hatte.[131] Dabei war sich Giraud-Soulavie durchaus seiner Innovation der »Coupe verticale« bewußt, die er explizit als die erste ihrer Art seit dem Beginn der Wissenschaft der Pflanzen bezeichnete.

Giraud-Soulavies vertikales Pflanzenprofil synthetisiert in ähnlicher Weise wie später Humboldts Anden-Gemälde das Untersuchungsprogramm des französischen Naturforschers, das dieser bereits drei Jahrzehnte vor Humboldt ausführlich kommentierend vorstellte. Ramakers hob bereits hervor, dass Alexander von Humboldt »frühzeitig, noch vor Antritt seiner großen amerikanischen Forschungsreise, mit dem entsprechenden Gedankengut Giraud-Soulavies bekannt geworden« ist.[132] Er hat seine ideengeschichtliche Standortbestimmung Giraud-Soulavies im Kontext der aufkommenden Disziplingenese der Pflanzengeographie mit einem minutiösen Vergleich zu Humboldts *Ideen zu einer Geographie der Pflanzen* beendet. Demnach

131 Rudwick, 1976; vgl. auch Bourguet 2002, 108. 132 Ramakers 1976, 26: »[…] ein Tatbestand, der die Frage nach einer Abhängigkeit seiner ›Pflanzengeographie‹ von der ›géographie des plantes‹ des Verfassers der ›Histoire Naturelle‹ aufwirft.«

sind Giraud-Soulavies Leistungen völlig zu Unrecht kaum einmal anerkannt worden; obgleich er es war, der die Beziehung zwischen Temperatur und Höhe über dem Meeresspiegel erkannte, für die einzelnen Pflanzengebiete (Vegetationen) charakteristische Wärmeverhältnisse genau angab, barometrische Höhenmessungen vornahm, und der schließlich neben einer »Carte géographique des Plantes« in origineller Weise mit seiner »Coupe Verticale« die höhenkorrelierte Bergprofil-Darstellung abgestufter Vegetationsformen erfand.

Demnach hat Humboldt weder entdeckt, dass der Wandel der Pflanzengesellschaften vom Äquator zum Pol die Projektion des Wandels in der Vertikalen darstellt (»Gesetz der dritten Dimension«), noch hat er die Bestimmung der Vegetationsgrenzen anhand der Temperatur-Mittelwerte oder den Einsatz der barometrischen Höhenmessung in Korrelation zum Pflanzenvorkommen »erfunden« oder als erster eine dreidimensionale Profil-Darstellung vorgestellt. »Der Vergleich der ›Pflanzengeographie‹ Giraud-Soulavies und Humboldts zeigt, daß ein großer Teil der A. von Humboldt zugeschriebenen ›neuen Ideen‹ zumindest in der Konzeption, häufig auch in der Durchführung (allerdings nur im regionalen, nicht im globalen Maßstab wie bei Humboldt) bereits im Werk Giraud-Soulavies nachweisbar sind.«[133]

Überraschend ist nicht nur, dass bei Humboldts Zeitgenossen und Generationen nach ihm Souvalie in Vergessenheit geraten ist; mindestens ebenso irritierend ist, dass letzterer – ungeachtet der gründlichen Aufarbeitung Ramakers – von der Humboldt-Forschung der letzten Jahrzehnte beinahe völlig ausgeblendet blieb. Allein aufgrund dieses Versäumnisses, nicht aber durch die historischen Fakten gedeckt, kann Humboldt nach wie vor weitgehend uneingeschränkt als Begründer der Pflanzengeographie gelten und weiterhin immer wieder als solcher dargestellt werden.

Maßgeblich zur bisherigen, wenngleich irrigen Rezeption beigetragen haben dürfte Humboldts besondere Rolle bei der Selbstzuschreibung der ersten Ideen zu einer »Géographie des plantes« in publizierten wie unpublizierten Schriften. Dieser »Begründermythos« beginnt bereits im November 1794 mit jenem Brief Alexander von Humboldts an seinen Helmstedter Freund Johann Friedrich Pfaff, in dem er schreibt:

> Ich arbeite an einem bisher ungekannten Theile der allgemeinen Weltgeschichte. [...] Das Buch soll in 20 Jahren unter dem Titel: ›Ideen zu einer zukünftigen Geschichte und Geographie der Pflanzen [...]‹ erscheinen.[134]

[133] Ramakers 1976, 27–29. [134] Humboldt an Johann Friedrich Pfaff, Goldkronach, 12. November 1794, Humboldt 1973, 370.

Humboldt versäumt es dann 1807, als seine *Ideen zu einer Geographie der Pflanzen* tatsächlich erscheinen, sich noch der Lektüre Giraud-Soulavies zu erinnern. Dies mag auch am Charakter der *Ideen* liegen, so ließe sich einwenden. Da es eine Programmschrift ist, habe sich Humboldt hier auf nur wenige und knappe Fußnoten beschränkt. Als solche hebt sie sich inhaltlich und formal von seinen späteren Publikationen, insbesondere den Bänden des Reisewerks und vor allem von späteren Auflagen der *Ansichten* sowie vom *Kosmos* ab, in denen Humboldts Verweise und Fußnoten oft ausufern und er großen Wert darauf legt, seine Quellen zu nennen.[135] Wir werden allerdings im Zusammenhang mit der Zoogeographie Zimmermanns (siehe unten) noch sehen, dass Humboldt auch hier, nach einem ersten anfänglichen Hinweis 1793 in jungen Jahren, dessen einflussreiches Werk später komplett ausblendet und in den eigenen Schriften unzulässigerweise nicht mehr zitiert. Bei Humboldt, so ließe sich daraus folgern, hat dieses Nichtzitieren der geistigen Väter und Vorläufer seiner Ideen, die er indes kannte und nutzte, durchaus Methode.

Im Gegensatz zu Humboldt haben wenigstens einige seiner Zeitgenossen gerade in Frankreich Giraud-Soulavies Bedeutung durchaus erkannt und gewürdigt. So hat etwa noch 1817 Augustin-Pyramus de Candolle in seinem *Mémoire sur la géographie des plantes de France* Giraud-Soulavie den ersten Botaniker genannt, der die wahre Bedeutung des Zusammenhangs von Vegetation und Geographie erkannt habe.[136] Auch Marie-Noëlle Bourguet aber vermutet, dass Humboldt bereits zu dieser Zeit schon bemüht war, für sich allein den erstmaligen Einsatz präziser und akkurater Messungen im Kontext der Vegetationskunde zu reklamieren. Dies dokumentiert sich eindrucksvoll in einer Briefstelle Humboldts an de Candolle, auf die Bourguet hinweist:

> Giraud-Soulavie qui parle déjà de limites supérieures des oliviers, qui en trace même des lignes par le Vivarais […] mérite de justes éloges. […] Tout ce que je vous demande se réduit à l'observation que j'ai donné la première carte botanique et le premier ouvrage fondé sur des mesures réelles et des observations de température.[137]

Just diese Behauptung aber ist nicht richtig. Das Werk Giraud-Soulavies, den allein der junge Humboldt 1790 als Begründer der Pflanzengeographie würdigte, gehört zweifellos zu den unterschlagenen Meilensteinen jener neuen Wissenschaft, die erst später gleichsam marktbeherrschend unter dem Namen Humboldts wurde. Dass dieses Konzept heute noch immer allein ihm zugeschrieben wird, zeugt mehr von Hagiographie, als dass es das Wissen um die Disziplingenese befördert hätte.

135 Diesen Hinweis verdanke ich Ulrich Päßler, in litt. 2017. 136 Bourguet 2002, 124; Candolle 1817.
137 Bourguet 2002, 124.

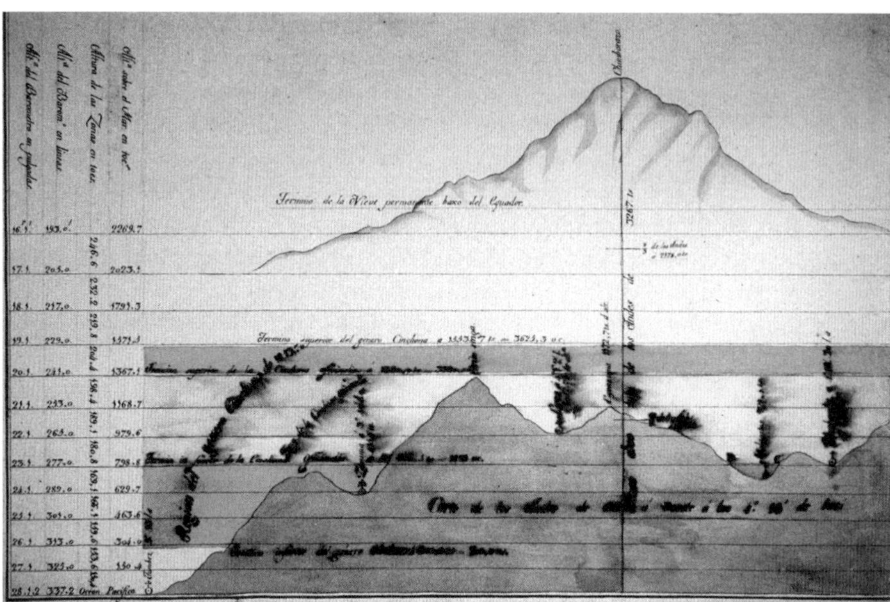

Abb. 3.3 »Nivelación de la Quinas en g[ene]r[a]l y de la Loxa en particular o de la Cinchona officinalis« (1803), (Quelle: Mauricio Nieto Olarte, La obra cartográfica de Francisco José de Caldas, Bogotá: Ed. Uniandes 2006. Mit freundlicher Genehmigung des Autors)

Diesen Abschnitt zur frühen Entwicklung der Pflanzengeographie abschließend sei noch auf einen weiteren Umstand durchaus ähnlicher gedanklicher Entwicklungen nicht nur des Konzeptes von vertikal sich ablösenden Pflanzengruppen, sondern auch der graphischen Repräsentation dieser Zusammenhänge hingewiesen, wie es sich auch im originären Kartenwerk zur Pflanzengeographie eines weiteren Zeitgenossen Humboldts darbietet. Seinerzeit hat auch der kolumbianische Kartograph und Botaniker Francisco José de Caldas eine eigene Methode der pflanzengeographischen Erfassung entwickelt. Caldas, der Anfang 1802 in Quito in direktem Kontakt mit Humboldt stand, hat für die Anden Ekuadors in einer Serie von ebenfalls dreidimensional angelegten topographischen Profilkarten (die lange unpubliziert blieben) das Vorkommen einzelner Pflanzenarten abhängig von der Höhe und der geographischen Breite eingetragen.[138]

138 González-Orozco/Ebach/Varona 2015; vgl. dazu die ausführliche Rezension von Matthias Glaubrecht in der Frankfurter Allgemeinen Zeitung, Nr. 46 vom 24. Februar 2016. Vgl. auch Gómez Gutiérrez 2016. Francisco José de Caldas' kartographisches Werk, das aus insgesamt 18 regionalen Profilkarten besteht, von denen allerdings nur neun fertiggestellt wurden, blieb zu seinen Lebzeiten und lange danach unveröffentlicht.

Die Begründung der Tiergeographie durch Eberhard A. W. von Zimmermann

Ohne Zweifel darf, neben dem erwähnten Buffon, der in Uelzen geborene und in Braunschweig wirkende Naturforscher und Anthropologe Eberhard August Wilhelm von Zimmermann als einer der maßgeblichen Begründer der kaum noch als monolithisch zu begreifenden Biogeographie insgesamt und einer historischen Biogeographie im Besonderen gelten. Lange auch in den heute häufig konsultierten Abhandlungen zur Disziplingeschichte der Biogeographie sträflich vernachlässigt,[139] wurden Werk und Wirken im Kontext der Anfänge der Tiergeographie erstmals ausführlich von Petra Feuerstein-Herz dargestellt, so dass hier auf diese verwiesen werden kann.[140]

Maßgeblich für unsere Betrachtung ist das 1777 auf Latein veröffentlichte Werk *Specimen zoologiae geographicae quadrupedum domicilia et migrationes sistens*. Diesem war bereits eine als »Tabula mundi geographico zoologica« bezeichnete Weltkarte beigefügt; die erste Verbreitungskarte, die mit lateinischen Artnamen das geographische Vorkommen damals bekannter Säugetiere darstellte und damit, wie Bodenheimer zurecht meint, »a markstone of zoogeographical mapping«[141]. Als *Geographische Geschichte des Menschen und der allgemein verbreiteten vierfüßigen Thiere* nebst »Zoologischer Weltcharte« publizierte Zimmermann zwischen 1778 und 1783 sein erweitertes dreibändiges Werk.[142]

In der im Mai 1778 verfassten Vorrede der deutschen Ausgabe führte Zimmermann aus, dass diese gegenüber der lateinischen des Vorjahres »beträchtliche Veränderungen und Zusätze« aufweise, »das heißt, ich arbeite [den Band] gleichfalls von neuem aus«. Den mit dem Menschen im ersten Band beginnenden Artabhandlungen vor allem der domestizierten Tiere lässt Zimmermann dann im dritten Band allgemeine Überlegungen nicht nur zur seinerzeit lange diskutierten Sintflutlehre und der Frage des Entstehungszentrums folgen, sondern vor allem zur Wanderung und Verbreitung. Ihm ging es nicht nur um die »Vertheilung [...] der animalischen Produkte unserer Erde«. Vielmehr wolle er jene »Gesetze« erforschen, die »die aller Orten so regelmäßige Natur bey dieser Ordnung« bestimme, wobei er nicht nur die »gegenwärtige«, sondern auch »die geographische Geschichte der Thiere« in den Blick nahm und sich auch zur Verbreitung der Pflanzen äußerte.[143] Er schlug mithin nicht

139 Vgl. z. B. Browne 1983, 25–26. 140 Feuerstein-Herz 2006; vgl. auch Bodenheimer 1955; Ebach 2015, 28–37; Wallaschek 2016. 141 Zimmermann 1777; Bodenheimer 1955, 357. 142 Zimmermann 1778–1783. Die 1783 publizierte und im dritten Band eingebundene »Geographische Weltcharte« unterscheidet sich zwar in einigen kartographischen Details von der 1777 gedruckten Ausgabe, ihre Beschriftung ist aber wie diese in Latein. (Ein Original-Exemplar, in das Einsicht genommen werden konnte, befindet sich in der Zoologischen Bibliothek des Museums für Naturkunde in Berlin). 143 Zimmermann 1778–1783, III, 49, 216.

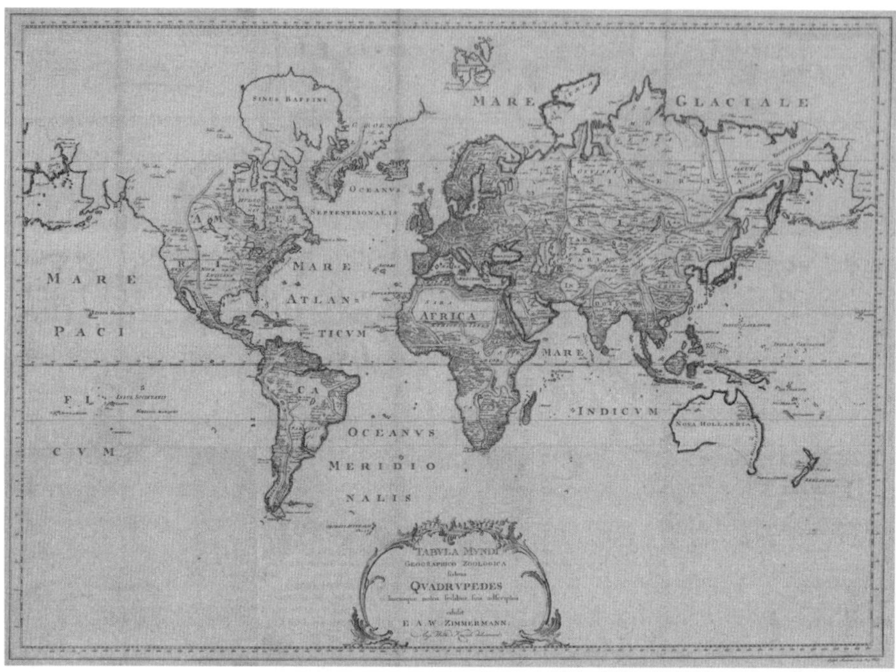

Abb. 3.4 Eberhard August Wilhelm von Zimmermann: »Tabula mundi geographico zoologica sistens quadrupedes, hucusque notos sedibus suis adscriptos«, 1783 (Quelle: Historic Maps Collection, Department of Rare Books and Special Collections, Princeton University Library, https://catalog.princeton.edu/catalog/5525352, Courtesy of Princeton University Library)

weniger als eine Erklärung der festzustellenden rezenten Verbreitung der Organismen durch Kenntnis historischer Vorgänge vor und hat damit nicht nur der modernen Zoogeographie den Weg bereitet (vgl. Kap. – Zum Wissensstand der Biogeographie).

Mit Zimmermann und am Beispiel vornehmlich der Säugetiere wurden sich biologisch interessierte Geographen und Naturforscher im ausgehenden 18. Jahrhundert der wahren Komplexität von Verbreitungsmustern bewusst. »Hier entstand, soweit sich sehen lässt, der erste systematische Versuch, die Beziehungen zwischen der Artenvielfalt und dem geographischen Raum im Medium der Geographie, in kartographischer Form, zu veranschaulichen«.[144] Erkannte Gesetzmäßigkeiten in der Verbreitung typischer Faunengruppen, die Zimmermann im Zuge seiner systematischen Übersicht auffielen, stellte er bildlich in Form sogenannter Grenzlinien innerhalb definiter klimatischer Regionen dar.

[144] Feuerstein-Herz 2006, 205.

Seine zentrale These war dabei indes, dass die Verbreitung (hier der Säugetiere) durch das Klima allein nicht ausreichend erklärt werden kann, sondern vielmehr von der Erdgeschichte beeinflusst ist. So erkannte Zimmermann etwa für Länder, die durch Ozeane getrennt sind und jeweils unterschiedliche Säugerfaunen trotz gleichen Klimas haben, dass diese lange zuvor getrennt wurden. Umgekehrt nahm er an, dass frühere Landverbindungen dafür gesorgt haben, wenn heute Faunen ähnlich oder gar gleich sind. Er schlug somit erstmals und weitsichtig eine wechselseitige Prüfung historischer wie ökologischer Phänomene vor – und ging dabei über die späteren Ansätze etwa bei Humboldts Pflanzengeographie deutlich hinaus. »Die Übersicht auf seiner Weltkarte und die Einteilung der Erde in tiergeographische Zonen stellen das sinnfällige Resümee der systematischen Aufarbeitung zahlreicher inkohärenter Einzelbeobachtungen über das Vorkommen der Säugetierarten auf der Erde dar«.[145]

Und es sei offensichtlich, so auch Michael Wallaschek in seiner Würdigung von Zimmermanns Beiträgen zur Biogeographie, dass dieser neben der Behandlung von Verbreitungszusammenhängen bei Tieren auch für Pflanzen »erste Erkenntnisse und wesentliche Aufgaben einer nicht nur statisch-registrierenden und kausal-ökologischen, sondern dynamischen ›Geographie der Pflanzen‹ dargelegt« habe.[146]

Obgleich Humboldt um 1807 mit dem in Braunschweig wirkenden Zimmermann in brieflichem Kontakt stand, bedarf die persönliche Bekanntschaft im Detail noch der Klärung.[147] Irrigerweise nahm Malcolm Nicolson offenbar an, der damals 19-jährige Humboldt könne Zimmermann ab April 1789 bis März 1790 in Göttingen gehört haben; immerhin jener Universität, von der ersterer später sagen sollte, dass er ihr »the most valuable part of his scientific education« verdanke.[148] Ein direktes Wirken Zimmermanns in Göttingen ist indes biographisch nicht belegt oder haltbar.[149] Zimmermann war allerdings »weit über Braunschweig hinaus bekannt«, und hatte durch sein lateinisches und dann vor allem das deutsche Werk zur »Geographischen Geschichte« zweifellos großen Einfluss auf zahlreiche Zeitgenossen gehabt.[150]

Auch der junge Humboldt bezieht sich 1793 direkt auf Zimmermann als einen der ersten Tiergeographen, als er in einer Fußnote seiner Schrift *Florae Fribergensis specimen* von der zoologischen Geographie schreibt, der »Geographia zoologica«, »[...] von welcher Lehre Zimmermann die Grundlage gelegt« habe.[151]

145 Feuerstein-Herz 2004, 234. 146 Wallaschek 2016, 40. 147 Wallaschek 2016, 46 erwähnt, dass Humboldt Zimmermann einmal Material für ein Buch zur Verfügung stellte, indes ohne Näheres mitzuteilen. Vgl. dazu auch Zimmermann 1802–1813, 6. Jahrgang (1807), Vorrede. 148 Nicolson 1987, 184–185. 149 Vgl. dazu Zimmermanns Werdegang der betreffenden Jahre in Feuerstein-Herz 2006, 44–46. 150 Feuerstein-Herz 2006, 71. Allerdings hat etwa Karl Ludwig Willdenow in seinem »Grundriss der Kräuterkunde« Zimmermanns Beiträge zur Biogeographie trotz grundlegender Übereinstimmungen nicht erwähnt; vgl. Wallaschek 2016, 41; Willdenow 1792. 151 Humboldt 1793, IX: »cujus doctrinae fundamenta Zimmermannus jecit«.

Wenn Humboldt dann ein halbes Jahrhundert später im *Kosmos* erneut auf Zimmermann zu sprechen kommt, tut er dies interessanterweise nur in Form eines Selbstzitats just dieser Fußnote von 1793, während er das Werk Zimmermanns nicht zitiert oder gar im Detail darauf eingeht.[152]

Kein Zweifel können wir indes daran haben, dass Humboldt den Beginn der Tiergeographie als Disziplin deutlich früher sah als den der Pflanzengeographie. Allerdings hat er auch auf die direkte und indirekte Vorreiterrolle Zimmermanns für letztere nicht verwiesen. In den sogenannten Kosmos-Vorträgen Humboldts an der Berliner Universität, die dieser von November 1827 bis April 1828 hielt, erwähnt er Zimmermann im (wenngleich recht allgemein gehaltenen und weitgehend deskriptiven Abschnitt) zur »Geographie der Thiere« folgendermaßen:

> Die Wissenschaft der Geographie der Thiere ist älter als die der Pflanzen, etwa 40 Jahr alt. Zuerst schrieb: Zimmermann *geographiae animalium specimen*. Doch damals wurde noch alles physische, meteorologische ausgeschloßen. Neuerdings finden wir alles hieher Gehörige zerstreut in Reisebeschreibungen.[153]

Noch hilfreicher ist hier Gustav Partheys Nachschrift derselben Vorlesung:

> Die Geographie der Thiere, obgleich sie 2 mal so alt ist als die der Pflanzen, ist doch nur 40 Jahre alt: aber lange noch nicht so ausgebildet als die Pflanzengeographie. Das erste Buch von Bedeutung darüber ist: Zimmermann Geogr. animal. Specimen; welches viel Verdienst hat eben weil es das erste ist, aber auf zu unsichern Grundlagen gebaut, weil damals diese Wissenschaft noch ohne den Beistand der Meteorologie und Physik betrieben wurde. Sehr schäzbare [sic] Bemerkungen sind in den vielen Journalen der Reisenden enthalten, aber noch niemand hat sie zusammengestelt.[154]

Die jeweils genannten Zeiträume von zwei bzw. vier Jahrzehnten seit Beginn der Tier- bzw. Pflanzengeographie beziehen sich jeweils auf Zimmermanns in den 1780er Jahren bzw. Humboldts 1807 publizierte Werke.

Dagegen bleibt Zimmermann in der entsprechenden 9. Vorlesung der Sing-Akademie-Vorträge Humboldts zur »geographischen Verbreitung der Tiere« unerwähnt.[155] Auf den ersten Blick anders äußert sich Humboldt indes 1829 in seiner

[152] Humboldt 1845–1862, I, 487. [153] Zitiert nach einer anonym verfassten Nachschrift der 58. Vorlesung am 22. April 1828, Kosmos-Vorträge 1827/1828, S. 299, http://www.deutschestextarchiv.de/nn_msgermqu2345_1827/305. Herv. im Orig. in lateinischer Handschrift. Ich danke Ulrich Päßler und Christian Thomas für diesen Hinweis. [154] Parthey 1827/1828, Bl. 367r, http://www.deutschestextarchiv.de/parthey_msgermqu1711_1828/737. [155] Vgl. Kohlrausch 1827/1828, Bl. 37r–42r, http://www.deutschestextarchiv.de/nn_msgermqu2124_1827/77.

Rede in Sankt Petersburg, wenn er sagt »diese Wissenschaft der Geographie der Tiere habe noch kaum begonnen.«[156]

Doch selbst wenn sich über Humboldts gesamtes Leben zeigen lässt, dass er immer wieder einmal auf Zimmermann verweist, so tut er dies etwa in den 1807 erschienenen *Ideen zu einer Geographie der Pflanzen* nicht mit diesem als entscheidenden Begründer einer »Geographiae« der Lebewesen, sondern er marginalisiert ihn eher:

> Zimmermanns klassisches Werk stellt die Tiere nach Verschiedenheit der geographischen Lage ihres Wohnorts auf dem Erdboden dar. Es wäre interessant, in einem Profil die Höhen zu bestimmen, zu welchen sie sich in derselben Zone, aber in Gebirgsländern, erheben.[157]

Unabhängig davon, ob Humboldt Zimmermann direkt erwähnt; stets bekräftigt er im Gegensatz zu diesem seine Setzung, dass auch die »zoologische Geographie« allein auf Vorkommen, Verbreitung und Wanderung gegenwärtig lebender Tiere zu fokussieren habe, insbesondere auf ihr relatives Verhältnis und die ökologischen, d. h. für Humboldt in erster Linie klimatischen Umstände. Hier liegt eine recht einseitige Fokussierung auf die von Humboldt stets in den Blick genommene Vertikalverbreitung im Gebirge vor; als ob ausgerechnet dies für die Tiergeographie der allein maßgebliche und relevante Umstand wäre.

Letztlich bleibt Humboldt dadurch Zeit seines Lebens weit hinter Zimmermanns umfassendem ökologischen wie historischen Ansatz zurück. Im *Kosmos* betonte er dementsprechend im Zusammenhang mit den Organismen, dass »in die Schilderung des Gewordenen, des damaligen Zustandes unsres Planeten [...] nicht die geheimnißvollen und ungelösten Probleme des Werdens gehören«.[158] Folgerichtig bemüht sich Humboldt in seinen Werken zwar, analog seiner Behandlung der Pflanzen, mittels genauer Fundortangaben auch die Grenzen der Vertikalverbreitung der Tiere zu bestimmen (etwa von Vicunas, Alpacas und Guanacos in den Anden).[159] Doch mit der einseitigen Festlegung auf allein ökologische Faktoren fehlt bei ihm jedes Bemühen um eine Deutung der historischen Verursachung heutiger Verbreitungsmuster. Ganz ähnlich wurde dies auch in einschlägigen Arbeiten zur Geschichte der Biogeographie herausgearbeitet, die dabei auch Willdenows Wirken beleuchtet haben. Aber »not one of these insights was developed for more than a page, and Humboldt apparently regarded them as no more than suggestions for new research«. Daher sei es »obvious that his contributions to plant geography did not consist in the originality of his views, but in the ways in which he coordinated observations [...] with more general ideas«.[160]

156 Beck 1989, 212; vgl. Beck/Hein 1986, 209. **157** Humboldt 1807, 149. **158** Humboldt 1845–1862, I, 487. **159** Humboldt 1807, 163–167; vgl. dazu Wallaschek 2016, 35. **160** Vgl. Larson 1986, 470, 472; Larson hat dies profund untersucht und steht damit im deutlichen Widerspruch etwa zu Einschätzungen wie der von Graczyk 2004, 254, die von einer »entwicklungsgeschichtliche[n] Naturbetrachtung« bei Humboldt ausgeht.

Diese Art einer »zoologischen Geographie« beschränkt sich also – anders als von Zimmermann vorgeschlagen – allein auf die zeitlich horizontale, d. h. rezente Ebene. Eine Bemühung um die zeitlich vertikale Komponente der Entstehung von Verbreitungsmustern, gleichsam die Erweiterung um die Dynamik der Tiefenzeit, ist für Alexander von Humboldt noch buchstäblich undenkbar. Mithin ist auch jeder Versuch, ihn etwa als vordarwinistischen Biogeographen (gar mit einem Blick auf die Veränderung der Kontinente wie später bei Alfred Wegener) zu deuten, gänzlich ohne faktische Berechtigung. So wenig wie Humboldt tatsächlich Systematiker (oder im Bereich der Zoologie gar Empiriker) war, so wenig war er Darwinist.[161] Wenn so häufig auf den Einfluss Humboldts auf Darwin hingewiesen wird, so darf dabei nicht übersehen werden, dass dies in erster Linie dessen empirische Arbeitsweise und Humboldts unbestrittene Wirkung als literarisches »role model« betrifft; aber eben nicht dessen etwaige wissenschaftliche Beiträge zur Evolutionstheorie.[162]

Es mutet in diesem Kontext kurios an, dass Alexander von Humboldt den Begriff »Thiergeographie« in der deutschsprachigen Literatur als erster verwendet hat; obgleich dies in seinen *Ideen zu einer Geographie der Pflanzen* eher beiläufig geschieht, und es zeitgleich und danach weitere Bezeichnungen dieser Disziplin gibt.[163]

Zur Erklärung des Umstands, dass Humboldt eine geschlossene Abhandlung zur Zoogeographie nicht vorgelegt hat, führt Michael Wallaschek an, dass dieser möglicherweise »die Zoogeographie durch Zimmermann und dessen Nachfolger hinreichend bearbeitet« sah.[164] So richtig dies faktisch ist, so sehr stehen Äußerungen Humboldts in Widerspruch zu dieser These. 1821 notierte Humboldt: »Es ist vorauszusehen, daß meine Arbeit über die Pflanzenfamilien dereinst mit Nutzen auf mehrere Classen von Wirbelthieren angewandt werden wird.«[165] In Erinnerung rufen müssen wir uns auch, dass Humboldt später im *Kosmos* schreibt, dass »die geographische Verbreitung der Thierformen [...] in neueren Zeiten aus den Fortschritten der Pflanzengeographie mannigfaltigen Nutzen gezogen« habe.[166] Hier meinte er zweifellos nun vor allem seinen Beitrag der Betonung ökologischer Faktoren (etwa zur erwähnten Vertikalverbreitung), während er nun die eigentliche Begründung der Tiergeographie Zimmermanns vielleicht gerade deshalb unterschlägt, weil er anders als dieser die historische Komponente eben nicht als hilfreich auffasste und verstanden wissen wollte.

Insofern wäre es ein Missverständnis, aus Humboldts späterer *Kosmos*-Äußerung zu schließen, dieser sähe die Tiergeographie generell allein im Gefolge zur Pflanzengeographie. Wir dürfen unterstellen, dass Humboldt entsprechend seiner Fußnote

161 Vgl. Larson 1986. 162 Vgl. dazu vor allem die ausführliche Darstellung bei Leask 2003, der detailliert herausarbeitet, dass Darwins Reisebericht in der Neuauflage von 1845 erst dadurch zum Bucherfolg wird, als er sich im Zuge gleichsam eines »de-Humboldtizing« (Leask 2003, 34) von dessen Narrativ-Stil löst. 163 Wallaschek 2016, 35; unter Verweis auf Toepfer 2011, 232. 164 Wallaschek 2016, 36. 165 Humboldt 1821a, Sp. 1034. 166 Humboldt 1845–1862, I, 375 f.

1793 und seiner Bemerkung in den Universitätsvorlesungen 1827/1828 zur Disziplin-Begründung durchaus weiterhin im Blick hatte, dass es anders als bei der »zoologischen Geographie, welche Zimmermann gegründet hat«, eine Pflanzengeographie lange nicht gab, da diese »von den Zeitgenossen unberührt gelassen« worden war; bis eben zu Humboldt.[167]

Insgesamt drängt sich hier nun der Schluss auf, ähnlich wie wir dies bereits bei Giraud-Soulavie konstatieren mussten, dass Humboldt nach 1790 und 1793 überraschend wenig Mühe darauf verwendete, seine geistigen Väter und die Vorläufer der von ihm reklamierten Disziplin einer Geographie der Pflanzen klar und eindeutig zu benennen; und dies, obgleich er ansonsten anderswo gerade für die Feststellung historischer Zusammenhänge und seiner literarischen Kenntnis zurecht zu rühmen ist. So kannte Humboldt nicht nur Giraud-Soulavies Ansätze und Arbeiten zur Pflanzengeographie, sondern sicher auch die Ausführungen Zimmermanns zur »Vertheilung der Pflanzen« in dessen »Geographischer Geschichte«. Als Grund dafür, dass Humboldt mit keiner Silbe darauf einging, wie er auch insgesamt Zimmermann in späteren Schriften weitgehend ignoriert, nennt Michael Wallaschek, ihm sei vermutlich »die dynamische und kausal-historische Auffassung Zimmermanns zu weit gegangen«. »Eigentlich wäre es geboten gewesen, die Zoogeographie als Vorbild zu nennen, zumal Humboldt Namen der Phytotaxa auf dieselbe Weise in das Profil seines ›Naturgemäldes der Anden‹ schrieb, wie dies zuvor Zimmermann (1793) mit Namen der Zootaxa in seiner ›Zoologischen Weltcharte‹ getan hatte.«[168] Neben dessen Bekenntnis zur Suche nach einem Schöpfungsplan ließen sich auch zeitgenössisch-politische Gründe einer Ablehnung Zimmermanns seitens fortschrittlicher Kreise und des liberalen gebildeten Bürgertums vermuten. Erschwerend habe sicherlich auch gewirkt, dass im Unterschied zu Humboldts vom romantischen Empfinden durchzogenem, ansprechendem Schreibstil derjenige Zimmermanns eher holprig und schwerfällig wirke.[169]

Für die im Gefolge vielfach fälschlichen Zuschreibungen konzeptioneller Ansätze, Forschungspraktiken, Methoden und Leistungen allein als die Humboldts hat dieser in nicht unerheblichem Maße selbst gesorgt; und zwar durch seine auffällige Praxis des Nicht-Zitierens und Ignorierens, wo es um die konzeptionelle Begründung der Disziplin geht. Einerseits mag dies durchaus besagte inhaltliche Gründe haben, die in Humboldts Ablehnung einer historischen Biogeographie liegen. »An Zimmermanns Werk hat Humboldt nach außen hin alles ignoriert, was sich jenseits der von ihm selbst gezogenen Grenzen der ›Geographia zoologica‹ bewegte. [...] Das hinderte Humboldt nicht daran, viele Ergebnisse, Konzepte und Gedanken Zimmermanns aus allen Bereichen der Zoogeographie (und darüber hinaus) zu

167 Humboldt 1793, IX. 168 Wallaschek 2016, 40. 169 Wallaschek 2016, 43–45. So stand Zimmermann etwa der Französischen Revolution ablehnend gegenüber. Seinen Schriften fehlte zudem der Humboldt'sche Reiz des selbst Erlebten, mit dem dieser seine wissenschaftlichen Inhalte würzte.

nutzen«. Andererseits deuteten die zahlreichen geistigen Anleihen Humboldts bei Zimmermann, auf die Michael Wallaschek hinwies, seiner Ansicht nach auf eine Konkurrenzsituation hin, die Humboldt »mit Hilfe steten stillen Ausnutzens, geschmeidigen Ausweichens und konsequenten Verdrängens zu meistern« suchte; was umso auffälliger sei, da Humboldt ansonsten exzessiv zitiere.

Humboldt verstand es zweifellos, »sich einen Ruhm zu erarbeiten, der wichtige Vorarbeiten verblassen oder verschwinden ließ. An letzterem arbeitete er selbst aktiv durch Unterlassen hinreichender Auswertung, Diskussion und Würdigung der Arbeiten besonders Zimmermanns mit.«[170]

Konklusion: Mit-Begründung der Biogeographie

Emil du Bois-Reymonds Warnung aus dem Jahr 1883, dass es ein Irrtum sei zu meinen, vor Alexander von Humboldt habe es »eigentlich keine deutsche Naturforschung gegeben«,[171] hat sich ungeachtet dessen jüngst doch bewahrheitet. So berechtigt es in diesem Kontext zweifelsohne ist, Humboldts wichtigen Beitrag zur Pflanzengeographie und Ökologie als entstehende Fachdisziplinen am Beginn des 19. Jahrhunderts zu würdigen, so wenig bedeutend ist er dabei für die Tiergeographie. Je mehr die heutige Wissenschaftsgeschichte einen hagiographischen Ansatz hinter sich lässt, desto mehr nimmt auch das Bild der Biogeographie Gestalt an als das einer multidimensionalen und von mehreren maßgeblichen Personen und ihren komplexen Interdependenzen begründeten Forschungsrichtung.

Deutlich wird dabei auch, dass nicht nur die Pflanzengeographie vor allem in Frankreich mehrere geistige Väter und maßgebliche Vorläufer hatte, von denen Jean-Louis Giraud-Soulavie hier als der wichtigste in den Vordergrund gerückt wurde. Diese Wegbereiter und Mitbegründer sind indes weitgehend in Vergessenheit geraten und ihre Rolle ist insbesondere in der deutschsprachigen Humboldt-Rezeption in erheblicher Weise unterrepräsentiert; sie sollten indes zu neuem Bewusstsein erhoben werden. Auch die als Disziplin noch ältere und der Pflanzengeographie in Einzelaspekten als Vorbild dienende Tiergeographie hat mit Eberhard August Wilhelm von Zimmermann einen wichtigen, meist ebenfalls vernachlässigten Begründer gerade im deutschsprachigen Raum. Zu konstatieren ist, dass nicht die Zoogeographie wesentliche Impulse aus der Pflanzengeographie erhalten hat, wie oft vermutet wird; tatsächlich war es umgekehrt. Vieles von dem, was heute in der Biogeographie Humboldt zugeschrieben wird, wurde bereits von seinen Vorgängern wie Giraud-Soulavie und Zimmermann projektiert, praktiziert und propagiert.

[170] Wallaschek 2016, 46 f.; er spricht hier sogar von »Machtmissbrauch« und dem »Versuch der Verdrängung des produktiven Vorgängers« seitens des einflussreichen Humboldt. [171] du Bois-Reymond 1997, 189.

Dabei war sich Humboldt anfangs des Primats einer »zoologischen Geographie« gegenüber einer noch zu entwickelnden Pflanzengeographie durchaus bewusst; später fiel diese Einschätzung freilich nicht zuletzt aufgrund seiner eigenen Beiträge anders aus.

Für Humboldt lässt sich zudem zeigen, dass angesichts seiner eher deduktiven denn wirklich induktiven Herangehensweise nicht so sehr die empirische Grundlage aus Pflanzen und Tieren, mithin seine naturkundlichen Sammlungen, maßgeblich war, als vielmehr die während der Reisen gemachten Beobachtungen und Anregungen die Grundlage für Humboldts Theorienbildung und umfangreiche Schriften schufen. So überträgt er während der Reise Forschungsansätze und Methoden seiner Vorläufer insbesondere in der Botanik auf konkrete Beobachtungen und Befunde in der Neuen Welt, die er nach seiner Rückkehr in synthetischer Weise auch graphisch überzeugend zu präsentieren weiß.

Dagegen ergänzt er für die bereits sehr viel weitergehend als Globalgeschichte etablierte Behandlung der zoologischen Geographie, für die er sich auf Zimmermann bezieht, die empirische Basis kaum durch eigene Befunde. Seine publizierten Aussagen zur Tiergeographie beschränken sich auf arithmetische und qualitative Vergleiche, zu denen seine unpublizierten Notizen kaum Wesentliches ergänzend beisteuern. Zu einer wirklichen Weiterführung der Tiergeographie fehlt ihm selbst eingestandenermaßen einerseits das Material, andererseits das Interesse. Doch vor allem verstellt ihm eine im Bereich der Botanik richtungsweisende, für die Zoologie indes wenig fruchtbringende Begrenzung auf die vertikale Zonierung in Gebirgsregionen weiterreichende Einsichten. Humboldts Betonung der, wie wir heute sagen würden, rezent-ökologischen Komponenten der Biogeographie lässt ihn zugleich die kausal-historische Dimension der Disziplin verkennen.

Überdies kann Humboldts Versuch zur Eindämmung anderer Ansichten, insbesondere die Verdrängung der Verdienste Zimmermanns aufgrund seiner Ablehnung einer vermeintlich spekulativen historischen Richtung der Zoogeographie, als durchaus erfolgreich betrachtet werden. Sein Einfluss hat insofern Langzeitwirkung entfaltet, als es letztlich weit mehr als ein halbes Jahrhundert dauern sollte, bis mit Charles Lyell und Charles Darwin die Temporalisierung und Dynamisierung der Natur auch die Biogeographie erreicht.

Humboldt lehnt damit just jene Teile der *Zoologiae Geographiae* Zimmermanns ab, die ihn tatsächlich zu einem maßgeblichen Vertreter der (allein dadurch nicht wirklich treffend) als »Humboldtian science« bezeichneten empirischen Forschungsmethodik in der ersten Hälfte des 19. Jahrhunderts gemacht hätte. Den vielerlei komplexen, zwischen den verschiedenen Akteuren bestehenden Interaktionen und einzelnen, teilweise disparaten Strömungen der Zeit wird eine allzu einseitig und zudem noch namentlich auf Alexander von Humboldt fokussierende Betrachtung nicht in hinreichend angemessener Weise gerecht.

Dokumente zur Neuausgabe der »Ideen zu einer Geographie der Pflanzen«
Einführung

Ulrich Päßler

Vorgeschichte des Projektes (1807–1820)

Alexander von Humboldts *Ideen zu einer Geographie der Pflanzen nebst einem Naturgemälde der Tropenländer*, 1807 fast zeitgleich in einer deutschen und einer französischen Ausgabe erschienen,[1] standen im Zeichen des beginnenden Booms pflanzengeographischer Forschung in Europa. Kaum ein Autor versäumte es, Humboldt als dem entscheidenden Impulsgeber seine Referenz zu erweisen. In einem kurzen historischen Abriss der noch jungen Disziplin erwähnt der Genfer Botaniker Augustin-Pyrame de Candolle 1813 die wichtigen Vorarbeiten von Carl Linné, Jean-Louis Giraud-Soulavie, Friedrich Stromeyer und Louis Ramond de Carbonnières. Das eigentlich grundlegende Werk dieser Wissenschaft seien jedoch Humboldts *Ideen zu einer Geographie der Pflanzen.*[2] Humboldt definierte die Pflanzengeographie als Teil einer »physique générale«: Die Geographie der Pflanzen dürfe nicht bei einer beschreibenden Botanik stehenbleiben. Aus geologischen, geophysikalischen und meteorologischen Daten sollten global gültige Verteilungsgesetze der Pflanzen abgeleitet werden.[3]

Humboldt erweiterte sein pflanzengeographisches Konzept ab 1815 um eine weitere quantitative Methode. Mittels der botanischen Arithmetik wollte er die Zahlenverhältnisse der natürlichen Pflanzenfamilien in verschiedenen Ländern, unter bestimmten Breiten und in Zonen gleicher mittlerer Temperaturen und Höhenlagen ermitteln.[4] Durch dieses Verfahren sollten allgemeine Aussagen über die globale Verbreitung der Pflanzen und Vegetationsformen möglich werden: »Denn die Natur hat die Pflanzen der Herrschaft eines ewigen Gesetzes unter jeder einzelnen Zone zugeteilt.«[5] Unter dem Eindruck dieser neuen, vielversprechenden pflanzen-

[1] Humboldt 1807, Humboldt 1807a. [2] »[...] le travail le plus essentiel que nous possédions [...].« (Candolle 1817, 262–263). [3] Einführungen in Humboldts Konzept der Pflanzengeographie bieten unter anderem Stephen T. Jacksons Einleitung zur englischen Übersetzung der *Ideen* (Humboldt 2009a, 1–75) sowie Browne 1983, 42–52; Nicolson 1987 und Werner 2015. [4] Humboldt/Bonpland/Kunth 1815–1825, I, iii–lviii, Separatdruck: Humboldt 1817. [5] »Natura enim plantas aeternae legis imperio sub unaquaque zona dispertivit.« Humboldt 1817, xiii. Lateinisches Original und Übersetzung zitiert nach: Knobloch 2009, 37.

geographischen Methode befasste sich Humboldt erstmals mit dem Gedanken einer Neuausgabe der *Ideen*. In der Druckfassung seiner Akademierede »Sur les lois que l'on observe dans la distribution des formes végétales« kündigte er – eher versteckt am Ende einer Fußnote in der Mitte des Aufsatzes – an, dass er eine neue Ausgabe des Werkes vorbereite (»On prépare en ce moment une nouvelle édition de cet ouvrage«).[6]

Es entsprach der Logik einer sich ausdifferenzierenden Disziplin, dass die Autoren der Pionierleistung Humboldts Respekt zollten, zugleich aber seine Begrifflichkeiten, Methoden und Ergebnisse einer Kritik unterzogen. De Candolle beispielsweise formulierte seinen floristischen Ansatz in expliziter Abgrenzung von Humboldts Betonung der physikalischen Faktoren Höhe, Temperatur und Luftdruck.[7] Eine 1820 in Berlin anonym erschienene Rezension kritisierte, ähnlich wie de Candolle, die vertikale Fixierung des Humboldt'schen Forschungsprogramms: Der ideale Querschnitt, wie im *Naturgemälde der Tropenländer* präsentiert, führe ebenso wie der neue arithmetische Ansatz zu vereinfachenden Schlüssen hinsichtlich der tatsächlich unregelmäßigen und komplexen Verteilungsmuster der Pflanzen auf der Erde.[8] Humboldt exzerpierte ausführlich aus dieser Rezension, wie vier eng beschriebene Seiten in seinem Nachlass zeigen.[9] Welchen Wert Humboldt darauf legte, seine Definitionsmacht im breiten Feld pflanzengeographischer Forschung abzusichern, illustriert eine Episode, die sich 1820 um einen Artikel im einflussreichen *Dictionnaire des sciences naturelles* entspann. Die Professoren des *Muséum d'histore naturelle* als Herausgeber des *Dictionnaire* hatten de Candolle beauftragt, den Artikel »Géographie botanique« zu verfassen.[10] Humboldt gab sich gegenüber de Candolle ob dieser Entscheidung großzügig, bot sogar an, Daten beizusteuern.[11] Zugleich überzeugte er Verleger und Herausgeber, dem Artikel einen von ihm selbst verfassten Zusatz mit dem Titel »Sur les lois que l'on observe dans la distribution des formes végétales« anzufügen.[12] Die Überschrift ergänzte er durch die Fußnote: »Cet article est tiré de la seconde édition, *inédite*, de la Géographie des plantes de M. de Humboldt.« Diese zweite Erwähnung der geplanten Neuausgabe an prominenter Stelle und in einer direkten Konkurrenzsituation deutet darauf hin, dass das Projekt nicht zuletzt dem Antrieb entsprang, Teil des pflanzengeographischen Forschungskontexts zu bleiben und, mehr noch, die Rolle des Innovators und Stichwortgebers der Disziplin zu behaupten.[13]

[6] Humboldt 1816, 6. Es handelt sich bei diesem Aufsatz um eine gekürzte französische Fassung von Humboldt/Bonpland/Kunth 1815–1825, I, iii–lviii. [7] Vgl. Bourguet 2015, 128. [8] Jahrbücher der Gewächskunde 1820. Vgl. bereits Güttler 2014, 144. [9] SBB-PK, Nachlass Alexander von Humboldt, gr. Kasten 6, Nr. 60, Bl. 1–2, http://resolver.staatsbibliothek-berlin.de/SBB00019F0D00000000. [10] Candolle 1820. [11] Humboldt an A.-P. de Candolle, Paris, 7. September 1820. Conservatoire et jardin botanique de la ville de Genève, Bibliothèque. [12] Humboldt 1820. Vgl. Humboldt an L.-C. Pitois-Levrault, Paris, 18. Juli 1820 sowie ohne Datum [1820], Famille de Candolle, Genève. [13] Auf de Candolles Artikel im *Dictionnaire des sciences naturelles* reagierte Humboldt äußerst dünnhäutig, da er darin nur noch als einer unter vielen Begründern der Pflanzengeographie genannt wurde (Candolle 1820, 361). Vgl. dazu Bourguet 2015.

Vertrag mit den Verlegern Gide und Smith (1825)

In Briefen an de Candolle und den britischen Botaniker Aylmer Bourke Lambert vom September 1820 erwähnte Humboldt nochmals brieflich das Vorhaben einer »nouvelle édition« der *Ideen zu einer Geographie der Pflanzen.*[14] Doch erst vier Jahre später scheint Humboldt diesen Plan wieder aufgegriffen zu haben, denn die nächste Erwähnung des Projektes findet sich in einem am 28. Oktober 1824 aus Paris an Johann Friedrich von Cotta gesandten Brief. Dieser hatte Humboldt offenbar angeboten, eine Neuauflage des Werkes zu veröffentlichen. Humboldt lehnte jedoch ab:

> Was die Geographie der Pflanzen betrift so muss ich ja bitten sie nicht wiederzudrukken. Ich habe schon ein lateinisches Werk de distributione geogr[aphica] plant[arum][15] an die Stelle gesezt und gedenke eine neue ganz umgearbeitete Geographie die im Manuscript nicht vollendet ist, herauszugeben. Von dem alten Werke ist nichts mehr wahr als das allgemeine.[16]

Im Februar 1825 schlossen die Pariser Verleger James Smith und Théophile Étienne Gide mit Humboldt sowie dem Botaniker Carl Sigismund Kunth einen Vertrag über die Herausgabe eines Werkes mit dem Titel »Géographie des plantes dans les deux hémisphères, accompagnée d'un tableau physique des régions equinoxiales«.[17] Der Vertragstext enthält Bemerkenswertes: Humboldt teilte sich Autorschaft und Honorar mit dem Willdenow-Schüler Kunth, der seit 1813 in Paris lebte und den botanischen Teil des Humboldt'schen Reisewerks bearbeitete.[18] Die beiden Verfasser verpflichteten sich, ein Werk in Folio von rund 100 Bogen Umfang, also 400 Seiten, zu liefern, das damit doppelt so lang gewesen wäre wie der französischsprachige *Essai sur la Géographie des plantes* von 1807. Dem Textteil sollten »20 bis 25 Tafeln« beigegeben werden. Der derart erweiterte Umfang an Text und Abbildungen ergab sich aus dem ambitionierten inhaltlichen Konzept der Verfasser: Humboldt und Kunth kündigten ein Werk an, das von der ersten Ausgabe völlig verschieden sein sollte (»entièrement différent de l'Essai sur la Géographie des plantes, publié en 1807«). Während sich der *Essai* mit den Tropen beschäftigt habe, ja eigentlich nur eine ausführliche Erläuterung des *Naturgemäldes der Tropenländer* gewesen sei, sollte das neue Werk nun die Pflanzengeographie der gesamten Erde umfassen. Der Druck werde beginnen, sobald die Arbeit an den *Nova Genera* abgeschlossen sei.[19]

[14] Humboldt an A.-P. de Candolle, Paris, 7. September 1820. Conservatoire et jardin botanique de la ville de Genève, Bibliothèque. Humboldt an A. B. Lambert, 17. August 1820. Royal Botanic Gardens, Kew. A. B. Lambert Correspondence. [15] Humboldt 1817. [16] Humboldt an J. F. v. Cotta, Paris, 28. Oktober 1824, Humboldt 2009, 136–138, 137. [17] Humboldt 2009, Dok. 11, 640–641. Humboldts Exemplar liegt im Berliner Nachlass: SBB-PK, Nachlass Alexander von Humboldt, gr. Kasten 6, Nr. 41.42, Bl. 3–4, http://resolver.staatsbibliothek-berlin.de/SBB00019F5400000000. [18] Zu Kunth vgl. die Einführung zum Briefwechsel Humboldts mit Carl Sigismund Kunth in der vorliegenden Edition, ↗X0000006. [19] Humboldt/Bonpland/Kunth 1815–1825. Der letzte Band erschien 1826 (Fiedler/Leitner 2000, 313).

Verlagsankündigung des Werkes (1826)

Die *Ideen zu einer Geographie der Pflanzen* hatten den programmatischen, thesengeladenen Auftakt des Reisewerks gebildet. Welchen Platz hätte eine neue, nun global gedachte Pflanzengeographie im Werk Humboldts eingenommen? Hätte eine neue Ausgabe die naturgeschichtliche Synthese des – schließlich unvollendet gebliebenen Reisewerks – darstellen können? In seiner selbstverfassten Verlagsankündigung legt Humboldt 1826 präzise fest, welcher Stellenwert der neukonzipierten Geographie der Pflanzen im Reise- und Gesamtwerk zukommen sollte:

> Das neue Werk gehört wesentlich zum *Voyage aux régions équinoxiales*[20] der Hrn. von Humboldt und Bonpland; es ist eine Art Fortsetzung der von Hr. Kunth herausgegebenen *Nova Genera*[21]. Da es über die größten Probleme der Natur handelt, so hat es nicht bloß wissenschaftliches Interesse für Botaniker und Physiker, es empfiehlt sich auch denen, welche gerne Gebirge besuchen oder den Reisenden in der Erzählung über die weite Ferne folgen. Die botanische Geographie spricht zugleich zum Geiste und zur Einbildungskraft; wie die Geschichte jener antiken Pflanzenwelt, die im Schooße der Erde vergraben liegt, wird sie zum höchst anziehenden Studium. Sind die einzelnen Erscheinungen dargestellt und die besonderen Beobachtungen beschrieben, so ist es erlaubt, sich zu allgemeinen Ideen zu erheben; auf eine unfruchtbare Anhäufung von Erfahrungen den Fortschritt der Wissenschaften beschränken zu wollen, das hieße die Bestimmung des menschlichen Geistes verkennen.[22]

Dieser etwas formelhafte Idealismus, an den Schluss des Ankündigungstextes gesetzt, steht auf den ersten Blick in keiner rechten Beziehung zu den vorangehenden Passagen. Diese sind vor allem der Darstellung der biogeographischen Forschungen und ihren Protagonisten seit 1807 gewidmet. Dabei geht Humboldt durchaus auf eigene neuere Beiträge ein, etwa den programmatischen Aufsatz zur Pflanzenarithmetik *De distributione geographica plantarum secundum coeli temperiem et altitudinem montium*.[23] Vor allem aber betont er die schiere Fülle neuester Veröffentlichungen – er zählt nicht weniger als 56 Gelehrte auf, die innerhalb der vorangegangenen fünfzehn Jahre Beiträge zu dieser Disziplin geliefert hatten. Die jüngsten wissenschaftlichen Reisen hatten zudem wichtige Materialien aus bislang unerforschten Regionen (etwa dem Nordpazifik, Neu-Holland und dem Himalaya) erbracht. Dennoch habe die Geographie der Pflanzen »bis jetzt nicht die schnellen Fortschritte gemacht«, die man hätte erwarten sollen. Den Grund für diese ernüchternde Bilanz meint Humboldt in der einseitigen Ausrichtung der Naturforscher zu erkennen, die

[20] So der Reihentitel des 29-bändigen Reisewerkes. [21] Humboldt/Bonpland/Kunth 1815–1825.
[22] Humboldt 1826b, 59–60. Vgl. auch das französische Original, Humboldt 1826a. Dort wird das Erscheinen des Werkes für den 1. Juli 1826 angekündigt. Vgl. Fiedler/Leitner 2000, 421–422.
[23] Humboldt 1817.

oft entweder nur beschreibende Botaniker oder reine Physiker seien. Die Pflanzengeographie sei jedoch eine »gemengte Wissenschaft«, die neben botanischen auch meteorologische, geophysikalische und geologische Kenntnisse erfordere.[24]

Was also fehlte, war der »höhere Standpunkt«[25], der erst durch die Sammlung und Verknüpfung von Einzelbeobachtungen verschiedener Teildisziplinen entstehen würde. Humboldt hatte diese pflanzengeographische Gesamtschau 1807 im *Naturgemälde der Tropenländer* mithilfe der auf der eigenen Reise gesammelten Daten ins Bild gesetzt. 1826 stellte sich die Aufgabe anders dar: Humboldt plante, gemeinsam mit Kunth die zahlreichen neuen in Europa und Amerika erschienenen pflanzengeographischen Abhandlungen sowie unveröffentlichte Materialen, »welche der Verfasser der Freundschaft mehrerer Botaniker und Reisender« verdankte, zu sammeln, zu ordnen und zu vergleichen, um daraus eine weltumspannende Geographie der Pflanzen zu schaffen.[26] Doch Humboldt kündigte zudem an, das *Naturgemälde der Tropenländer* von 1807 in die neue Ausgabe zu übernehmen – wenn auch in überarbeiteter Form. Von der mehrfach kritisierten Grundannahme, allgemeine Verteilungsmuster mittels eines regionalen Querschnitts sichtbar machen zu können, wich Humboldt also 1826 nicht ab.

Materialsammlung (1825–1826)

Wie der Verlagsankündigung zu entnehmen ist, planten Humboldt und Kunth, die einzelnen Teile des Buches thematisch untereinander aufzuteilen: »Der Text des Werkes wird von Hrn. von Humboldt sein, die von Kunth hinzugefügten Abhandlungen oder erklärenden Noten werden von diesem Gelehrten unterzeichnet sein.«[27] Tatsächlich finden sich im Humboldt-Nachlass in der Staatsbibliothek zu Berlin zwei Dokumente, die eine klare Arbeitsteilung nahelegen: Im Kasten 6 liegen in einer von Humboldt mit »Botanique Agriculture I« beschrifteten Mappe zwei Hefte. Das kleinere der beiden, mit den ungefähren Maßen 15 cm x 23 cm, besteht aus 14 Blatt, von denen Humboldt 9 Blatt beidseitig beschrieben hat. Im Heft befinden sich darüber hinaus 14 angeklebte oder eingelegte Zettel und Seiten. Das Deckblatt versah er mit dem Titel »matériaux pour la nou[velle] édit[ion] de la Géographie des plantes« und dem Untertitel »un peu [de] Géogr[aphie] des animaux«.

Das zweite Heft mit den Maßen 25 cm x 33 cm besteht lediglich aus acht Blatt, welche Carl Sigismund Kunth (jeweils nur auf der Vorderseite) beschrieben hat. Hinzu kommen Ergänzungen Humboldts sowie sechs aufgeklebte oder eingelegte Zettel, ebenfalls von Humboldts Hand.

[24] Humboldt 1826b, 58. [25] Humboldt 1845–1862, I, 30. [26] Humboldt 1826b, 58. [27] Humboldt 1826b, 58.

Die beiden Hefte sind auf den ersten Blick recht ähnlich aufgebaut: Sie enthalten Themen, Thesen, Forschungsfragen und -ergebnisse, die in die neue Ausgabe der Pflanzengeographie eingehen sollten, in Form durchnummerierter Stichpunkte. Humboldts Heft enthält 20 Punkte, Kunths 33, von Humboldt um einen 34. Punkt ergänzt. Schriftbild und verwendete Tinte deuten jeweils darauf hin, dass Kunth und Humboldt ihre Stichpunkte zunächst in einem Schreibakt notierten.

Kunths Ideensammlung

Unter den Punkten 1 bis 3 notierte Kunth Stichworte zur Definition und Disziplingeschichte der Pflanzengeographie und Pflanzenarithmetik sowie über die physischen Wachstumsbedingungen der Pflanzen, deren Untersuchung er als »Hülfswissenschaften« bezeichnet. Kunth exzerpierte diese Punkte aus Joakim Frederik Schouws *Grundzügen einer allgemeinen Pflanzengeographie*.[28] Insbesondere notierte er Schouws Beurteilung der von de Candolle vorgeschlagenen Unterscheidung von Pflanzenvorkommen in Statio (Ort, an dem das natürliche Gedeihen einer Pflanze möglich ist) und Habitatio (Ort ihres tatsächlichen Vorkommens, Patria) als widersinnig. Die Berufung auf Schouw und dessen Kritik an de Candolle gleich am Anfang der Kunth'schen Ideensammlung ist nicht zufällig. Humboldt setzte die Neuausgabe der Geographie der Pflanzen in der Ankündigung in direkte Beziehung zu Schouws *Grundzügen*, denn dieser gehöre »zu jener kleinen Anzahl von Reisenden, welche zugleich Botaniker und Physiker seien«.[29] So wie Schouw Humboldts Vorarbeiten zur botanischen Geographie übernommen habe, werde auch Humboldts und Kunths Neuausgabe »alles Neue und Wichtige« der Ideen Schouws aufgreifen.[30]

Die in den ersten drei Punkten genannten Themen sollten den einleitenden Teil des Werkes bilden, wie Kunth im mit »Unser Plan« betitelten Punkt 4 festlegte. Darauf sollte das »allgemeinste aller Vegetation« geschildert werden (Punkte 4 und 5): die Gesamtzahl der Arten, weltweite Zahlenverhältnisse sowie Verbreitungsgesetze der Arten und Gattungen, Grundsätzliches zu den Vegetationszonen der Erde und zur Arealveränderung von Pflanzen. Die folgenden Punkte 6 bis 33 lassen keine klare Gliederung, etwa im Sinne eines vorläufigen Inhaltsverzeichnisses oder der Entwicklung einer Argumentation, erkennen. 18 Punkte bestehen in Stichworten zu Regionalfloren, etwa »No. 12 Himalaya. Siehe Gowan[31]« oder »No. 15. Flor von Quito«. Die übrigen Punkte widmen sich Teilbereichen der Pflanzengeographie, wie den Kulturpflanzen, der Akklimatisierung oder der Verbreitung einzelner Gattungen.

[28] Schouw 1823. [29] Humboldt 1826b, 59. [30] Humboldt 1826b, 59. [31] Govan 1825.

Verweissystem

Die meisten der 33 Stichpunkte hat Kunth mit Verweis-Siglen versehen. Die Siglen werden von den Buchstaben des Alphabets gebildet, die durchgängig in Majuskeln erscheinen. Lediglich den Buchstaben A hat Kunth nochmals unterteilt, wohl weil er annahm, die Siglen A bis Z bereits vergeben zu haben (der Buchstabe J fehlt allerdings oder wurde wegen der Verwechslungsgefahr mit der Majuskel I bewusst ausgelassen), so finden sich die Siglen Ab bis Ah und Ak, jedoch nicht Ai oder Aj. Wie ein Blick auf Blatt 3 bis 6 zeigt, besteht zwischen den Siglen und den Nummern der Stichpunkte keine logische Beziehung. Die Siglen sind also höchstwahrscheinlich nachträglich vergeben worden. Sie verweisen jeweils auf mit identischen Siglen versehene Dokumente Humboldts, die er Kunth wohl zur weiteren Bearbeitung der Ideensammlung übergeben hatte und nur wenig später gemeinsam mit der Ideensammlung von ihm zurückerhielt.[32] Dafür sprechen die zahlreichen aus der Zeit des Buchprojekts stammenden Bearbeitungsspuren Humboldts, vor allem die vier auf Blatt 1 geklebten Zettel. Ebenso wie die Kunth'sche Ideensammlung finden sich wenigstens 27 der von Kunth und Humboldt mit Verweis-Siglen versehenen Dokumente heute an verschiedenen Stellen des Humboldt-Nachlasses.

Das von Humboldt und Kunth auf diese Weise geordnete Material besteht aus recht heterogenen Textarten. Es finden sich briefliche Mitteilungen anderer Gelehrter, die zum Teil die Form eigenständiger wissenschaftlicher Abhandlungen annehmen sowie zumindest ein Ausschnitt aus einem Druckwerk (Sigle T). Bei der Mehrheit der Dokumente handelt es sich um Notizen und Kommentare Humboldts zu Publikationen anderer Gelehrter. In einigen Fällen stellt Humboldt auf einem Blatt die Forschungsergebnisse zweier Gelehrter zum selben Themenkreis gegenüber, notiert Übereinstimmungen, Ergänzungen und Widersprüche und moderiert diesen Dialog durch seine Fragen und eigene Beobachtungen.[33] Häufiger sind allerdings Exzerpte von wenigen Zeilen, die Humboldt aus nur einem Aufsatz oder einer Buchveröffentlichung vornahm. Den Zetteln gab Humboldt Kurztitel (»Arbres fossiles«, »Warm«, »Graminées«), um eine spätere thematische Zuordnung zu erleichtern. Ob diese kleinformatigen Notizen ursprünglich in die Publikationen, aus denen sie exzerpiert worden waren, eingelegt waren, ob also die teils äußerst knappen, fast kryptischen Stichworte und Seitenzahlen lediglich Verweise auf die entsprechenden Stellen im Werk und ausführlichere Marginalnoten darstellen, lässt sich derzeit noch nicht ermitteln.[34]

[32] Zwei Dokumente (Sigle D und E) sind von Kunths Hand. [33] Vgl. Sigle Aa und K. [34] Die Humboldt'sche Exzerpiertechnik erinnert an die – ungleich besser erforschten – Lesegewohnheiten Charles Darwins, der eine Veröffentlichung während der ersten Lektüre mit Unterstreichungen und Randbemerkungen versah, diese in eine Liste am Ende des Werks eintrug und dann in einem zweiten Schritt, oft erst lange Zeit danach, daraus auf einem separaten Blatt Exzerpte vornahm. Wie Humboldt und Kunth nutzte auch Darwin Siglen, um die zahlreichen Textbausteine seiner Publikationen miteinander in Verbindung zu setzen. Vgl. DiGregorio/Gill 1990, xii. Zur Lese- und Exzerpiertechnik europäischer Gelehrter und Schriftsteller um 1800 vgl. Décultot 2014.

Einige der Dokumente waren ursprünglich im Kontext anderer Publikationen entstanden oder wurden später entsprechend verwendet, stellten aber offenbar Forschungsprobleme dar, die zunächst oder nochmals in der Neuausgabe der *Geographie der Pflanzen* aufgegriffen werden sollten. Dies gilt zum Beispiel für ein Manuskript Heinrich Julius Klaproths über die Benennung des Maises und anderer Nutzpflanzen in einigen asiatischen und europäischen Sprachen (Sigle A), das Humboldt 1826 auszugsweise in der zweiten Auflage des *Essai politique sur le Royaume de la Nouvelle-Espagne*[35] veröffentlichte. Besonders beeindruckend ist die »Énumération des Plantes de la Province de Quito«, eine über 600 Einträge umfassende Einteilung der Pflanzen dieser Region in drei Höhenstufen (Sigle F). Die Angaben hatte Humboldt aus den ersten sechs Bänden der *Nova genera et species plantarum*[36] exzerpiert, möglicherweise für die im siebten Band erschienene Flora Quitensis. Schließlich stellte Humboldt auch vier Blatt seines amerikanischen Reisetagebuchs, die Angaben zu den Nutz- und Heilpflanzen der USA enthielten, zur Verfügung (Sigle Ag).

Humboldts »Matériaux pour la nouvelle édition de la Géographie des plantes«

Humboldts Heft stellt ebenfalls eine durchnummerierte Ideensammlung dar und ist darin dem Textkonvolut Kunths sicherlich nicht zufällig sehr ähnlich. Doch bleibt Kunths Heft, vor allem ab dem zweiten Drittel des Manuskripts, eine schlagwortartige Aufzählung möglicher Themen.

Humboldts Ideensammlung ist dagegen inhaltsreicher. Die Diskussion der einzelnen Stichpunkte (»Steppe«, »extrêmes«, »Hybridité«) ist oft thesenartig zugespitzt und geht zuweilen ins Aphoristische. Zwar handelt es sich auch bei Humboldts zwanzig Punkten zum großen Teil um Exzerpte aus Arbeiten anderer Autoren, aber Humboldt positioniert sich bereits in der Zusammenstellung gegenüber deren Forschungsergebnissen und überprüft ihr Urteil über seine Arbeiten zur Pflanzengeographie. Er vergleicht an mehreren Stellen neue Daten zur Pflanzenarithmetik mit seinen Zahlen (zum Beispiel Blatt 5r »Zahlenverhältnisse der Familien«: »meine bestätigt«) und unterzieht andere der Kritik (Bl. 17v, 23r).

In den beiden Ideensammlungen Humboldts und Kunths finden sich zahlreiche thematische Überschneidungen. Neben der bereits erwähnten Pflanzenarithmetik gehören dazu die Themen der Verbreitungsgrenzen, Pflanzenmigration und Akklimatisierung sowie ein starkes Interesse an neueren Regionalfloren, vor allem Nordamerikas. Aber nur Humboldts Dokument enthält Notizen zur Tiergeographie. Gleich im ersten Punkt der Sammlung exzerpiert Humboldt Informationen

[35] Humboldt 1825-1827. [36] Humboldt/Bonpland/Kunth 1815–1825.

zur Nahrungskette der zentralasiatischen Steppe aus dem von Martin Hinrich Lichtenstein verfassten »naturhistorischen Anhange« zu Eduard Eversmanns *Reise von Orenburg nach Buchara* und vergleicht Lichtensteins Darstellung mit der eigenen im Reisebericht *Relation historique* veröffentlichten Schilderung der Nahrungsbeziehungen in den Llanos von Neu-Granada (Bl. 2r).[37] Mitteilungen des Ichthyologen Achille Valenciennes zur nord-südlichen Verbreitung der Fischarten entlang der Küsten des Atlantiks stellt Humboldt mündlichen Angaben des Algologen Jean Vincent Félix Lamouroux über die Geographie der Meerespflanzen gegenüber (Bl. 3v, 5r).

Epilog

Die Neuausgabe der *Geographie der Pflanzen* ist wohl über die frühe Projektphase der Materialsammlung und -ordnung nicht hinausgekommen. Zwar gab Humboldt noch im Herbst 1825 bei dem kurz zuvor aus Brasilien zurückgekehrten Landschaftsmaler und Zeichner Moritz Rugendas einige der für das Werk bestimmten Bildtafeln in Auftrag (»eine Palme, ein baumartiges Farrenkraut, eine Banane«), die das Kapitel »Physiognomie der Gewächse« illustrieren sollten. In einem am 1. Februar 1826 verfassten Schreiben ergänzte Humboldt seine Bestellung noch einmal und bat um »Skizzen von Araucarien, und Bambusen, allenfalls auch von Cactus und Manglegruppen werden uns sehr, sehr willkommen sein.«[38] Doch scheinen die im Herbst 1826 in Druck gegangenen Verlagsankündigungen in französischer und deutscher Sprache den Endpunkt des Projektes gebildet zu haben. Die Verleger Gide und Smith einigten sich am 13. Januar 1827 mit Humboldt und Kunth in einem Vertragszusatz darauf, dass der Druck des Werkes erst beginnen werde, wenn das gesamte Manuskript vorliege und dass eine Honorarzahlung nur bei Erscheinen der ersten Lieferung erfolgen würde.[39] Dieser Zusatz lässt mit einiger Sicherheit darauf schließen, dass Humboldt und Kunth bis zu diesem Zeitpunkt kein Manuskript geliefert hatten. Humboldt verließ Paris im April 1827.

Die nie erschienene zweite Ausgabe der *Geographie der Pflanze*n lässt sich aus den vorliegenden Ideenlisten, Notizen und Briefen nicht rekonstruieren. Das abgeschlossene Werk bildet selten den ersten Plan ab.[40] Was bleibt, ist ein Blick auf den Schreibtisch der Autoren: Am Anfang des wissenschaftlichen Schreibens stehen Lektüre und Exzerpt. Die von Humboldt und Kunth zusammengestellte, kommentierte und annotierte Sammlung von Auszügen, Thesen und Stichworten erlaubt die Rekonstruktion ihrer Sicht auf die botanische und biogeographische Forschung

[37] Eversmann/Lichtenstein 1823. Humboldt 1814–1825. [38] Ausführlich: Werner 2013, 96–100. [39] Humboldt 2009, Dok. 10, 642. Der von Kunth und Humboldt gegengezeichnete Vertrag liegt im Berliner Nachlass Humboldts: SBB-PK; Nachlass Alexander von Humboldt, gr. Kasten 6, Nr. 41.42, Bl. 5–6, http://resolver.staatsbibliothek-berlin.de/SBB00019F5500000000. [40] Vgl. Hoffmann 2008, 19.

in Europa und Amerika um 1825. Wir erfahren etwas über eine arbeitsteilige Projektarbeit, in der das Arbeitsmaterial in Form von Zetteln und Heften zwischen Autoren hin und her wanderte und gemeinsam bearbeitet wurde. Die digitale Edition der im Nachlass weit verstreut abgelegten Fragmente zur Neuausgabe der *Geographie der Pflanzen* ermöglicht, die einzelnen Texte miteinander genau in diejenige thematische Beziehung zu setzen, die das Verweissystem Humboldts vorsah. Die nun in der *edition humboldt digital* – und in Auszügen in der *edition humboldt print* – vorgelegten Dokumente können damit zu einer weiteren inhaltlichen Erschließung der Humboldt-Nachlässe in Berlin und Krakau anregen.

Verlagsvertrag zur »Géographie des plantes dans les deux hémisphères« (1825)

Théophile-Étienne Gide
Alexander von Humboldt
Carl Sigismund Kunth
James Smith

↗H0016424

|3r |Entre les soussignés, Monsieur le Baron Alexandre de Humboldt et Monsieur le Professeur Charles Kunth, demeurant à Paris, quai de l'école no. 26, d'une part, et Monsieur Théophile Étienne Gide, père, propriétaire, demeurant à Paris, rue Saint-Marc-Feydeau no. 20. et Monsieur James Smith, imprimeur breveté, demeurant à Paris, rue Montmorency no. 16, d'autre part, a été dit, convenu et arrêté ce qui suit; savoir

Article I.

Messieurs de Humboldt et Kunth ayant le projet de publier conjointement un ouvrage sous le titre: Géographie des plantes dans les deux hémisphères, accompagnée d'un tableau physique des régions équinoxiales, ils s'engagent par le présent traité à livrer à Messieurs Gide et Smith aux conditions ci-après le travail qu'ils préparent à cet effet.

1.) L'ouvrage de Messieurs de Humboldt et de Kunth est entièrement différent de l'Essai sur la Géographie des plantes, publié en 1807. Ce dernier, ayant rapport seulement à la zone tropique, n'est pour ainsi dire que la description de la grande coupe des Cordillères. Le nouvel ouvrage au contraire embrassera la Géographie des plantes du globe entier. Mais Messieurs de Humboldt et Kunth refonderont dans leur travail tout ce qui leur paroît utile à conserver de l'ancien, surtout le tableau physique des régions équinoxiales, qui en constituera même une partie essentielle. Ce tableau ne doit pas être confondu avec l'Essai sur les climats, considérés d'après les inflexions
|3v des lignes isothermes, qui | forme un ouvrage à part, et que M. de Humboldt publiera séparément.

2.) La nouvelle Géographie des plantes formera un volume in folio d'environ Cent feuilles, avec un Atlas de Vingt à Vingt Cinq planches y comprise la grande Coupe de la Cordillère des Andes, qui est la propriété de Messieurs Gide et Smith, et sur laquelle ces Messieurs s'engagent à faire faire les corrections que Messieurs les auteurs leur indiqueront.

3.) L'ouvrage en question paroîtra en Quatre ou Cinq livraisons. Son impression commencera aussitôt que celle des Nova Genera sera achevée.

4.) Messieurs les auteurs promettent de faire tout ce qui dépendra d'eux, pour que les livraisons puissent se succéder de Trois en Trois mois.

Article II.

Messieurs Gide et Smith s'engangent à payer à Messieurs de Humboldt et Kunth pour honoraire du travail donc il s'agit, la Somme de Douze Mille Francs, savoir

6000 francs à Monsieur de Humboldt, en quatre ou cinq portions égales, payables à l'époque de la publication de chaque livraison, et

6000 francs à Monsieur Kunth, par à-comptes successifs de 300 francs chaque mois, à commencer du Premier Décembre 1825 sans interruption jusqu'à parfait acquittement de cette somme; bien entendu que les livraisons se succéderont, comme il est dit ci-dessus, de trois en trois mois.

Messieurs les auteurs receveront de plus Cinq exemplaires de l'ouvrage.

Article III.

Messieurs de Humboldt et Kunth se chargeront gratis de la correction des épreuves, ils surveilleront l'exécution des planches dont les dessins et les gravures seront payés par Messieurs les éditeurs, qui choisiront eux-mêmes les dessinateurs et graveurs.

| Article IV. | 4r

Messieurs Gide et Smith s'engagent à mettre sous presse un an après la publication du dernier cahier de l'édition in folio, une autre in Octavo, pour laquelle les auteurs ne recevront point d'honoraire, mais dont il leur sera fourni douze exemplaires.

Article V.

Lorsqu'il conviendra à Messieurs les éditeurs de publier une seconde édition, sur le titre de laquelle ils voudroient énoncer qu'elle est revue et corrigée par les auteurs ou par l'un d'eux, d'après l'état des sciences de cette époque, Messieurs Gide et Smith traiteront de gré à gré avec Messieurs les auteurs pour les augmentations ou changements à y faire. Mais dans ce cas où Messieurs Gide et Smith préféreroient une simple réimpression, il n'y auroit point d'honoraires pour Messieurs les auteurs.

Article VI.

Les difficultés qui pourroient s'élever sur l'exécution du présent traité seront aplanies par des arbitres respectivement nommés.

Le present traité fait quadruple à Paris, le ...... Février Mille huit Cent Vingt Cinq.

CKunth

approuvé l'écriture Alexandre de Humboldt.

approuvé l'écriture, JSmith

approuvé l'écriture Th. É. Gide

Verlagsvertrag zur »Géographie des plantes dans les deux hémisphères« (1825) – deutsche Übersetzung

↗H0018389

|3r |Zwischen den Unterzeichnern, Herrn Baron Alexander von Humboldt und Herrn Professor Carl Kunth, wohnhaft in Paris, quai de l'école Nr. 26, einerseits und Herrn Théophile Étienne Gide, Vater, Geschäftsinhaber, wohnhaft in Paris, rue Saint-Marc-Feydeau Nr. 20, und Herrn James Smith, lizensierter Drucker, wohnhaft Paris, rue Montmorency Nr. 16, andererseits wurde Folgendes besprochen, vereinbart und beschlossen:

Artikel I.

Herr von Humboldt und Herr Kunth, die beabsichtigen, gemeinsam ein Buch mit dem Titel Géographie des plantes dans les deux hémisphères, accompagnée d'un tableau physique des régions équinoxiales zu veröffentlichen, verpflichten sich mit dem vorliegenden Vertrag, Herrn Gide und Herrn Smith unter den folgenden Bedingungen die Arbeit, die sie zu diesem Zweck vorbereiten, zu liefern.

1.) Die Arbeit der Herren von Humboldt und Kunth unterscheidet sich grundlegend von dem 1807 veröffentlichten Essai sur la Géographie des plantes. Letzterer, der sich nur auf die tropische Zone bezieht, ist sozusagen nur die Beschreibung des großen Querschnitts der Kordilleren. Das neue Werk wird im Gegensatz dazu die Geographie der Pflanzen der gesamten Erde behandeln. Aber die Herren von Humboldt und Kunth werden in ihrer Arbeit alles, was sie vom Alten für erhaltenswert erachten, vor allem das Tableau physique des régions équinoxiales, das sogar einen wesentlichen Teil davon ausmachen wird, umarbeiten. Diese Tabelle darf nicht mit dem Essai sur les climats, considérés d'après les inflexions des lignes isothermes verwechselt werden, der ein eigenes Werk | bildet, und den Herr von Humboldt ge- |3v
sondert veröffentlichen wird.

2.) Die neue Geographie der Pflanzen wird einen Folio-Band von etwa 100 Bogen bilden, mit einem Atlas von 20 bis 25 Platten, einschließlich des großen Querschnitts der Kordillere der Anden, der das Eigentum der Herren Gide und Smith ist und auf dem sich diese Herren verpflichten, die Korrekturen vornehmen zu lassen, die ihnen die Autoren angeben werden.

3.) Das betreffende Werk wird in vier oder fünf Lieferungen erscheinen. Sein Druck wird beginnen, sobald der Druck der Nova Genera abgeschlossen sein wird.

4.) Die Herren Autoren versprechen, alles zu tun, was von ihnen abhängt, damit die Lieferungen alle drei Monate aufeinander folgen können.

Artikel II.

Die Herren Gide und Smith verpflichten sich, den Herren von Humboldt und Kunth als Honorar für die Arbeit, um die es sich handelt, zwölftausend Franc zu zahlen, nämlich

6000 Franc an Herrn von Humboldt, in vier oder fünf gleichen Teilen, zahlbar zum Zeitpunkt der Veröffentlichung jeder Lieferung, und

6000 Franc an Herrn Kunth, in aufeinanderfolgenden Raten von 300 Franc pro Monat, beginnend ab dem 1. Dezember 1825 ohne Unterbrechung bis zur vollständigen Begleichung dieses Betrages; natürlich werden die Lieferungen, wie oben erwähnt, alle drei Monate aufeinander folgen.

Die Herren Autoren werden zusätzlich fünf Exemplare des Buches erhalten.

Artikel III.

Die Herren von Humboldt und Kunth werden sich kostenlos um die Korrektur der Druckfahnen kümmern, sie werden die Ausführung der Platten überwachen, deren Zeichnungen und Stiche werden von den Herren Verlegern bezahlt werden, die selbst die Zeichner und Stecher auswählen werden.

|4r **| Artikel IV.**

Die Herren Gide und Smith verpflichten sich, ein Jahr nach Erscheinen des letzten Heftes der Folio-Ausgabe eine weitere in Oktav in Druck zu geben, für die die Autoren keine Honorare erhalten werden, von diesen werden ihnen jedoch zwölf Exemplare geliefert werden.

Artikel V.

Wenn es den Herren Verlegern angemessen erscheinen wird, eine zweite Ausgabe zu veröffentlichen, die sie als von den Autoren oder von einem von ihnen nach dem Stand der Wissenschaften dieser Zeit durchgesehen und korrigiert bezeichnen möchten, werden die Herren Gide und Smith in gegenseitigem Einvernehmen mit den Herren Autoren über darin zu machende Ergänzungen oder Änderungen verhandeln. Aber in dem Fall, in dem die Herren Gide und Smith einen einfachen Nachdruck bevorzugen würden, gäbe es kein Honorar für die Herren Autoren.

Artikel VI.

Die Schwierigkeiten, die sich bei der Durchführung des gegenwärtigen Vertrages ergeben könnten, werden von jeweils ernannten Schlichtern gelöst werden.

Der vorliegende Vertrag vervierfacht ausgefertigt in Paris, am ...... Februar Achtzehnhundertfünfundzwanzig.

zugestimmt: Alexandre de Humboldt

CKunth

zugestimmt: JSmith

zugestimmt: Th. É. Gide.

↗H0002731

|[A]Matériaux pour la nouvelle édition de la Géographie des plantes[B] |1r

|Géographie des Plantes |2r

1 Steppe

Donnez tableaux de cette nature. Décrivez Steppe des Kirgises d'après Lichtenstein in Eversmann page 114[2, C] ces déserts vivifiés par des Agames non Lézards, durs de peau, ne respirant pas par la peau et ayant pour cela plus d'activité de vie pulmonaire, dürrhäutige Steppenamphibien, et comment la Steppe s'anime. Les plantes nourrissent des insectes, en floraison peut-être seulement périodiquement. Les insectes appellent et contribuent au développement des Agames, ceux-ci (peuvent jeûner longtems) nourrissent les Vipères, les serpens, les oiseaux. Lichtenstein in Eversmann page 141[3] (Relation historique III page 4[4]).

Steppes de Caracas: Chiquire, Crocodiles, Jaguars, Steppes des Kirguises: Dipus, Arctomys, Mures, Steppenfüchse (Canis Caragan) Heerden von Antilope Saiga page 22., Eversmann page 123[5]. 9.

2 Genres des 2 continens

Les mêmes genres dans les 2 continens. Boa tartarica (Cuvier s'étoit trompé) Lichtenstein dans Eversman page 146[6]. (Relation historique II page 364[7]).

A *Anmerkung des Autors* hier 8000 Species von Cap – Orange River Burchell gewiss Brown[1]. B *Anmerkung des Autors* un peu Géographie des animaux C *Anmerkung des Autors* Peupliers autour des rivières, les Mauritia de ces contrées page 17 (gigantische Dolden 3–4 Fuss hoch Ferula persica mitten in Steppe. page 52).

1 Vgl. Bl. 17v. 2 Eversmann/Lichtenstein 1823. 3 Eversmann/Lichtenstein 1823. 4 Humboldt 1814–1825. 5 Eversmann/Lichtenstein 1823. 6 Eversmann/Lichtenstein 1823. 7 Humboldt 1814–1825.

3 Limites des pins

Comment à l'occasion des projets de construction de flotte d'Alexandre les anciens ont déterminé la limite des pins pas au sud de l'Iaxartes. Stellen in Ritter II page 658[8].

|2v **| 4 Wassermelonen**

Géographie de la plante Ritter II 679[9].

5 Polar-Vegetation

Plus chaud qu'on le croit sur terre par réverbération du sol Scoresby, Greenland Voyage 1823. page 344[10] trouve latitude 70° entre Cap Brewster et Davy's Sound thermomètre Fahrenheit, à terre toujours au-dessus de 70°, quand à bord il étoit également à l'ombre 40° Fahrenheit.

6 Plantes du Grönland[A]

Entre latitude 70°–74°:

seul arbre un Saule gros comme le doigt, et ne poussant des branches que latéralement, n'ayant jamais de hauteur que 2–3 pouces! puis Andromeda tetragona , Ranunculus nivalis, Cochlearia anglica, Epilobium latifolium, Saxifraga cernua, Saxifraga caespitosa, Saxifraga oppositifolia, Dryas octopetala, Papaver nudicaule, Rhodiola rosea, Lusula arcuata, Arnica angustifolia, Vaccinium pubescens, Aira spicata, Festuca vivipara, Alopecurus alpinus, Potentilla verna, Poa laxa, des Stellariae, Rumex digynus (Oxyria reniformis Hooker), Veronica alpina.

À Jameson's Land plusieurs acres de terre couverts de graminées d'un pié de hauteur, comme de belles prairies latitude 70° 25. Cependant de tout le voyage seulement 45 espèces (quelle différence avec Norvège où hauts arbres) mais parmi lesquelles 29 genres!!

[A] *Anmerkung des Autors* Scoresby Greenland Voyage page 188. 215[11] et Hooker page 411[12]

[8] Ritter 1817–1818, II (=3. Buch, Westasien). [9] Ritter 1817–1818, II (=3. Buch, Westasien). [10] Scoresby 1823. [11] Scoresby 1823. [12] William Jackson Hookers »List of Plants, from the East Coast of Greenland, with some remarks« in Scoresby 1823, 410–415.

|7 Anfang |3r

Ganze terrassen in Abtroknungstheorie, dass Höchste zuerst trokken Scythia tradition der Nord- und Wetterseite Justin liber II I caput 1[13].

8 Familles: proportions

Mon travail étendu par Moreau de Jonnès (Histoire physique des Antilles Tome I[14]) Antilles ont 1823 phanérogames 600 cryptogames dont 160 fougères.

9 Fécondité

Un Oranger de 20 piés de hauteur à l'île Saint-Michel (Azores) a donné dans l'année 1822 … 29000 fruits. Annales des voyages 1823 Tome 18 page 426[15].

10 Amérique arctique Franklin

Beaux arbres de pins, peupliers, *laxis(?)*[16], Saules latitude 54°–61° au sud du grand Lac des Esclaves[A]. Plus de forêts, seulement quelques bouleaux et pins isolés parmi des arbustes et de la mousse de latitude 64°–67° ½, depuis 67° 28' sur le Coppermine River plus un seul arbre. Francklin journey to the Polar Sea (Carte 3)[17].

(Richardson colligea 663 espèces dont 410 phanérogames de latitude 56°–68.° Monocotylédones frage Kunth.) Franklin page 728[18]. Le Cryptogramma acrostichoïdes Brown que Menzies avoit trouvé à Nootka végète latitude 60° au Coppermine River page 767[19]!

Ce qui croît sociatim on barren grounds près 65–68° Arbutus alpina, Rhododendron lapponicum, Empetrum nigrum, Dufourea arctica, Cenomyce rangiferina, Cetraria nivalis, Cetraria cucullata, Cetraria islandica page 534[20].

A *Anmerkung des Autors* Comment Asie? frage Klaproth

13 Marcus Iunianus Iustinus: *Epitoma Historiarum Philippicarum*. 14 Moreau de Jonnès 1822. 15 Nouvelles Annales des Voyages 1823. 16 Vielmehr: larix? 17 Franklin 1823. 18 Franklin 1823. 19 Franklin 1823. 20 Franklin 1823.

11 Extrêmes

Plantes agames dans les eaux bouillantes et urédo des Neiges du Capitaine Ross.[21]

hauteur: Chimborazo et plantes souterraines,

durée – fugace: byssus et Adansonia,

petitesse: cryptogames – Eutassa. *Quel(?)* est le plus petit des phanérogames? Quelles familles ont les arbres les plus hauts (palmiers, pins, Eucalyptus), les plus gros. Lesquels ne cessent de grandir? Fucus gigantea de 40 piés.

|3v

| 12 Plantes tropicales

Les mêmes empreintes, aspect tropical reconnu par Mister Jameson[22] dans les houilles de Melville's Island au-delà du cercle polaire. Scoresby Voyage to Greenland page 408[23].

13[24] Thalassophytes

Lamouroux m'a dit:

Maximum des espèces, plus grande variété par les 35°–42° latitude boréale et australe, variété diminue vers l'équateur et les pôles. Sous les mêmes latitudes des deux côtes de l'Atlantique et même de l'équateur pas mêmes espèces, mais formes analogues, comme les Rubus et Saxifrages des Andes. Les Laminaires (fucus saccharinus) surtout vers les pôles, les Sargassoïdes sous les tropiques et climats très tempérés, Méditerranée. Un d'eux, le Fucus natans, seulement dans l'Océan atlantique, seulement au nord de l'équateur. Les plus petits Fucus de quelques lignes à 1 pouce dans les Floridées et Dictyotées … La zone australe comme plus aquatique plus riche en formes: c'est là les plus grands, Fucus giganteus, de 800 piés; fucus buccinalis énorme du Congo. Ulves et Conferves partout dans les mers. Les Sargassoïdes à feuilles distinctes et vésicules pédiculées, la forme la plus parfaite, la plus développée aussi sous les tropiques. On connoit 7–800 Fucus, Lamouroux croit le quart de ceux qui existent. Les fucus des États-Unis d'autres espèces que ceux des côtes opposées

[21] John Ross beschrieb im Bericht über seine Arktisexpedition (1818) das Phänomen des roten Schnees (Ross 1819, Appendix III, lxxxviii–lxxxix). Der Botaniker Francis Bauer identifizierte 1819 den Pilz Uredo nivalis als Verursacher der Rotfärbung (vgl. Werner 2007, 33–37). [22] Vgl. die von Robert Jameson angefertigte »List of Specimens of the Rocks brought from the Eastern Coast of Greenland, with Geognostical Memoranda« in Scoresby 1823, 399–409. [23] Scoresby 1823. [24] Die Nummer 13 vergibt Humboldt doppelt. Vgl. Bl. 5r.

d'Europe. La substance verte = dans les plantes terrestres seulement dans les ulvacées, dans les Fucus vert toujours brunâtre olivâtre, aussi la lumière les rend-elle toujours brun noirâtre.

|Géographie des animaux |5r

Les poissons d'une même côte par exemple côte occidentale de l'Ancien continent les mêmes (au Cap et Méditerranée) malgré l'énorme différence de latitude; au contraire différents sous même latitude en Europe et North Amérique. Sur ces dernières côtes pas un poisson de mer d'Europe. Valenciennes.

Poissons du Cap. Est-ce comme plantes européennes de Nouvelle Hollande qui ne sont pas dans montagnes intermédiaires des tropiques, ou existent-ils aussi au Sé négal sous les eaux chaudes de la surface? Côtes opposées même rapprochées diffèrent souvent par les coquilles (France, Angleterre).

Poissons de mer, forme en eau salée Raie Orénoque. Dauphin Orénoque. (Atherina en Lac de Côme) Valenciennes.

Pleuronectes flesus a remonté à Orléans. Sic plantes des côtes vont dans l'intérieur.

13[25] S'acclimater

Si cela étoit vrai, pas plus de limites de hauteur. Cependant des plantes d'un même genre des hauteurs bien différentes. Les Gentiana accaulis et Gentiana bavarica sur les sommités les plus élevées des Alpes, Gentiana purpurea et Gentiana punctata sur les Alpes de moyenne hauteur, Gentiana verna dans les plaines.

Zahlenverhältnisse der Familien

Statistique chez Arago[26] Meine bestätigt 1) in Flore d'Auvergne[27]

2) Hepaticae <nicae Acta Bonn XII page 181[28].

3) Ringier Helvetia[29]!! Férrussac Août 1824 page 340[30]. N1

[25] Die Nummer 13 vergibt Humboldt doppelt. Vgl. Bl. 3v. [26] Gemeint sind die von Louis Joseph Gay-Lussac und François Arago herausgegebenen *Annales de Chimie et de Physique*. Vgl. Humboldt 1816, Humboldt 1821. [27] Vgl. Déribier de Cheissac 1824, 113–120. [28] Reinwardt/Blume/Nees von Esenbeck 1824. [29] Ringier 1823. [30] Férussac 1824.

|5v

|14 Hybridité

Croisement dans les plantes sauvages beaucoup plus rare qu'on ne le pense parce qu'il suppose un grand rapprochement des congénères et le développement simultané des organes de la fructification, des circonstances particulières et rares que deux excellens observateurs Messieurs Guillemin et Dumas ont exposées. Plusieurs plantes hybrides ne sont décidément pas fécondes par exemple Ranunculus lacerus et Centaurea hybrida, des autres douteux.[A] Il paroit que les espèces se forment plutôt par longue influence de la température, du sol, par des soudures et avortemens souvent répétés et devenus constans.

Himalaya

Une Campanula en graines mûres recueillie par Captain Gerard dans le Himalaya (latitude 32° Nord) à 16800 piés anglais de haut où thermomètre étoit Octobre à midi 27° Fahrenheit, arbustes encore plus haut. Colebrooke Transactions of the Geological Society Second series Volume I Part I page 131[32].

15

Dans l'Expédition de Major Long on a trouvé dans les plaines prairies entre la Rivière Platte et le Kanzas des centaines d'acres tous couverts de Vitis qu'on crut être la même que celui d'Europe avec les plus beaux Traits. Arrêtant les sables, ces pampres couchés sur le sol forment des collines dunes.

Sauvagesia

überall (Saint-Hilaire et Brown) Scoparia dulcis auch Neu Holland. Sphenoclea hatte fest Brown geglaubt, sei mit Reis gekommen, glaubt jezt nicht mehr.[33] – Quidam[34] (Gay?) der 600 plantae Senegal besizt will 30 amerikanische haben, leguminöse, baum und grass Ponceletia Tristan D'Acuña und Europa Brown zweifelt ob dieselbe species das grass, leugnet nicht leguminose Bäume. War es Gay?

[A] *Anmerkung des Autors* Mémoires de la Société d'histoire naturelle Tome I page 90[31].

[31] Guillemin/Dumas 1823. [32] Colebrooke 1824. [33] Vgl. Brown 1818, 64: »I was at one time inclined to believe, that Sphenoclea might be considered as an attendant on Rice, which it very generally accompanies, and with which I supposed it to have been originally imported from India into the various countries where it is found. This hypothesis may still account for its existence in the rice fields of Egypt; but as it now appears have to been observed in countries where there is no reason to believe that rice has ever been cultivated, the conjecture must be abandoned.« [34] Lat.: ein gewisser Mann, jemand.

Geographie Thiere

Allen Welttheilen (Norvège, Cap. Cayenne…) gemeinschaftlich Otus brachyotus, Strix flammea et Pandion Haliaetos. F. Temmink[35] in Friedrich Boie Tagebuch einer Reise durch Norwegen page 153[36]. Tringa alpina Norwegen et Kuhl l'a trouvé au Cap de bonne Espérance loco citato page 259. N2, B1, B2, B3, B4

|20 Nowaja Semla |17r

N3, N4, N5, N6

En Sibérie, agriculture possible pas au-delà de 59 et 60° latitude et Cap Nord. À Nowaja Semla, Thermomètre en été à peine +2° Réaumur. Seulement vers l'extrémité australe de l'île Salix incubacea une arschine de haut. Petersburgische Zeitschrift 1823 Juin page 264.[37]

Geologische Träume über Entstehung der Pflanzenarten Kastner Meteorologie II page 118.[38]

|Gegen mich (Géographie page 60[39]). Dass Sauvagesia beiden Continenten: Augustin de Saint-Hilaire dans Annales de l'Histoire naturelle Tome III Septembre 1824, page 50[40]. |17v

Zahlen: Brown erzählt (1824)[41] daß Horsfield aus Java an 2000 phanerogamen mitgebracht, er glaubt es seien 3000 species phanerogamen wenigstens in Java; aber Burchal besize aus Cap de bonne-espérance bis über Orange river hinaus 7–8000 phanerogamen sehr sicher!

neu 6000 phanerogamen Brown (1827)

Cerealia herrlich in Winch Geographical distribution 1825 pages 17–51[42]. ich besize. N7

[35] vielmehr Coenraad Jacob Temminck. [36] Boie 1822. [37] Humboldt bezieht sich in diesem Abschnitt auf zwei Artikel der St. Petersburgischen Zeitschrift über die Geographie Sibiriens (St. Petersburgische Zeitschrift 1823, insbesondere Seite 264) und die Insel Nowaja Semlja (Čishov 1823, insbesondere Seite 300). [38] Kastner 1823–1830, II, 1. Abteilung, 119–121. [39] Humboldt 1817. [40] Ein von René Desfontaines verfasster und in der *Académie des Sciences* verlesener Bericht über Augustin de Saint-Hilaires *Monographie des genres Sauvagesia et Lavradia* erschien vielmehr 1824 in den *Annales des Sciences naturelles* (Desfontaines 1824). Die Monographie selbst erschien in Band 11 der *Mémoires du Muséum d'histoire naturelle* (Saint-Hilaire 1824) sowie im ersten Band seiner *Histoire des plantes les plus remarquables du Brésil et du Paraguay* (Saint-Hilaire 1824–1826, I). [41] Es handelt sich wohl um eine mündliche Mitteilung Robert Browns, der sich im Oktober 1824 in Paris aufhielt und dort unter anderem mit Humboldt zusammentraf (vgl. Mabberley 1985, 257). [42] Winch 1825.

déserts

Lignites: des palmiers de 15 piés que les Arabes redressent sans mortier. Erreur du Père Sicard, à l'ouest des lacs Natrum, aussi dicotylédones, Tamrariscus Aeste. Dans les déserts Poa, Hedysarum, Salsola. Pas de Cactus ni Agave dans la Cyrénaïque (Pacho).

|21r |

N8, N9

|21v | **Sauvagesia**

Saint-Hilaire Plantes remarquables page 26[43].

Congo

Le Père Leandro do Sacramento assure avoir vu sur 30 plantes d'Angola 28 du Brésil page 26!

Plantes qui s'étendent dans le sens des méridiens.

Ramond Annales du Musée Volume IV page 497[44].

Quelques espèces du même genre parcourent le monde, d'autres espèces très restreintes.

Restreintes Sauvagesia tenella, Sauvagesia Sprengelii, Lavradia racemosa Saint-Hilaire page 28[45].

Lignites aux Pôles sud et nord mon Gisement page 208[46]. Surturbrand.

Hydrophytes

Monsieur Lamouroux dit dans son mémoire sur la Géographie des plantes pélagiques[47] qu'il existe décrites et dans les herbiers 1600 espèces d'Hydrophytes, qu'il en a vu 1200 espèces et qu'il croit qu'il existe sur le globe 6000 espèces, il a *négligé(?)*
N10 température, salure…

[43] Saint-Hilaire 1824–1826. [44] vielmehr: Ramond 1804, 397–398. [45] Saint-Hilaire 1824–1826, I. [46] Humboldt 1823. [47] »Distribution géographique des productions aquatiques«, in: Bory de Saint-Vincent et al. 1825, 245– 253, 250.

| Examinez l'article Géographie des plantes de Guillemin, Férrussac, Lamouroux et Bory dans Dictionnaire Tome 7 pages 240–301[48], très bons Hydrophytes page 245, ses origines dans l'eau page 253 (Géographie des animaux pages 254–274). 290. Répondre à Bory qui regarde quotient incertain, oublie que l'on connoit l'Allemagne, France, Suède si bien que quotients ne peuvent plus être altérés, que nouvelles Flores (Pursh) ne les ont pas changé, qu'égalité de Suisse Allemagne, France et Auvergne prouvent exactitude; il veut que les cryptogames augmentent vers les tropiques page 301! Il promet une carte page 289. Région des mousses Candolle = Région des ombellifères page 288. | 23r

Étendez l'article germination[49] page 326 et création[50].

N1 *Aufgeklebte Notiz des Autors*
| Swamps entre New Madrid et bouche d' Arkansas où Cupressus distiche a (knees) excroissances coniques des racines de 2–10 piés anglais ressemblent aux monuments des cimetières d'église. Long II 318. 342[51] | 4r

N2 *Aufgeklebte Notiz des Autors*
| Végétaux dans la neige des Alpes, neige rouge. Urédo. Annales Décembre 1824 page 392[52] | 6r

B1 *Eingelegtes Blatt mit handschriftlicher Notiz des Autors*
| **Botanica Géognosie Java (Docteur Reinwardt 1824)**[53] | 7r
Toute l'île basalte et trachytes. plus hautes montagnes mesurées 1600 toises. Il y en a où il gèle (pas de neige), on les croit 1800 toises. Pas de roches primitives, mais gerölle de quartz, bergkristall, carniole! (Il y a des roches granitiques à Bornéo et à Sumatra quoique étain de Sumatra en terrain d'alluvion) À l'est de Java, dans Petites Moluques tout basaltes entourés de calcaire madréporique qui se forme encore et »qui sont soulevés lentement de nos jours. Monsieur Reinwardt assure qu'à Banda tant dans la mer voisine que dans les plaines de l'intérieur exemples de ces soulèvemens lents sans explosions qui ne se font que plus tard, souvent soulèvemens sur des filons.«

[48] Bory de Saint-Vincent et al. 1825. [49] Richard 1825. [50] Bory de Saint-Vincent 1824. [51] James 1823. [52] Peschier 1824. [53] Zu den folgenden Angaben über die Geologie der Insel Java von Caspar Georg Carl Reinwardt vgl. auch ein undatiertes Manuskript Reinwardts zum selben Gegenstand in Humboldts Nachlass: SBB-PK, Handschriftenabteilung, Nachlass Alexander von Humboldt, gr. Kasten 5, Nr. 54, Bl. 1r–4v: http://resolver.staatsbibliothek-berlin.de/SBB00019E3C00000000.

Hautes montagnes de Java rien que Vaccinium, Rhododendron, des chênes, Pinus dammara et Pinus lanceolata et beaucoup d'autres formes européennes.

B2 *Eingelegtes Blatt mit handschriftlicher Notiz des Autors*
|8r |**Bassin de la Méditerranée**
Belles observations sur les Flores de ce bassin Viviani Florae Libycae Specimen 1824 page X[54]

que l'Europe reçoit les plantes africaines par 3 chemins I e Libya in Graeciam, Siciliam et Italiam meridionalem II ex Africa boreali per Sardiniam et Corsicam III ab Africae borealis oris occiduis in Hispaniam, Provinciam et Liguriam. Heisst philosophisch wohl nur dass so die gegenüberstehenden Pflanzen sich ähnlich sehen.

Liguria hat africanische Pflanzen aus südlichem Italien die nicht westlicher gehen als Iris Sisyrinchium, Cerinthe aspera, Prasium majus und africanische Pflanzen aus Spanien die nicht weiter ins südliche Italien gehen als Cneorum tricoccum, Aphyllanthes monspeliensis, Bupleurum fruticosum (page XI) africanische Pflanzen aus Sardinien und Corsica, die man weder in Spanien noch südlichem Italien findet als Iris juncea, Ranunculus flabellatus, Carthamus creticus

Corsica hat eigene Pflanzen, die an europäischen Küsten fehlen: als Arum pictum, Clematis semitriloba, Helleborus lividus, Arnica corsica, Rosa corsica Viviani, Thymus corsicus page XI.

B3 *Eingelegte Blätter mit gedrucktem Text*
|9r |[...] notre auteur comme ayant ajouté plusieurs faits à ceux que déjà
89 Olafsen et Pavelsen avoient observés; il cite encore un petit écrit de notre savant ami, M. le docteur Garlieb, et il auroit dû en citer un autre par M. le comte Vargas de Bédémar.[55] On trouve de nouvelles observations, en petit nombre, dans les voyages de Mackenzie et de Hooker. Mais il manque à ces notions disséminées le coup d'œil du génie et de la science; il y manque l'ensemble qui, en classant les faits, leur donne une valeur réelle, et, en coordonnant les résultats, en fait sortir des conclusions décisives. Que ne pouvons-nous voir M. le baron Léopold de Buch parcourant cette terre singulière où tout semble l'appeler, tout, dis-je, les feux souterrains et les

[54] Viviani 1824. [55] Bei Blatt 9r–11v handelt es sich um einen Ausschnitt aus der von Conrad Malte-Brun verfassten Rezension des Werkes *Geographische Beschreibung von Island* von Theodor Gliemann, die 1825 in den *Nouvelles Annales des Voyages* erschien (Gliemann 1824, Malte-Brun 1825).

fontaines bouillantes, et les débris d'un monde primitif, et l'amour d'une nation qui le recevroit en frère.

Dans l'état actuel de la géologie islandoise, il paroît que la masse des montagnes de l'Islande se compose de *Trapp*, tant de transition que de formation primitive, et que le mica, le quartz, le grès, d'ancienne formation, y abondent, tandis que le calcaire y est excessivement rare. On ignore si le granite propre y existe; on ignore les rapports et la puissance des bancs de porphyre qui y ont été aperçus.[A]

Mais il y a quelques traits particuliers de la géologie de l'Islande qui sont bien éclaircis. Nous ne parlerons pas ici des *Zéolithes* de la côte du nord, les plus magnifiques qu'on puisse voir, ni des *basaltes*, dont la forme et la situation extraordinaires mériteroient à elles seules un voyage géologique; nous ne nous arrêterons qu'à l'espèce de charbon de terre particulière à l'Islande et qu'on y appelle le *surturbrand* ou le *svarta-torf* (I). Cette substance, dont on avoit d'abord fait une espèce | toute nouvelle, paroît se confondre |9v
avec la masse de substances analogues que, dans l'état actuel de la science, on ne peut désigner que sous le nom de charbon de terre. Les Islandois eux-mêmes commencent à l'appeler *stein-kol*, et elle n'a paru différente de ce genre que par le nombre très grand de variétés qu'elle présente. Tantôt elle approche de l'éclat et de la dureté du charbon de terre résineux, tantôt elle ressemble à de la houille fibreuse. C'est dans ce dernier état que M. Garlieb a examiné le *surtur-brand*; et, comme il y a cru reconnoître des bois étrangers à l'Islande, tels que le *populus tremula* et *takamahaka*, il a soutenu que le *surtur-brand* devoit son origine à d'anciennes masses de bois flottans; mais d'autres couches de cette substance présentent une carbonisation plus complète et une situation tout-à-fait analogue à celle du charbon de terre. Dans le mont *Lœck*, on voit quatre couches horizontales de *surtur-brand*, épaisses de 2 à 4 pieds; la plus basse renferme les matières les plus carbonisées, les plus compactes. Les couches de schiste d'ardoise grise, qui séparent la deuxième et la troisième couche du *surtur-brand*, contiennent des empreintes des feuilles de bouleau, de sorbiers et de saules, ainsi que des feuilles

(I) De ces deux noms, l'un, *svarta-torf*, signifie tout simplement *tourbe noire,* et rappelle la tourbe appelée *Klyn* dans le Jutland; l'autre remonte à une haute antiquité. *Surtur* est le Pluton de la mythologie scandinave, et *surtur-brand* veut dire *tison de Pluton*. Ainsi, l'idée du feu central du globe se trouve chez ce peuple long-temps avant que M. Hutton n'eût inventé le système plutonien de géologie.

[A] *Anmerkung von Humboldt* Géographie des plantes Lignites. Islande Gliemann geographische Beschreibung von Island 1824[56]

[56] Gliemann 1824.

grandes comme la main et semblabes à celles du chêne. Dans le mont *sandvigs-brand*, les couches du *surtur-brand* sont précisément séparées par les mêmes bancs de schiste qui, dans les îles Feroer, séparent les charbons de terre. Le *surtur-brand* paroît le plus souvent se montrer à un niveau de 5 à 600, comme à *Stega-Hlid*, à *Grœnna-Hlid* et dans beaucoup d'autres places,
|10r indiquées par l'auteur de cette description. Toute l'île en est parsemée. | [...]
97 donneroient aux plantes cultivées un abri contre les vents furieux. On a prétendu que jadis la chaîne de montagnes par laquelle l'île est traversée, étoit couverte de forêts; c'est une allégation contraire à la vérité. La ligne des neiges perpétuelles commence généralement en Islande à 26 ou 2700 pieds au-dessus du niveau de la mer; c'est aussi à cette hauteur que la végétation s'arrête, et on ne peut pas s'attendre à trouver des arbres à cette élévation. Or, quelle cause auroit donc fait varier considérablement cette ligne depuis l'an 800, que les navigateurs scandinaves, en découvrant cette île, lui donnèrent le nom de *Terre de glace* (Is-land), ou de neige (*snœ-land*), et la signalèrent comme une demeure moins agréable que la Norwège? Aucune trace ne marque l'existence ancienne des arbres sur les hautes montagnes de l'Islande, et ceux qui citent le *Surtur-brand* comme restes d'anciennes forêts ignorent les premières notions de la géographie physique; ils appliquent au monde actuel les phénomènes des siècles antérieurs à l'existence de l'homme.

Il y a cependant eu une diminution des forêts en Islande, diminution provenue des consommations prodigues d'une population, accoutumée à brûler des troncs entiers d'arbres, et peu soigneuse à en replanter.

Nous avons cherché, sur la carte et dans la description de M. Gliemann, les endroits dont le *nom* indique l'ancienne existence des forêts épuisées par ces abus, et nous avons appris que c'étoit sur quelques collines de 1000 pieds d'élévation, tout au plus, que l'ancienne Islande voyoit croître quelques bouquets de *bouleaux*, de *sorbiers*, et peut-être de peupliers trembles, bouquets plus étendus et plus épais que ceux d'aujourd'hui. Ces endroits sont 1° *Fagraskogar-Fiell*, c'est-à-dire les rochers aux belles forêts, à l'est du golfe de
|10v Faxa; 2° *Blâskoga-Heide*, c'est-à-dire la lande[A] | des forêts bleues, au nord du
98 lac Myvatn; 3° *Eskifiordr*, c'est-à-dire la baie des Frênes, sur la côte orientale; c'est peut-être par erreur qu'on a dit *esk* (*fraxinus excelsior*) au lieu d'*esp* (*populus tremula*); 4° *Starriskogar* , c'est-à-dire forêts roides, élevées, ou *Arskogar*, c'est-à-dire forêts à bois de chauffage, sur le golfe *Eyafiord*; 5° les endroits nommés *Holt*, comme par exemple *Mickla-Holt* et autres; mais ce

A *Anmerkung von Humboldt* Géographie des plantes. Islande forêts? Gliemann Geographische Beschreibung von Island 1824[57]

57 Gliemann 1824.

mot est un peu vague, et peut s'appliquer aux arbrisseaux et au bois flottant. Tels sont les endroits peu nombreux où les noms islandois indiquent d'anciennes forêts. On cite encore le bois de Thingwalla, détruit, en 1587, par une éruption volcanique. De nos jours, le bois de Fnioske a été dévasté par les charbonniers. C'est à ce peu de faits qu'il faut réduire la prétendue magnificence des anciennes forêts de l'Islande, tant de fois citées par les géologues, lorsqu'ils veulent faire parade d'érudition.

Aux argumens que nous fournit la topographie de M. Gliemann (et dont cet estimable auteur ne s'est pas aperçu), nous pouvons joindre des témoignages historiques. Les anciens Islandois alloient, comme ceux de nos jours, chercher dans la Scandinavie des bois pour construire leurs appartemens intérieurs (II).

Si les forêts eussent jadis couvert une grande partie de l'île, pourquoi n'offriroit-elle pas des endroits nommés d'après les *bierk* (*bouleaux*) et les *rogn* (*sorbus aucuparia*), ou d'après d'autres arbres qui y auraient abondé? M. Gliemann
rapporte, mais avec de sages doutes, deux traits qui | sembleroient attester le | 11r
contraire. Une tradition vague s'est conservée à *Urdir* , dans le district du 99
nord, qu'il y venoit jadis quelques chênes, et que la situation est favorable pour abriter de grands arbres, mais les Islandois donnent à tout arbre élevé le nom d'*eyk*, chêne (III). Une autre tradition, mais tout-à-fait vague, désigne un endroit comme ayant été planté de pins et de sapins; mais, c'est peut-être le souvenir d'une tentative de quelques Islandois pour introduire ces grands arbres conifères qui paroissent être naturellement étrangers à l'île. On vient de renouveler cet essai avec quelque succès; mais le sol de l'Islande réunit rarement les qualités qui, en Norwège, assurent la belle venue de ces arbres. On feroit mieux peut-être de chercher à coloniser des arbres du Canada, accoutumés au mauvais sol et aux variations extrêmes de température.

Aujourd'hui, des bouleaux blancs isolés ou en petits groupes, s'élevant à 10 pieds, des bouleaux nains très abondans, des sorbiers, de 12 à 16 pieds, des saules de 18 espèces, quelques-uns de 8 pieds, des genevriers et toute sorte d'arbrissaux forment les sous-bois qui diversifient les collines solitaires et les rivages déserts de cette île polaire. La vallée de la rivière de *Lagafliot* et le bassin de *Dale-Syssel*, autour du golfe *Hvam*, sont les régions de l'intérieur où le bouleau prospère le plus; il y atteint quelquefois 20 pieds. On montroit autrefois à *Mula*, dans le *Rangarvella*, un bouleau de 20 pieds, âgé

(II) *Niala-Saga*, chap. 2, chap. 32, chap. 170. Je sais bien que dans le même saga, il est question de coupes de bois (*skogar-hœgg*) et d'hommes exilés dans les bois (*skogar-madr*); mais ces expressions ne supposent pas nécessairement qu'il y eût dans l'île des forêts considérables.

(III) *Eyk* signifioit aussi, chez les anciens Scandinaves, un arbre en général. Voy., *Edda*, *Harbardz-Liodh*, St. 21.

de 67 ans. Les sorbiers prospèrent sur la côte occidentale jusqu'à *Vatn-fiord*, à 66 degrés 20 minutes.

Il paroît, d'après ces diverses données, que la géographie végétale de l'Islande,
| 11v située entre le 63eme et le 66eme paral | lèle, répond à peu près à celle du
100 *Finmark* ou de la Laponie-Norwégienne, entre 67 et 72 degrés de latitude
(IV).

Le règne animal de l'île est bien plus important pour l'économie politique. Les rennes qui manquoient à l'île, y ont été importées et commencent à peupler tout l'intérieur. On comptoit, en 1822, jusqu'à 340,752 moutons, 21,803 bœufs et vaches, et 28,443 chevaux, parmi lesquels 8,238 sauvages ou indomptés. Le nombre de chevaux est considéré par les économistes du pays comme trois fois plus grand qu'il ne devroit l'être dans l'intérêt du pays; ils ont peut-être raison, et pourtant, comme Scandinave, j'aime à voir les Islandois, par ce caprice pour les chevaux, attester leur origine.

L'accroissement des bêtes à laine est au contraire d'une utilité extrême pour le pays, car c'est l'exportation de bas, de gants et de gilets de laine, qui donne à cette pauvre et triste Islande un avantage constant dans le bilan commercial; malheureusement M. Gliemann n'entre pas dans ces détails qu'il regarde comme étrangers à la géographie. L'accroissement des bêtes à laine est très-rapide; le nombre de ces animaux étoit, en 1784, après le tremblement de terre, de 42,000 têtes;

En 1804, 218, 918, dont 102,305 brebis mères; en 1822, 340,752, dont 154,993.

Les cochons sont en nombre extrêmement petit; il n'y a guère que les marchands danois qui en tiennent, et on prétend qu'ils ne peuvent pas prospérer. Cette allégation nous paroît peu fondée. Les anciens documens historiques [...]

(IV) Dans un troisième extrait de la *Géographie botanique* de M. Schow, nous donnerons incessamment quelques aperçus intéressans sur l'échelle de la végétation de l'Europe.

B4 *Eingelegtes Blatt mit handschriftlicher Notiz des Autors*
| **Substitution alimentaire!** | 12r
Ein Artocarpus nova Species wild bei Rio Janeiro hat walzenförmige 2–4 Fuß lange ½–2 Fuß dikke Früchte, von ½–2 Centnern Gewicht. Ein Baum oft 50–60 Früchte sehr eßbar.

Beyrich in Verhandlungen des Berliner Garten Vereins 1824 page 286[58].

N3 *Aufgeklebte Notiz des Autors*
| **16 Palmier limites** | 13r
vont au Sud vers Buenos ayres jusque 34–35° latitude comme à la Nouvelle Hollande Saint-Hilaire aperçu page 60[59].

N4 *Aufgeklebte Notiz des Autors*
| **17 Cactus limites** | 14r
Le plus au nord des Cactus, le Cactus fragilis de Missoury, découvert dans le Voyage de Lewis et Clark et décrit par Mister Nuttall. Long Expedition to the Rocky Mountains Tome I 449[60].

N5 *Aufgeklebte Notiz des Autors*
| **18 Peuplier d'Italie** | 15r
Au Misissipi, la plus connue est Populus angulata Pursh (Cotton wood) très différente de Populus dilatata, Lombardy poplar qui n'est nullement sauvage aux États-Unis. Populus angulata dont quelques exemplaires de l'Arkansas et pas Natchitoches ont 142 piés anglais de haut et 5 piés diamètre n'est pas pyramidal Long Expedition II page 164[61].

N6 *Aufgeklebte Notiz des Autors*
| **19 Höhe der Bäume**[62] | 16r
Pines of Nootka 120 piés anglais

Norfolk Island 180 piés

On the Columbia river 230 piés, même 300 piés (8 piés diamètre) Lewis Clark Volume II page 156[63] eine Abies.

58 Beyrich 1824. 59 Saint-Hilaire 1823. 60 James 1823. 61 James 1823. 62 Vgl. James 1823, II, 156. 63 Lewis/Clark 1814. Vgl. James 1823 , II, 165.

N7 *Aufgeklebte Notiz des Autors*

|18r |**Vögelzahl**

Im ganzen Canton Genève (Léman) Berge mitgerechnet kennt man nur 242 Vögel darin 185 einheimisch, 57 zufällige Gäste sind. (Nur 22 bewohnen den Genfer See. wie viel hat See Tezcuco?) Necker in Meisner Annales der allgemeinen Schweizerischen Gesellschaft I pagina 112[64].

Milbert a envoyé au Musée de Paris de l'Amérique du Nord seul 400 espèces d'oiseaux.[A]

N8 *Aufgeklebte Notiz des Autors*

|19r |**États-Unis**

Cette coupe de a–b existe par Major Long Journal of Academy of natural sciences of Philadelphia sous les 41 et 35° latitude[66] (Férrusac![67])

8500 pieds sur la plaine et 11 500 pieds sur la mer

Pocket Gazetteer page 162[68, B, C]

Melish et Warden[70]

Gallatin observe que limite des forêts va comme côte de Nord-Est au Sud-Ouest. de Pittsbourg vers Saint-Louis (le nord de l'état Illinois en prairies) et de là vers Red river de Natchitoches. Le pays en savanes (prairies) plus lentement cultivable, pas de bois pour chauffer et construire. Sol moins bon. Les Indiens à l'ouest de cette ligne cherchent les bois sur les lisières des rivières pour hiberner, de nouveau du bois autour Rocky Mountains. pais savanes à l'ouest et de nouveau excellent pays et avec bois entre chaîne côtière et Océan pacifique.

A *Anmerkung des Autors* Friedrich Boje Tagebuch einer Reise durch Norwegen[65] comte en Norwège 239 espèces pages 347–352, er nennt sie familles! B *Anmerkung des Autors* à parallèle 38° – 10200 piés anglais 41° – 12000 Long et James[69] C *Anmerkung des Autors* piés anglois

64 Necker 1824. 65 Boie 1822. 66 James 1822. 67 Vgl. die Besprechung von James 1822 im von Baron d'Audebert de Férussac herausgegebenen *Bulletin général et universel des annonces et des nouvelles scientifiques* (Coquebert de Montbret 1823). 68 Die Angaben beziehen sich auf die Höhe des James Peak in den Rocky Mountains. Vgl. Morse/Morse 1823, 164. 69 James 1822. 70 Vgl. Melish 1822 und Warden 1820. Aus beiden geographischen Beschreibungen der USA zitiert Humboldt zum Beispiel in Humboldt 1814–1825, III, 180–181.

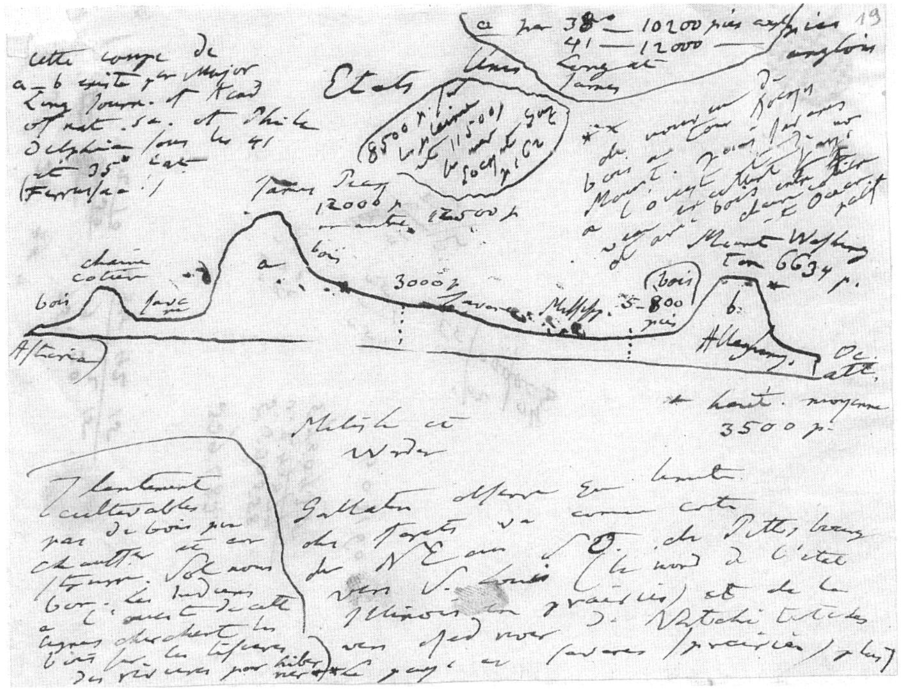

Abb. 3.5 Höhenprofil der Vereinigten Staaten nach Long. Humboldt erweitert das Profil Longs, das im Westen mit den Rocky Mountains und im Osten mit den Alleghenies abschließt, nach den Angaben Gallatins bis zum Pazifik bzw. Atlantik (vgl. Bl. 19r).

|5 h 38' 49" |19v
750 000 + 93 000 + 1215 = 844 215
150 – 100 = 50
140 (?) +(?) 120 (?) =(?) (?) 2(?) 60(?)
339 283
5 530 558 + 0 249 877 = 5 780 435
603,160

N9 *Aufgeklebte Notiz des Autors*
|Mount Washington (New Hampshire) plus haut des États-Unis latitude 44°¼ 6634 piés[A] anglais dans les White Mountains. |20r
limite des arbres dans ces montagnes 4428 piés anglais.
|[B] |20v

[A] *Anmerkung des Autors* d'après Captain Partridge [B] *Anmerkung des Autors* 16000 × 94 = 1504000 795522- 22015 = 77357 4026 – 3350 = 676 2800000 ÷ 5500 = 508 25100 ÷ 156 = 160 121000 ÷ 160 = 756

N10 *Aufgeklebte Notiz des Autors*
|22r |Pâturage à Sutledge à 14924 piés altitude et pas de neige encore à 16814 piés.

Royal Institution Tome 9 page 68[71].

Matériaux pour la nouvelle édition de la Géographie des plantes – deutsche Übersetzung

↗H0018390

|1r **|[A]Materialien für die neue Ausgabe der Geographie der Pflanzen[B]**

|2r **|Geographie der Pflanzen**

1 Steppe

Gebt Gemälde dieser Natur. Beschreibt Steppe der Kirgisen nach Lichtenstein in Eversmann auf Seite 114[73], [C] diese Wüsten, belebt durch Agamen (keine Eidechsen), harthäutig, nicht durch die Haut atmend und dafür mehr Aktivität des Lungenlebens habend, dürrhäutige Steppenamphibien, und wie die Steppe sich belebt. Die Pflanzen, vielleicht nur periodisch in Blüte, ernähren Insekten. Die Insekten locken und tragen zur Entwicklung von Agamen bei, diese (können lange Zeit fasten) ernähren die Vipern, die Schlangen, die Vögel. Lichtenstein in Eversmann Seite 141[74] (Relation historique III Seite 4[75]).

Steppen von Caracas: Chiquire, Krokodile, Jaguare, Kirgisensteppen: Dipus, Arctomys, Mures, Steppenfüchse (Canis Caragan) Heerden von Antilope Saiga Seite 22, Eversmann Seite 123[76]. 9.

A *Anmerkung des Autors* hier 8000 Species von Cap – Orange River Burchell gewiss Brown[72]. B *Anmerkung des Autors* ein wenig Geographie der Tiere C *Anmerkung des Autors* Pappeln in der Nähe von Flüssen, die Mauritia dieser Gegenden Seite 17 (gigantische Dolden 3–4 Fuss hoch Ferula persica mitten in Steppe. Seite 52).

71 Webb 1820. 72 Vgl. Bl. 17v. 73 Eversmann/Lichtenstein 1823. 74 Eversmann/Lichtenstein 1823. 75 Humboldt 1814–1825. 76 Eversmann/Lichtenstein 1823.

2 Gattungen der 2 Kontinente

Die gleichen Gattungen in beiden Kontinenten. Boa tartarica (Cuvier hat sich geirrt) Lichtenstein in Eversman Seite 146[77]. (Relation historique II, Seite 364[78]).

3 Grenzen der Kiefern

Wie die Alten anlässlich Alexanders Flottenbauprojekten die Grenze der Kiefern bestimmten, nicht südlich des Iaxartes. Stellen in Ritter II, Seite 658[79].

|4 Wassermelonen |2v

Geographie der Pflanze Ritter II, 679[80].

5 Polar-Vegetation

durch die Rückstrahlung des Bodens wärmer als man es an Land annimmt, Scoresby, Greenland Voyage 1823, Seite 344[81] findet Breite 70° zwischen Kap Brewster und Davy Sund. Fahrenheitthermometer, an Land immer über 70°, während es an Bord, ebenfalls im Schatten, 40° Fahrenheit waren.

6 Pflanzen von Grönland[A]

Zwischen 70°–74° Breite:

einziger Baum eine Weide fingerdick und nur seitlich Äste treibend, nie eine Höhe von mehr als 2–3 Zoll habend! Dann Andromeda tetragona, Ranunculus nivalis, Cochlearia anglica, Epilobium latifolium, Saxifraga cernua, Saxifraga caespitosa, Saxifraga oppositifolia, Dryas octopetala, Papaver nudicaule, Rhodiola rosea, Luzula arcuata, Arnica angustifolia, Vaccinium pubescens, Aira spicata, Festuca vivipara, Alopecurus alpinus, Potentilla verna, Poa laxa, Stellariae, Rumex digynus (Oxyria reniformis Hooker), Veronica alpina.

A *Anmerkung des Autors* Scoresby Greenland Voyage Seite 188. 215 und[82] Hooker Seite 411[83]

77 Eversmann/Lichtenstein 1823. 78 Humboldt 1814–1825. 79 Ritter 1817–1818, II (=3. Buch, Westasien). 80 Ritter 1817–1818, II (= 3. Buch, Westasien). 81 Scoresby 1823. 82 Scoresby 1823. 83 William Jackson Hookers »List of Plants, from the East Coast of Greenland, with some remarks« in Scoresby 1823, 410–415.

Auf Jameson Land mehrere Morgen Land mit Gräsern von einem Fuß Höhe bedeckt, wie schönes Grasland 70° 25 Breite. Allerdings gibt es von der gesamten Reise nur 45 Arten (welch Unterschied zu Norwegen wo hohe Bäume), aber unter welchen 29 Gattungen!!

|3r |7 Anfang

Ganze terrassen in Abtroknungstheorie, dass Höchste zuerst trokken Scythia tradition der Nord- und Wetterseite Justin liber II I caput 1[84].

8 Familien: Proportionen

Meine Arbeit erweitert durch Moreau de Jonnès (Histoire physique des Antilles Band I[85]). Antillen haben 1823 Phanerogamen, 600 Kryptogamen, davon 160 Farne.

9 Fruchtbarkeit

Ein Orangenbaum von 20 Fuß Höhe auf der Insel Saint-Michel (Azoren) gab im Jahr 1822 … 29 000 Früchte. Annales des Voyages 1823 Band 18 Seite 426[86].

10 Arktisches Amerika Franklin

Schöne Kiefernbäume, Pappeln, *Lärchen(?)*, Weiden 54°–61° Breite südlich des Großen Sklavensees.[A] Keine Wälder mehr, nur einige Birken und Kiefern vereinzelt zwischen Sträuchern und Moos bei 64°–67° ½ Breite, von 67° 28' an, am Coppermine River kein einziger Baum mehr. Franklin Journey to the Polar Sea (Karte 3)[87].

(Richardson sammelte 663 Arten, darunter 410 Phanerogamen bei 56°–68° Breite. Monokotyledonen frage Kunth.) Franklin Seite 728[88]. Die Cryptogramma acrostichoides Brown, die Menzies in Nootka gefunden hatte, wächst bei 60° Breite am Coppermine River, Seite 767[89]!

Das was gemeinschaftlich auf Barren Grounds wächst nahe 65–68° Arbutus alpina, Rhododendron lapponicum, Empetrum nigrum, Dufourea arctica, Cenomyce rangiferina, Cetraria nivalis, Cetraria cucullata, Cetraria islandica Seite 534[90].

A *Anmerkung des Autors* Wie Asien? Frage Klaproth.

84 Marcus Iunianus Iustinus: *Epitoma Historiarum Philippicarum.* 85 Moreau de Jonnès 1822. 86 Nouvelles Annales des Voyages 1823. 87 Franklin 1823. 88 Franklin 1823. 89 Franklin 1823. 90 Franklin 1823.

11 Extreme

Agame Pflanzen in siedenden Gewässern und Uredo der Schneeflächen des Kapitän Ross.[91]

Höhe: Chimborazo und unterirdische Pflanzen,

Dauer — flüchtig: Byssus und Adansonia,

Kleinheit: Kryptogame — Eutassa. *Welche(?)* ist die kleinste der Phanerogamen? Welche Familien haben die höchsten Bäume (Palmen, Kiefern, Eucalyptus), die umfangreichsten. Welche hören nicht auf zu wachsen? Fucus gigantea von 40 Fuß.

| 12 Tropische Pflanzen |3v

Die gleichen Abdrücke, tropisches Aussehen. erkannt von Herrn Jameson[92] in den Kohlen von Melville Island jenseits des Polarkreises. Scoresby Voyage to Greenland Seite 408.[93]

13[94] Thalassophyten

Lamouroux hat mir gesagt:

Maximum der Arten, größere Vielfalt von 35° bis 42° nördlicher und südlicher Breite, Vielfalt nimmt zum Äquator und zu den Polen hin ab. In den gleichen Breiten an beiden Küsten des Atlantiks und sogar des Äquators nicht die gleichen Arten, sondern analoge Formen, wie die Rubus und Saxifraga der Anden. Die Laminaria (Fucus saccharinus) vor allem zu den Polen, Sargassoiden in den Tropen und sehr gemäßigten Klimaten, Mittelmeer. Einer von ihnen, der Fucus natans, nur im Atlantischen Ozean, nur nördlich des Äquators. Die kleinsten Fucus von wenigen Linien bis 1 Zoll bei den Florideen und Dictyoteen … Die südliche Zone als aquatischere formenreicher: Dort die größten, Fucus giganteus von 800 Fuß, riesiger Fucus buccinalis des Kongo. Ulven und Konferven überall in den Meeren. Die Sargassoiden mit ausgeprägten Blättern und gestielten Vesikeln, die vollkommenste Form, die am weitesten entwickelte ebenfalls in den Tropen. Man kennt 7–800 Fucus,

[91] John Ross beschrieb im Bericht über seine Arktisexpedition (1818) das Phänomen des roten Schnees (Ross 1819, Appendix III, lxxxviii–lxxxix). Der Botaniker Francis Bauer identifizierte 1819 den Pilz Uredo nivalis als Verursacher der Rotfärbung (vgl. Werner 2007, 33–37). [92] Vgl. die von Robert Jameson angefertigte »List of Specimens of the Rocks brought from the Eastern Coast of Greenland, with Geognostical Memoranda« in Scoresby 1823, 399–409. [93] Scoresby 1823. [94] Die Nummer 13 vergibt Humboldt doppelt. Vgl. Bl. 5r.

Lamouroux glaubt, ein Viertel von denen, die existieren. Die Fucus der Vereinigten Staaten andere Arten als die der gegenüberliegenden Küsten Europas. Die grüne Substanz = in Landpflanzen, nur in den Ulvaceen, in den Fucus grün immer bräunlich, olivenfarbig, auch macht Licht sie immer braun, schwärzlich.

|5r | Geographie der Tiere

Die Fische einer gleichen Küste, zum Beispiel der westlichen Küste des Alten Kontinents, die gleichen (am Kap und Mittelmeer) trotz des enormen Breitenunterschiedes; im Gegenteil unterschiedliche bei gleicher Breite in Europa und Nordamerika. An diesen letzten Küsten kein Meeresfisch Europas. Valenciennes.

Fische des Kap. Ist es wie mit europäischen Pflanzen Neuhollands, die es nicht in den dazwischenliegenden Gebirgen der Tropen gibt, oder gibt es sie auch im Senegal unter den warmen Wassern der Oberfläche? Gegenüberliegende Küsten, selbst dicht beieinanderliegende, unterscheiden sich oft in den Muscheln (Frankreich, England).

Meeresfische, Form in Salzwasser:[95] Orinoko-Rochen. Orinoko-Delfin. (Atherina im Comer See) Valenciennes.

Pleuronectes flesus ist nach Orléans hinaufgewandert. So gehen Küstenpflanzen ins Landesinnere.

13[96] Sich akklimatisieren

Wenn das wahr wäre, gäbe es keine Höhengrenzen mehr. Allerdings Pflanzen der gleichen Gattung sehr unterschiedlicher Höhen. Die Gentiana acaulis und Gentiana bavarica auf den höchsten Gipfeln der Alpen, Gentiana purpurea und Gentiana punctata auf den Alpen mittlerer Höhe, Gentiana verna in den Ebenen.

[95] Humboldt schreibt eau salée, meint wohl aber eau douce (Süßwasser). [96] Die Nummer 13 vergibt Humboldt doppelt. Vgl. Bl. 3v.

Zahlenverhältnisse der Familien

Statistik bei Arago[97] Meine bestätigt 1) in Flora der Auvergne[98]

2) Hepaticae Javanicae Acta Bonn XII Seite 181[99].

3) Ringier Helvetia[100]!! Férrussac August 1824 Seite 340[101]. N1

|14 Hybridität |5v

Kreuzung in Wildpflanzen viel seltener, als man es denkt, denn sie setzt eine große Annäherung Gattungsgleicher und die gleichzeitige Entwicklung von Befruchtungsorganen voraus, besondere und seltene Umstände, die zwei ausgezeichnete Beobachter, Herr Guillemin und Herr Dumas, dargelegt haben. Mehrere Hybridpflanzen sind definitiv nicht fruchtbar, zum Beispiel Ranunculus lacerus und Centaurea hybrida, andere zweifelhaft.[A] Es scheint, dass die Arten sich eher durch den langen Einfluss der Temperatur, des Bodens, oft wiederholte und konstant gewordene Verbindungen und Abstoßungen bilden.

Himalaya

Eine Campanula mit reifen Samen, gesammelt von Captain Gerard im Himalaya (32° nördlicher Breite) auf 16800 englischen Fuß Höhe, wo das Thermometer im Oktober am Mittag 27° Fahrenheit zeigte, Sträucher noch höher. Colebrooke Transactions of the Geological Society Zweite Reihe Band I Teil I Seite 131[103].

15

Auf Major Longs Expedition hat man auf den Graslandebenen zwischen dem Platte River und dem Kansas River hunderte Morgen vollständig mit Vitis bedeckt gefunden, die man für dieselbe wie diejenige Europas mit den schönsten Merkmalen hielt. Den Sand befestigend, bilden diese unter der Erde verborgenen Ranken Dünenhügel.

[A] *Anmerkung des Autors* Mémoires de la Société d'histoire naturelle Band I Seite 90[102].

[97] Gemeint sind die von Louis Joseph Gay-Lussac und François Arago herausgegebenen *Annales de Chimie et de Physique*. Vgl. Humboldt 1816, Humboldt 1821. [98] Vgl. Déribier de Cheissac 1824, 113–120. [99] Reinwardt/Blume/Nees von Esenbeck 1824. [100] Ringier 1823. [101] Férussac 1824. [102] Guillemin/Dumas 1823. [103] Colebrooke 1824.

Sauvagesia

Überall (Saint-Hilaire und Brown) Scoparia dulcis auch Neu Holland. Sphenoclea hatte fest Brown geglaubt, sei mit Reis gekommen, glaubt jezt nicht mehr.[104] – Quidam[105] (Gay?) der 600 Pflanzen Senegal besizt will 30 amerikanische haben, leguminöse, baum und Gras Ponceletia Tristan D'Acuña und Europa Brown zweifelt ob dieselbe Art das grass, leugnet nicht leguminose Bäume … War es Gay?

Geographie Thiere

allen Welttheilen (Norwegen, Kap. Cayenne …) gemeinschaftlich Otus brachyotus, Strix flammea und Pandion Haliaetos. F. Temmink[106] in Friedrich Boie Tagebuch einer Reise durch Norwegen Seite 153[107]. Tringa alpina Norwegen und Kuhl fanden ihn am Kap der Guten Hoffnung loco citato Seite 259.

N2, B1, B2, B3, B4

|17r

|20 Nowaja Semla

N3, N4, N5, N6

In Sibirien Landwirtschaft über 59 und 60° Breite und Nordkap hinaus nicht möglich. In Nowaja Semla Thermometer im Sommer kaum +2° Réaumur. Erst gegen das südliche Ende der Insel Salix incubacea ein Aršin Höhe. Petersburgische Zeitschrift 1823 Juni Seite 264.[108]

Geologische Träume über Entstehung der Pflanzenarten Kastner Meteorologie II Seite 118.[109]

|17v |Gegen mich (Géographie Seite 60[110]). Dass Sauvagesia beiden Continenten: Augustin de Saint-Hilaire in Annales de l'Histoire naturelle Band III September 1824, Seite 50[111].

104 Vgl. Brown 1818, 64: »I was at one time inclined to believe, that Sphenoclea might be considered as an attendant on Rice, which it very generally accompanies, and with which I supposed it to have been originally imported from India into the various countries where it is found. This hypothesis may still account for its existence in the rice fields of Egypt; but as it now appears have to been observed in countries where there is no reason to believe that rice has ever been cultivated, the conjecture must be abandoned.« 105 Lat.: Ein gewisser Mann, jemand. 106 vielmehr Coenraad Jacob Temminck. 107 Boie 1822. 108 Humboldt bezieht sich in diesem Abschnitt auf zwei Artikel der Sankt Petersburgischen Zeitschrift über die Geographie Sibiriens (St. Petersburgische Zeitschrift 1823, insbesondere Seite 264) und die Insel Nowaja Semlja (Čishov 1823, insbesondere Seite 300). 109 Kastner 1823–1830, II, 1. Abteilung, 119–121. 110 Humboldt 1817. 111 Ein von René Desfontaines verfasster und in der *Académie des Sciences* verlesener Bericht über Augustin de Saint-Hilaires *Monographie des genres Sauvagesia et Lavradia* erschien vielmehr 1824 in den *Annales des Sciences naturelles* (Desfontaines 1824). Die Monographie selbst erschien in Band 11 der *Mémoires du Muséum d'histoire naturelle* (Saint-Hilaire 1824) sowie im ersten Band seiner *Histoire des plantes les plus remarquables du Brésil et du Paraguay* (Saint-Hilaire 1824–1826, I).

Zahlen: Brown erzählt (1824)[112] dass Horsfield aus Java an 2000 Phanerogamen mitgebracht, er glaubt es seien 3000 species Phanerogamen wenigstens in Java; aber Burchal besize aus Cap de bonne-Espérance bis über Orange River hinaus 7–8000 phanerogamen sehr sicher!

neu 6000 Phanerogamen Brown (1827)

Cerealia herrlich in Winch Geographical Distribution 1825 Seite 17 51[113]. Ich besize. **N7**

Wüsten

Braunkohle: Palmen von 15 Fuß, die die Araber ohne Mörtel aufrichten. Fehler von Pater Sicard, westlich der Natronseen, auch Dikotyledonen, Tamrariscus Aeste. In den Wüsten Poa, Hedysarum, Salsola. Weder Kaktus noch Agave in der Cyrenaica (Pacho).

| |21r

N8, N9

| **Sauvagesia** |21v

Saint-Hilaire bemerkenswerte Pflanzen Seite 26[114].

Kongo

Pater Leandro do Sacramento versichert, dass von 30 Pflanzen Angolas die er gesehen hat, 28 aus Brasilien waren, Seite 26!

Pflanzen, die sich in Richtung der Meridiane ausbreiten.

Ramond Annales du Musée Band IV Seite 497[115].

Einige Arten der gleichen Gattung reisen um die Welt, andere Arten sehr begrenzt.

Begrenzt: Sauvagesia tenella, Sauvagesia Sprengelii, Lavradia racemosa Saint-Hilaire Seite 28[116].

Braunkohlen am Süd- und Nordpol mein Gisement Seite 208[117]. Surturbrand.

[112] Es handelt sich wohl um eine mündliche Mitteilung Robert Browns, der sich im Oktober 1824 in Paris aufhielt und dort unter anderem mit Humboldt zusammentraf (vgl. Mabberley 1985, 257). [113] Winch 1825. [114] Saint-Hilaire 1824–1826. [115] vielmehr: Ramond 1804, 397–398. [116] Saint-Hilaire 1824–1826, I. [117] Humboldt 1823.

Hydrophyten

Herr Lamouroux sagt in seiner Abhandlung über die Geographie pelagischer Pflanzen[118] dass es beschrieben und in den Herbarien 1600 Arten von Hydrophyten gibt, dass er davon 1200 Arten gesehen hat und dass er glaubt, dass es auf der Welt 6000
N10 Arten gibt, er hat Temperatur, den Salzgehalt … *vernachlässigt(?).*

|23r |Untersucht den Artikel Geographie der Pflanzen von Guillemin, Férrussac, Lamouroux und Bory im Dictionnaire Band 7 auf Seite 240 301[119], sehr gute Hydrophyten Seite 245, ihre Ursprünge im Wasser Seite 253 (Geographie der Tiere Seite 254–274). 290. Bory antworten, der die Verhältniszahl als unsicher ansieht, vergisst, dass man Deutschland, Frankreich, Schweden so gut kennt, dass Verhältniszahlen nicht mehr geändert werden können, dass neue Floren (Pursh) sie nicht verändert haben, dass die Gleichheit der Schweiz, Deutschland, Frankreich und Auvergne ihre Genauigkeit beweisen; er will, dass die Kryptogamen zu den Tropen hin zunehmen Seite 301! Er verspricht eine Karte Seite 289. Region der Moose Candolle = Region der Umbelliferen Seite 288.

Erweitert den Artikel Keimung[120] Seite 326 und Schöpfung[121].

N1 *Aufgeklebte Notiz des Autors*
|4r |Sümpfe zwischen New Madrid und Mündung des Arkansas, wo Cupressus distiche (Knie) konische Wucherungen der Wurzeln von 2–10 englischen Fuß hat, ähneln Denkmälern auf Friedhöfen der Kirche. Long II 318. 342[122]

N2 *Aufgeklebte Notiz des Autors*
|6r |Pflanzen im Schnee der Alpen, roter Schnee. Urédo. Annalen Dezember 1824 Seite 392[123]

118 »Distribution géographique des productions aquatiques«, in: Bory de Saint-Vincent et al. 1825, 245–253, 250. 119 Bory de Saint-Vincent et al. 1825. 120 Richard 1825. 121 Bory de Saint-Vincent 1824. 122 James 1823. 123 Peschier 1824.

B1 *Eingelegtes Blatt mit handschriftlicher Notiz des Autors*
|**Botanica Geognosie Java (Doktor Reinwardt 1824)**[124] |7r
Die ganze Insel Basalt und Trachyte. Höchste Berge gemessen 1600 Toisen. Es gibt darunter welche, wo es Frost gibt (kein Schnee), man schätzt sie auf 1800 Toisen. Keine Urgesteine, sondern Gerölle aus Quarz, Bergkristall, Karneole! (Es gibt Granitgestein in Borneo und Sumatra, obwohl Zinn von Sumatra in Schwemmboden). Östlich von Java, auf den kleinen Molukken alles Basalte, umgeben von Madreporenkalk, der sich noch immer bildet, und »die bis in unsere Tage langsam angehoben werden. Herr Reinwardt versichert, dass in Banda sowohl im benachbarten Meer als auch in den Ebenen des Inneren Beispiele für diese langsamen Anhebungen ohne Explosionen, die erst später auftreten, oft Anhebungen auf den Gängen.«

Hohe Berge von Java nichts als Vaccinium, Rhododendron, Eichen, Pinus dammara und Pinus lanceolata und viele andere europäische Formen.

B2 *Eingelegtes Blatt mit handschriftlicher Notiz des Autors*
|**Mittelmeerbecken** |8r
Schöne Beobachtungen über die Floren dieses Beckens Viviani Florae Libycae Specimen 1824 Seite X[125]

dass Europa die afrikanischen Pflanzen auf 3 Wegen erhält I e Libya in Graeciam, Siciliam et Italiam meridionalem II ex Africa boreali per Sardiniam et Corsicam III ab Africae borealis oris occiduis in Hispaniam, Provinciam et Liguriam. Heisst philosophisch wohl nur, dass so die gegenüberstehenden Pflanzen sich ähnlich sehen.

Ligurien hat afrikanische Pflanzen aus südlichem Italien, die nicht westlicher gehen als Iris Sisyrinchium, Cerinthe aspera, Prasium majus und africanische Pflanzen aus Spanien, die nicht weiter ins südliche Italien gehen als Cneorum tricoccon, Aphyllanthes monspeliensis, Bupleurum fruticosum (Seite XI) africanische Pflanzen aus Sardinien und Korsika, die man weder in Spanien noch südlichem Italien findet als Iris juncea, Ranunculus flabellatus, Carthamus creticus.

Corsica hat eigene Pflanzen, die an europäischen Küsten fehlen: als Arum pictum, Clematis semitriloba, Helleborus lividus, Arnica corsica, Rosa corsica Viviani, Thymus corsicus Seite XI.

124 Zu den folgenden Angaben über die Geologie der Insel Java von Caspar Georg Carl Reinwardt vgl. auch ein undatiertes Manuskript Reinwardts zum selben Gegenstand in Humboldts Nachlass: SBB-PK, Handschriftenabteilung, Nachlass Alexander von Humboldt, gr. Kasten 5, Nr. 54, Bl. 1r–4v: http://resolver.staatsbibliothek-berlin.de/SBB00019E3C00000000. **125** Viviani 1824.

B3 *Eingelegte Blätter mit gedrucktem Text*

|9r |[…] [von] unserem Autor, der bereits einige Tatsachen zu denjenigen
89 hinzugefügt hatte, die bereits Olafsen und Pavelsen beobachtet hatten; er zitiert weiterhin eine kurze Schrift von unserem gelehrten Freund Herrn Doktor Garlieb, und er hätte davon eine weitere von Graf Vargas de Bédémar zitieren sollen.[126] Man findet in kleiner Zahl neue Beobachtungen in den Reisen von Mackenzie und Hooker. Aber es fehlt diesen verstreuten Kenntnissen der Blick des Geistes und der Wissenschaft; es fehlt darin die Gesamtheit, die ihnen durch das Ordnen der Tatsachen einen echten Wert verleiht und, durch die Verknüpfung der Ergebnisse, daraus entscheidende Schlussfolgerungen ableiten lässt. Dass wir nicht den Herrn Baron Leopold von Buch dieses einzigartige Land durchwandern sehen können, wo alles ihn zu rufen scheint, alles, sage ich, – die unterirdischen Feuer, und die siedenden Fontänen, und die Trümmer einer Urwelt, und die Liebe einer Nation, die ihn als Bruder empfangen würde.

Im gegenwärtigen Zustand der isländischen Geologie scheint es, dass die Masse der Berge Islands aus *Trapp* besteht, sowohl Übergangs- als auch Urformation, und dass der Glimmer, der Quarz, der Sandstein, alter Formation, dort reichlich vorhanden sind, während der Kalkstein dort außerordentlich selten ist. Man weiß nicht, ob der eigentliche Granit dort existiert; man kennt die Beziehungen und die Mächtigkeit der Porphyrlager, die dort entdeckt wurden, nicht.[A]

Aber es gibt einige besondere Züge der Geologie von Island, die gut geklärt sind. Wir werden hier nicht über die *Zeolithe* der Nordküste sprechen, die prächtigsten, die man sehen kann, noch über die *Basalte*, deren außergewöhnliche Form und Lage für sich allein genommen einer geologischen Reise wert wären; wir werden uns nur bei der Island eigentümlichen Kohlenart aufhalten und die man dort *Surtur-Brand* oder *Svarta-Torf* nennt
|9v (I). Diese Substanz, die man zunächst zu einer | völlig neuen Art gemacht
90

(I) Von diesen beiden Namen bedeutet der eine, *Svarta-Torf*, einfach *schwarzer Torf* und erinnert an den *Klyn* genannten Torf in Jütland; der andere geht in frühe Vorzeit zurück. *Surtur* ist der Pluto der skandinavischen Mythologie und *Surtur-Brand* bedeutet *Plutos Brand*. So findet sich bei diesem Volk die Idee des zentralen Feuers der Erde lange bevor Herr Hutton das Plutonische System der Geologie erfunden hat.

[A] *Anmerkung von Humboldt* Geographie der Pflanzen. Braunkohlen Island Gliemann geographische Beschreibung von Island 1824[127]

[126] Bei Blatt 9r–11v handelt es sich um einen Ausschnitt aus der von Conrad Malte-Brun verfassten Rezension des Werkes *Geographische Beschreibung von Island* von Theodor Gliemann, die 1825 in den *Nouvelles Annales des Voyages* erschien (Gliemann 1824, Malte-Brun 1825). [127] Gliemann 1824.

hat, scheint sich mit der Masse ähnlicher Substanzen zu vermischen, die man nach dem derzeitigen Stand der Wissenschaft nur mit dem Namen Steinkohle bezeichnen kann. Die Isländer selbst beginnen, sie *stein-kol* zu nennen, und sie hat sich von dieser Gattung nur aufgrund der sehr großen Anzahl an Varietäten, die sie bietet, zu unterscheiden geschienen. Manchmal nähert sie sich dem Glanz und der Härte der harzigen Steinkohle, manchmal ähnelt sie der Faserkohle. In letzterem Zustand untersuchte Herr Garlieb den *Surtur-Brand*; und da er dort geglaubt hat, Island fremde Hölzer wie *Populus tremula* und *Takamahaka* zu erkennen, hat er behauptet, dass der *Surtur-Brand* seinen Ursprung alten Schwemmholzmassen verdankt; aber andere Schichten dieser Substanz bieten eine vollständigere Verkohlung und eine Lage, die der von Steinkohle vollkommen gleich ist. Im Berg *Læck* sieht man vier horizontale Schichten von *Surtur-Brand*, 2 bis 4 Fuß dick; die unterste Schicht enthält die karbonisiertesten, kompaktesten Stoffe. Die Schichten von grauem Ardoise-Schiefer, die die zweite und dritte Schicht des *Surtur-Brand* trennen, enthalten Abdrücke von Birken-, Ebereschen- und Weidenblättern sowie handgroße Blätter, die denen der Eiche ähnlich sind. Im Berg *Sandvigs-Brand* sind die Schichten des *Surtur-Brand* genau durch die gleichen Schieferlager getrennt, die auf den Feröer die Steinkohlen trennen. Der *Surtur-Brand* scheint sich am Häufigsten auf einer Höhe von 5 bis 600 zu zeigen, wie in *Stega-Hlid*, in *Grœnna-Hlid* und an vielen anderen Orten, die der Autor dieser Beschreibung angegeben hat. Die
ganze Insel ist davon übersät. | [...][Sie] würden den Kulturpflanzen einen |10r
Schutz vor den grimmigen Winden bieten. Man hat behauptet, dass die 97
Bergkette, durch die die Insel geteilt ist, einst von Wäldern bedeckt war; dies ist eine der Wahrheit widersprechende Behauptung. Die Grenze des ewigen Schnees beginnt allgemein in Island auf 26 oder 2700 Fuß über dem Meeresspiegel; in dieser Höhe hört auch die Vegetation auf, und Bäume zu finden, kann man in dieser Höhe nicht erwarten. Welche Ursache hätte aber diese Grenze seit dem Jahr 800 beträchtlich verändern sollen, dass die skandinavischen Seefahrer, als sie diese Insel entdeckten, ihr den Namen *Land des Eises* (*Is-land*) oder *des Schnees* (*snœ-land*) gaben und sie als unangenehmere Bleibe als Norwegen bezeichneten? Keine Spur zeigt die frühere Existenz von Bäumen auf den hohen Bergen Islands an, und diejenigen, die den *Surtur-Brand* als Überreste früherer Wälder anführen, missachten die Grundbegriffe der physischen Geographie; sie übertragen die Erscheinungen aus Zeitaltern vor der Existenz des Menschen auf die gegenwärtige Welt.

Allerdings hat es in Island einen Rückgang der Wälder gegeben, ein Rückgang, der auf den außergewöhnlichen Verbrauch einer Bevölkerung zurückzuführen ist, die es gewohnt ist, ganze Baumstämme zu verbrennen und wenig sorgsam ist, sie wieder zu pflanzen.

Wir haben auf der Karte und in der Beschreibung Herrn Gliemanns nach Orten gesucht, deren *Name* auf die frühere Existenz von Wäldern hinweist, die aufgrund dieser Missbräuche verschwunden sind, und wir haben gelernt, dass das alte Island auf einigen Hügeln von höchstens 1000 Fuß Höhe einige Gruppen von *Birken*, *Ebereschen* und vielleicht Espen wachsen sah, Gruppen, die ausgedehnter und tiefer waren als die heutigen. Diese Orte sind 1° *Fagraskogar-Fiell*, das heißt die Felsen in den schönen Wäldern, östlich des
|10v Golfs von Faxa; 2° *Blâskoga-Heide*, das heißt die Heide[A] | der blauen
98 Wälder, nördlich des Myvatn-Sees; 3° *Eskifiordr*, das heißt die Bucht der Eschen, an der Ostküste; vielleicht versehentlich hat man *Esk* (*Fraxinus excelsior*) statt *Esp* (*Populus tremula*) gesagt; 4° *Starriskogar*, das heißt starre, hohe Wälder, oder *Arskogar*, das heißt Brennholzwälder, am Golf von *Eyafiord*; 5° die Orte genannt *Holt*, wie zum Beispiel *Mickla-Holt* und andere; aber dieses Wort ist etwas vage und kann für Sträucher und Schwemmholz gelten. Dies sind die wenigen Orte, an denen isländische Namen auf frühere Wälder hinweisen. Man erwähnt noch den Wald von Thingwalla, der 1587 durch einen Vulkanausbruch zerstört worden ist. In unserer Zeit ist das Gehölz von Fnioske von den Köhlern verwüstet worden. Auf diese wenigen Tatsachen muss man die angebliche Pracht der früheren Wälder Islands, die so oft von den Geologen erwähnt wird, wenn sie Gelehrsamkeit zur Schau stellen wollen, beschränken.

Zu den Argumenten, die uns die Topographie von Herrn Gliemann liefert (und die dieser schätzenswerte Autor nicht erkannt hat), können wir historische Zeugnisse hinzufügen. Die früheren Isländer holten, wie auch die der heutigen Zeit, in Skandinavien Holz, um das Innere ihrer Wohnungen zu bauen (II).

Wenn die Wälder einst einen großen Teil der Insel bedeckt hätten, warum würde sie nicht Orte aufweisen, die nach den *Bierk* (*Birken*) und den *Rogn* (*Sorbus aucuparia*) oder nach anderen Bäumen benannt sind, die dort reichlich vorhanden gewesen wären? Herr Gliemann berichtet, aber mit begründeten Zweifeln, über zwei Aspekte, die auf das Gegenteil hinzudeu-
|11r ten | scheinen. Eine vage Tradition hat sich in *Urdir*, im nördlichen Gebiet
99

(II) *Niala-Saga*, Kapitel 2, Kapitel 32, Kapitel 170. Ich weiß wohl, dass in der selben Saga von Holzeinschlag (*skogar-hœgg*) und in die Wälder verbannten Menschen (*skogar-madr*) die Rede ist; aber diese Begriffe bedeuten nicht unbedingt, dass es auf der Insel beträchtliche Wälder gegeben hat.

[A] *Anmerkung von Humboldt* Geographie der Pflanzen. Island Wälder? Gliemann Geographische Beschreibung von Island 1824[128]

128 Gliemann 1824.

erhalten, dass dort einst einige Eichen wuchsen und dass die Lage für das Schützen großer Bäume günstig ist, aber die Isländer geben jedem hohen Baum den Namen *eyk*, Eiche (III) Eine andere, aber vollkommen vage Tradition benennt einen Ort als mit Kiefern und Tannen bepflanzt gewesen; aber das ist vielleicht die Erinnerung an einen Versuch einiger Isländer, diese großen Nadelbäume einzuführen, die der Insel der Natur nach fremd zu sein scheinen. Diesen Versuch hat man gerade mit einigem Erfolg wiederholt; aber der isländische Boden vereint selten die Eigenschaften, die in Norwegen den schönen Wuchs dieser Bäume sichern. Man täte vielleicht besser daran, zu versuchen, Bäume aus Kanada anzusiedeln, die an schlechten Boden und extreme Temperaturschwankungen gewöhnt sind.

Heute bilden Weißbirken einzeln oder in kleinen Gruppen, sich bis auf 10 Fuß erhebend, sehr häufige Zwergbirken, Ebereschen von 12 bis 16 Fuß, Weiden mit 18 Arten, einige 8 Fuß hoch, Wacholder und alle Arten von Sträuchern das Unterholz, das Abwechslung in die einzeln stehenden Hügel und verlassenen Ufer dieser Polarinsel bringt. Das Tal des Flusses *Lagafliot* und das Becken von *Dale-Syssel* um den Golf von *Hvam* herum sind die Gebiete im Binnenland, wo die Birke am Besten gedeiht; sie erreicht dort manchmal 20 Fuß. Man zeigte einst in *Mula*, in der *Rangarvella*, eine 67 Jahre alte Birke von 20 Fuß. Die Ebereschen gedeihen an der Westküste bis zum *Vatn-Fjord*, bei 66 Grad 20 Minuten.

Es scheint, diesen verschiedenen Daten zufolge, dass die Geographie der Gewächse Islands, zwischen dem 63. und 66. Breitengrad | gelegen, mehr |11v
oder weniger derjenigen der *Finmark* oder des norwegischen Lapplands zwischen dem 67. und 72. Breitengrad entspricht. (IV)

Das Tierreich der Insel ist für die politische Ökonomie viel wichtiger. Die auf der Insel fehlenden Rentiere sind dorthin eingeführt worden und beginnen, das gesamte Innere zu besiedeln. Man zählte 1822 bis zu 340 752 Schafe, 21 803 Ochsen und Kühe und 28 443 Pferde, darunter 8238 wilde oder ungezähmte. Die Zahl der Pferde wird von den Ökonomen des Landes als dreimal so hoch eingeschätzt, wie sie im Interesse des Landes sein sollte; sie haben vielleicht Recht, und dennoch sehe ich, als Skandinavier, gern, dass die Isländer durch diese Vorliebe für die Pferde ihre Herkunft beweisen.

Die Zunahme der Wolltiere ist im Gegenteil für das Land von äußerster Nützlichkeit, denn es ist die Ausfuhr von Strümpfen, von Handschuhen und Wolljacken, der diesem armen und traurigen Island einen ständigen Vorteil

(III) *Eyk* bedeutete auch, bei den alten Skandinaviern, ein Baum im Allgemeinen. Siehe *Edda. Harbardz-Liodh*, St. 21.

(IV) In einem dritten Auszug aus Herrn Schouws *Botanischer Geographie* werden wir in Kürze einige interessante Einblicke in the Verhältnisse der Vegetation Europas geben.

in der Handelsbilanz verschafft; leider geht Herr Gliemann nicht auf diese Einzelheiten ein, die er für der Geographie fremd hält. Das Wachstum von Wolltieren ist sehr schnell; die Zahl dieser Tiere war 1784, nach dem Erdbeben, bei 42 000 Stück;

1804, 218 918, davon 102 305 Mutterschafe; 1822, 340 752, davon 154 993.

Die Schweine sind in ihrer Menge äußerst gering; fast nur die dänischen Händler haben sie, und man behauptet, dass sie nicht gedeihen können. Diese Behauptung scheint uns wenig begründet zu sein. Die alten historischen Dokumente […]

B4 *Eingelegtes Blatt mit handschriftlicher Notiz des Autors*

|12r |**Nahrungsersatz!**
Ein Artocarpus nova Species wild bei Rio Janeiro hat walzenförmige 2–4 Fuß lange ½–2 Fuß dikke Früchte, von ½–2 Centnern Gewicht. Ein Baum of 50–60 Früchte sehr eßbar.

Beyrich in Verhandlungen des Berliner Garten Vereins 1824 Seite 286[129].

N3 *Aufgeklebte Notiz des Autors*

|13r |**16 Palmen Grenzen**
gehen in Süden nach Buenos Aires bis 34–35° Breite wie in Neuholland. Saint-Hilaire Aperçu Seite 60[130].

N4 *Aufgeklebte Notiz des Autors*

|14r |**17 Kaktus Grenzen**
Der nördlichste der Kakteen, der Cactus fragilis von Missouri, wurde auf der Reise von Lewis und Clark entdeckt und von Herrn Nuttall beschrieben. Long Expedition to the Rocky Mountains Band I 449[131].

N5 *Aufgeklebte Notiz des Autors*

|15r |**18 Pappel aus Italien**
Am Mississippi ist die bekannteste Populus angulata Pursh (Cottonwood), sehr verschieden von Populus dilatata, Lombardy Poplar, die in den Vereinigten Staaten nirgendwo wild vorkommt. Populus angulata, von der einige Exemplare aus Arkansas und nicht Natchitoches 142 englische Fuß hoch sind und 5 Fuß Durchmesser haben, ist nicht pyramidenförmig. Long Expedition II Seite 164[132].

129 Beyrich 1824. 130 Saint-Hilaire 1823. 131 James 1823. 132 James 1823.

N6 *Aufgeklebte Notiz des Autors*
|**19 Höhe der Bäume**[133] |16r
Pinien von Nootka 120 englische Fuß

Norfolkinsel 180 Fuß

Am Columbia River 230 Fuß, sogar 300 Fuß (8 Fuß Durchmesser) Lewis Clark Band II Seite 156[134] eine Abies.

N7 *Aufgeklebte Notiz des Autors*
|**Vögelzahl** |18r
Im ganzen Kanton Genf (Léman) Berge mitgerechnet kennt man nur 242 Vögel darin 185 einheimisch, 57 zufällige Gäste sind. (Nur 22 bewohnen den Genfer See. wie viel hat See Tezcuco?) Necker in Meisner Annales der allgemeinen Schweizerischen Gesellschaft Band I Seite 112[135].

Milbert hat 400 Vogelarten an das Pariser Museum allein aus Nordamerika geschickt.[A]

N8 *Aufgeklebte Notiz des Autors*
|**Vereinigte Staaten** |19r
Dieser Querschnitt von a–b liegt von Major Long Journal of Academy of natural sciences of Philadelphia bei 41 und 35° Breite[137] vor (Férrusac![138])

8500 Fuß über der Ebene und 11500 Fuß über dem Meer.

Pocket Gazetteer Seite 162[139, B, C]

A *Anmerkung des Autors* Friedrich Boje Tagebuch einer Reise durch Norwegen[136] zählt in Norwegen 239 Arten Seite 347–352, er nennt sie Familien! B *Anmerkung des Autors* bei 38° Breite – 10200 englische Fuß C *Anmerkung des Autors* 42° – 12000 Long und James[140]

133 Vgl. James 1823, II, 156. 134 Lewis/Clark 1814. Vgl. James 1823, II, 165. 135 Necker 1824. 136 Boie 1822. 137 James 1822. 138 Vgl. die Besprechung von James 1822 im von Baron von Audebert de Férussac herausgegebenen *Bulletin général et universel des annonces et des nouvelles scientifiques* (Coquebert de Montbret 1823). 139 Die Angaben beziehen sich auf die Höhe des James Peak in den Rocky Mountains. Vgl. Morse/Morse 1823, 164. 140 James 1822.

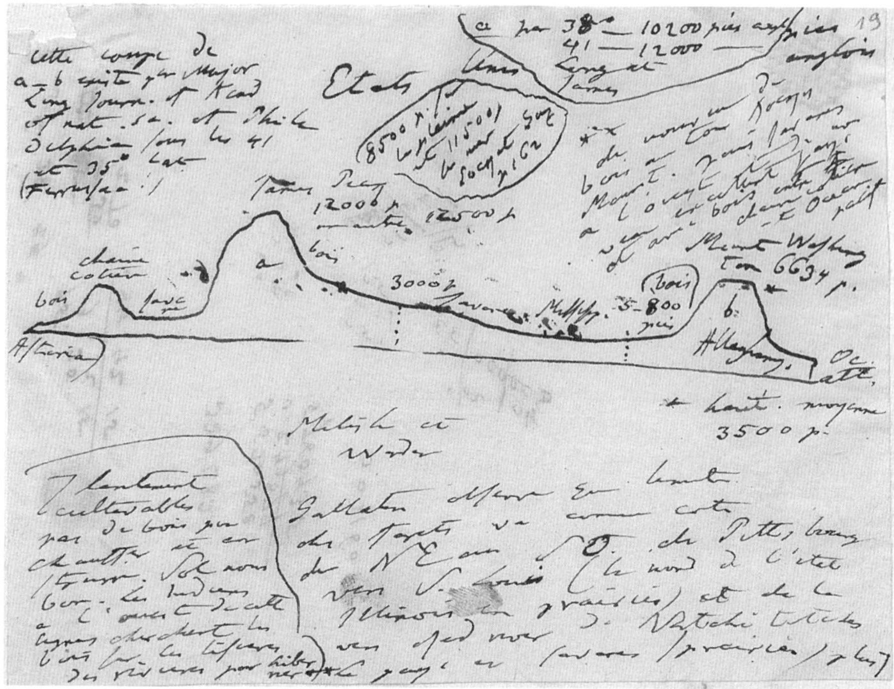

Abb. 3.6 Höhenprofil der Vereinigten Staaten nach Long. Humboldt erweitert das Profil Longs, das im Westen mit den Rocky Mountains und im Osten mit den Alleghenies abschließt, nach den Angaben Gallatins bis zum Pazifik bzw. Atlantik (vgl. Bl. 19r).

Melish und Warden[141]

Gallatin beobachtet, dass die Grenze der Wälder wie die Küste von Nordosten nach Südwesten, von Pittsburgh bis St. Louis, verläuft (der Norden des Staates Illinois als Grasland) und von dort bis zum Red River von Natchitoches. Das Land besteht aus Savannen (Grasland), die langsamer kultivierbar sind, kein Holz zum Heizen und Bauen. Boden weniger gut. Die Indianer im Westen dieser Linie suchen Gehölz an den Rändern von Flüssen, um zu überwintern, erneut Gehölz um die Rocky Mountains. Savannenland im Westen und erneut hervorragendes Land und mit Gehölz zwischen dem Küstengebirge und dem Pazifik.

141 Vgl. Melish 1822 und Warden 1820. Aus beiden geographischen Beschreibungen der USA zitiert Humboldt zum Beispiel in Humboldt 1814–1825, III, 180–181.

| 5 h 38' 49" |19v
750 000 + 93 000 + 1215 = 84 425
150 – 100 = 50
140 (?) +(?) 120 (?) =(?) (?) 2(?) 60(?)
339 283
5 530 558 + 0 249 877 = 5 780 435
603,160

N9 *Aufgeklebte Notiz des Autors*
| Mount Washington (New Hampshire) der höchste der Vereinigten Staaten Breite 44¼° 6634 englische Fuß nach Captain Partridge in den White Mountains. Baumgrenze in diesen Bergen 4428 englische Fuß. |20r
| [A] |20v

N10 *Aufgeklebte Notiz des Autors*
| Weideland in Sutledge auf 14 924 Fuß Höhe und noch kein Schnee auf 16 814 Fuß. |22r

Royal Institution Band 9 Seite 68[142].

A *Anmerkung des Autors* 16 000 × 94 = 1 504 000 795 522 – 22 015 = 77 357 4026 – 3350 = 676 2 800 000 ÷ 5500 = 508 25 100 ÷ 156 = 160 121 000 ÷ 160 = 756

142 Webb 1820.

Ideensammlung für die Neuausgabe der Geographie der Pflanzen

Carl Sigismund Kunth

↗H0000005

|1r |Numero 1. Definition der Pflanzengeographie[143, A]

Wie in allen Sprachen plantae alpinae montanae. etc. Von den Cruciferen am frühesten erkannt.[B, C] Gewöhnlich auf physische Momente hindeutend. pagina 137. a. b.

Menzel pagina 8.[147] vide Haller Bibliotheca botanica tomus 1. pagina 479[148].} ?

Kein Widerspruch im Namen pagina 8.[149]

Statistik der Pflanzen bezieht sich recht eigentlich auf die Zahlenverhältnisse pagina 9. d.[D]

A *Anmerkung von Humboldt* Untergegangen Lyktonia (Ukert II pagina 194[144].) B *Anmerkung von Humboldt* Daß Bäume im indischen Meere Ukert II pagina 166[145]. C *Anmerkung von Humboldt* neige rouge Maltebrun Annales 1826 mai page 228[146]. D *Anmerkung von Humboldt* Gräser γράσσις Lennep Voyez *nat(?)* lat. n 19[b] plateau ὀροπέδιον Strabon II pagina 1004[150] (loco citato I numero 17.)

143 Die Seitenangaben der folgenden Nummern 1–4 verweisen, wenn nicht anders angegeben, auf Exzerpte aus Schouw 1823. 144 Ukert 1816–1846. Humboldt bezieht sich auf die antike Sage eines großen Festlandes im Mittelmeer, das durch den »goldenen Dreizack« des Poseidon in viele kleine Inseln geteilt worden sei (vgl. Humboldt 1845–1862, II, 153). 145 Ukert 1816–1846. 146 Malte-Brun 1826. 147 Schouw spricht über das Alter des Begriffes Pflanzengeographie, den bereits Albrecht von Haller auf Christian Mentzel zurückgeführt habe. Vgl. Schouw 1823, 8 sowie Haller 1771–1772, I, 479 »Lego etiam scripsisse geographiam botanicam s. orbem terrarum in climata divisum pro plantis.« 148 Haller 1771–1772. 149 Schouw schreibt: »Es scheint das Wort ›Pflanzengeographie‹ bei dem ersten Anblick die Erde als Gegenstand der Wissenschaft anzudeuten, und die Benennung einen Widerspruch zu enthalten. Wenn man aber bedenkt, daß diese Wissenschaft das Verhältniß zwischen der Erde und den Pflanzen bestimmt, und daß sie von einem zwiefachen Gesichtspunkte zu behandeln ist; bald so, daß die Erde als Object die Vegetation als Beschaffenheit; bald aber so, daß die Pflanzen als Object und die Verhältnisse zur Erdoberfläche als Beschaffenheiten erscheinen; so ist der Widerspruch nur scheinbar.« Schouw 1823, 8. 150 Strabo 1807. Vgl. Humboldt/Bonpland/Kunth 1815–1825, I, XI.

Numero 2. Unterschied von Statio und habitatio,[A] Decandolle Sprachwidrig. page 137. b. 139. 142.[152] (Patria (doppelsinnig) auf Geschichte der Pflanzen sich mitbeziehend. page 138.)

Numero 3. Physische Momente, Einwirkung des Lichts, der Wärme gehören zu den Hülfswissenschaften pagina 4. können leicht auf die falsche Idee führen, daß unter denselben Verhältnissen überall dieselben Spezies sich entwickeln sollten (Befaria, Cinchona) pagina 138. (Genesis.)[B] **N1, N2, N3, N4, N5**

|Numero 4. Unser Plan |2r

Nach der Definition, Geschichte und Absonderung der Pflanzengeographie von allem was eigentlich der Physik der Pflanzen oder der Meteorologie oder der <u>Geschichte</u> der Pflanzen (pagina 2.) gehört.

α) die Verhältnisse der höhern und niedern Grouppen (Classen, Familien, genera) zu der Erde und dem Wasser (sicher wie gewisse Familien in Verhältnißzahlen von Süden nach Norden abnehmen, welche Genera blos einzelnen Zonen oder einzelnen Continenten zugehören, welche Genera Unterabteilungen haben nach klimatischen Verhältnissen, also in diesem abschnitt ist Hauptgegenstand immer die Gruppe etc.)

|β.) die Verhältnisse der Länder zu den Verschiedenen Gruppen (floren)[C] (hier die Frage, welche Pflanzen allen Erdstrichen gemein sind, welche beiden Continenten zugleich zugehören,[D] hier Karakteristik der Länder, Neuholland, Indien etc.). |3r

γ.) Nicht eigentlich als Abtheilung, sondern als Zusatz, Betrachtung der physischen Momente welche einen Theil dieser Verbreitungsgesetze erklären,[E] aber keineswegs alle; hier etwas von dem Genetischen, von der Idee von Species, an die Geschichte der Pflanzen[F] angrenzend; wie die Vegetation der Vorwelt ausgesehen[G], ob wie bei den Thieren sehr einzelnstehende Formen sonst von andern Gliedern begleitet waren.

[A] *Anmerkung von Humboldt* Géographie des plantes Ramond Pyrénées II pagina 331[151]. [B] *Anmerkung des Autors* Natürliche und künstliche Verbreitung pagina 143. [C] *Anmerkung des Autors* Kryptogamen Arnott. [D] *Anmerkung des Autors* Älteste Frage Lister von 1675[153]. Siehe S. [E] *Anmerkung des Autors* Einfluß des Bodens (Strohmeyer[154]) [F] *Anmerkung des Autors* Sagen ehemaliger Wärme Zendavesta X. [G] *Anmerkung des Autors* Fossile Wälder in Rußland. (O.)

S. X. (O.)

[151] Ramond 1789. [152] Schouw kritisiert hier die seiner Meinung nach widersinnigen Verwendungen der Begriffe *statio*, *habitatio* und *patria* durch verschiedene Autoren. Er referiert unter anderem über Candolle 1819, § 390 und Candolle 1820, 383–384 (vgl. Schouw 1823, 139–142). [153] Lister 1675. [154] Stromeyer 1800.

|4r |Vor α Nach den Prolegomenen das allgemeinste aller Vegetation, also a) wieviel Pflanzen es giebt? (Zahl), und physische Verhältnisse b.) wo es Pflanzen geben kann, subterranea, marina, aerites, (wie tief, ohne Licht?), auf der Erde, im Schnee[A], c.) Höhen (Himelaya) und Tiefe im Meere,[B] d) Größe im Vergleich der phanerogamischen Gewächse unter sich und der Dicke und Höhe (Ceroxylon und Cunninghamia) e) Farbe f.) Dauer der Individuen (Erhaltung der Samen)[C] g.)[D] Migration, Richtung, Meeresströhmungen (Golfström) (Koralleninseln, Kokosnüsse.)

|5r |Numero 5. In den Zahlverhältnissen wesentlich zu unterscheiden Zahl der Indi-
B1 viduen, Zahl der Species[E] eines und desselben Genus, oder Zahl der Species im Verhältniß zur ganzen Maße der Phänerogamen.[F, G, H]

Numero 6. Zu lesen Winch Geographie der Pflanzen von Kumberland. (Zahl pagina 3.)[160]

N6 Numero 7. SüdSee. Lesson Annales des sciences Naturelles Junius 1825. page 172[161].

Numero 8. Géographie des Plantes de Suède sehr gut (Pinus): Hagelstam in Malte-Brun, Annales Tome XXVI. livraison 2. page 231[162].

Numero 9. Golfström, fucus, mare herbidum. Petrus Martyr, oceanica decas 3. liber 5. pagina 53[163].

|6r |Numero 10. Verbreitung der Moose,[I] Das Manuskript von Arnott. avec conclu-
B. L. sion. Voyez B. L.

C filices Bowdich: Dicksonia (Ungewißheit) pagina 49[165]. vide C[J]

[A] *Anmerkung des Autors* Auch in Schweden gesehen von Agardh, Siehe D. [B] *Anmerkung des Autors* Zahl
D. der Species, Fische, Vögel und Insecten. [C] *Anmerkung des Autors* Chamisso Gaudichaud Richard [D] *Anmerkung des Autors* (Winsch pagina 37[155]. Argemone mexicana.) [E] *Anmerkung des Autors* gegen Decandolle Siehe H. [F] *Anmerkung des Autors* Vide Fischer numero R. [G] *Anmerkung des Autors* Loef-
H. R. ling en 20 mois recolté 1300 phanérogames dans les environs de Madrid. (Loefling Reise pagina 381[156].) [H] *Anmerkung des Autors* 120 000 Gewächsgestalten aus dem Stierblut entstanden Zendavesta Rhode pagina 286[157]. Dagegen Linné nicht 10 000. In Zentavesta älteste Klassification der 55 Getreidearten page 535[158]. und älteste Klassification der Thiere in 5 Klassen und der Fische allein in 10 Familien page 531[159]. [I] *Anmerkung des Autors* Champignons diminuent vers le Pôle Link page 32.[164] [J] *Anmerkung des Autors* Bauhinia? in Madeira. Banisteria in Sierra Leona Ansichten pagina 217[166].

155 Winch 1825. 156 Loefling 1766. 157 Rhode 1820. 158 Rhode 1820. 159 Rhode 1820. 160 Winch 1825. 161 Lesson 1825. 162 Malte-Brun 1825a. 163 Martyr d'Anghiera 1533. 164 Die Literaturangabe bezieht sich auf einen in den von Kurt Sprengel, Heinrich Adolf Schrader und Heinrich Friedrich Link herausgegebenen *Jahrbüchern der Gewächskunde* anonym erschienenen Aufsatz (Jahrbücher der Gewächskunde 1820). 165 Bowdich 1825. 166 vgl. vielmehr Seite 117 von Humboldt 1826, II.

Numero 11. Kultivirte Pflanzen[A] Mays und Musa siehe Klaproth A. Solanum tuberosum Lambert. Siehe G. A. G.

Numero 12. Himalaya. Siehe Gowan[168] D. (Lettre de Lambert A[b] [169].) D. A[b]

Numero 13. Ueber Pristley's Materie alles zusammengetragen Pitois Dictionnaire Tome 34. page 376[170].

Numero 14. Flor der Anden. Antisana. Siehe E E

Numero 15. Flor von Quito. Siehe F F

Numero 16. Größe der Continente. – Mathieu (I.) I.

Numero 17. Flor von Spanien. Sierra Nevada de Grenade – Lagasca Anales V. página 270[171]. (Bory Annales générales Tome III. page 16[172].)

|Numero 18. Jamaica (Montes caerulei) Siehe M. |7r

Numero 19. Brasilien. Saint-Hilaire. Siehe N.[B] M. N.

Numero 20. Indien, Montagnes bleues – P.) (Ainslie Ad.) P. Ad.

Numero 21. Pinus occidentalis. (Q) Q

Numero 22. Italien Schow Siehe T. T.

Numero 23. Mer du Sud. Alasca Chamisso U. U.

Numero 24. Spitzbergen – V (Skoresby)[C] V

Numero 25. Plantes marines Candolle Y. Y.

Numero 26. Arbres résineux et rapport des plantes avec la chaleur. Candolle. Z Z

[A] *Anmerkung des Autors* Citrus sehr gelehrt (K) Limete, Ramond Nivellement page 158[167] [B] *Anmerkung des Autors* Pas de chênes, pas de pins. Fougères arborescentes de 20 pieds sur l'Itacoloumi à 900 toises Sello. [C] *Anmerkung von Humboldt* Distribution de la Flore Capensis. – wenig Labiatae Malvaceae – Umbelliferae – viel Leguminosae – Ericaceae Cruse Rubiaceae Capensis 1825 pagina 22[173]. (Kunth) K

[167] Ramond 1818. [168] Govan 1825. [169] Vgl. den Brief von Aylmer Bourke Lambert an Humboldt, London, 14. November 1820 (↗H0014540). [170] Blainville 1825. [171] Lagasca/Rodriguez 1802. [172] Bory de Saint-Vincent 1820. [173] Cruse 1825.

Aa. A.g. Numero 27. États-Unis. Karakteristik Aa. A.g.

Ac. Numero 28. Flore du Caucase Ac.

|8r |Numero 29. Teneriffa Buch. Candolle Ae.

Ae. Af. Numero 30. Grüne Pflanzenkeime Af.

Numero 31. Nordasien. Pallas IV. pagina 24.

Ag. Ah. Numero 32. Crucifères des tropiques Ag. Mimosen Ah.

Ak. Numero 33. Gegen die Idee des Klimatisirens Ak. (limite sur les montagnes).[A]

N1 *Aufgeklebte Notiz von Humboldt*

|9r |Fougères arborescentes au pôle
Nouvelles Annales des Voyages 1826 Cahier Août[175], fougères arborescentes et grands arbres dicotylédones à Melville Baffin (Parry).

N2 *Aufgeklebte Notiz von Humboldt*

|10r |Desmoulins Mémoire sur la distribution géographique des animaux vertébrés Société philomatique 1822 page 157[176] et Journal de Physique 1822 février[177] admet comme moi et Ramond plusieurs centres de création, mais que les espèces animales n'habitent jamais toute la circonférence d'une zone isotherme, mais seulement des arcs plus ou moins étendus, que des continens aujourd'hui séparés par les mers l'ont toujours été, parce que si non les mêmes espèces auroient pu se répandre dans une même zone isotherme, les continens vers le nord se sont tenus et se tiennent presque encore.
que les rapports des températures seules ne décident pas, mais des causes complexes.

[A] *Anmerkung von Humboldt* Numero 34. Browns Princip über Indigenität: da wo andere Species wild sind. Mays? Congo pages 50–53[174]. Migration, importation. Banane, Citrus, mays / tabac pour discuter où notions historiques manquent. 1) moyen de chercher *en(?)* genre plus d'espèces. 2) Sprache. Ainslie. Peut prendre forme du mot indigène. Tabatsi, de qualité, ancien nom *appliqué(?)* elephas, tabac en sanscrit.

174 Robert Brown diskutiert in seinen *Observations Systematical and Geographical on the Herbarium Collected by Professor Christian Smith* wie der Ursprung der Nutzpflanzen, die Smith an der Westküste Afrikas gefunden hatte, mit pflanzengeographischen Methoden zu bestimmen sei und kommt zu folgendem Schluss: »[...] that in doubtful cases, where other arguments were equal, it would appear more probable that the plant in question should belong to that country in which all the other species of the same genus were found decidedly indigenous, than to that where it was the only species of the genus known to exist.« (Brown 1818). 175 Parry 1826. 176 Desmoulins 1822. 177 Desmoulins 1822a.

tournez
|Bory de Saint-Vincent |10v
Famille intermédiaire entre animaux et plantes Arthrodiées (fragillaires, oscillariées Conferva fontinalis Linné Tremetta Adanson Mémoires de l'Académie 1767 page 564[178], Conjugées et Zoocarpées). Société philomatique 1822 page 110[179].

N3 *Aufgeklebte Notiz von Humboldt*
|Naturalisation des Plantes à Guernsey Mac Culloch Journal of the Royal Institution number 42 page 200[180]. |11r

N4 *Aufgeklebte Notiz von Humboldt*
|Bernal Díaz del Castillo siembra las primeras naranjas près de Tonalá dans l'expédition de Grixalva Herrera Década II pagina 76. |12r

N5 *Aufgeklebte Notiz von Humboldt*
| Îles de coraux végétation! Eschscholtz Férussac Juin 1826[181] page 180. |13r

B1 *Eingelegtes Blatt mit handschriftlicher Notiz von Humboldt*
|**Pflanzenmenge** |14r
a) Wie Dürre abnehmen lässt. Wärmestrahlung, Waldzerstöhrung. Canarische Inseln, Mexico, France. Buch Canarische Inseln pagina 127[182].
b) geringer wenn Inseln sich von Continenten entfernen pagina 130[183].
Verhältniß der Species zu den generibus, anders auf Inseln, Buch I pagina 132[184].
Wie sich Inseln nicht reciprocis geben, Madera an Canarische Inseln, nicht Canarische Inseln an Madera. Buch I pagina 189[185].
Winde Samenverbreitung Buch I pagina 93[186].
Smith. lies seinen Aufsaz[187] über Unterschied des Continental- und Inselklimas. Buch citirt pagina 39[188].

N6 *Aufgeklebte Notiz von Humboldt*
|Végétation de la Nouvelle Hollande triste Lesson dans Annales de Dumas Tome 6 (1825) pages 244 250. 252[189] |15r

178 Adanson 1767. 179 Bory de Saint-Vincent 1822. 180 MacCulloch 1826. 181 Eschscholtz 1826. André Étienne d'Audebert de Férussac war der Herausgeber des *Bulletin des sciences naturelles et de Géologie* in dem dieser Aufsatz erschien. 182 Buch 1825. 183 Buch 1825. 184 Buch 1825. 185 Buch 1825. 186 Buch 1825. 187 Mehrere Berichte über Christen Smiths Reisen durch Norwegen 1812 und 1813 erschienen posthum im zweiten Band der *Topografisk-statistike Samlinger, udgivne af Selskabet for Norges*. Buch 1825, 39 verweist auf diesen Band. 188 Buch 1825. 189 Lesson 1825a.

Ab – Aylmer Bourke Lambert an Alexander von Humboldt. London, 14. November 1820

Der englische Botaniker Aylmer Bourke Lambert war Humboldt durch sein Werk *A Description of the Genus Pinus* (Lambert 1803–1824) als Spezialist für die Gattung der Kiefern (Pinus) bekannt. In einem Schreiben an Lambert (Paris, 17. August 1820, Royal Botanic Gardens, Kew, A. B. Lambert Correspondence) hatte Humboldt Fragen zur weltweiten Verbreitung der Kiefernarten gestellt, wie sie ihn bereits in seinem 1816 an Robert Brown gerichteten Fragenkatalog beschäftigt hatten (vgl. *Fragen Humboldts an Robert Brown zur Pflanzengeographie (1816)*, ↗H0015180, in der vorliegenden Edition). Humboldt bat um Angaben über die Kiefern des Himalaya und fragte, ob es Pinus-Arten gebe, die sowohl auf dem amerikanischen Kontinent als auch in Ostasien heimisch seien. Zudem bat er erneut um Bestätigung, dass in der südlichen Hemisphäre keine Vertreter der Gattung Pinus zu finden seien. Im vorliegenden Antwortschreiben gibt Lambert Auskunft über Pinus-Arten der Himalaya-Region. Lambert legte dem Schreiben Briefe seines dänischen Kollegen Nathaniel Wallich zum selben Thema bei, aus dem Humboldt exzerpierte. Diese Notizen klebte er auf die erste Seite des Briefes (Bl. 1r-v). Lamberts Anmerkungen zur Flora Südamerikas stehen im Zusammenhang mit seiner Monographie über die Chinarindenbäume, die auch eine Übersetzung von Humboldts Aufsatz »Über die Chinawälder Südamerikas« enthält (Lambert 1821a, 19–59, Humboldt 1807b). Das Werk trägt die Widmung »To the celebrated Baron de Humboldt, the most scientific traveller this or any other age has produced«.

↗H0014540

|3r N1, N2 |[A, B]26. Lower Grosvenor Street London

November 14th, 1820.

My Dear Sir
It is impossible to express the gratification – which your highly interesting & learned Letter afforded me; as there is no man I am so proud of hearing from as yourself and whenever you will do me the honour of writing to me, it will prove the highest gratification I can experience.

Ab. [A] *Anmerkung von Kunth* Ab. [B] *Anmerkung des Empfängers* Nepaul.

I should have wrote you long before this, but having been at my Country Residence till within these few weeks, and having since my arrival in Town experienced a severe attack of fever, occasioned by catching cold, has prevented me from having that pleasure.

Many thanks for your observation on the Aracacha, but it came too late for insertion in my paper[190] published in the last number of the journal of Arts & Sciences of the Royal Institution. You will see by that, I have ventured to give some account of the Native Country of the Potato, Solanum tuberosum. Whether the materials from which I have drawn my conclusions be sufficiently decisive I leave you to judge. | And I trust I have not erred in making mention of your name on the au- |3v
thority of Don Zea[191] who I see very often, and who dined with me with a large party last week, among whom was our Friend Professor Buckland, just arrived from the Country and whose company was rendered particularly agreeable as he gave us a great deal of information about you. We all hope that you will never think of leaving Europe again, as your life is too precious to Science for to run the risk of losing it. Sir Humphrey Davy, has just been sitting with me: who tells me he is just about writing to you. I am happy to say he is to be our New President of the Royal Society, and shall most heartily next week go to give him my vote. I am very sorry that any misunderstanding should take place between my Friend, Sir Stamford Raffles and the Illustrious Cuvier, respecting the zoological collections sent home by my Friend from whom I had a letter last week, and I trust that every thing will be adjusted to the satisfaction of both parties in a short time. He writes me word that they have found plenty of the large, singular flower, and that he is soon to send me a drawing of it. We are to have a highly interesting paper[192] on it from Mister Robert Brown in the next volume of Linnean Transactions, with 8 plates which are already finished. I am endeavouring to learn all I can from Mister Zea, about the Cinchonae; I have got your two papers on the bark Forests translated into English, and which I am about to print soon[193]. Now possessing very fine Specimens of all the species figured in Flora | Peruviana[194], with many entirely new species; from |4r
these resources I shall be enabled to clear up innumerable doubts & errors which still pervade the history of this very interesting Genus. Cinchona rosea of Flora Peruviana[195] is perfectly distinct from every other species: your Cinchona condaminea

[190] Lambert 1821. [191] »Don Francisco Zea, companion and friend of the celebrated Mutis, who long resided in South America, assured me, when he was in this country, that he had often found [Solanum tuberosum] wild in the forests of Santa Fé de Bogota, observing at the same time, that the reason why Baron de Humboldt had not found it when he was in that country, was, because, he had not time to examine those places where it grew.« (Lambert 1821, 26). [192] Brown 1821. [193] Lambert 1821a. Vgl. Humboldt 1807b. [194] Ruiz/Pavón 1798–1802. [195] Ruiz/Pavón 1798–1802.

and Cinchona angustifolia[A] figured in the Supplement[196] of Ruiz Quinologia[197] are the same. I possess many specimens of your plant in its various stages of growth.[B] My drawings of the Pines from the Himalaya Mountains, Nepal, are nearly finished and I will publish them as soon as possible of the 3 species from Nepal. The first belongs to the section Abies, and must be placed near Pinus picea & balsamea, although perfectly distinct from either. The second belongs to the section Larix a very distinct species from the Neighbourhood of Almora. The third belongs to the section Pinus, named by me & Doctor Wallich, Pinus excelsa, akin to Pinus strobus but with characters widely different as you will hereafter see. The Species mentioned by Thunberg in Flora Japonica[198], I have no doubt will all prove very different from those of Europe & North America. His Pinus strobus may possibly be the same with my Pinus excelsa, and his Pinus Larix, the same with mine from Almora, as there are many plants common to both countries in Nepal. I have here sent you some of Doctor Wallichs Letters to me relating to Nepal, which I hope will afford some pleasure, and which I will be obliged by returning to me at your leisure when an |4v opportunity offers. When are we to see your | Map of New Granada[199]. I am anxiously waiting for the fifth volume of your Personal Narrative[200], which I understand from Messrs. Longman & Co. is to be published here about Christmas. Poor Mister Pursh Author of the Flora Americae Septentrionalis[201] is no more. His widow has just arrived from Canada, with a very extensive collection of specimens of plants from that Country which is now in my possession. Had he lived it was his intention to publish a Flora of Canada, for which he had collected ample materials. I beg you will present my kindest respects to Mister Kunth. Is there any hopes of seeing you & him in this Country soon. Since writing the above I have just received a very long and interesting Letter from my friend Professor DeCandolle who mentions that the second volume of his Systema Vegetabilium[202] will be out in a Month from the date of his Letter, 26 October.

Yours very Sincerely

Alymer Bourke Lambert.

P. S. I was extremely sorry, at not having the pleasure of seeing your Friend Doctor Caspar, who I beg you will give my compliments to. I have just had a very splendid Mexican plant which has flowered in my Hothouse, it is nearly allied to Bromelia

A *Anmerkung des Empfängers* non, Cinchona angustifolia est Cinchona lancifolia Mutis. **B** *Anmerkung des Empfängers* Kunth a remis Cinchona ovalifolia Bonpland à Cinchona ovalifolia de Linné qui diffèrent Méxique page 22.

196 Ruiz/Pavón 1801. **197** Ruiz 1792. **198** Thunberg 1784. **199** Humboldts »Carte générale de Colombia« erschien 1825 mit der fünften Lieferung als Planche 22 von Humboldt 1814–1834 (vgl. Fiedler/Leitner 2000, 162). **200** Der fünfte Band von Humboldt 1814–1829 erschien 1821. Vgl. Fiedler/Leitner 2000, 104. **201** Pursh 1814. **202** Candolle 1818–1820.

paniculigera of Swartz, at least of the same genus with it, very different from Bromelia. The flowers are white edged with crimson in large panicles. The stem leaves from 2 to 3 feet long of a beautiful crimson.

N1 *Aufgeklebte Notiz des Empfängers*
|Géographie des plantes |2r
Himalaya. Une Campanula avec des graines mûres dans le Himalaya 16800 piés anglais où thermomètre en Octobre à milieu 27° Fahrenheit. Arbustes plus haut encore. Colebrook Journal de Royal Institution numéro 20 472[203].

N2 *Aufgeklebte Notiz des Empfängers*
|Nepaul Wallich[A] Purple coned Cedar or Pinus Webbii (Pinus excelsa |1r
Wallich) gleich Pinus strobus (foliis quinis triquetris margine scabris, strobilis cylindraceis squarrosis demum pendulis foliisque longioribus, antherarum crista ovata-crenata-fimbriata, obtusa. Strobili 6 pollicares –1 pedalis[B] affinis Pinui Massonianae Vallée de Nepaul, extrémité orientale nom Deolathonri).
Pinus Webbii[C] Wallich foliis solitariis planis subtus argenteo-glaucis strobilis ovatis. Nepaul. nom: Oomur, Khaittasee et Tassee Doop. affinis Pinui piceae et balsameae.[D]
Pinus laevis Wallich foliis tetragonis strobilis erectis oblongis nitidis affinis Pinui abieti. nom Raga. Nepaul.
Taxus macrophylla[E] Wallich (sonst Myrica nervifolia.) nom Goonsee. fruit mangeable!
Quercus Dundwa Singhali
|sur l'himalaya dit Wallich, des Primula, Anémones, Gerania, Rhododen- |1v
drons, Valérianes.

[A] *Anmerkung des Autors* Manuscript [B] *Anmerkung des Autors* MS [C] *Anmerkung des Autors* ehemals auch genannt Pinus tinctoria ou Pinus porphyricarpa. [D] *Anmerkung des Autors* MS [E] *Anmerkung des Autors* Lignum Emanum Rumph hortus Amboinensis III 47. tabula 26[204]

[203] Colebrooke 1821. [204] Rumpf 1741–1755.

Ac – Flora der Krim und des Kaukasus

Carl Sigismund Kunth
Christian von Steven (?)

Das vermutlich als Antwort auf Fragen Humboldts abgefasste Dokument enthält eine Auflistung der auf der Krim (Taurische Halbinsel) und im Kaukasus vorkommenden Pflanzenfamilien, -tribus und -gattungen, angeordnet nach dem Jussieu'schen System, sowie ergänzende Erläuterungen zur Pflanzengeographie der behandelten Regionen. Carl Sigismund Kunth verweist auf diese kommentierte Pflanzenliste in seiner 1825 angelegten Ideensammlung zur Neuausgabe der Geographie der Pflanzen unter der Nr. 28 »Flore du Caucase« (Sigle Ac). Das Dokument ist von der Hand Carl Sigismund Kunths, der aber wahrscheinlich nur die Abschrift eines existierenden Manuskripts anfertigte. Urheber des Textes ist möglicherweise der russische Botaniker schwedischer Herkunft Christian von Steven. Steven hatte die Flora des südlichen Russlands erforscht und war seit 1812 Direktor des Botanischen Gartens von Nikita auf der Krim. Im Winter 1820/1821 hielt er sich zu Studienzwecken in Paris auf. Humboldt erwähnt Steven in der Verlagsanzeige zur Neuausgabe der *Ideen zu einer Geographie der Pflanzen.*

↗H0006180

| 15r | Dicotyledoneae[A]

I. Polypetalae.

		Taurus	Taurus montes	Steppe	Caspisches Meer	Caucasus	Caucasus alpes	Caucasus montes	Taurus Caucasus montes
Ranunculaceae	66	5	4	1	2	13	9	7	2
Berberideae	2				1				
Nymphaeaceae	2				2				
Papaveraceae	19		2			2	2		
Cruciferae	145	8	8	8	10	10	10	17	2

Ac

A *Anmerkung von Kunth* Ac

Capparideae	6		1					1	
Acera	5			1				2	
Hypericeae	7	1				1		2	
Vites	1								
Gerania	34					6		10	
Malvaceae	11					2			
Tiliaceae	3	1							
Cisteae	7		2					1	
Violeae	9	1		1			3		1
Rutaceae	7	2		3				1	
Caryophylleae	101	9	1	9	3	12	20	15	2
Frankeniaceae	3	1			1			1	
Lineae	8		1			1			
Mimoseae	2		1					1	
Leguminosae	237	18	28	13	7	27	21	42	9
Rosaceae	104	15	2		2	14	7	9	7
Myrtheae	2							2	
Terebintheae	4							1	2
Rhamneae	12		1			2		4	
Onagrae	11				2	2	1		1
Salicariae	8				4	2			
Ficoideae	3				1		2		
Portulaceae	5				1				
Cacteae	3					3			
Saxifrageae	13	1					10	1	
Semperviveae	15	1					4	2	
Umbelliferae	118	7	8	5	1	19	9	10	4
	=973	=70	=59	=41	=37	=116	=98	=129	=30

		Taurus	Taurus montes	Steppe	Caspisches Meer	Caucasus	Caucasus alpes	Caucasus montes	Taurus Caucasus montes
II. Monopetalae.									
Lorantheae	2								1
Caprifoliaceae	11					1		3	
Rubiaceae	41	2	3	1	2	3	3	8	1
Valerianeae	18	2	3	1		3	3	2	
Dipsaceae	20			1		5		3	1
Corymbiferae	129	10	3	12	3	17	22	19	
Cynareae	96	7	1	5	2	17	9	18	3
Cichoraceae	93	10	6	3	6	14	6	11	2
Cucurbitaceae	3		1			1			
Campanulaceae	25		1	1		6	8	2	
Ericeae	8		1				3	1	3
Rhodoreae	3						2	1	
Guajacaneae	1							1	
Apocyneae	7					2			
Gentianeae	20		1			5	7	1	
Polemoniaceae	1						1		
Convolvulaceae	13	2	3		4				
Borragineae	55	2	4	10	5	4	4	7	1
Solaneae	27	2	3	1	1	1		3	1
Scrophulareae	22	2	1	3		3	2	3	
Labiatae	113	13	3	2	2	8	7	18	1
Pyrenaceae	3		1		1				
Jasmineae	5		2						1

Orobancheae	10			2	1	3			1
Pedicularеае	48	2	1	2	3	8	5	3	2
Globulariae	2	1				1			
Lysimachiae	21	2		1		2	4	2	3
Polygaleae	4	1						1	
	=801	=58	=38	=45	=30	=109	=86	=107	=21
III. Incompletae.									
Staticeae	9			1	3	1		2	
Plantagineae	8			1	1	2		2	
Amarantheae	9					1		1	
Aristolochiae	3							2	
Elaeagneae	2				1	1			
Thymelaeae	6						2	2	
Laurinae	1		1						
Polygoneae	24		2		5		2	1	2
Atripliceae	63	1		18	29		1	5	
Euphorbiaceae	32	6	3	2		4		1	2
Urticeae	11		2	1	1			2	1
Amentaceae	24		1		1		4	5	4
Cupressinae	6				1		1		3
Fraxineae	1								1
	=199	=7	=9	=23	=42	=9	=10	=23	=13
IV. Polycotyledoneae									
Coniferae	4		1				1	1	1
Monocotyledoneae									
Orchideae	40	4	2			8		5	17
Irideae	21	2	1	2		2		8	3

Narcisseae	2	1			1				
Asphodeleae	43	11	1	1	1	10	1	5	2
Lilia	12	1			4	3	3	1	
Merenderae	7	2	1			3		1	
Alismeae	4				1	1			
Junceae	9		2					1	
Asparageae	16	3			3			4	1
Aroideae	9	2	1		2			1	
Gramina	139	10	9	12	12	12	9	12	5
Cyperoideae	50	6	2	3	9	6	4	2	3
Typheae	4					1			
Najades	4								
	=360	=42	=19	=18	=33	=46	=17	=40	=31

| 15v | <u>Acotyledoneae</u>

		Taurus	Taurus montes	Steppe	Caspisches Meer	Caucasus	Caucasus alpes	Caucasus montes	Taurus Caucasus montes
Equisetaceae	3	1							
Marsileaceae	3				3				
Lycopodaceae	1					1			
Filices	18					5	4	4	
	24	1			3	6	4	4	
	=2357[A]	=178	=126	=127	=145	=280	=216	=304	=96

[A] *Anmerkung von Kunth* <u>Nota Bene</u> die Summen sind nicht richtig addirt.

Die Taurische Halbinsel beträgt ungefähr ...... vom Flächeninhalt des ganzen Landstrichs und enthält 304 ihr eigenthümliche Pflanzen, also etwa den 8ten Theil des Ganzen. Von diesen 304 fallen auf den schmalen aber warmen Strich längst der südlichen Küste Tauriens 126, also circa $\frac{2}{5}$ der Taurien eigenthümlichen Gewächse. Auch die Zahl 178 für den nördlichen Abhang des taurischen Gebirges und die Steppen bei Perecop ist sehr bedeutend.

127 Pflanzen gehören eigenthümlich den Steppen im Norden des Caucasus und Tauriens, die ganz niedrigen Gegenden am Caspischen Meere ausgenommen, die die große Zahl von 145 geben; ein Beweis der Eigenthümlichkeit des Bodens, nicht des Reichthums an Pflanzen.

Der lange Strich der Kaukasischen Vorgebirge im Norden vom Asowschen bis zum Kaspischen Meere etwa ...... des Ganzen, enthält nur 280 eigenthümliche Pflanzen, obzwar das schon ziemlich hohe Gebirge um Nartsana mitgerechnet ist.

Die noch wenig untersuchte Alpenkette hat 216 Gewächse gegeben, obzwar eigentlich nur drei kleine Gegenden derselben etwas bekannt sind. Nemlich der Weg von Casbek bis Kajschaur; der Schagdagh, und der Tyfendagh im Oestlichen Kaukasus.

|Der südliche Abhang der Kaukasischen Vorgebirge, die Ebenen am untern Kur, |16r
das Imeretische Quergebirge und die Vorgebirge der hohen Armenischen Kette, sämtlich, bis auf die nächste Umgebung von Tiflis, nur sehr flüchtig untersucht, haben 304 Pflanzen geliefert, gerade so viel wie die Krimmische Halbinsel. Es ist aber wahrscheinlich noch lange die Hälfte der Pflanzen nicht bekannt.

Von den im Kaukasus vorkommenden Gewächsen findet man auf dem höhern Taurischen Gebirge 96, die als subalpin angesehen sind; die übrigen 885 sind mehr oder weniger den niedern Bergen und den Steppen Tauriens und im Norden des Kaukasus gemeinschaftlich; noch ein Beweiß, wenn man übrigens daran zweifeln könnte, daß Taurien eigentlich nur ein vom Kaukasus abgerissenes Stück ist, dem die korrespondierende Alpenkette fehlt. Vor der ungeheuren Erdrevolution die diesen nunmehr fehlenden Alpenstrich in die Tiefe des Meeres versenkte, mag auch die Verbindung des Kaukasus mit dem Taurus Kleinasiens deutlicher gewesen sein, von der jetzt kaum noch in dem Imeretischen Quergebirge Spuren existiren.

Ag – Plantae des États-Unis

Dieses Manuskript liegt im Nachlass in einer Mappe, die Humboldt mit der Aufschrift »Botanique, Agriculture II« versehen hat, gemeinsam mit zahlreichen anderen Dokumenten, die Humboldt und Carl Sigismund Kunth um 1825 für die zweite Ausgabe der Geographie der Pflanzen zusammengestellt haben. In seiner Ideensammlung zur Neuausgabe der Geographie der Pflanzen verweist Kunth auf dieses Blatt unter Nummer 27 »États Unis. Karakteristik« und vergibt die Sigle Ag. Es handelt sich um vier Blatt des Amerikanischen Reisetagebuchs, entstanden wohl im Juni 1804 in Philadelphia. Das Manuskript enthält Informationen zu den Nutz- und Heilpflanzen der USA sowie eine Auflistung der Botaniker des Landes. Humboldt bezieht sich auf Gespräche mit Thomas Jefferson in Washington und Henry Muhlenberg in Lancaster (Pennsylvania).

↗H0006939

|11r **| Plantae des États-Unis**[A]

1. Pour tanner, on use: Quercus rubra. Quercus tinctoria. (Muhlenberg) Écorce. Cornus florida dont on ne se sert pas. On pourrait se servir des fruits non mûrs du Diospyros virginiana Persimmon. Tree de la Caroline. Les fruits mûrs pourraient servir pour en tirer de l'esprit de vin.

2. On se sert avec succès contre les fièvres intermittentes de l'écorce des racines du Liriodendron tulipifera. C'est un arôme. Woodhouse.

3. On s'est servi avec succès contre la fièvre jaune de la racine de l'Actaea racemosa qui est l'amer le plus fort et le plus pur. Woodhouse. Aussi la racine de Xanthorrhiza apiifolia est un superbe amer. Medical Repository[205]

4. Les fruits de l'Aesculus pavia de la Caroline pourraient devenir un superbe amidon, mais pas du pain, ils n'ont pas de gluten animal et avec cela ils sont venimeux. On voit s'enfler les poissons lorsqu'on leur donne la farine à avaler. Woodhouse.

A *Anmerkung von Kunth* Ag

205 Woodhouse 1802.

5. La racine de l'Hydrastis canadensis donne un jaune permanent qui ne s'efface pas en lavant.

6. Muhlenberg croit qu'il peut y avoir dans les États-Unis 28 espèces. Monsieur Kin prétend en avoir 50.

- Le Quercus stellata Wangenheim = Quercus obtusifolia Michaux.
- Quercus bicolor Willdenow est le Quercus alba palustris Marshall fructu pedunculato. L'espèce la plus utile à cultiver en Europe.
- Quercus castanea Muhlenberg Schriften berliner Gesellschaft[206] n'est pas une variation de Quercus prinus comme Michaux le pense.

7. Les Chênes les seuls utiles pour la Culture en Europe sont Quercus castanea de Muhlenberg (Pensylvanie), Quercus bicolor Willdenow, Quercus vivens ou live oak. Quercus prinus. – Quercus alba. Les Quercus vivens, alba et prinus sont les espèces dont on se sert le plus dans | la Construction des Vaisseaux. Monsieur Jefferson et |11v d'autres prétendent que c'est un fait que les mêmes espèces des Provinces méridionales sont meilleures, plus durables que celles des Provinces septentrionales, ce qui prouverait que ces espèces sont originairement méridionales. Monsieur Muhlenberg nie le fait et assure que son Quercus castanea, le bicolor et l'alba sont pourtant si bonnes que les espèces d'Europe, mais qu'il faut les prendre d'endroits clos, ne pas les employer verds, ni trop jeunes, les faire sécher avant de les employer, bien ôter l'écorce. On est trop peu attentif en les choisissant et il y a peu de vieux arbres. En effet, nous en vîmes peu au-delà de 18–20 pouces de diamètre en Pensylvanie, Delaware, Maryland et Virginie, car les hommes blancs ne sont maîtres de ce pays que depuis 100–120 ans et les Indiens chasseurs avaient coutume de brûler les forêts pour y voir plus clair.[A] La Marine des États-Unis dans son État actuel a des frégates qui pourrissent très vite surtout où le bois est trop épais où l'air n'y circule pas. – Le Quercus phellos est très très mauvais, il pourrit souvent encore étant verd, même avant qu'on le coupe, Monsieur Le Kin a écrit une Monographia des Quercus en Manuscrit.

8. La racine du Spiraea stipulata Willdenow (de Lancaster) est de la même vertu que l'Hypecacuanha. Linné n'a connu que 73 Graminées du Nord Amérique. Monsieur Muhlenberg en a découvert près de Lancaster 225 espèces.

[A] *Anmerkung des Autors* Près de Washington croît un Corylus semblable au Corylus avellana, mais en grand arbre.

[206] Muhlenberg/Willdenow 1801.

9.

Botanistes actuels des États-Unis:

- en Georgie, Savannah Docteur Brickel.
- North Caroline, Salem. Prediger Kramsch und Schullehrer Gustav Dahlmann
- Virginie, Harbor ferry Docteur Brown[207]
- Philadelphie, Monsieur Kin. Monsieur Ravinesque. Docteur Barton.
- Pensylvanie, Nazareth, Prediger van Vleck. William Hamilton.

Pensylvanie,

- William Bartram
- Monsieur Lyons, Jardinier de Monsieur Hamilton.
- Docteur Marshall, neveu de l'Arboretum.[208]
- Prediger Geisenheim[209]
- |12r |Canada, Thames River, Prediger Denke Herrnhuter.
- New Yorck, Docteur Hosack. Docteur Mitchill.
- Pensylvanie, Lancaster. Muhlenberg.
- New England, Ypswich. Docteur Cutler.
- New Yersey Docteur Kampman.
- Reisende: für Prinz Lichtenberg[210] Josef von der Schott.
- für Kaiser Aloysius Enslin. (beide jezt in Georgien).
- Mais, excepté Messieurs Muhlenberg et Barton, tous ces Botanistes n'ont rien écrit. Ils ont tous des herbiers et se correspondent.

10. Muhlenberg assure qu'on inoccule avec succès le Rhus radicans dans les maladies dont le cours s'interrompt avec la gale ou quelque autre éruption cutanée, par exemple dans la folie.

11. À la bouche de l'Ohio et le long du Missisipi, cotton-wood, populus deltoides Marshall très ressemblant au Populus italica en pyramide.[A, B, C] Salix nigra rare au Sud des 31°. Acer negundo et Juglans illinoinensis ou Pacan[D] plus au Sud. Cupressus disticha ne commence qu'au Sud de la bouche de l'Arkansas ou 34°, infiniment

[A] *Anmerkung des Autors* Missippi. [B] *Anmerkung des Autors* Est-ce le Populus angulata Willdenow Pursh page 619[211]? [C] *Anmerkung des Autors* Populus monilifera seulement in hortis Pursh page 618[212]. [D] *Anmerkung des Autors* Ce Pacan ou Illinoinensis est le Juglans rubra Gaertner à fruits du Corylus avellana.

[207] Möglicherweise der Arzt und Botaniker Gustavus Richard Brown, der allerdings im südlichen Maryland lebte. [208] Moses Marshall war Neffe von Humphry Marshall, dem Verfasser des Werkes Arbustrum Americanum (Marshall 1785). [209] Wohl Frederick William Geissenhainer. [210] vielmehr Fürst Alois I. von Liechtenstein. [211] Pursh 1814, II. [212] Pursh 1814, II.

nombreux à 31°, couvert de Tillandsia usneoides, Laurus borbonia et Magnolia grandiflora comme au Sud de Nogales ou 32° 30', Arundo gigantea de 36–42 piés de haut forme une fôret impénétrable depuis 32° à 30° 40'. Ellicott page 286[213].

12. Mineralogisches und Entomologisches Kabinett in Hannover, Prediger Melsheimer. Prediger Kurz in Baltimore.

| On a fait voir en 1802 à Washington un buffalo qui pesait 3100 livres, il avait 19½ hands (à 4 pouces) de haut et 25 piés de long du nez à la queue. Canada. | 13v

Parmi les 23 langues Indiennes que Monsieur Jefferson va publier, je n'ai trouvé que le mot run de la langue Unquachog qui y signifie homme comme en Ynga du Pérou. Preise in Philadelphia: Inn ohne Getränk 9 Piaster 1 Person die Woche, in Washington: 1½ Piaster den Tag. 1 bouteille Porter im Inn ½ dollar, in Stadt ¼ dollar. Ein Glas Limonade ¼ dollar. Hackney Coach mit 2 Pferden tagesreise 5. dollar.[A] Aber mit Fütterung 7½ dollar und man bezahlt gleiche Tage Rükkunft. Ein Frühstük gewöhnlich ½ dollar à person. Kleid, Hosen und Weste 30. dollar.

Près Lancaster, le Schiste micacé soyeux presque Chlorithschiefer avec beaucoup de cubes de pyrites de 4 lignes de diamètre.

Plantae des États-Unis – deutsche Übersetzung

Siehe die Herausgebereinleitung zu diesem Text S. 264.

↗H0018391

| Pflanzen der Vereinigten Staaten[B] | 11r

1. Zum Gerben verwendet man: Quercus rubra. Quercus tinctoria. (Muhlenberg) Rinde. Cornus florida, deren man sich nicht bedient. Man könnte sich der unreifen

[A] *Anmerkung des Autors* 60 miles in stage-coach. 1. Tagesreise kostet 3½ Piaster. [B] Ag

Ag

[213] Ellicott 1803.

Früchte von Diospyros virginiana, Persimmon, bedienen. Baum aus Carolina. Die reifen Früchte könnten dazu dienen, daraus Weingeist zu gewinnen.

2. Man bedient sich gegen die Wechselfieber mit Erfolg der Rinde der Wurzeln der Liriodendron tulipifera. Es ist ein Aroma. Woodhouse.

3. Man hat sich gegen das Gelbfieber mit Erfolg der Wurzel der Actaea racemosa bedient, die der stärkste und reinste Bitter ist. Woodhouse. Auch die Wurzel der Xanthorrhiza apiifolia ist ein hervorragender Bitter. Medical Repository[214]

4. Die Früchte der Aesculus pavia aus Carolina könnten eine hervorragende Stärke werden, aber nicht des Brotes, sie haben kein tierisches Gluten und damit sind sie giftig. Man sieht die Fische anschwellen, wenn man ihnen das Mehl zum Schlucken gibt. Woodhouse.

5. Die Wurzel der Hydrastis canadensis gibt ein dauerhaftes Gelb, das beim Waschen nicht vergeht.

6. Muhlenberg glaubt, dass es in den Vereinigten Staaten 28 Arten geben könnte. Mr. Kin behauptet, davon 50 zu haben.

- Die Quercus stellata Wangenheim = Quercus obtusifolia Michaux.
- Quercus bicolor Willdenow ist die Quercus alba palustris Marshall fructu pedunculato. Die nützlichste in Europa kultivierbare Art.
- Quercus castanea Muhlenberg, Schriften Berliner Gesellschaft[215] ist keine Variante von Quercus prinus, wie Michaux glaubt.

7. Die einzigen für die Kultivierung in Europa nutzbaren Eichen sind Quercus castanea von Muhlenberg (Pennsylvania), Quercus bicolor Willdenow, Quercus vivens oder Live Oak. Quercus prinus. – Quercus alba. Die Quercus vivens, alba und prinus sind die
|11v Arten, deren man sich am meisten im | Schiffbau bedient. Herr Jefferson und andere behaupten, dass es eine Tatsache ist, dass die gleichen Arten der südlichen Provinzen besser, beständiger sind als die der nördlichen Provinzen, was beweisen würde, dass diese Arten ursprünglich südliche sind. Herr Muhlenberg leugnet die Tatsache und versichert, dass seine Quercus castanea, die bicolor und die alba dennoch so gut sind wie die Arten Europas, aber dass es nötig ist, sie an eingezäunten Orten zu entnehmen, sie weder grün noch zu jung verwenden, sie trocknen zu lassen, bevor man sie verwendet, die Rinde gut zu entfernen. Man ist zu nachlässig, wenn man sie auswählt und es gibt nur wenige alte Bäume. Tatsächlich sahen wir davon in Pennsylvania, Delaware, Maryland und Virginia nur wenige mit mehr als 18–20 Zoll im Durchmesser, denn die Weißen sind erst seit 100 bis 120 Jahren Herren dieses Landes und die indianischen

[214] Woodhouse 1802. [215] Muhlenberg/Willdenow 1801.

Jäger hatten die Gewohnheit, die Wälder abzubrennen, um dort eine klarere Sicht zu haben.[A] Die Marine der Vereinigten Staaten hat in ihrem jetzigen Zustand Fregatten, die sehr schnell verrotten, besonders wo das Holz zu dick ist oder die Luft darin nicht zirkuliert. Die Quercus phellos ist sehr, sehr schlecht, sie verrottet oft schon, wenn sie noch grün ist, selbst bevor man sie fällt, Herr Kin hat eine Monographia der Quercus als Manuskript geschrieben.

8. Die Wurzel der Spiraea stipulata Willdenow (von Lancaster) ist von der gleichen Wirkung wie die Hypecacuanha. Linné kannte nur 73 nordamerikanische Gräser. Herr Muhlenberg entdeckte davon fast 225 Arten in der Nähe von Lancaster.

9.

Gegenwärtige Botaniker in den Vereinigten Staaten:

- in Georgia, Savannah Doktor Brickel.
- North Carolina, Salem. Prediger Kramsch und Schullehrer Gustav Dahlmann.
- Virginia, Harpers Ferry Doktor Brown.[216]
- Philadelphia, Herr Kin. Herr Ravinesque. Doktor Barton.
- Pennsylvania, Nazareth, Prediger van Vleck. William Hamilton.

Pennsylvania,

- William Bartram.
- Herr Lyons, Gärtner von Herrn Hamilton.
- Doktor Marshall, Neffe des Arboretums.[217]
- Prediger Geisenheim.[218]
- |Kanada, Thames River, Prediger Denke Herrnhuter. |12r
- New York, Doktor Hosack. Doktor Mitchill.
- Pennsylvania, Lancaster. Muhlenberg.
- New England, Ipswich. Doktor Cutler.
- New Jersey Doktor Kampman.
- Reisende: für Prinz Lichtenberg[219] Josef von der Schott.
- für Kaiser Aloysius Enslin. (beide jetzt in Georgia).
- mit Ausnahme der Herren Muhlenberg und Barton haben alle diese Botaniker nichts geschrieben. Sie alle haben Herbarien und korrespondieren.

A *Anmerkung des Autors* In der Nähe von Washington wächst eine Corylus, ähnlich der Corylus avellana, aber als großer Baum.

216 Möglicherweise der Arzt und Botaniker Gustavus Richard Brown, der allerdings im südlichen Maryland lebte. 217 Moses Marshall war Neffe von Humphry Marshall, dem Verfasser des Werkes Arbustrum Americanum (Marshall 1785). 218 Wohl Frederick William Geissenhainer. 219 vielmehr Fürst Alois I. von Liechtenstein.

10. Muhlenberg versichert, dass man Rhus Radicans erfolgreich bei Krankheiten impft, deren Verlauf durch Krätze oder irgendeinen anderen Hautausschlag unterbrochen wird, zum Beispiel beim Wahnsinn.

11. An der Mündung des Ohio und entlang des Mississippi, Cotton Wood, Populus deltoides Marshall, sehr ähnlich der pyramidenförmigen Populus italica.[A, B, C] Salix nigra selten südlich von 31°. Acer negundo und Juglans illinoinensis oder Pekan.[D] weiter südlich. Cupressus disticha beginnt erst südlich der Mündung des Arkansas oder 34°, unendlich zahlreich bei 31°, bedeckt mit Tillandsia usneoides, Laurus borbonia und Magnolia grandiflora wie südlich von Nogales oder 32° 30', Arundo gigantea von 36–42 Fuß Höhe formt einen undurchdringlichen Wald von 32° bis 30° 40'. Ellicott Seite 286.[222]

12. Mineralogisches und entomologisches Kabinett in Hanover, Prediger Melsheimer. Prediger Kurz in Baltimore.

|13v |Im Jahr 1802 hat man in Washington einen Büffel sehen lassen, der 3100 Pfund wog, er war 19½ Hand (zu 4 Zoll) hoch und 25 Fuß lang von der Nase bis zum Schwanz. Kanada.

Unter den 23 indischen Sprachen, die Herr Jefferson veröffentlichen wird, fand ich nur das Wort run aus der Unquachog-Sprache, das dort Mann bedeutet, wie im Ynga von Peru.

Preise in Philadelphia: Inn ohne Getränk 9 Piaster 1 Person die Woche, in Washington: 1½ Piaster den Tag. 1 Flasche Porter im Inn ½ Dollar, in Stadt ¼ Dollar. Ein Glas Limonade ¼ Dollar. Hackney Coach mit 2 Pferden Tagesreise 5 Dollar.[E] Aber mit Fütterung 7½ Dollar und man bezahlt gleiche Tage Rückkunft. Ein Frühstück gewöhnlich ½ Dollar pro Person. Kleid, Hosen und Weste 30 Dollar.

Bei Lancaster, der Glimmerschiefer seidig, fast Chloritschiefer mit vielen Pyritwürfeln von 4 Linien Durchmesser.

A *Anmerkung des Autors* Mississippi. B *Anmerkung des Autors* Ist das die Populus angulata Willdenow Pursh Seite 619[220]? C *Anmerkung des Autors* Populus monilifera nur in Gärten Pursh Seite 618[221]. D *Anmerkung des Autors* Dieser Pekan oder Illinoinensis ist die Juglans rubra Gaertner mit Früchten der Corylus avellana. E *Anmerkung des Autors* 60 Meilen in Postkutsche. 1 Tagesreise kostet 3½ Piaster.

220 Pursh 1814, II. 221 Pursh 1814, II. 222 Ellicott 1803.

H – Anzahl der Phanerogamen

Das Dokument enthält eine Schätzung der Gesamtzahl der weltweit vorkommenden phanerogamen Pflanzen, unter anderem basierend auf den Länder- bzw. Regionalfloren von Brown, Ruiz/Pavón, Lamarck/Candolle und Pursh (Bl. 3r). Die ermittelten Zahlen, insbesondere die zusammenfassende Auflistung der Blütenpflanzen der verschiedenen Erdteile übernahm Humboldt in die Vorrede zu den *Nova genera* (»De Instituto operis et de distributione geographica plantarum secundum coeli temperiem et altitudinem montium Prolegomena« vgl. HUMBOLDT/BONPLAND/KUNTH 1815–1825, I, VII–XII sowie den Separatdruck HUMBOLDT 1817, 9–24). Auf den aufgeklebten Blättern (4r und 5) exzerpierte Humboldt Zahlenangaben zu den in europäischen botanischen Gärten kultivierten Pflanzenarten. Diese Informationen stellte Humboldt dem italienischen Geographen Adriano Balbi zur Verfügung, der sie 1822 in seinem *Essai statistique sur le royaume de Portugal et d'Algarve* unter Verweis auf Humboldt veröffentlichte (BALBI 1822, II, 153).

↗H0015186

| Plantes phanérogames

| 3r

Données:

1) Tropique Amérique

- Willdenow Species plantarum[223] 3188. species
- Ruiz et Pavón[224] 2000 nouvelles
- nous: 3000 nouvelles (observées 5500 species)
- Mutis 4000
- Sessé 5000

2) Amérique tempérée

- Pursh 2891. America borealis[225]

3) Europe

- France Decandolle 3394[226]

223 LINNÉ/WILLDENOW/LINK 1797–1830. 224 RUIZ/PAVÓN 1798–1802. 225 Vgl. PURSH 1814 sowie HUMBOLDT/BONPLAND/KUNTH 1815–1825, I, X. 226 Vgl. LAMARCK/CANDOLLE 1806, 422 sowie HUMBOLDT/BONPLAND/KUNTH 1815–1825, I, X.

4) Afrique

- Atlas 1600. mais pas toutes nouvelles[227]
- Cap. Erica, Protea, Diosma, Pelargonium, propres 1000
- Isle de France
- Égypte 1000 Delille[228]

5) Nova Hollandia Brown 3760. phanérogames[229]

- mer du Sud.

6) Asie tempérée Sibérie

- 800?

7) Grandes Indes. Moluques.

1. America aequinoctialis	13 000 sûr
2. Amérique tempérée des deux hémisphères	4000 assez sûr
3. Europe	7000
4. Afrique	3000
5. Nova Hollandia et Mer du Sud	5000
6. Asie tempérée	1500
7. Asie aequinoctialis et Molucques	5000
	= 38 500 phanérogames[A, B]

6000 cryptogames Brown[230].

H. |

|3v

N1, N2

[A] *Anmerkung des Autors* 13 000 + 4000 + 7000 + 3000 + 5000 + 1500 + 5000 = 38 500 + 6000 = 44 500
[B] *Anmerkung des Autors* 7000 + 1500 + 4500 + 3000 + 4000 + 13 000 + 5000 = 38 000

[227] Vgl. Humboldt/Bonpland/Kunth 1815–1825, I, X. [228] Vgl. Humboldt/Bonpland/Kunth 1815–1825, I, X. [229] Vgl. Brown 1814, 4 und 55 sowie Humboldt/Bonpland/Kunth 1815–1825, I, VII. [230] Vgl. Brown 1814, 4.

N1 *Aufgeklebte Notiz des Autors*
|Nombre |5r
On cultive (on a cultivé successivement?) dans les Jardins de l'Angleterre 11 970 plantes exotiques,[A] dont 6756 espèces sont introduites sous le seul règne de George III. (Quarterly Review 1821. number 48 page 415[231]).
À Berlin seul, on a cultivé plus de 9–10 000. Cela fait croire que nous connoissons déjà plus de 40 000 plantes phanérogames. Comment auroit-on transporté ¼. Il doit sur 40 000 phanérogames avoir ...... glumacées et combien peu en cultive-t-on?
(Decandolle Dictionnaire[232] Tome 24 page 71[233].)
Tourbières d'Écosse
très wichtig botanisch
Boué Écosse page 341[234]
|Aspect de la Nature |5v
ne dépend pas toujours de la plus grande fréquence d'une famille (conifères, Palmiers), mais d'une espèce qui se distingue de toute les espèces du même genre, mâle Populus italica, Pinus pinea (Italie).

N2 *Aufgeklebte Notiz des Autors*
|Nombre |4r
1) Monsieur de Candolle se trompe lorsqu'il n'évalue qu'à 14 000 les espèces qui sont simultanément soumises à la culture c'est-à-dire dans tous les jardins d'Europe.
Dictionnaire des sciences naturelles Tome 24 page 171[235].
Le Jardin de Berlin en a à lui seul presque autant.
2) Il croit qu'à cultiver ⅓ des plantes décrites dans les livres.
3) Le Catalogue des phanérogames de Monsieur Steudel[236] s'élève à 39 684 espèces décrites phanérogames sans 6000 cryptogames. loco citato page 171[237].

A *Anmerkung des Autors* Ohne europäische Pflanzen, Sibrien?

231 The Quarterly Review 1821. 232 Candolle 1822. 233 Vielmehr: Candolle 1822, 171. 234 Boué 1820. 235 Candolle 1822. 236 Steudel 1821. 237 Candolle 1822.

U – Südsee. Exzerpte aus Adelbert von Chamissos »Bemerkungen und Ansichten auf einer Entdeckungs-Reise«

In Kunths Ideensammlung zur Neuausgabe der *Ideen zu einer Geographie der Pflanzen* wird auf das vorliegende Dokument unter der Nr. 23 »Mer du Sud. Alasca Chamisso« (Sigle U) verwiesen. Es enthält ausschließlich Auszüge aus Adelbert von Chamissos 1821 erschienenem Reisebericht (Chamisso 1821). Humboldt exzerpiert Informationen zur Pflanzenwanderung zwischen dem amerikanischen Kontinent, der pazifischen Inselwelt sowie Australien und notiert Chamissos Beobachtung einer geringen Ähnlichkeit der Vegetationen westlich und östlich der Beringstraße. Humboldt lobt Chamissos Beobachtungen zur Vegetationsabfolge auf Korallenriffen.

↗H0007902

|6v **| Südsee**

Géographie des Plantes

Forster a trouvé dans la Nouvelle-Calédonie 3 plantes américaines:

- Murucuia aurantia
- Ximenesia encelioides
- Waltheria americana

Chamisso y ajoute des plantes maritimes:

- Ipomaea maritima
- Dodonaea viscosa
- Suriana maritima
- Guilandina Bonduc

trouvées à Radak, Kotzebue III page 33[238].

238 Der dritte Band des Reiseberichts Otto von Kotzebues (Chamisso 1821) enthält Adelbert von Chamissos »Bemerkungen und Ansichten auf einer Entdeckungs-Reise. Unternommen in den Jahren 1815–1818 auf Kosten Sr. Erlaucht des Reichs-Kanzlers Grafen Romanzoff auf dem Schiffe Rurick unter dem Befehle des Lieutenants der Russisch-Kaiserlichen Marine Otto von Kotzebue«.

un Acacia sans feuilles = celui de New Holland est colossal aux Sandwich Inseln page 34[239].

[A]Barringtonia speciosa orne Asie orientale et Mer du Sud.

Mensch folgt der Cocos Palme wo sie in Südsee sich auf Corallenriefe ansiedelt, page 35[240].

Chamisso décrit très bien comment la végétation commence sur les Corallenriefe der Südsee besonders um Radack zuerst Scaevola Koenigii et Tournefortia sericea, dann Pandanus, Cerbera, dann Guettarda speciosa, Morinda citrifolia, Terminalia moluccensis Kotzebue III page 108[241]

Auf Radack nur 50 species Phanérogames. loco citato[242]

Nombre

Il y a à l'Île Romanzow 18 plantes sauvages, 3 Monocotylédones et 15 Dicotylédones page 139[243].

[B]Sandwich Inseln végétation diffère totalement de celle de la Californie. Il y a des Acacia (aphylles), Santalum, Metrosideros, Pandanus, Tacca page 144[244].[C]

|Cultivés à Sandwich Inseln |6r

- racine de Taro
- Arum esculentum
- Tacca
- Tea-root Dracaena terminalis

Was ist Kawa?[245]

Plantes américaines et européennes verwildern in Sandwich Inseln ehe man einheimische Flora hat kennengelernt, page 145[246].

[A] *Anmerkung des Autors* U [B] *Anmerkung des Autors* U. [C] *Anmerkung des Autors* tournez U U.

[239] Chamisso 1821. [240] Chamisso 1821. [241] Chamisso 1821. [242] Chamisso 1821, 108. [243] Chamisso 1821. [244] Chamisso 1821. [245] In seiner Beschreibung der auf den Sandwichinseln kultivierten Nutzpflanzen erwähnt Chamisso ein berauschendes Getränk, das aus der Pfefferpflanze Kava (Piper methysticum) gewonnen wird (Chamisso 1821, 145). [246] Chamisso 1821.

Kamtschatka

Ebene

Baye d'Awatscha:

- Spiraea kamtschatica
- Allium ursinum
- Mayanthemum canadense
- Uvularia amplexifolia
- Trillium obovatum Pursh

Hügel:

- Atragene alpina
- Rhododendron kamtschaticum
- Empetrum nigrum
- Trientalis europaea
- Linnaea borealis
- Cornus suecica

page 164.[247]

N1 Auf Unalaschka

Ebene:

- des Myrtilles,
- Lupinus nootkaensis
- Mimulus luteus Pursh
- Mimulus guttatus Willdenow
- Epilobium angustifolium
- Epilobium luteum
- Epilobium latifolium
- Rhododendron kamtschaticum

page 166[248]

- Uvularia amplexifolia
- Rubus spectabilis
- Claytonia unalaschcensis

[247] Chamisso 1821. [248] Chamisso 1821.

- Sanguisorba canadensis
- Lithospermum angustifolium
- Prunella vulgaris
- Romanzoffia unalaschkensis
- Iris sibirica
- Geranium pratense[A]

Im Ganzen peu d'analogie de végétation avec Kamtschatka.[B] N2

N1 *Aufgeklebte Notiz des Autors*
|Norton Sound noch hohe Bäume. nördlich von Berings Straße bloß Betula nana. Aussi Mackenzie a trouvé arbres élevés latitude 68° à sa rivière.[251] |4r

N2 *Aufgeklebte Notiz des Autors*
|Unalashka[C] |5r
Berge:

- Azalea procumbens
- Andromeda tetragona
- Linnaea borealis
- Königia islandica

Kotzebue III page 168[252].

[A] *Anmerkung des Autors* page 167[249] [B] *Anmerkung des Autors* Cette différence aussi observée dans le détroit de Bering entre la baie du Saint Laurent et côte américaine page 171[250]. [C] *Anmerkung des Autors* U

[249] Chamisso 1821. [250] Chamisso 1821. [251] Gemeint ist der nach Alexander Mackenzie benannte Mackenzie River im Nordwesten Kanadas. [252] Chamisso 1821.

Einleitung zum Briefwechsel mit Johann Moritz Rugendas

Der Landschaftsmaler Johann Moritz Rugendas gehört neben Ferdinand Bellermann, Eduard Hildebrandt und anderen zu den bildenden Künstlern, die sich in ihren Arbeiten mit den wissenschaftsästhetischen Ideen Alexander von Humboldts auseinandersetzten.

Die Korrespondenz Humboldts mit Rugendas besteht aus bislang 26 nachweisbaren Schreiben der Jahre 1825 bis 1855. Für die vorliegende Edition wurden mit fünf Briefen sowie einem zwischen Humboldt, Kunth und Rugendas abgeschlossenen Publikationsvertrag Dokumente ausgewählt, die im engen Zusammenhang mit der Entstehungsgeschichte der Neuausgabe der *Ideen zu einer Geographie der Pflanzen* stehen.

Rugendas und Humboldt trafen erstmals im Oktober 1825 in Paris zusammen. Zur selben Zeit arbeitete Humboldt mit Carl Sigismund Kunth an der Neuausgabe der *Ideen zu einer Geographie der Pflanzen*, zu der laut Verlagsvertrag auch 20 bis 25 Bildtafeln gehören sollten. Rugendas seinerseits war kurz zuvor aus Brasilien zurückgekehrt, wo er an der Expedition des deutsch-russischen Naturforschers Georg Heinrich von Langsdorff teilgenommen hatte. Humboldt zeigte sich beeindruckt von den Zeichnungen, die Rugendas auf seiner Reise nach Rio de Janeiro und in die Provinz Minas Gerais in Brasilien (1822–1824) angefertigt hatte und in Paris Humboldt vorlegte. Am 22. Oktober 1825 schlug dieser Rugendas vor, zunächst drei Illustrationen (»eine Palme, ein baumartiges Farrenkraut, eine Banane«) zu liefern, die in der Neuausgabe jeweils physiognomische Hauptformen repräsentieren sollten, wie Humboldt sie erstmals 1806 in seinen *Ideen zu einer Physiognomik der Gewächse* definiert hatte. Bereits zwei Tage später schlossen Humboldt und Kunth mit Rugendas einen Vertrag ab, in dem Rugendas sich verpflichtete, auf der Grundlage einiger seiner Reisezeichnungen sechs Tafeln von einzelnen Pflanzenformen zu erstellen: »1. Baumstämme«, »2. Die Pisang od. Bananen«, »3. 4. 5[.] Palmen« sowie »6. Eine schöne Gruppe baumartiger Farrenkräuter«. Vier Vorzeichnungen, nämlich die Nummern 2 bis 5, welche Rugendas in der Folge anfertigte und aus Augsburg an Humboldt nach Paris sandte, liegen heute in der Handschriftenabteilung der Staatsbibliothek zu Berlin (Abb. 3.7–3.10). Die ebenfalls erstellten Zeichnungen zu den Tafeln 1 und 6 konnten bislang nicht nachgewiesen werden. Als verloren gelten müssen auch vier Kupfertafeln, die Humboldt nach Vorlagen von Rugendas in Paris hatte anfertigen lassen. Wie viele Zeichnungen Rugendas insgesamt anfertigte, lässt sich nicht mit Sicherheit feststellen. In seinem Brief vom 20. März kündigt er den Versand weiterer »Araucarien, ausgeführte Federzeichnung u[nd] Scizzen zu Mangle, Cactus, u[nd] Bambusen« an. Es lässt sich jedoch nur mutmaßen, ob diese Zeichnungen Humboldt auch erreichten und wie viele auf sie womöglich noch folgten.

In der Verlagsanzeige zur Neuausgabe der *Ideen* kündigt Humboldt 1826 Kupferstiche nach Rugendas' Zeichnungen an, die »das Aussehen der Vegetation oder die Physiognomie der Pflanzen« illustrieren sollten. Wie das Werk selbst haben auch die Zeichnungen zu Lebzeiten Humboldts nicht das Licht der Öffentlichkeit erblickt.

Briefwechsel mit Johann Moritz Rugendas
(5 Briefe, 1 Dokument 1825–1826)

↗H0017851

Alexander von Humboldt an Johann Moritz Rugendas. [Paris], Sonnabend, [22. Oktober 1825]

| Sonnabends |1r

Meine Einbildungskraft, mein Verehrtester, ist noch ganz erfüllt mit den üppigen Formen der Tropenwelt, welche Ihre geistreichen Zeichnungen so herrlich und wahr darstellen. Ich stehe auf dem Punkt mit Herrn Professor Kunth, in gross folio, eine neue Auflage meiner Géographie des Plantes mit 20 Kupfern herauszugeben. Für das Kapitel Physiognomik der Gewächse, welches Sie vielleicht schon aus meinen Ansichten der Natur[253] kennen, wünschten wir wenn auch nur drei Platten, eine Palme, ein baumartiges Farrenkraut, eine Banane, geben zu können. | Sie |1v allein scheinen mir, der ich 6 Jahr unter diesen Formen gelebt, den wahren Character meisterhaft aufgefasst zu haben. Ich denke dass bei der Fülle der Sachen die Sie besizen Ihr neues Werk in dem Sie Pflanzen zusammengruppiren, nicht leiden kann, wenn Sie uns vorher 2–3 isolirte Bäume für unser Prachtwerk cedirten. Ihren Namen wird es mir eine Freude sein zu verherrlichen; das Publikum wird aufmerksam auf Sie und Ihre bald zu publicirenden grösseren Arbeiten. Ich wünsche nicht unbescheiden Wald oder Landschaft, bloss einzelne Formen von einer Palme, einem Farrenkraut, | einer Mimose. Die Zeichnungen, über deren Grösse wir hier übereinkämen, sendeten Sie uns vergrössert von München aus durch unseren verehrten Freund Graf Bray. Der Stich au burin wird hier von den ersten Künstlern besorgt, |2r

[253] Humboldt 1808.

alles so dass Ihre Arbeit auf ehrenvolle Weise in das englische und französische Publikum kommt. Ich denke dass dies alles da meine Werke viel gekauft werden, Ihren zu publicirenden Arbeiten nüzlich sein wird. Ich würde den Titel dieser Ih-
|2v rer Arbeit welche Sie in Rom vollenden wollen, in einer Note ankündigen. | Mein Buchhändler wird Ihnen jede der Zeichnungen die Sie uns liefern auf eine sehr anständige von Ihnen Selbst zu bestimmende Weise vergüten. Dies kann, sollte vorschussweise jezt geschehen. Professor Kunth wird von Ihren Wünschen mich unterrichten. Ich fürchte, Sie sind Ihrer Abreise nahe. Wollten Sie uns noch heute Ihre grösseren Landschaften senden und könnten wir die Freude haben Sie morgen Sonntags um 9 Uhr früh bei uns zu sehen mit dem ganzen portefeuille zur Auswahl.

Mein Vorschlag kann Ihnen unbescheiden erscheinen. Als americanischer Reisender behandle ich Sie, mein Verehrtester, wie einen Collegen. Ich bitte Sie meine Bitte recht offen abzulehnen wenn Sie glauben dass sie im geringsten Ihren weiteren und für Sie wichtigeren Plänen hinderlich sein könnte.

Ihr gehorsamster

Humboldt

Vereinbarung zwischen Humboldt, Kunth und Rugendas über die Publikation von Zeichnungen in der Neuausgabe der »Ideen zu einer Geographie der Pflanzen«. Paris, 24. Oktober 1825

Der zwischen Humboldt, Kunth und Rugendas abgeschlossene Vertrag hält detailliert fest, welche der in Brasilien angefertigten Zeichnungen, die Rugendas Humboldt vorgelegt hatte (Lettern A–H), zu Abbildungen einzelner Pflanzenformen für die Neuausgabe der Ideen zu einer Geographie der Pflanzen überarbeitet werden sollten (Ziffern 1–6). Humboldt gibt genaue Anweisungen zur gewünschten Größe des jeweiligen Hauptgegenstandes und legt fest, welche Pflanzenarten diesen umgeben sollten. Jede Zeichnung sollte zudem eine oder mehrere menschliche Figuren zeigen, um dem Betrachter das Größenverhältnis der abgebildeten Pflanzen zu vermitteln. Der Vertrag regelt auch die großzügige Bezahlung für Rugendas' Arbeiten: Vorab sollten ihm 500 Franc ausgezahlt werden und nach Eingang aller sechs Arbeiten weitere 1000. Eine Kostenaufstellung, welche Humboldt 1854 seinem Verleger Johann Georg von Cotta mitteilte, belegt, dass Humboldt an Rugendas insgesamt 1523 Franc auszahlte (vgl. Humboldt an J. G. v. Cotta, Berlin, 20. November 1854, Humboldt 2009, 550–552).

↗H0017850

| 1. Tafel Baumstämme. Aus A und B[254] ein Blatt. Zwei Figuren am Fuß des Bau- N1
mes, ich glaube sie könnten die Figuren, zu 5 Fuß Höhe, so zeichnen, daß der Baum |2r
da wo die Aeste sich theilen 7½ oder 8 Pariser Fuß Dikke angenommen wird. Das Blatt genau 4. Pariser Zoll kürzer und 2½ Zoll niedriger als Ihre Zeichnung A.

2. Die Pisang oder Bananen[255] C wo möglich vergrößert. Könnten Sie Heliconien hinzusezen. Figur daneben.

3. 4. 5. Palmen[256]

a) nach Zeichnung D mit der Araucaria daneben, aber die Araucaria 3 oder 4 mal kleiner.[257] Nach der Figur daneben würde die Palme kaum 20 Fuß hoch sein. Das ist gewiß zu wenig. Wir wollen sie annehmen zu ...... Fuß. Sezen Sie etwas von E in den Hintergrund um das Blatt zu bereichern.

[254] Die Lettern A und B verweisen auf Zeichnungen, welche Rugendas auf seiner Reise durch Brasilien angefertigt hat. [255] Abb. 3.7. [256] Abb. 3.8–3.10. Die Zeichnungen sind wohl nachträglich (von Humboldt?) im oberen linken Rand in umgekehrter Reihenfolge (V–III) nummeriert worden. Nr. V entspricht demnach dem Palmenmotiv, welches unter a) beschrieben wird, Nr. IV entspricht b) und Nr. III c). [257] Abb. 3.8.

b) Ihre Zeichnung F wie sie ist nur statt des Vorgrundes rechts wünschte ich neben der Tamarinde einen Baumstamm mit Caladium G,[258] die Zeichnungen D und F haben genau die Größe die ich wünsche. Figuren, aber sehr einfache, schlafend, sizend, stehend, nakend oder, Neger, oder Portugiesen in brasilianischen Costümen daneben zu allen Zeichnungen.

|2v |c) Die Zeichnung H wie sie ist.[259]

6. Eine schöne Gruppe baumartiger Farrenkräuter. In Nummer ...... könnten Sie dabei auf der Seite etwas aus den Parasitischen *Pflanzen(?)* O anbringen. Das Ausgezakte der Blätter zu *erfassen(?).*

Geben Sie uns von allen Pflanzen Namen des Landes Portugiesisch oder indisch, botanische Namen nach Martius.

Kein Himmel, kein Rand, keine Hütte, nur den Hauptgegenstand im tableau 2–6 sich über alles Beiwerk erhebend.

Herr Rugendas ist mit uns übereingekommen uns diese 6 Tafeln in recht vollständigen Zeichnungen für 1500 Franc zu liefern, wenn wir ihm jezt 500# vorschußweise zahlen, die übrigen 1000 bei Vollendung des Ganzen in München.

Alexander Humboldt

einverstanden Rugendas.

Moritz Rugendas — per. Adresse Johann Lorenz Rugendas. Professor de l'Académie

in Paris Monsieur Thessari et. Compagnie Rue du Cloître-Notre-Dame[A]

Kunth

AlHumboldt

einverstanden Paris den 24. October 1825.

Moritz Rugendas.

Moritz Rugendas.

N1 *Aufgeklebte Notiz von Humboldt*

|1r |Varech Sur sa végétation Mémoires de l'Académie 1772 Tome II page 55[260]

[A] *Anmerkung von Humboldt* diesem die 1000# zahlen. Schon bezahlt 500#

[258] Abb. 3.9. [259] Abb. 3.10. [260] Fougeroux de Bondaroy/Tillet 1772.

Abb. 3.7 Johann Moritz Rugendas: Bananenpflanzen. Helikonien am rechten und linken Bildrand. Bleistift (SBB-PK, Handschriftenabteilung, Autogr. I/1292-2)

Abb. 3.8 Johann Moritz Rugendas: Palme (Cocos coronata) mit Araukarie im Bildhintergrund. Bleistift (SBB-PK, Handschriftenabteilung, Autogr. I/1292-5)

Abb. 3.9 Johann Moritz Rugendas: Palme (Elaeis guineensis). Tamarinde und Caladium im Bildvordergrund. Feder, schwarze Tinte (SBB-PK, Handschriftenabteilung, Autogr. I/1292-4)

Abb. 3.10 Johann Moritz Rugendas: Palmengruppe (Acrocomia sclerocarpa). Feder, schwarze Tinte (SBB-PK, Handschriftenabteilung, Autogr. I/1292-3)

↗H0017853

Johann Moritz Rugendas an Alexander von Humboldt. Augsburg, 12. Dezember 1825

| Hochwohlgebohrener Herr! Herr Baron |1r

Einiger Aufenthalt den ich auf meiner Reiße – und in München fand und endlich durch Climaveränderung erregte Unpässlichkeit, verspätete das Beginnen der von Ewro Hochwohlgeboren mir gefälligst übertragenen Zeichnungen, dergestallt daß ich die zwey großen Palmen erste vorige Woche beendigen konnte – ich habe sie den 10ten dieß an unsern Correspondenten Tessari et Compagnie abgesendet, der sie Ihnen sogleich überliefern wird und wünsche daß sie zu Ihrer Zufriedenheit vollendet seyn mögen. Am a , – die ich wie das Original in Bleystift copirte, habe ich nach Ihrem Auftrage die araucaria, 3 mal kleiner gezeichnet, glaube aber daß das Blatt in malerischer Hinsicht dadurch zu sehr verlohren und möchte wünschen daß im Stiche diese Bäume gegebenenfalls wegblieben, da Sie ohnedieß der araucaria – von welcher ich mit den jetzt zu beginnenden Baumstämmen und Farrenkräutern – Tafel 1 und 6; welche biß Mitte Januar vollendet seyn dürften, so wie von den Raqueten Cactus, und Bambusen – große Scizzen einsenden werde, ein eigenes Blatt zu schenken gedencken, worüber ich denn Ihre weitern schmeichel | haften Aufträge erwarte. |1v

Vielleicht würde ich das Vergnügen haben, diese unter Ihrer Aufsicht auszeichnen zu können, da ich mit dem Beginnen des künftigen Frühjahres nach Paris kommen werde, um dort länger zu verweilen.

Dürfte ich bitten, mich Herrn von Kunz[261] zu empfehlen?

Mit Hochachtung verharret Euer Hochwohlgebohren ergebenster

Moriz Rugendas.

Augsburg. den 12ten December 1825.

| |2v

Monsieur
Monsieur le Baron de Humbold.

261 wohl Carl Sigismund Kunth.

Chambellain de Sa Majesté le Roi de Prusse
Chevalier des plusieurs ordres. etc. etc. etc.

Paris

↗H0017856

Johann Moritz Rugendas an Alexander von Humboldt. Augsburg, 20. Januar 1826

|1r |Augsburg. den 20. Jänner 1826.

Hochwohlgebohrner Herr! Herr Baron!

Nachdem ich mir die Freyheit genommen unter dem 17ten dießes Monats 4 Zeichnungen für Euer Hochwohlgebohren durch die Kunsthandlung Thessari – allhier und in Paris – zu addressiren – so mache ich hiervon die Anzeige – und verbinde die Bitte damit mir deren Empfang gefälligst anzeigen zu lassen, da ich schon wegen den 2, früher — unter dem 10. December – laut Postschein – abgesendeten Blätter'n in Sorge über ihre richtige Ankunft bin.

Es ist mein lebhafter Wunsch daß meine Zeichnungen – an welchen ich mit Fleiß und Liebe arbeitete – Ihren Erwartungen entsprechen, und daß ich in der Art der Zusammenstellung an den Farrenkrautbäumen – dem Waldblatte – auch in dero Ideen eingegangen seyn möge.

Sollte eines der Blätter Ihren Beyfall nicht erhalten – so bin ich zur Umzeichnung desselben oder Einsendung der Originale im Austausch bereit. Waß die Entwürfe zu den Raqueten Cactus –, Araucarien, Bambusen und Mangle betrifft – welche Euer
|1v Hochwohlgeboren noch | zu haben wünschen – so werden Sie solche – mit stellenweiser Ausführung zu Beurtheilung ihrer Behandlungsart – durch daselbe Hauß – Tessari empfangen. Sehr würde es mich freuen – Ihre fernern ehrenvollen Aufträge zu empfangen und unter dero Schutze ins Publicum meine Arbeiten gebracht zu sehen.

Schon in diesem Frühjahre hoffe ich wieder das Glück zu genießen Euer Hochwohlgebohren persöhnlich meine Hochachtung und Ergebenheit zu bezeugen, da ich die Ausarbeitung meiner Scizzen in Paris vornehmen werde – und wenn ich auch die Bitte nicht wage – Ihnen mit der Durchsicht meiner Aufsätze beschwerlich zu fallen – so giebt mir Ihre zuvorkommende Güte – von welcher ich Beweise empfing, die Hoffnung daß dieselben mir Ihren gütigen Rath nicht vorenthalten würden.

Mit der tiefsten Hochachtung verharrt Euer Hochwohlgebohren ergebenster Diener

Moriz Rugendas.[A]

| |2v

Monsieur
Monsieur le Baron de Humboldt
Chambellain de Sa Majesté le Roi de Prusse
Chevalier des plusieurs ordres. etc. etc.
quai d'École Numéro 26.

à
Paris

↗H0017855

Alexander von Humboldt an Johann Moritz Rugendas. Paris, 1. Februar 1826

|Ich bin sehr in Ihrer Schuld, mein theurer Herr Rugendas: zwei Ihrer Briefe vom |1r 12ten December und 20. Januar liegen vor mir und ich antworte auf beide zugleich. Grenzenlose Stöhrungen des hiesigen Lebens und ein kleines Schnupfenfieber, welches mich, während der kamtschadalischen Kälte, sogar bettlägrig gehalten, haben mich allein abhalten können, Ihnen früher meinen herzlichsten Dank für die zwei treflichen, geistreichen Zeichnungen abzustatten, die ich durch Herrn Tessari richtig empfangen. Sie haben, mein Lieber, meine Wünsche übertroffen; das ist mein Geständniss und das des Herrn Gérard, der bei jeder Gelegenheit Ihrer Arbeiten mit Ruhm erwähnt. Die Araucarien haben wir weggelassen und das Blatt ist zum Stich schon in den Händen des Kupferstechers, der hier für grosse Landschaften den ausgezeichnetsten Ruf hat, Herr Fortier. Ihr gestriges Schreiben kündigt mir die, am 17ten Januar abgegangenen 4 Zeichnungen an. Diese sind noch nicht in meinen Händen; das muss Sie aber nicht besorgt machen; die ersten 2, im December, habe ich auch eine Woche später, als Ihren Brief erhalten. So bald Herr Tessari mir die 4 Zeichnungen bringt, werde ich dankbarst ihm, für Sie, den Rest (1000

A *Anmerkung des Autors* Nota Bene Wenn es Euer Hochwohlgeboren beliebe, den Rest der Zahlung an das Hauß Tessari durch den Buchhändler stellen zu lassen – so würde ich sehr verbunden seyn.

francs) zahlen. Nun aber, mein Lieber, muss ich Sie dringend bitten uns recht
|1v bald | einzusenden: Von jedem Blatte besonders von den Palmen die Notiz:

1) den portugiesischen Namen
2) wo möglich die botanische Bestimmung der Palmen von Martius, aber recht sicher. Sie könnten ihm ja schreiben; der portugiesische Name wird ihn schon leiten
3) der Ort wo Sie etwa das Original in Brasilien gezeichnet

Damit wir uns verstehen, sagen Sie ja: die Palme mit dem Neger oder die Palme neben den Araucarien. Skizzen von Araucarien, und Bambusen, allenfalls auch von Cactus und Manglegruppen werden uns sehr, sehr willkommen sein. Lassen Sie ja in Ihrer Correspondenz alle Titulaturen weg; unter Reisenden muss ein freierer Ton herrschen; es wird mich sehr freuen, wenn Sie im Frühjahr hieher zurükkommen. Rechnen Sie auf meine Freundschaft und die Aufnahme die Ihr schönes Talent und Ihre Bescheidenheit Ihnen zusichern. Den Prospectus[262] meines Werkes drukt man jezt. Ich hoffe ihn Ihnen bald zu senden: ich hoffe auch Sie werden mit der Art zufrieden sein wie Ihres Namens darin erwähnt ist.

Al Humboldt

Paris quai de l'école numéro 26 den 1. Februar 1826.

Haben Sie die Güte uns von a und b (dem Blüthenstande) eine etwas deutlichere im Umrisse festere Zeichnung zu senden, damit der Kupferstecher sicherer verfahre und nicht ins vague falle.

|2r |[A]à Monsieur
Monsieur Maurice Rugendas,
à
Augsbourg[B]

chez Monsieur Jean Laurence Rugendas[C]
Professeur de
l'Académie de
peinture.

[A] *Anmerkung des Empfängers* beantwortet den 20ten Maerz. – auch erst den 3ten März empfangen.
[B] *Anmerkung des Autors* Allemagne [C] *Anmerkung des Autors* franco

[262] Humboldt 1826a.

↗H0017854

Johann Moritz Rugendas an Alexander von Humboldt. Augsburg, 20. März 1826

|[A]Herr Baron! |1r

Ich erwiedere Ihr gütiges Schreiben vom ersten Februar, welches aber erst den 4ten Maerz hier eintraf, etwas spaet, da ich, um Ihrem Auftrage wegen der botanischen Benennung der Palmen zu entsprechen, nachdem ich auf 2 Anfragen bey Martius keine genügende Auskunft erhielt, und sich in hiesiger Bibliothek sein Werk nicht befindet, mich nach München begeben musste, um selber nach zu schlagen.

Demnach fand ich, daß die Palme mit dem Neger und der Tamarinde in Bahia, wo ich sie – im Juny 1825 – gezeichnet, D.Endé – Dendezeiro genannt, von Martius als Elaeis guineensis, – jene in der Provinz Rio Janeiro gezeichnete schlancke Palme neben der Araucarie von den Portugiesen Ricury oder mit dem allgemeinen Namen Coquero bezeichnet, als Cocos coronata, – ferner die in Minas Geraes am Rio das Velhas im November 1824. entworfene Palmgruppe | der Macauba, Macaiba oder |1v
Cataró – von Martius als Acrocomia sclerocarpa angeführt ist.

Auf dem Farrnbaumblatte ist der zur rechten des Beschauers mit dem liegenden Neger Cyathea rigida, der ganz zur linken und hinterste, mit den spyralförmig laufenden Einschnitten, Polypodium corcovadense, der höchste auf dem Blatte unter welchem der Jäger steht cynthea arborea – deren unentwickelte Blätter und Mark, von den Wilden gleich dem der Palmita genossen wird. – Der Name der Mittleren etwas niedereren ist mir nicht bekannt.

Inliegend folgen genauere Conturen der Früchte, und wahrscheinlich zugleich mit diesem Briefe werden der Herr Baron, die unter dem 18ten versendeten Araucarien, ausgeführte Federzeichnung und Scizzen zu Mangle, Cactus, und Bambusen erhalten, über deren Ausführung ich sodann Ihre weitere Bestimmung erwarte –

Die Araucarie habe ich gleich ganz vollendet, da mich gerade einige trübe Tage am malen hinderten, sollte sie sich so nicht zu Ihrem Gebrauche eignen, so bitte ich sie einstweilen zurückzulegen und mir gefälligst Ihre Meinung mitzutheilen. Mit dieser Gelegenheit hoffe ich zu hören, ob sich die spätere Zeichnungssendung | ebenfalls |2r
Ihres gütigen Beyfalles, welcher mir äusserst werth war, zu erfreuen hatten.

A *Anmerkung des Empfängers* Monsieur Gide me doit 40# *pour 20*e*(?)* de Mélastomes 16 Avril 1826

Gegenwärtig beschaeftigt mich hier ein grösseres Öhlgemälde, eine Scene in einem brasilianischen Urwalde vorstellend, nach dessen Beendigung ich meine Reiße nach Paris wieder anzutretten gedencke.

Hier nehme ich mir die Freyheit Ihnen verehrtester Herr Baron mitzutheilen, daß ich von dem Hauße Engelman Compagnie Einladungen und Aufforderungen zur Herausgabe meiner Scizzen erhalten habe,[263] denen ich keineswegs abgeneigt wäre, nur scheint mir daß sich für dieses lithographische Unternehmen – ein Theil meiner Studien, die Palmen- und Baumstudien, nicht eignen, und sie von dieser Voyage pittoresque abgesondert erscheinen sollten – Hier würde ich, sowie überhaupt über die zweckmäsigste Eintheilung des Ganzen, bevor ich mit dem genannten Hauße den Verkauf schließe – Herr Baron – Sie um Ihren gütigen Rath bitten, dem ich nachzukommen dann gewiß nicht fehlen würde.

Herr Baron, sehr verbunden für die höchstschätzbare Erinnerung meiner bey Herrn Baron Gérard, danke ich im voraus für die gütige Erwähnung in Ihrem Programme[264] – und Ausbezahlung der 1000 Franc – empfehle ich mich Ihrer Gewogenheit und verharre

Herr Baron – Hochachtungsvollst ergebenster

Moriz Rugendas.

Augsburg, den 20sten Maerz 1826.

---

263 Rugendas' *Malerische Reise in Brasilien* erschien zwischen 1827 und 1835 mit einem Text von Victor Aimé Huber parallel auf deutsch und französisch (Rugendas 1827–1835, Rugendas 1835). Humboldt hatte Rugendas bei der Suche nach einem Verlag unterstützt und half wohl auch bei der Auswahl der Motive (Achenbach 2009, 65–67). 264 Humboldt 1826a, Humboldt 1826b.

Deutsche Ankündigung der »Geographie der Pflanzen nach der Vergleichung der Erscheinungen, welche die Vegetation der beiden Festlande darbietet« (1826)

Humboldt verfasste wohl im Januar 1826 für den Verlag Gide fils einen *Prospectus*, in dem er das Erscheinen des Werkes *Géographie des plantes rédigée d'après la comparaison des phénomènes que présente la végétation dans les deux continens* ankündigte (vgl. das Dokument ↗H0016426 in der edition humboldt digital sowie Humboldt an Moritz Rugendas, Paris, 1. Februar 1826, ↗H0017855 in der vorliegenden Edition). Am 18. Oktober 1826 sandte Humboldt diese Verlagsanzeige an den Potsdamer Geographen Heinrich Berghaus mit Bitte um Veröffentlichung in seinem Journal *Hertha, Zeitschrift für Erd-, Völker- und St aatenkunde:* »Es wird mir angenehm und ich werde Ihnen sehr dankbar sein, wenn Sie die Güte haben, der Anlage einige Aufmerksamkeit zu schenken. Sie giebt Ihnen Nachricht über ein neues, großes Unternehmen, das ich in Gesellschaft mit Kunth seit langen Jahren aufs Emsigste vorbereitet habe. Ich gebe in diesem Prospectus eine Geschichte der ›Geographie der Pflanzen‹, ausführlicher als früher, und entwickele meine Ansichten über die Art und Weise, wie diese Wissenschaft aufzufassen und zu behandeln ist von Gesichtspunkten, welche vorher nicht immer so scharf ins Auge gefaßt worden sind, wie ich es hier versucht habe.« (Humboldt an Berghaus, Paris, 18. Oktober 1826, Humboldt 1863, I, 62–63). Die hier wiedergegebene deutsche Übersetzung des *Prospectus* veröffentlichte Berghaus daraufhin in Band 7 (2. Heft, 2. Abtheilung) der *Hertha* (Humboldt 1826b).

↗H0016428

|[...] |52

Bei Gide fils zu Paris, rue St. Marc-Feydeau, Nr. 20, wird von der Reise der Herrn von Humboldt und A. Bonpland erscheinen: die Geographie der Pflanzen nach der Vergleichung der Erscheinungen, welche die Vegetation der beiden Festlande darbietet, von den Herrn Alexander von Humboldt und Karl Kunth. Ein Fo | lioband auf |53 **geglättetem Jesus-Velin, mit (meist kolorirten) Kupferplatten. Davor ein physikalisches Gemälde der Aequinoktialgegenden von A. von Humboldt und Aimé Bonpland.**

Folgender Prospektus ist ausgegeben worden:

Neben die eigentliche Botanik, welche die Karaktere, die organische Beschaffenheit und die Verwandtschaft der Gewächse untersucht, tritt eine andre, noch kein halbes Jahrhundert alte, Wissenschaft. Unter dem etwas unbestimmten Namen Geographie der Pflanzen knüpft sie die beschreibende Botanik an die Klimatenkunde; sie giebt die Zahl, das Aussehen und die Vertheilung der Gewächse unter den verschiedenen Zonen an, vom Aequator bis zum Polarkreis, von den Tiefen des Ozeans und der Gruben mit den Keimen kryptogamischer Pflanzen bis zu der nach der Breite und nach der Beschaffenheit der umliegenden Länder verschiedenen Schneelinie. Unvollständig wie die Geologie, aber jünger als dieser Theil unsrer physikalischen Kenntnisse, war sie von Anfang an weniger jenem Trug der Sinne, jenen systematischen Traumbildern ausgesetzt, durch welche des Menschen Einbildungskraft so gern in Ermangelung wirklicher Kenntniß aushilft. Der Gang der Wissenschaften folgt immer dem Geiste des Jahrhunderts, in welches ihre Entwicklung fällt, und die Geographie der Pflanzen wurde am eifrigsten zu der Zeit betrieben, wo der Geschmack an Beobachtung vorherrschend geworden und alle Zweige der Naturerkenntniß strengere Methoden angenommen haben.

Die Reisenden, welche einen großen Strich Landes durcheilten, an fernen Küsten landeten oder Bergketten erklimmten, auf deren Abhang sich die Verschiedenheit von gleichsam in Stockwerken übereinander liegenden Klimaten zeigt, fielen jeden Augenblick die merkwürdigen Erscheinungen der geographischen Gewächsevertheilung auf: man möchte sagen, sie sammelten Materialien für eine Wissenschaft, deren Name kaum ausgesprochen war. Eben die Gewächse-Zonen, deren Ausdehnung und Aufeinanderfolge auf den Seiten des Aetna Kardinal Bembo im sechszehnten Jahrhundert mit allem Reize lateinischer Beredsamkeit beschrieb, fand der unermüdliche und scharfsinnige Tournefort, als er auf den Gipfel des Ararat stieg. Er verglich die Floren der Berge mit denen in den Ebenen unter verschiedener Breite, und erkannte zuerst, daß die Höhe über dem Meeresspiegel auf die Vertheilung der Pflanzen wirkt, wie die Entfernung vom Pol oder die Verschiedenheit der Breite.

Der Geist Linné's befruchtete die Keime einer entstehenden Wissenschaft; weil er aber in der Ungeduld seines Eifers die Gegenwart und Vergangenheit, die Geographie der Pflanzen und ihre Geschichte umfaßte, so gab er sich in seiner Abhandlung De telluris habitabilis incremento[1] und in den Coloniae plantarum[2] kühnen Vermuthungen hin. Er wollte zum Ursprung der durch zufälliges Abarten des Urtypus vermehrten Gattungen zurückkehren, die Veränderungen der bestehend gewordnen Varietäten verfolgen, den alten nackten Zustand der Steinkruste unsers Planeten
|54 malen, wie sie nach und nach von einem gemeinschaftlichen Mit | telpunkte und

[1] Linné/Celsius 1744. [2] Linné/Flygare 1768.

nach langen Wanderungen die Gewächse erhielt. Haller, Gmelin, Pallas, und besonders Reinhold und Georg Forster studirten mit unablässiger Aufmerksamkeit die geographische Vertheilung einiger Gattungen: da sie aber die strenge Prüfung der von ihnen eingesammelten Pflanzen vernachlässigten, so geriethen bei ihnen oft die Alpen-Erzeugnisse des gemäßigten Europa's unter die der Ebenen von Lappland. Voreilig nahm man Identität dieser letztern mit, den magellanischen Ländern und andern Theilen der südlichen Halbkugel eigenthümlichen, Gattungen an. Schon Adanson hatte die außerordentliche Seltenheit der doldenartigen Gewächse unter der heißen Zone geahndet und somit auf die Bekanntschaft mit einer Reihe heut zu Tage allgemein erkannter Phänomene vorbereitet. Die Beschreibung der Gewächse nach den Eintheilungen eines künstlichen Systems hat lange Zeit das Studium ihres Verhältnisses zu den Klimaten in Stocken gebracht. Seitdem die Gattungen in natürliche Familien gesondert wurden, hat man die Zu- und Abnahme der Formen vom Aequator nach dem Polarkreis nachweisen können.

Menzel, der Verfasser einer nicht herausgegebenen Flora von Japan, hatte das Wort Geographie der Pflanzen ausgesprochen. Es giebt Wissenschaften, deren Name, so zu sagen, vor der Wissenschaft selbst vorhanden war. So vor 50 Jahren die Meteorologie, das Studium der Physiognomie und Pathologie der Pflanzen, fast möchte man auch die Geologie dazufügen. Der von Menzel ausgesprochene Name ward gegen 1783 fast zu gleicher Zeit von Giraud Soulavie gebraucht und vom Verfasser der Etudes de la nature[3], welches Werk neben bedeutenden Irrthümern über die Naturkunde der Erdkugel die geistreichsten Ansichten über Form, geographisches Verhältniß und Beschaffenheit der Pflanzen enthält. Diese beiden Schriftsteller von so ungleichem Talent und Verdienst überließen sich zu oft den Eingebungen der Einbildung. Mangel an positiven Kenntnissen hinderte sie auf einer Laufbahn, deren Ausdehnung sie nicht ermessen konnten, vorzuschreiten. Giraud Soulavie wollte die in seiner Géographie de la nature[4] auseinandergesetzten Grundsätze auf die Géographie physique des végétaux de la France méridionale[5] anwenden; aber der Inhalt des Buches entsprach kaum einem so selbstgefälligen Titel. Man sucht in diesem Werke, das sich für eine Geographie der Pflanzen ausgiebt, vergebens die Namen der wild wachsenden Gattungen oder die Angabe der Höhe ihres Wachsthums. Der Verfasser beschränkt sich auf einige Bemerkungen über die angebauten Pflanzen, welche Bemerkungen später Arthur-Young mit größerem Scharfsinn und mehr Sachkenntniß entwickelt hat. Er unterscheidet in einem Scheitelprofil des Berges Mezin, wobei sich ein Maßstab, nicht nach Toisen, sondern nach der Quecksilberhöhe im Barometer findet, die drei übereinander befindlichen Zonen der Oelbäume, Weinstöcke und Kastanienbäume.

[3] Saint-Pierre 1784. [4] Giraud-Soulavie 1780. [5] Giraud-Soulavie 1780–1784.

Gegen Ende des vorigen Jahrhunderts hat die genauere Bestimmung der mittleren Temperatur und die Vervollkommnung der Barometermessungen Mittel an die
|55 Hand gegeben, den Einfluß der Erhebung auf Ver | theilung der Gewächse in den
Alpen und Pyrenäen strenger zu untersuchen. Was Saussure nur hie und da in Bemerkungen hinwerfen konnte, führte Ramond mit dem überlegnen Talente, wovon seine Werke das Gepräge tragen, aus. Zugleich Botaniker, Physiker und Geologe gab er in den Observations faites dans les Pyrénées[6], in seinem Voyage à la cime du Mont-Perdu[7] und in seinem Mémoire sur la végétation alpine[8] kostbare Aufschlüsse über die Geographie der Pflanzen von Europa zwischen 42°½ und 45° Br. Vervielfacht wurden diese Aufschlüsse durch Lavy, Kielmann und besonders durch Hrn. Decandolle in seiner Einleitung zur dritten Ausgabe der Flore française[9]. Gelehrte und unerschrockne Reisende, Labillardière, Desfontaines und Du Petit-Thouars befragten die Natur, fast zu gleicher Zeit, in der Südsee, auf dem Rücken des Atlas und auf den afrikanischen Inseln. Allgemeine Fragen der Pflanzengeographie wurden von zwei ausgezeichneten deutschen Gelehrten behandelt. In einer akademischen Abhandlung (Historiae vegetabilium geographicae specimen[10]) versuchte Herr Stromeyer den Plan der ganzen Wissenschaft durch bündige Aufzählung dessen, was ihm darunter begriffen werden zu müssen schien, zu zeichnen; während Herr Treviranus in seinen biologischen Untersuchungen[11] auf eine sehr geistreiche Weise einige Vermuthungen über die klimatische Vertheilung nicht der Spezies, sondern der Genera und Familien entwickelte.

Dies waren alle in den Reiseberichten und Abhandlungen einiger französischen, deutschen und engländischen Naturforscher zerstreut liegenden Materialien, als H. von Humboldt mit Hülfe der wichtigen Arbeiten des H. Bonpland nach seiner Rückkunft in Europa den Essai sur la Géographie des plantes, fondée sur des mesures qui ont été exécutées depuis les 10° de latitude boréale jusqu'aux 10° de latitude australe[12] herausgab. Es war das erste spezielle Werk zur Betrachtung der Vegetation in ihrem Verhältniß zur mittleren Temperatur der Stellen sammt Druck, Feuchtigkeit, Durchsichtigkeit und elektrischer Spannung der umgebenden Atmosphäre; zur Bestimmung dieses Verhältnisses nach unmittelbaren Messungen und zum Entwerfen des Gemäldes der Aequinoktialpflanzen von der Meeresfläche bis zu einer Höhe von 5000 Mètres. Um die karakteristischen Züge dieses Gemäldes mehr hervortreten zu lassen, übernahm es der Verfasser, die Erscheinungen in der Vegetation der Tropenländer mit denen in der kalten und gemäßigten Region zu vergleichen. Eine Arbeit dieser Art mußte sehr unvollständig bleiben; dennoch ist das Werk des H. von Humboldt, vielleicht durch die imposante Größe der Gegenstände und durch die Verkettung der Erscheinungen, welche es der Einbildungskraft vorlegt, mit ehrenvollem Beifall aufgenommen worden und hat dazu beigetragen, die Lust zum Studium der Pflanzengeographie anzuregen. In den letzten

[6] Ramond 1789. [7] Ramond 1801. [8] Ramond 1801. [9] Lamarck/Candolle 1805–1815. [10] Stromeyer 1800. [11] Treviranus 1802–1822. [12] Humboldt 1807a.

15 Jahren haben Robert Brown, Leopold von Buch, Kristian Smith, Decandolle, Wahlenberg, Ramond, Willdenow, Schouw, Hornemann, Delile, Kasthofer, Link, Lichtenstein, Schrader, Giesecke, Chamisso, Winch, Bossi, Lambert, Wallich, Govan, Walker Arnott, | Hornschuch, Hooker, Lamouroux, Leschenault, Bory de |56
Saint-Vincent, Pollini, Caldas, Llave, Bustamante, Auguste de Saint-Hilaire, Martius, Mirbel, Nees von Esenbek, Moreau de Jonnès, Bartling, Boué, Steven, Bieberstein, Parrot, James, Sabine, Edwards, Fischer, Gaudichaud, d'Urville, Lesson, Richardson, Reinwardt, Horsfield, Burchell, Nuttal, Schübler, Ringier und Viviani entweder Fragen, welche jene Wissenschaft betreffen, behandelt oder Materialien zur weiteren Ausdehnung derselben geliefert. Robert Brown, dessen Name mit dem herrlichsten Glanze in der Geschichte der Botanik steht, hat durch vier berühmte Abhandlungen über die Proteaceen der südlichen Halbkugel[13] und über die geographische Vertheilung der Pflanzen von Neuholland[14], der Westküste von Afrika[15] und der Nordpolarländer[16] mehr als irgend einer dazu beigetragen. Er untersuchte zuerst strenge die Arten, welche in den beiden Hemissphären gleich sind; er ist der erste, welcher durch in Zahlen gefaßte Schätzung das wahre Verhältniß der großen Abtheilungen des Pflanzenreichs, der Akotyledoneen, Monokotyledoneen und Dikotyledoneen kennen lehrte. Hr. von Humboldt ist dieser Forschungsart gefolgt, indem er sie (in seinem Werke De distributione geographica plantarum secundum coeli temperiem et altitudinem montium[17] und in mehren nach einander herausgegebenen Abhandlungen) auf die natürlichen Familien und ihr Uebergewicht unter verschiedenen Zonen ausdehnte. Zunahme vom Aequator gegen den Pol hin zeigt sich bei den Ericineen und Amentaceen, Abnahme vom Pol gegen den Aequator zu bei den hülsenartigen Gewächsen, den Rubiaceen, Euphorbiaceen und Malvaceen. Vergleicht man die beiden Festlande, so findet man im Allgemeinen unter der gemäßigten Zone der neuen Welt weniger Lippenblumen und Crucifers, mehr Kompositen, Ericineen und Amentaceen als in den gleichen Zonen der alten Welt. Von der Vertheilung der Gewächse-Formen, von jenem Ueberwiegen gewisser Familien hängt die Eigenthümlichkeit der Landschaft, das Ansehen einer ernsten oder lachenden Natur ab. Reichthum an Gramineen, *geselligen Pflanzen*, welche weite Savannen bilden, an Palm- und Zapfenbäumen haben jederzeit auf den geselligen Zustand der Völker, auf ihre Sitten und die mehr oder weniger langsame Entwicklung der Zivilisation Einfluß gehabt. Ja noch mehr: die Einheit in der Natur ist dergestalt, daß sich die Formen einander nach den bestehenden, unwandelbaren, noch nicht durch die menschliche Einsicht ergründeten Gesetzen ausgeschlossen haben. Kennt man auf irgend einem Punkte der Erdkugel die Zahl der Arten einer großen Familie, z. B. der Glumaceen, Kompositen oder hülsenartigen Gewächse, so kann man mit einiger Wahrscheinlichkeit sowohl die Totalmenge der phanerogamischen Pflanzen, als auch die Anzahl der Arten, woraus die andern Gewächse-Stämme bestehen, schätzen.

13 Brown 1810. 14 Brown 1810a. 15 Brown 1818. 16 Ross 1819, II, 187–195. 17 Humboldt 1817.

Mit unermüdlicher Ausdauer hat Wahlenberg die Floren von Lappland, den Karpaten und Schweizer-Alpen umfaßt. Auf genaue barometrische Messungen gegründet, angeknüpft an Decandolle's Arbeiten über Frankreich und an die von Parrot
|57 und Engelhardt über den Kaukasus, | haben uns die Werke Wahlenbergs die untern und obern Gränzen der Gewächse in der gemäßigten und kalten Zone kennen gelehrt. Es fehlte ein Mittelglied zwischen den Beobachtungen in Europa und der heißen Zone. Diese Lücke wurde von einem berühmten Geologen, Hrn. Leopold von Buch, ausgefüllt. Nachdem dieser Gelehrte die Höhe des ewigen Schnee's jenseit des Polarkreises gemessen, entwarf er vereint mit dem unglücklichen norwegischen Botaniker Smith das Gemälde der Pflanzengeographie im kanarischen Archipel. Engländische Reisende haben durch unternehmenden Muth mit der Vegetation des Himalaya bekannt gemacht, dessen nördlicher Abfall durch das Zurückwerfen der Hitze in den umliegenden Hochebenen schneelos und bis zu einer außerordentlichen Höhe phanerogamischen Arten zugänglich ist. Seefahrten bereicherten den Schatz dieser Kenntnisse. Die von Krusenstern, Kotzebue, Freycinet, Scoresby, Roß, Parry, King und Duperrey haben die Beobachtungen für botanische Geographie von den Maluinen und Marianen bis nach Unalaska und der Barrowstraße vervielfacht, Gegenden, welche schon durch die Arbeiten von Commerson, Banks, Solander, Georg Forster und Giesecke berühmt geworden waren.

So viele Materialien in Abhandlungen, die in verschiedenen Sprachen geschrieben sind, verdienten ohne Zweifel sorgfältig zusammengelesen, untereinander verglichen und zur Bereicherung eines der schönsten Theile der Naturwissenschaft benutzt zu werden. Die erste Ausgabe des Essai sur la Géographie des Plantes[18], welche vornan im Werke der Hrn. von Humboldt und Bonpland steht, ist seit mehren Jahren vergriffen. Man hatte vor, sie mit einigen Zusätzen wiederaufzulegen; aber H. von Humboldt zieht vor, sie durch ein ganz anderes Werk, eine Geographie der Pflanzen zu ersetzen, welche beide Hemissphären umfaßt und wofür er seit mehren Jahren Materialien gesammelt hat. Das alte Werk beschäftigte sich speziell bloß mit der Aequinoktial-Vegetation der neuen Welt. So zu sagen im Angesicht der Gegenstände, am Fuße der Kordilleren, verfaßt, erschien es lange vor der großen Arbeit Nova Genera et Species plantarum aequinoctialium Orbis Novi[19], worin Herr Kunth 4500 Spezies von den Hrn. von Humboldt und Bonpland eingesammelter Tropenpflanzen beschrieben hat. Diese Arbeit (sieben Bände in Folio mit 725 Kupferplatten) wird nicht bloß dazu dienen, die Angabe der Spezies in dem 1805 entworfenen Gemälde der Aequinoktialregionen zu berichtigen und zu vervollständigen, sondern auch nach der Erörterung der barometrischen Messungen und der gewissenhaften Untersuchung einer größeren Menge von Spezies, als man je zu gleichem Zwecke hatte gebrauchen können, bestimmte Data und Zahlen-Koeffizienten geben über die Vertheilung der Aequinoktialpflanzen in den Ebenen und auf den Bergen, letztre in, 500 Mètres breite, Zonen getheilt. Schon

[18] Humboldt 1807a. [19] Humboldt/Bonpland/Kunth 1815–1825.

hat H. Kunth im letzten Bande der Nova Genera[20] die speziellen Floren von Venezuela, Kundinamarka, Quito und Mexiko gegeben. Das Werk, welches wir ankündigen, wird nicht nur eine zweckgemäße Zusammenstellung dessen sein, was bis jetzt in | den in Europa und Amerika herausgegebenen Abhandlungen zerstreut |58
liegt, es wird auch durch inedirte Materialien bereichert werden, welche der Verfasser der Freundschaft mehrer Botaniker und Reisenden, die das Gebiet unsrer Kenntnisse vergrößert haben, verdankt.

Die Geographie der Pflanzen ist eine gemengte Wissenschaft, die auf keiner festen Grundlage stehen kann, wenn sie nicht zugleich von der beschreibenden Botanik, der Meteorologie und der eigentlichen Geographie Hülfe entlehnt. Wie will man die interessante Aufgabe, welche kryptogamische Pflanzen, welche Gramineen, welche Dikotyledoneen in der alten und neuen Welt, unter der südl. und nördl. gemäßigten Zone völlig identisch sind, auflösen, ohne in den Herbarien die benachbarten Spezies nachzusehen, ohne die genauste Kenntniß vom Bau und den wesentlichen Karakteren der Spezies zu besitzen? Wie will man über den Einfluß, den von außen die Natur und Erhebung des Bodens, die Atmossphäre, ihre Temperatur, ihr Druck, ihre Feuchtigkeit, Elektrizität, das Verlöschen der Lichtstrahlen, die durch die oberen Luftlagen streichen, auf die Pflanzenwelt äußert, ohne den gegenwärtigen Zustand der Meteorologie und der Physik überhaupt zu kennen? Wie die Naturgesetze erkennen, nach welchen die Gewächsgruppen über Festlande und im Meeresschooße unter verschiedener Breite und in verschiedener Höhe verbreitet sind, ohne mit Instrumenten zum Messen der Alpenstationen, der Hitzabnahme auf den Bergabhängen und in den Wasserlagen des Ozeans, der Einbeugung der Linien gleicher Wärme und der ungleichen Temperaturvertheilung in den verschiedenen Jahreszeiten auf der Küste und im innern Festlande, versehen zu sein? Hat die Geographie der Pflanzen bis jetzt nicht die schnellen Fortschritte gemacht, welche man nach einer solchen Menge wissenschaftlicher Reisen hätte erwarten sollen, so liegt der Grund einerseits darin, daß den Botanikern oft die Mittel zur Untersuchung der Höhe und Atmossphäre fehlen, andrerseits die Physiker entweder nicht die zur Bestimmung der Spezies unentbehrlichen botanischen Kenntnisse besitzen oder an den Punkten, deren absolute Höhe sie durch gute hypsometrische Methoden bestimmt haben, Herbarien anzulegen vernachlässigen.

Hr. von Humboldt, der 5 Jahre lang bald allein, bald vereint mit Hr. Bonpland in den Aequinoktialregionen Pflanzen gesammelt hat, wurde, seit seiner Rückkunft in Europa, durch andre Beschäftigung vom Studium der beschreibenden Botanik abgehalten. Da sein beständiger Wunsch ist, in seinem Werke die Unvollkommenheiten so viel als möglich zu heben, so hat er sich mit Hr. Kunth verbunden, welcher durch seine Talente und durch die Wichtigkeit seiner zahlreichen Arbeiten eine der ersten Stellen unter den Botanikern unserer Zeit einnimmt. Der Text des

20 Humboldt/Bonpland/Kunth 1815–1825.

Werkes wird von Hrn. von Humboldt sein; die von Hrn. Kunth hinzugefügten Abhandlungen oder erklärenden Noten werden mit dem Namen dieses Gelehrten unterzeichnet sein. Die Géographie des plantes, rédigée d'après la comparaison des phénomènes que présente la végétation dans les deux continens wird einen Folio-
|59 band von ungefähr 100 Blatt ausmachen. | Kein allgemeines Werk dieser Art ist noch in Frankreich erschienen. Der Essai élémentaire de Géographie botanique[21] von Hrn. Decandolle enthält viele neue und geistreiche Ansichten, aber der Verfasser mußte sich auf eine geringe Anzahl Seiten beschränken, da seine Abhandlung für den von den Professoren des Jardin du Roi herausgegebenen Dictionnaire des sciences naturelles[22] bestimmt war. Nur Dänemark und Deutschland besitzen ein Werk von größerer Ausdehnung, die vortreffliche Schrift des Hrn. Schouw Elemente einer Universalgeographie der Gewächse[23]. Der schon durch eine Abhandlung De sedibus originariis plantarum[24] vortheilhaft bekannte Verfasser hat die Masse des vorher bekannten vermehrt. Er gehört zu jener kleinen Anzahl von Reisenden, welche zugleich Botaniker und Physiker, wie Ramond, Wahlenberg, Decandolle, Parrot, Leopold von Buch, Ch. Smith und Pollini, zu gleicher Zeit die Spezies, die Höhe des Standpunkts und die mittlere Temperatur des Orts bestimmt haben. H. Schouw hat mit einem edlen wissenschaftlichen Eifer die Vegetation von Europa von der skandinavischen Halbinsel bis zum Gipfel des Aetna studirt. Seine vor 3 Jahren herausgegebenen Elemente[25] würden noch verdienen, ins Französische übersetzt zu werden. Es ist ein botanischer Atlas dabei, und das Werk trägt das Gepräge eines höchst genauen und scharfsinnigen Geistes. In dem dänischen Werke finden sich sorgfältig die Bemerkungen über botanische Geographie, die Hr. v. Humboldt nach einander bekannt machte, zusammengestellt. Seinerseits wird dieser nun in den Elementen[26] des Hrn. Schouw alles Neue und Wichtige, was sie enthalten, schöpfen; aber die beiden Werke werden nichts mit einander gemein haben, außer inwiefern dies bei der Erörterung eines Theils der nämlichen Fragen nothwendig ist.

Zur Geographie der Pflanzen der Hrn. von Humboldt und Kunth werden wenigstens 20 Kupferplatten gehören, worunter einige auf das Aussehen der Vegetation oder die Physiognomie der Pflanzen Bezug haben. Die Kupfer werden nach den Zeichnungen ausgeführt werden, die Hr. Rugendas unlängst in den Wäldern Brasiliens verfertigte. Dieser junge verdienstvolle Künstler hat 5 Jahre lang mitten im Reichthume der tropischen Pflanzenwelt gelebt. Er wurde durchdrungen vom Gefühl, daß in der wilden Fülle einer so wunderbaren Natur, der malerische Effekt in der Zeichnung immer durch die Wahrheit und treue Nachahmung der Formen entsteht. Das neue Werk gehört wesentlich zum Voyage aux régions équinoxiales der Hrn. von Humboldt und Bonpland; es ist eine Art Fortsetzung der von Hr. Kunth herausgegebenen Nova Genera[27]. Da es über die größten Probleme der

[21] Candolle 1820a. [22] Cuvier, F. 1816–1845. [23] Schouw 1823. [24] Schouw 1816. [25] Schouw 1823. [26] Schouw 1823. [27] Humboldt/Bonpland/Kunth 1815–1825.

Natur handelt, so hat es nicht bloß wissenschaftliches Interesse für Botaniker und Physiker, es empfiehlt sich auch denen, welche gerne Gebirge besuchen oder den Reisenden in der Erzählung über die weite Ferne folgen. Die botanische Geographie spricht zugleich zum Geiste und zur Einbildungskraft; wie die Geschichte jener antiken Pflanzenwelt, die im Schooße der Erde vergraben liegt, wird sie zum höchst anziehenden Studium. Sind die einzelnen Erscheinungen dargestellt und | |60
die besonderen Beobachtungen beschrieben, so ist es erlaubt, sich zu allgemeinen Ideen zu erheben; auf eine unfruchtbare Anhäufung von Erfahrungen den Fortschritt der Wissenschaften beschränken wollen, das hieße die Bestimmung des menschlichen Geistes verkennen.

Es werden nur 140 Exemplare gedruckt werden, 125 auf Jesuspapier, 15 auf großem Colombier. Das Werk wird in 4 Lieferungen erscheinen. Jede Lieferung kostet für den Subskribenten ebensoviel als die von Nova Genera et Species plantarum[28], nämlich 180 Franken auf Jesuspapier, 200 Franken auf groß Colombier. Bei Gide fils, rue St. Marc-Feydeau, Nr. 20., zu Paris.

[28] Humboldt/Bonpland/Kunth 1815–1825.

Anhang

I. Maßangaben und Symbole

Einheit	Bedeutung	Umrechnung
Aršin	Längenmaß (Russland)	1 Aršin entspricht 0.7112 m
Fahrenheit	Temperaturmaß	1 °Celsius entspricht 33,8 °Fahrenheit
Foot	Längenmaß (Großbritannien)	1 Foot entspricht 0.3048 m
Franc	Währungseinheit (Frankreich)	
Fuß	Längenmaß (Preußen)	1 Fuß entspricht 0.31385 m
Geographische Meile	Längenmaß (Deutschland)	1 Geographische Meile entspricht 7420 m
Groschen	Währungseinheit (Deutschland)	
Ligne	Längenmaß (Frankreich)	1 Ligne entspricht 0.002256 m
Livres tournois	Währungseinheit (Frankreich)	
Louis d'or	Währungseinheit (Frankreich)	
Pfund Sterling	Währungseinheit (Großbritannien)	
Pied	Längenmaß (Frankreich)	1 Pied entspricht 0.3248 m
Pouce	Längenmaß (Frankreich)	1 Pouce entspricht 0.0271 m
Pound avoirdupois	Gewichtsmaß (Großbritannien)	1 Pound avoirdupois entspricht 0.45359 kg

Einheit	Bedeutung	Umrechnung
Preußische Meile	Längenmaß (Preußen)	1 Preußische Meile entspricht 7532.49 m
Preußisches Zoll	Längenmaß (Preußen)	1 Preußisches Zoll entspricht 0.026154 m
Réaumur	Temperaturmaß	1 °Réaumur entspricht 1,25 °Celsius
Reichstaler	Währungseinheit (Preußen)	
Statute Mile	Längenmaß (Großbritannien)	1 Statute Mile entspricht 1609.33 m
Toise	Längemaß (Frankreich), Humboldt verwendet auch die griechische Bezeichnung ›hexapus‹ (6 Fuß)	1 Toise entspricht 1.9484 m
Zentner	Gewichtsmaß	1 Zentner entspricht 50 kg
⊙	einjährige Pflanze	

II. Quellen und Forschungsbeiträge

In ehd und ehp edierte Quellen und Forschungsbeiträge des Bandes

Die in diesem Band vorliegenden Quellen und Forschungsbeiträge sind digital abrufbar: edition humboldt digital, hg. von Ottmar Ette. Berlin-Brandenburgische Akademie der Wissenschaften. Verfügbar unter: https://edition-humboldt.de/. Die Auflistung erfolgt hier in der Reihenfolge des Erscheinens im Band.

↗H0016431
Päßler, Ulrich: Im »freyen Spiel dynamischer Kräfte«. Pflanzengeographische Schriften, Manuskripte und Korrespondenzen Alexander von Humboldts.

↗ H0016427
Humboldt, Alexander von: Considérations générales sur la végétation des îles Canaries (1814), hg. von Ulrich Päßler unter Mitarbeit von Eberhard Knobloch. Redaktionelle Mitarbeit: Laurence Barbasetti.
Handschrift: SBB-PK, Handschriftenabteilung, Nachl. Alexander von Humboldt, gr. Kasten 6, Umschlag 43–44; Nr. 43; Nr. 44

↗ H0018387
Humboldt, Alexander von: Considérations générales sur la végétation des îles Canaries (1814) – deutsche Übersetzung, hg. von Ulrich Päßler unter Mitarbeit von Eberhard Knobloch.

↗ H0015180
Humboldt, Alexander von: Fragen Humboldts an Robert Brown zur Pflanzengeographie (1816), hg. von Ulrich Päßler unter Mitarbeit von Eberhard Knobloch und Ingo Schwarz.
Handschrift: SBB-PK, Handschriftenabteilung, Nachl. Alexander von Humboldt, gr. Kasten 12, Nr. 103, Bl. 3–4

↗ H0018388
Humboldt, Alexander von: Fragen Humboldts an Robert Brown zur Pflanzengeographie (1816) – deutsche Übersetzung, hg. von Ulrich Päßler unter Mitarbeit von Eberhard Knobloch und Ingo Schwarz.

↗ H0015188
Brown, Robert: Answers to Baron A. Humboldt's queries on Botanical Geography (Ende 1816 oder Anfang 1817), hg. von Ulrich Päßler unter Mitarbeit von Eberhard Knobloch und Ingo Schwarz.
Handschrift: SBB-PK, Handschriftenabteilung, Nachl. Alexander von Humboldt, gr. Kasten 12, Nr. 103, Bl. 5–11

↗ H0017685
Müller-Wille, Staffan; Böhme, Katrin: »Jederzeit zu Diensten«: Karl Ludwig Willdenows und Carl Sigismund Kunths Beiträge zur Pflanzengeographie Alexander von Humboldts.

↗ H0001200
Alexander von Humboldt an Karl Ludwig Willdenow. Aranjuez, 20. April 1799; La Coruña, 5. Juni 1799, hg. von Ulrich Päßler unter Mitarbeit von Klaus Gerlach und Ingo Schwarz.
Handschrift: SBB-PK, Handschriftenabteilung, Autogr. I/169

↗ H0001181
Alexander von Humboldt an Karl Ludwig Willdenow. Havanna, 21. Februar 1801, hg. von Ulrich Päßler unter Mitarbeit von Klaus Gerlach und Ingo Schwarz.
Handschrift: Deutsches Literaturarchiv Marbach, Handschriftenabteilung, A:Humboldt, Alexander von, 68593

↗ H0006053
Alexander von Humboldt an Karl Ludwig Willdenow. Havanna, 4. März 1801, hg. von Ulrich Päßler unter Mitarbeit von Klaus Gerlach und Ingo Schwarz.
Handschrift: American Philosophical Society Library, Manuscript Department, Alexander von Humboldt Papers, B.H88

↗ H0006055
Alexander von Humboldt an Karl Ludwig Willdenow. Paris, 17. Mai 1810, hg. von Ulrich Päßler unter Mitarbeit von Klaus Gerlach und Ingo Schwarz.
Handschrift: Deutsches Literaturarchiv Marbach, Handschriftenabteilung, A:Humboldt, Alexander von, 66243

↗ H0000700
Alexander von Humboldt an Carl Sigismund Kunth. Potsdam, Donnerstag, [2. November 1848], hg. von Ulrich Päßler unter Mitarbeit von Klaus Gerlach und Ingo Schwarz.
Handschrift: Biblioteka Jagiellońska, Sammlung Autographa, A. von Humboldt

↗ H0000608
Alexander von Humboldt an Carl Sigismund Kunth. Potsdam, Freitag, [24. November 1848], hg. von Ulrich Päßler unter Mitarbeit von Klaus Gerlach und Ingo Schwarz.
Handschrift: Biblioteka Jagiellońska, Sammlung Autographa, A. von Humboldt

↗ H0015156
Carl Sigismund Kunth an Alexander von Humboldt. [Berlin], nach 24. November 1848 (Fragment), hg. von Ulrich Päßler unter Mitarbeit von Klaus Gerlach und Ingo Schwarz.
Handschrift: SBB-PK, Handschriftenabteilung, Nachl. Alexander von Humboldt, gr. Kasten 8, Nr. 22

↗ H0000009
Alexander von Humboldt an Carl Sigismund Kunth. Berlin, Donnerstag, [11. Januar 1849], hg. von Ulrich Päßler unter Mitarbeit von Klaus Gerlach und Ingo Schwarz.
Handschrift: Biblioteka Jagiellońska, Sammlung Autographa, A. von Humboldt

↗ H0015159
Carl Sigismund Kunth an Alexander von Humboldt. Berlin, 13. Januar 1849, hg. von Ulrich Päßler unter Mitarbeit von Klaus Gerlach und Ingo Schwarz.
Handschrift: SBB-PK, Handschriftenabteilung, Nachl. Alexander von Humboldt, gr. Kasten 8, Nr. 23

↗ H0005461
Carl Sigismund Kunth an Alexander von Humboldt. [Berlin], 1. Februar 1849, hg. von Ulrich Päßler unter Mitarbeit von Klaus Gerlach und Ingo Schwarz.
Handschrift: SBB-PK, Handschriftenabteilung, Nachl. Alexander von Humboldt, gr. Kasten 13, Nr. 21

↗ H0006046
Alexander von Humboldt an Carl Sigismund Kunth. [Berlin], Freitag, [2. Februar 1849], hg. von Ulrich Päßler unter Mitarbeit von Klaus Gerlach und Ingo Schwarz.
Handschrift: Biblioteka Jagiellońska, Sammlung Autographa, A. von Humboldt

↗ H0002924
Alexander von Humboldt an Carl Sigismund Kunth. [Berlin], Freitag, [Frühjahr 1849], hg. von Ulrich Päßler unter Mitarbeit von Klaus Gerlach und Ingo Schwarz.
Handschrift: Biblioteka Jagiellońska, Sammlung Autographa, A. von Humboldt

↗ H0006178
Alexander von Humboldt an Carl Sigismund Kunth. [Berlin], Mittwoch, [Frühjahr 1849], hg. von Ulrich Päßler unter Mitarbeit von Klaus Gerlach und Ingo Schwarz.
Handschrift: Biblioteka Jagiellońska, Sammlung Autographa, A. von Humboldt

↗ H0015190
Kunth, Carl Sigismund: Vortrag über die Artenvielfalt des Berliner Botanischen Gartens (1846), hg. von Ulrich Päßler unter Mitarbeit von Ingo Schwarz.
Handschrift: SBB-PK, Handschriftenabteilung, Nachl. Alexander von Humboldt, gr. Kasten 8, Nr. 21, Bl. 1–2

↗ H0005459
Kunth, Carl Sigismund: Berichtigungen und Ergänzungen zu Band 2 der Ansichten der Natur, 3. Auflage (1849), hg. von Ulrich Päßler unter Mitarbeit von Ingo Schwarz.
Handschrift: SBB-PK, Handschriftenabteilung, Nachl. Alexander von Humboldt, gr. Kasten 8, Nr. 21, Bl. 3–8

↗ H0017686
Glaubrecht, Matthias: »Un peu de géographie des animaux«. Die Anfänge der Biogeographie als »Humboldtian science«.

↗ H0016420
Päßler, Ulrich: Dokumente zur Neuausgabe der »Ideen zu einer Geographie der Pflanzen«. Einführung.

↗ H0016424
Gide, Théophile-Étienne; Humboldt, Alexander von; Kunth, Carl Sigismund; Smith, James: Verlagsvertrag zur »Géographie des plantes dans les deux hémisphères« (1825), hg. von Ulrich Päßler unter Mitarbeit von Eberhard Knobloch.

Handschrift: SBB-PK, Handschriftenabteilung, Nachl. Alexander von Humboldt, gr. Kasten 6, Nr. 41.42, Bl. 3–4

↗ H0018389
Gide, Théophile-Étienne; Humboldt, Alexander von; Kunth, Carl Sigismund; Smith, James: Verlagsvertrag zur »Géographie des plantes dans les deux hémisphères« (1825) – deutsche Übersetzung, hg. von Ulrich Päßler unter Mitarbeit von Eberhard Knobloch.

↗ H0002731
Humboldt, Alexander von: Matériaux pour la nouvelle édition de la Géographie des plantes, hg. von Ulrich Päßler unter Mitarbeit von Eberhard Knobloch und Ingo Schwarz. Redaktionelle Mitarbeit: Laurence Barbasetti und Karin Göhmann.

Handschrift: SBB-PK, Handschriftenabteilung, Nachl. Alexander von Humboldt, gr. Kasten 6, Nr. 50

↗ H0018390
Humboldt, Alexander von: Matériaux pour la nouvelle édition de la Géographie des plantes – deutsche Übersetzung, hg. von Ulrich Päßler unter Mitarbeit von Eberhard Knobloch und Ingo Schwarz.

↗ H0000005
Kunth, Carl Sigismund: Ideensammlung für die Neuausgabe der Geographie der Pflanzen, hg. von Ulrich Päßler unter Mitarbeit von Ingo Schwarz. Redaktionelle Mitarbeit: Karin Göhmann und Laurence Barbasetti.

Handschrift: SBB-PK, Handschriftenabteilung, Nachl. Alexander von Humboldt, gr. Kasten 6, Nr. 53

↗ H0014540
Ab – Aylmer Bourke Lambert an Alexander von Humboldt. London, 14. November 1820, hg. von Ulrich Päßler unter Mitarbeit von Ingo Schwarz. Redaktionelle Mitarbeit: Karin Göhmann.

Handschrift: SBB-PK, Handschriftenabteilung, Nachl. Alexander von Humboldt, gr. Kasten 6, Nr. 70

↗ H0006180
Kunth, Carl Sigismund; Steven, Christian von (?): Ac – Flora der Krim und des Kaukasus, hg. von Ulrich Päßler unter Mitarbeit von Ulrike Leitner.

Handschrift: SBB-PK, Handschriftenabteilung, Nachl. Alexander von Humboldt, gr. Kasten 6, Nr. 81a, Bl. 15–16

↗ H0006939
Humboldt, Alexander von: Ag – Plantae des États-Unis, hg. von Ulrich Päßler unter Mitarbeit von Eberhard Knobloch und Ingo Schwarz. Redaktionelle Mitarbeit: Laurence Barbasetti.
Handschrift: SBB-PK, Handschriftenabteilung, Nachl. Alexander von Humboldt, gr. Kasten 6, Nr. 81a, Bl. 11–14

↗ H0018391
Humboldt, Alexander von: Ag – Plantae des États-Unis – deutsche Übersetzung, hg. von Ulrich Päßler unter Mitarbeit von Eberhard Knobloch und Ingo Schwarz.

↗ H0015186
Humboldt, Alexander von: H – Anzahl der Phanerogamen, hg. von Ulrich Päßler unter Mitarbeit von Ingo Schwarz. Redaktionelle Mitarbeit: Karin Laurence Barbasetti und Karin Göhmann.
Handschrift: SBB-PK, Handschriftenabteilung, Nachl. Alexander von Humboldt, gr. Kasten 6, Nr. 81a, Bl. 3–5

↗ H0007902
Humboldt, Alexander von: U – Südsee. Exzerpte aus Adelbert von Chamissos »Bemerkungen und Ansichten auf einer Entdeckungs-Reise«, hg. von Ulrich Päßler unter Mitarbeit von Ingo Schwarz. Redaktionelle Mitarbeit: Laurence Barbasetti und Karin Göhmann.
Handschrift: SBB-PK, Handschriftenabteilung, Nachl. Alexander von Humboldt, gr. Kasten 6, Nr. 79a, Bl. 4–6

↗ H0017851
Alexander von Humboldt an Johann Moritz Rugendas. [Paris], Sonnabend, [22. Oktober 1825], hg. von Ulrich Päßler unter Mitarbeit von Lisa Poggel.
Handschrift: SBB-PK, Handschriftenabteilung, Autogr. I/530/1

↗ H0017850
Humboldt, Alexander von: Vereinbarung zwischen Humboldt, Kunth und Rugendas über die Publikation von Zeichnungen in der Neuausgabe der »Ideen zu einer Geographie der Pflanzen«. Paris, 24. Oktober 1825, hg. von Ulrich Päßler unter Mitarbeit von Eberhard Knobloch und Lisa Poggel.
Handschrift: SBB-PK, Handschriftenabteilung, Nachl. Alexander von Humboldt, gr. Kasten 6, Nr. 41.42, Bl. 1–2

↗ H0017853
Johann Moritz Rugendas an Alexander von Humboldt. Augsburg, 12. Dezember 1825, hg. von Ulrich Päßler unter Mitarbeit von Lisa Poggel und Florian Schnee.
Handschrift: SBB-PK, Handschriftenabteilung, Nachl. Alexander von Humboldt, gr. Kasten 6, Nr. 39

↗ H0017856

Johann Moritz Rugendas an Alexander von Humboldt. Augsburg, 20. Januar 1826, hg. von Ulrich Päßler unter Mitarbeit von Lisa Poggel und Florian Schnee.

Handschrift: SBB-PK, Handschriftenabteilung, Nachl. Alexander von Humboldt, gr. Kasten 6, Nr. 40

↗ H0017855

Alexander von Humboldt an Johann Moritz Rugendas. Paris, 1. Februar 1826, hg. von Ulrich Päßler unter Mitarbeit von Lisa Poggel und Florian Schnee.

Handschrift: SBB-PK, Handschriftenabteilung, Autogr. I/530/2

↗ H0017854

Johann Moritz Rugendas an Alexander von Humboldt. Augsburg, 20. März 1826, hg. von Ulrich Päßler unter Mitarbeit von Lisa Poggel und Florian Schnee.

Handschrift: SBB-PK, Handschriftenabteilung, Nachl. Alexander von Humboldt, gr. Kasten 6, Nr. 38

↗ H0016428

Humboldt, Alexander von: Deutsche Ankündigung der »Geographie der Pflanzen nach der Vergleichung der Erscheinungen, welche die Vegetation der beiden Festlande darbietet« (1826), hg. von Christian Thomas und Ulrich Päßler.

Druck: Humboldt 1826b

III. Literatur

A

↗X9R5NKQ5
Académie des Sciences (Hrsg.) (1910–1922): *Procès-verbaux des séances de l'Académie tenues depuis la fondation de l'Institut jusqu'au mois d'août 1835. Publiés conformément à une décision de l'Académie par M.M. les secrétaires perpétuels*. Bd. 1-10. Hendaye: Imprimerie de l'observatoire d'Abbadia.

↗J56TX4H4
Acharius, Erik (1810): *Lichenographia universalis. In qua lichenes omnes detectos, adiectis observationibus et figuris horum vegetabilium naturam et organorum carpomorphorum structuram illustrantibus, ad genera, species, varietates differentiis et observationibus sollicite definitas*. Göttingen.

↗PE652NCX
Achenbach, Sigrid (2009): *Kunst um Humboldt. Reisestudien aus Mittel- und Südamerika von Rugendas, Bellermann und Hildebrandt im Berliner Kupferstichkabinett*. München: Hirmer.

↗ZTEI4PX3
Adanson, Michel (1767): Mémoire sur un mouvement particulier découvert dans une plante appelée Tremella. *Histoire de l'Académie royale Sciences. Avec les Mémoires de Mathématique & de Physique, pour la même Année*, ohne Bandzählung, S. 564–572.

↗PWKG8XVT
Aiton, William Hamilton (1789): *Hortus kewensis; or, a Catalogue of Plants Cultivated in the Royal Botanic Gardens at Kew*. Bd. 1-3. London: George Nicol.

↗GZUQHPFP
Altmann, Jan (2012): *Zeichnen als beobachten. Die Bildwerke der Baudin-Expedition (1800–1804)*. Berlin: Akademie Verlag.

↗M4UI89VY
Ankeny, Rachel/Leonelli, Sabina (2015): Valuing Data in Postgenomic Biology. How Data Donation and Curation Practices Challenge the Scientific Publication System. In: Sarah S. Richardson, Hallam Stevens (Hrsg.): *PostGenomics: Perspectives on Biology after the Genome*. Durham: Duke University Press. S. 126–149.

↗75AZ7UZ2
Appel, John Wilton (1994): *Francisco José de Caldas. A Scientist at Work in Nueva Granada*. Philadelphia: The American Philosophical Society.

↗KZXJIKUU
Aublet, Jean Baptiste Christophe Fusée (1775): *Histoire des plantes de la Guiane françoise, rangées suivant la méthode sexuelle; avec plusieurs mémoires sur différens objets intéressans, relatifs à la culture & au commerce de la Guiane françoise, & une notice des plantes de l'Isle-de-France*. Bd. 1-2. London, Paris: Didot jeune.

B

↗AFEKAJJU
Balbi, Adriano (1822): *Essai statistique sur le royaume de Portugal et d'Algarve, comparé aux autres états de l'Europe, et suivi d'un coup d'œil sur l'état actuel des sciences, des lettres et des beaux-arts parmi les Portugais des deux hémisphères*. Bd. 1-2. Paris: Rey et.

↗Z2V2G92D
Beck, Hanno (1959): *Alexander von Humboldt. Band I: Von der Bildungsreise zur Forschungsreise 1769-1804; Band II: Vom Reisewerk zum »Kosmos« 1804-1859*. Bd. 1-2. Wiesbaden: Franz Steiner Verlag.

↗SAPXU468
Beck, Hanno (Hrsg.) (1989): *Alexander von Humboldt. Schriften zur physikalischen Geographie*. Darmstadt: Wissenschaftliche Buchgesellschaft.

↗WR9FJIKP
Beck, Hanno (2000): Alexander von Humboldt. Kartograph der Neuen Welt. Profil des neuesten Forschungsstandes. In: *Die Dioskuren II. Annäherungen an Leben und Werk der Brüder Humboldt im Jahr der 200. Wiederkehr des Beginns der amerikanischen Forschungsreise Alexander von Humboldts, hg. v. Detlef Haberland, Wolfgang Hinrichs, Clemens Menze*. Mannheim: Humboldt-Gesellschaft für Wissenschaft, Kunst und Bildung. S. 45–68.

↗7CBHXWBF
Beck, Hanno/Hein, Wolfgang-Hagen (1986): Alexander von Humboldts Rede 1829 in Sankt Petersburg. In: *Die Dioskuren. Probleme in Leben und Werk der Brüder Humboldt, hg. v. Herbert Kessler*. Mannheim: Humboldt-Gesellschaft für Wissenschaft, Kunst und Bildung. S. 199–222.

↗SCIB9NC4
Beck, Hanno/Hein, Wolfgang-Hagen (1989): *Humboldts Naturgemälde der Tropenländer und Goethes ideale Landschaft. Zur ersten Darstellung der Ideen zu einer Geographie der Pflanzen. Erläuterungen zu 5 Profil-Tafeln in natürlicher Größe.* Stuttgart: Brockhaus-Antiquarium.

↗XPKGXUC4
Bell, Stephen (2010): *A Life in Shadow. Aimé Bonpland in Southern America, 1817–1858.* Stanford: Stanford University Press.

↗FTVUQDQA
Berghaus, Heinrich (1845–1848): *Physikalischer Atlas, oder: Sammlung von Karten, auf denen die hauptsächlichsten Erscheinungen der anorganischen und organischen Natur nach ihrer geographischen Verbreitung und Vertheilung bildlich dargestellt sind.* Bd. 1-2. Gotha: Justus Perthes.

↗6MZW66HE
Bersier, Gabrielle (2017): Picturing the physiognomy of the equinoctial landscape: Goethe and Alexander von Humboldt's Ideen zu einer Geographie der Pflanzen. In: *Forster – Humboldt – Chamisso. Weltreisende im Spannungsfeld der Kulturen, hg. v. Julian Drews, Ottmar Ette, Tobias Kraft, Barbara Schneider-Kempf, Jutta Weber.* Göttingen: Vandenhoeck & Ruprecht. S. 335–355.

↗MIHRW3NX
Berthollet, Claude-Louis (1803): *Essai de statique chimique.* Bd. 1–2. Paris: Firmin Didot.

↗H9GIFE9X
Beyrich, Karl (1824): Bemerkungen über die Eigenschaften und den Gebrauch der Brotfrucht. *Verhandlungen des Vereins zur Beförderung des Gartenbaues in den Königlich Preußischen Staaten*, 1. Bd., S. 284–286.

↗AUJEUWAV
Blainville, Henri Marie Ducrotay de (1825): Némazoones. *Dictionnaire des sciences naturelles.* Bd. 34. Paris, Strasbourg: F. G. Levrault, Le Normant, S. 365–380.

↗3TK25U62
Bodenheimer, Fritz Simon (1955): Zimmermann's Specimen zoologiae geographicae quadrupedum, a remarkable zoogeographical publication of the end of the 18th century. *Archives internationales d'histoire des sciences*, 34. Bd., S. 351–357.

↗U48UABBM
Böhme, Hartmut (2001): Ästhetische Wissenschaft. Aporien der Forschung im Werk Alexander von Humboldts. In: *Alexander von Humboldt – Aufbruch in die Moderne, hg. v. Ottmar Ette, Ute Hermanns, Bernd M. Scherer, Christian Suckow.* Berlin: Akademie Verlag. S. 17–32.

↗C8DXQYTZ
Böhme, Katrin/Müller-Wille, Staffan (2013): »In der Jungfernheide hinterm Pulvermagazin frequens«. Das Handexemplar des Florae Berolinensis Prodromus (1787) von Karl Ludwig Willdenow. *NTM Zeitschrift für Geschichte der Wissenschaften, Technik und Medizin*, 21. Bd., 1, S. 93–106.

↗Q8DKR25Z
Boie, Friedrich (1822): *Tagebuch gehalten auf einer Reise durch Norwegen im Jahre 1817 von F. Boie.* (Heinrich Boie, Hrsg.). Schleswig: Königliches Taubstummen-Institut.

↗X9ZNK3EK
Bonnemains, Jacqueline (Hrsg.) (2000): *Mon voyage aux terres australes: journal personnel du commandant Baudin.* Paris: Imprimérie nationale.

↗ISIQ9ZEG
Bonnemains, Jacqueline/Forsyth, E. Elliott Christopher/Smith, Bernard William (Hrsg.) (1988): *Baudin in Australian Waters. The Artwork of the French Voyage of Discovery to the Southern Lands, 1800–1804.* Melbourne: Oxford University Press.

↗PEXCW225
Bory de Saint-Vincent, Jean-Baptiste (1803): *Essais sur les Îles Fortunées et l'antique Atlantide ou précis de l'histoire générale de l'Archipel des Canaries.* Paris: Baudouin.

↗VPNZR9GI
Bory de Saint-Vincent, Jean-Baptiste (1820): Florule de la Sierra-Nevada, ou Catalogue des plantes observées dans une reconnaissance militaire faite de Grenade au sommet appelé Velleta. *Annales générales des Sciences physiques*, 3. Bd., S. 3–32.

↗4UFH3INC
Bory de Saint-Vincent, Jean-Baptiste (1822): Mémoire sur l'Hydrophytologie, ou Botanique des eaux. *Bulletin des Sciences, par La Société Philomatique de Paris*, Août, S. 110–113.

↗ASHA7GPP
Bory de Saint-Vincent, Jean-Baptiste (1824): Création. *Dictionnaire classique d'histoire naturelle.* Bd. 5. Paris: Rey et Gravier, Baudouin frères. S. 40–47.

↗284XRJSM
Bory de Saint-Vincent, Jean-Baptiste et al. (1825): Géographie, sous les rapports de l'histoire naturelle. *Dictionnaire classique d'histoire naturelle.* Bd. 7. Paris: Rey et Gravier, Baudouin frères. S. 240–302.

↗26AQMAF5
Bourguet, Marie-Noëlle (2002): Landscape with Numbers: Natural History, Travel and Instruments in the Late Eighteenth and Early Nineteenth Century. In: *Instruments, Travel and Science: Itineraries of Precision from the Seventeenth to the Twentieth Century, hg. v. Marie-Noëlle Bourguet, Christian Licoppe, Hans-Otto Sibum.* London, New York: Routledge. S. 96–125.

↗RVC99V8F
Bourguet, Marie-Noëlle (2015): »Enfin M. H...« – ein botanisches Duell mit stumpfem Degen in Paris nach 1800. In: *»Mein zweites Vaterland«. Alexander von Humboldt und Frankreich, hg. v. David Blankenstein et al.* Berlin: De Gruyter Akademie Forschung. S. 113–130.

↗2BZZDR2Q
Boué, Ami (1820): *Essai géologique sur l'Écosse.* Paris: Mme Veuve Courcier, Librairie pour les Sciences.

↗RZ2G38ZN
Bowdich, Thomas Edward/Bowdich Lee, Sarah (1825): *Excursions in Madeira and Porto Santo, during the Autumn of 1823, while on His Third Voyage to Africa; by the Late T. Edward Bowdich, Esqu.* London: George B. Whittaker.

↗8RX5TSV3
Brisseau de Mirbel, Charles François (1815): *Élémens de physiologie végétale et de botanique.* 2 Textbände; 1 Tafelband. Paris: Magimel.

↗5N8MJH5H
Brown, Robert (1810): On the Proteaceæ of Jussieu. *Transactions of the Linnean Society of London*, 10. Bd., 1, S. 15–226.

↗6AWI6XHF
Brown, Robert (1810a): *Prodromus Florae Novae Hollandiae et Insulae van-Diemen characteres plantarum quas annis 1802—1805 per oras utriusque insulæ collegit et descriptsit Robertus Brown; insertis passim aliis speciebus auctore hucusque Banksianis, in primo itinere navachi Cook detectis.* 1. Aufl., Bd. 1 (mehr nicht erschienen). London: Taylor, Johnson.

↗N7T4FN2H
Brown, Robert (1814): General Remarks, Geographical and Systematical, on the Botany of Terra Australis. London.

↗KG4X57GQ
Brown, Robert (1818): *Observations Systematical and Geographical on the Herbarium Collected by Professor Christian Smith, in the Vicinity of the Congo, During the Expedition to Explore that River under the Commmand of Captain Tuckey, in the Year 1816.* London: W. Bulmer and Co.

↗622BK3WZ
Brown, Robert (1821): An Account of a New Genus of Plants, named Rafflesia. *Transactions of the Linnean Society of London*, 13. Bd., 1, S. 201–234.

↗FHIDWT5X
Browne, Janet (1980): Darwin's botanical arithmetic and the 'principle of divergence', 1854–1858. *Journal of the History of Biology*, 13, S. 53–89.

↗92WXQ3GB
Browne, Janet (1983): *The Secular Ark. Studies in the History of Biogeography.* New Haven, London: Yale University Press.

↗R2MPQQ44
Browne, Janet (1996): Biogeography and empire. In: *Cultures of natural history, hg. v. Nicholas Jardine, James A. Secord, Emma C. Spary.* Cambridge: Cambridge University Press. S. 305–321.

↗9PZUBNH7
Bruhns, Karl (Hrsg.) (1872): *Alexander von Humboldt. Eine wissenschaftliche Biographie.* Bd. 1–3. Leipzig: F. A. Brockhaus.

↗54UTH2UM
Buch, Leopold von (1810): *Reise durch Norwegen und Lappland.* Bd. 1-2. Berlin: G. C. Nauck.

↗TMUVA6FB
Buch, Leopold von (1825): *Physicalische Beschreibung der Canarischen Inseln.* (+ Atlas). Berlin: Druckerei der Königlichen Akademie der Wissenschaften.

↗ND3SVK5F
Buffon, Georges-Louis Leclerc de (1749–1789): *Histoire Naturelle, générale et particulière, avec la description du Cabinet du Roi.* Bd. 1–36. Paris: Imprimérie royale.

↗WGNDRJ24
Burkhardt, Richard W. Jr. (1997): Unpacking Baudin: Models of Scientific Practice in the Age of Lamarck. In: *Jean-Baptiste Lamarck, 1744–1829, hg. v. Goulven Laurent.* Paris: Éditions du Comité des travaux historiques et scientifiques. S. 497–514.

C

↗CTJ2AMWF
Caldas, Francisco José de (1978): *Cartas de Caldas.* (Academia Colombiana, Hrsg.). Bogotá: Academia Colombiana.

↗9MJGDZ9G
Candolle, Augustin-Pyramus de (1817): Mémoire sur la Géographie des plantes de France, considérée dans ses rapports avec la hauteur absolue. *Mémoires de physique et de chimie, de la Société d'Arcueil,* 3. Bd., S. 262–322.

↗IJR4MGGU
Candolle, Augustin-Pyramus de (1818–1820): *Regni vegetabilis systema naturale sive ordines, genera et species plantarum secundum methodi naturalis normas digestarum et descriptarum.* Bd. 1-2. Paris, Strasbourg, London: Treuttel et Würtz.

↗4QVCVD9V
Candolle, Augustin-Pyramus de (1819): *Théorie élémentaire de la Botanique, ou exposition des principes de la classification naturelle et de l'art de décrire et d'étudier les végétaux.* Seconde édition, revue et augmentée. Paris: Deterville.

↗4TBQQPZ8
Candolle, Augustin-Pyramus de (1820): Géographie botanique. *Dictionnaire des sciences naturelles.* Bd. 18. Strasbourg, Paris: F. G. Levrault, Le Normant. S. 359–422.

↗BBX9BMHC
Candolle, Augustin-Pyramus de (1820a): *Essai élémentaire de Géographie botanique (Extrait du 18e volume du Dictionnaire des sciences naturelles).* Strasbourg: F. G. Levrault.

↗AW3WC3TW
Candolle, Augustin-Pyramus de (1822): Jardin de Botanique. *Dictionnaire des sciences naturelles.* Bd. 24. Strasbourg, Paris: F. G. Levrault, Le Normant. S. 165–181.

↗6ZR5F4D5
Candolle, Augustin-Pyramus de (1824–1874): *Prodromus systematis naturalis regni vegetabilis sive Enumeratio contracta ordinum generum specierumque plantarum hucusque cognitarum, juxta methodi naturalis normas digesta*. Bd. 1-17. Paris, Strasbourg, London: Treuttel et Würtz.

↗8BNV58VF
Cannon, Susan Faye (1978): Humboldtian Science. In: *Science in Culture. The Early Victorian Period, hg. v. Susan Faye Cannon*. Kent, New York: Dawson, Science History Publications. S. 73–110.

↗IT4U8G5C
Cavanilles, Antonio José (1802): *Descripcion de las plantas que D. Antonio Josef Cavanilles demostró en las lecciones públicas del año 1801, precedida de los principios elementales de la Botánica*. Madrid: Imprenta Real.

↗DUC9S3NR
Chamisso, Adelbert von (1821): *Bemerkungen und Ansichten auf einer Entdeckungs-Reise. Unternommen in den Jahren 1815–1818 auf Kosten Sr. Erlaucht des Herrn Reichs-Kanzlers Grafen Romanzoff auf dem Schiffe Rurick unter dem Befehle des Lieutenants der Russisch-Kaiserlichen Marine Otto von Kotzebue*. Weimar: Gebrüder Hoffmann.

↗XHN5Q8XN
Čishov, Nikolaj Alekseevič (1823): Nowaja Semlja. *St. Petersburgische Zeitschrift. Herausgegeben von August Oldekop*, 2. Bd., 10, S. 299–309.

↗P9N9QKBJ
Colebrooke, Henry Thomas (1821): Geology of the Himáláyá Mountains. *The Quarterly Journal of Science, Literature, and the Arts*, 10. Bd., 20, S. 470–472.

↗RDK3N4CM
Colebrooke, Henry Thomas (1824): On the Valley of the Sutluj River in the Himálaya Mountains. *Transactions of the Geological Society*, 1. Bd., S. 124–131.

↗9R498QDM
Coquebert de Montbret, Antoine-Jean (1823): [Besprechung zu:] Esquisse de la constitution géologique de la vallée du Mississipi; par E. James, (Journ. of the Acad. nat. sc. of Philadelphia, n° II, p. 326.) avec deux sections verticales de cette vallée, l'une sous le 41e., l'autre sous le 35e. degré de latitude, dessinées par le major Long. *Bulletin général et universel des annonces et des nouvelles scientifiques*, 1. Bd., S. 368.

↗22HU93WS
Cruse, Wilhelm (1825): *De rubiaceis capensibus praecipue de genere anthospermo*. Berlin: Formis Brüschckianis.

↗D9ZT97B2
Cushman, Gregory T. (2011): Humboldtian Science, Creole Meteorology, and the Discovery of Human-Caused Climate Change in South America. *Osiris*, 26. Bd., 1, S. 16–44.

↗RECJ5XZ2
Cuvier, Frédéric (Hrsg.) (1816–1845): *Dictionnaire des sciences naturelles, dans lequel on traite méthodiquement des différens êtres de la nature, considérés soit en eux-mêmes, d'après l'état actuel de nos connoissances, soit relativement à l'utilité qu'en peuvent retirer la médecine, l'agriculture, le commerce et les arts. Suivi d'une biographie des plus célèbres naturalistes … Par plusieurs Professeurs du Jardin du Roi et des principales Écoles de Paris*. Bd. 1-61. Strasbourg, Paris: F. G. Levrault, Le Normant.

D

↗NXYJXLNN
Darwin, Charles (1845): *Journal of researches into the geology and natural history of the various countries visited by H.M.S. Beagle*. Second edition, corrected, with additions. London: John Murray.

↗38JIWKHQ
Daston, Lorraine/Sibum, H. Otto (2003): Introduction. Scientific Personae and Their Histories. *Science in Context*, 16. Bd., 1–2, S. 1–8.

↗V9JHHF5Z
Daum, Andreas (2000): Alexander von Humboldt, die Natur als »Kosmos« und die Suche nach Einheit. Zur Geschichte von Wissen und seiner Wirkung als Raumgeschichte. *Berichte zur Wissenschaftsgeschichte*, 23. Bd., S. 243–268.

↗XTSF22PA
Décultot, Élisabeth (Hrsg.) (2014): *Lesen, Kopieren, Schreiben. Lese- und Exzerpierkunst in der europäischen Literatur des 18. Jahrhunderts*. Berlin: Ripperger & Kremers.

↗94XV2FUS
Déribier de Cheissac, Frédéric (1824): *Description statistique du Département de la Haute-Loire. Ouvrage couronné par l'Académie royale des sciences au concours de 1823*. Paris, Puy: Belin-Leprieur, J.-B. La Combe.

↗QJZ8ZVQA
Desfontaines, René (1824): Rapport sur un Mémoire de M. Auguste Saint-Hilaire, ayant pour titre Monographie des genres Sauvagesia et Lavradia. (Lu à l'Académie royale des Sciences, le 8 mars 1824). *Annales des Sciences naturelles*, 3. Bd., S. 46–55.

↗G9UEKEFI
Desmoulins, Jean-Antoine (1822): Mémoire sur la distribution géographique des animaux vertébrés, moins les oiseaux. *Bulletin des Sciences, par La Société Philomatique de Paris*, Août, S. 157–159.

↗Q7RTH9UE
Desmoulins, Jean-Antoine (1822a): Sur la distribution des Animaux vertébrés, moins les Oiseaux, lu à la première classe de l'Institut, le 25 février 1822. *Journal de Physique, de Chimie, d'Histoire Naturelle et des Arts*, 94. Bd., février, S. 19–28.

↗AIV2SZIK
Dettelbach, Michael (1996): Humboldtian Science. In: *Cultures of natural history, hg. v. Nicholas Jardine, James A. Secord, Emma C. Spary*. Cambridge: Cambridge University Press. S. 287–304.

↗TWVR9M9J
Dettelbach, Michael (1999): The Face of Nature: Precise Measurement, Mapping, and Sensibility in the Work of Alexander von Humboldt. *Studies in History and Philosophy of Science*, 30. Bd., 4, S. 473–504.

↗M4IGIWUQ
Dieffenbach, Ernest (1843): *Travels in New Zealand; with Contributions to the Geography, Geology, Botany, and Natural History of that Country*. Bd. 1-2. London: Murray.

↗FJYVZZ5W
Dietz, Bettina (2017): *Das System der Natur. Die kollaborative Wissenskultur der Botanik im 18. Jahrhundert*. Köln: Böhlau.

↗XE7N56G5
DiGregorio, Mario A./Gill, Nick (1990): *Charles Darwin's marginalia*. Bd. 1. New York: Garland.

↗EVV8B6EB
du Bois-Reymond, Emil (1997): Die Humboldt-Denkmäler vor der Berliner Universität. In der Aula der Berliner Universität am 3. August 1883 gehaltene Rede. In: *Briefwechsel zwischen Alexander von Humboldt und Emil du Bois-Reymond, hg. v. Ingo Schwarz, Klaus Wenig*. Berlin: Akademie-Verlag. S. 185–203.

↗4RS6QD2V
Duris, Pascal (1997): L'enseignement d'Antoine-Laurent de Jussieu au Muséum face au renouveau des doctrines de Linné sous la Restauration et la Monarchie de Juillet. In: *Le Muséum au premier siècle de son histoire, hg. v. Claude Blanckaert, Claudine Cohen, Pietro Corsi, Jean-Louis Fischer*. Paris: Éditions du Muséum national d'Histoire naturelle. S. 43–63.

E

↗VDC743EQ
Ebach, Malte Christian (2015): *Origins of Biogeography: The Role of Biological Classification in Early Plant and Animal Geography*. Dordrecht: Springer.

↗NYCPJ6AK
Egerton, Frank N. (2009): A History of the Ecological Sciences, Part 32. Humboldt, Nature's Geographer. *Bulletin of the Ecological Society of America*, 90. Bd., 3, S. 253–282.

↗2TSEK2MC
Egerton, Frank N. (2012): *Roots of ecology. Antiquity to Haeckel*. Berkeley: University of California Press.

↗XIV8UBDP
Ellicott, Andrew (1803): *The journal of Andrew Ellicott, late commissioner on behalf of the United States during part of the year 1796, the years 1797, 1798, 1799, and part of the year 1800: for determining the boundary between the United States and the possessions of His Catholic Majesty in America, containing occasional remarks on the situation, soil, rivers, natural productions, and diseases of the different countries on the Ohio, Mississippi, and Gulf of Mexico, with six maps*. Philadelphia: Thomas Dobson.

↗PQKFNQCV
Endlicher, Stephan Ladislaus (1833): *Prodromus florae norfolkicae sive catalogus stirpium quae in insula norfolk annis 1804 et 1805 a Ferdinando Bauer collectae et depictae*. Wien: Friedrich Beck.

↗WA9BRUNP
Endlicher, Stephan Ladislaus/Unger, Franz (1843): *Grundzüge der Botanik*. Wien: Gerold.

↗SFPDZMAM
Engelmann, Gerhard (1977): *Heinrich Berghaus. Der Kartograph von Potsdam*. Halle/Saale: Deutsche Akademie der Naturforscher Leopoldina.

↗9SZDUKHM
Eschscholtz, Johann Friedrich (1826): Sur l'origine des Îles de Corail; par Eschscholtz. (Voyage de découv. de Kotzebue, tom. 3. p. 331, édit. angl.). *Bulletin des Sciences naturelles et de Géologie*, 8. Bd., S. 180–183.

↗4KPUGQCE
Ette, Ottmar (2003): Alexander von Humboldt: Perspektiven einer Wissenschaft für das 21. Jahrhundert. In: *Alexander von Humboldt in Berlin. Sein Einfluß auf die Entwicklung der Wissenschaften, hg. v. Jürgen Hamel et al.* Augsburg: Erwin Rauner. S. 281–314.

↗3USSN27Q
Ette, Ottmar (2009): *Alexander von Humboldt und die Globalisierung. Das Mobile des Wissens.* Frankfurt/Main, Leipzig: Insel Verlag.

↗QFAQGBKG
Ette, Ottmar (Hrsg.) (2018): *Alexander von Humboldt-Handbuch. Leben – Werk – Wirkung.* Stuttgart: J. B. Metzler.

↗MEHAKE72
Eversmann, Eduard/Lichtenstein, Martin Hinrich (1823): *Reise von Orenburg nach Buchara von Eduard Eversmann. Nebst einem Wortverzeichnis aus der Afghanischen Sprache begleitet von einem naturhistorischen Anhange und einer Vorrede von H. Lichtenstein*. Berlin: E. H. G. Christiani.

F

↗MNFVDPCZ
Férussac, André Étienne (1824): Dissertatio inaugur. Botanica de distributione geographica plantarum Helvetiæ. Thèse soutenue sous la présidence du prof. Schübler, par V. A. Ringier.

Tubingue, 1823. (Journ. für Chim., von Schweigger, tom. 10, cah. I, p. 61). *Bulletin des Sciences naturelles et de Géologie*, 2. Bd., S. 340–345.

↗UX2CRX6P
Feuerstein-Herz, Petra (2004): *Eberhard August Wilhelm von Zimmermann (1743–1815) und die Tiergeographie*. Technische Universität Braunschweig. Online verfügbar unter: https://publikationsserver.tu-braunschweig.de/servlets/MCRFileNodeServlet/dbbs_derivate_00001647/Document.pdf.

↗D9MHWBK6
Feuerstein-Herz, Petra (2006): *Der Elefant der Neuen Welt. Eberhard August Wilhelm von Zimmermann (1743–1815) und die Anfänge der Tiergeographie*. Stuttgart: Deutscher Apotheker-Verlag.

↗384RP7BM
Fiedler, Horst/Leitner, Ulrike (2000): *Alexander von Humboldts Schriften. Bibliographie der selbständig erschienenen Werke*. Berlin: Akademie Verlag.

↗RR76DUWU
Flinders, Matthew (1814): *A Voyage to Terra Australis, with an accompanying Atlas*. Bd. 1-2. London: G & W Nicol.

↗JK4N6XR6
Fornasiero, Jean/Monteath, Peter/West-Sooby, John (2004): *Encountering Terra Australis. The Australian Voyages of Nicolas Baudin and Matthew Flinders*. Kent Town: Wakefield Press.

↗MJQ63KAC
Forster, Georg (1786): *De plantis esculentis insularum oceani australis commentatio botanica*. Berlin: Hauder und Spener.

↗SEKP9AGA
Forster, Georg (1958–2003): *Georg Forsters Werke. Sämtliche Schriften, Tagebücher, Briefe*. (Deutsche Akademie der Wissenschaften zu Berlin, Berlin-Brandenburgische Akademie der Wissenschaften, Hrsg.). Bd. 1-18. Akademie Verlag.

↗5MPWF5SK
Foucault, Michel (1966): *Les mots et les choses: une archéologie des sciences humaines*. Paris: Gallimard.

↗SH8G6VUV
Fougeroux de Bondaroy, Auguste-Denis/Tillet, Mathieu (1772): Second Mémoire sur le Varech. *Histoire de l'Académie royale des sciences. Avec les mémoires de mathématique & de physique, pour la même année, tirés des registres de cette Académie*, Seconde Partie, S. 55–76.

↗ZBXUFTMN
Franklin, John (1823): *Narrative of a Journey to the Shores of the Polar Sea, in the Years 1819, 20, 21, and 22. With an Appendix on Various Subjects Relating to Science and Natural History*. London: John Murray.

G

↗X5FNH2TD
Giraud-Soulavie, Jean-Louis (1780): *Géographie de la nature, ou distribution naturelle des trois règnes sur la surface de la terre. Suivie de la Carte Minéralogique, Botanique, &c. du Vivarais où cette distribution naturelle est représentée. Ouvrage qui sert de préliminaire à l'Histoire Naturelle de la France Méridionale, &c. dont on va publier les deux premiers Volumes & à l'Histoire Ancienne & Physique du Globe Terrestre*. Paris: Hôtel de Venise, Cloître Saint-Benoît, Dupain-Triel.

↗ZKMPIVGI
Giraud-Soulavie, Jean-Louis (1780–1784): *Histoire naturelle de la France méridionale, ou recherches sur la Minéralogie du Vivarais, du Valentinois, du Forez, de l'Auvergne, du Velay […] sur les Météores, les Arbres, les Animaux, l'Homme & la Femme de ces contrées […]*. Bd. 1-8. Paris: Chez J. Fr. Quillau, rue Christine, Mérigot l'aîné, vis-à-vis de la nouvelle Salle de l'Opéra, Mérigot jeune, quai des Augustins, Belin, rue Saint-Jacques.

↗VW8B8KI6
Glaubrecht, Matthias (2000): A look back in time: Toward an historical biogeography as synthesis of systematic and geologic patterns outlined with limnic gastropods. *Zoology: Analysis of Complex Systems*, 102. Bd., S. 127–147.

↗44SCVBKW
Glaubrecht, Matthias (2009): *Es ist als ob man einen Mord gesteht. Ein Tag im Leben von Charles Darwin*. Freiburg i. Br.: Herder.

↗F4RQ5PJD
Glaubrecht, Matthias (2009a): Von »Schloss Langweil« zum Chimborazo. Reisen, Werk und Wirken des von der Vernunft legitimierten Abenteurers Alexander von Humboldt, 1769-1859. *Naturwissenschaftliche Rundschau*, 62. Bd., S. 525–530, 579–586.

↗NZMJ4AUD
Glaubrecht, Matthias (2013): *Am Ende des Archipels. Alfred Russel Wallace*. Berlin: Galiani.

↗B6K3G2V6
Gliemann, Theodor (1824): *Geographische Beschreibung von Island*. Altona: J. F. Hammerich.

↗GMHEWQNP
Gómez de Ortega, Casimiro (1797–1810): *Casimiri Gomegii Ortegae […] novarum, aut rariorum plantarum horti reg. botan. Matrit. descriptionum decades, cum nonnularum iconibus*. Bd. 1-10. Madrid.

↗9EGGQCWK
Gómez Gutiérrez, Alberto (2016): Alexander von Humboldt y la cooperación transcontinental en la Geografía de las plantas: una nueva apreciación de la obra fitogeográfica de Francisco José de Caldas. *HiN – Alexander von Humboldt im Netz*, 17. Bd., 33, S. 22–49.

↗XZ5IRAS6
González-Orozco, Carlos E./Ebach, Malte C./Varona, Regina (2015): Francisco José de Caldas and the early development of plant geography. *Journal of Biogeography*, 42. Bd., S. 2023–2030.

↗AP86VNJR
Göppert, Heinrich Robert (1842): *Beobachtungen über das sogenannte Ueberwallen der Tannenstöcke für Botaniker und Forstmänner.* Bonn: Henry & Cohen.

↗LWA35FBB
Götz, Carmen (2018): Linnés Normen, Willdenows Lehren und Bonplands Feldtagebuch. Die Pflanzenbeschreibungen in Alexander von Humboldts erstem Amerikanischen Reisetagebuch. *edition humboldt digital, hg. v. Ottmar Ette. Berlin-Brandenburgische Akademie der Wissenschaften, Berlin. Version 3 vom 14.09 2018.*

↗VWSWNKTG
Govan, George (1825): On the Natural History and Physical Geography of the Districts of the Himalayah Mountains between the River-Beds of the Jumna and Sutluj. *The Edinburgh Journal of Science*, 2. Bd., 3, S. 17–38.

↗8TNCIPU6
Graczyk, Annette (2004): *Das literarische Tableau zwischen Kunst und Wissenschaft.* München: Fink.

↗VSSKKBR2
Griffith, William (1845): The Palms of British East India. *The Calcutta Journal of Natural History*, 5. Bd., S. 1–103; 311–355; 446–491.

↗X7PXSKBQ
Guillemin, Jean Baptiste Antoine/Dumas, Jean-Baptiste (1823): Observations sur l'Hybridité des plantes en général, et particulièrement sur celle de quelques Gentianes alpines. *Mémoires de la Société d'histoire naturelle de Paris*, 1. Bd., S. 79–92.

↗EK8ZEGQS
Güttler, Nils (2014): *Das Kosmoskop. Karten und ihre Benutzer in der Pflanzengeographie des 19. Jahrhunderts.* Göttingen: Wallstein Verlag.

H

↗M6KUBKZR
Haeckel, Ernst (1866): *Generelle Morphologie der Organismen. Allgemeine Grundzüge der organischen Formen-Wissenschaft, mechanisch begründet durch die von Charles Darwin reformirte Descendenz-Theorie.* Bd. 1-2. Berlin: Reimer.

↗IITAURCB
Hagner, Michael (1996): Zur Physiognomik bei Alexander von Humboldt. In: *Geschichten der Physiognomik. Text – Bild – Wissen, hg. v. Rüdiger Campe, Manfred Schneider.* Freiburg i. Br.: Rombach Verlag. S. 431–452.

↗N9FGTK4J
Haller, Albrecht von (1771–1772): *Bibliotheca Botanica. Qua scripta ad rem herbariam facientia a rerum initiis recensentur.* Bd. 1-2. Zürich: Orell, Gessner, Fuessli, et Socc.

↗V7IIHFMV
Hartshorne, Richard (1958): The Concept of Geography as a Science of Space, from Kant and Humboldt to Hettner. *Annals of the Association of American Geographers*, 48. Bd., 2, S. 97–108.

↗64ZI6T3R
Helmreich, Christian (2009): Geschichte der Natur bei Alexander von Humboldt. *HiN – Alexander von Humboldt im Netz*, 10. Bd., 18, S. 53–65.

↗JVVSFEAV
Hestmark, Geir (2019): On the altitudes of von Humboldt. *Proceedings of the National Academy of Sciences of the United States of America*, 116. Bd., S. 12599–12600.

↗8RPWP92C
Hey'l, Bettina (2007): *Das Ganze der Natur und die Differenzierung des Wissens. Alexander von Humboldt als Schriftsteller*. Berlin, New York: de Gruyter.

↗VV3KLM9A
Hiepko, Paul (1972): *Herbarium Willdenow. Alphabetical Index*. Zug: Inter Documentation.

↗EX7P3G6P
Hoffmann, Christoph (2008): Festhalten, Bereitstellen. Verfahren der Aufzeichnung. In: *Daten sichern. Schreiben und Zeichnen als Verfahren der Aufzeichnung, hg. v. Christoph Hoffmann*. Zürich: Diaphanes. S. 7–19.

↗MFB73NNF
Hoffmann, Georg Franz (1791–1800): *Deutschlands Flora oder botanisches Taschenbuch*. Bd. 1-3. Erlangen: Palm.

↗T5SDE24E
Hooker, Joseph Dalton (1844–1860): *The Botany of the Antarctic Voyage of H. M. Discovery Ships Erebus and Terror in the Years 1839–1843, under the Command of Captain Sir James Clark Ross, KT., R. N., F. R. S. &c*. Bd. 1-3. London: Reeve Brothers, Lovell Reeve.

↗QDLN3NGC
Hoquet, Thierry (2014): Botanical Authority. Benjamin Delessert's Collections between Travelers and Candolle's Natural Method (1803-1847). *Isis*, 105. Bd., 3, S. 509–539.

↗9CQ2UVS4
Horner, Frank Benson (1987): *The French reconnaissance. Baudin in Australia, 1801–1803*. Carlton, Victoria: Melbourne University Press.

↗SC4S4UEM
Host, Nicolaus Thomas (1797): *Synopsis plantarum in Austria provinciisque adjacentibus sponte crescentium*. Wien: Wappler.

↗R898HHGN
Humboldt, Alexander von (1790): *Mineralogische Beobachtungen über einige Basalte am Rhein: Mit vorangeschickten, zerstreuten Bemerkungen über den Basalt der ältern und neuern Schriftsteller*. Braunschweig: Schulbuchhandlung.

↗VCCG5RHV
Humboldt, Alexander von (1793): *Florae Fribergensis specimen plantas cryptogamicas praesertim subterraneas exhibens*. Berlin: Heinrich August Rottmann.

↗GTGF75JG
Humboldt, Alexander von (1794): *Aphorismen aus der chemischen Physiologie der Pflanzen. Aus dem Lateinischen übers. von Gotthelf Fischer. Nebst einigen Zusätzen von [Johannes] Hedwig und einer Vorrede von Christ. Friedr. Ludwig*. Leipzig: Voss.

↗9S4VPTFP
Humboldt, Alexander von (1797): *Versuche über die gereizte Muskel- und Nervenfaser nebst Vermuthungen über den chemischen Prozess des Lebens in der Thier- und Pflanzenwelt*. Bd. 1-2. Posen, Berlin: Decker und Compagnie, Heinrich August Rottmann.

↗CDTEMWD2
Humboldt, Alexander von (1799): *Versuche über die chemische Zerlegung des Luftkreises und über einige andere Gegenstände der Naturlehre*. Braunschweig: Vieweg.

↗JEN4XV8E
Humboldt, Alexander von (1801): [Ich über mich selbst. Mein Weg zum Naturwissenschaftler und Forschungsreisenden 1769–1790.]. In: *Deutsches Textarchiv*.
http://www.deutschestextarchiv.de/humboldt_ich_1804

↗6CUKS9MV
Humboldt, Alexander von (1804): Ideas sobre el límite inferior de la nieve perpetua, y sobre la geografía de las plantas. *Aurora. Correo político-económico de la Havana*, 220, 2 de Mayo 1804, S. 137–144.

↗XZ4MKM8T
Humboldt, Alexander von (1806): *Ideen zu einer Physiognomik der Gewächse*. Tübingen: Cotta.

↗ZIKIQS4W
Humboldt, Alexander von (1807): *Ideen zu einer Geographie der Pflanzen. Nebst einem Naturgemälde der Tropenländer, auf Beobachtungen und Messungen gegründet, welche vom 10ten Grade nördlicher bis zum 10ten Grade südlicher Breite, in den Jahren 1799, 1800, 1801, 1802 und 1803 angestellt worden sind. Von. Al. von Humboldt und A. Bonpland. Bearbeitet und herausgegeben von dem Erstern*. Tübingen, Paris: Cotta, Schoell.

↗GZRTNNXF
Humboldt, Alexander von (1807a): *Essai sur la Géographie des plantes. Accompagné d'un tableau physique des régions équinoxiales, fondé sur des mesures executées, depuis le dixième degré de latitude boréale jusqu'au dixième degré de latitude australe, pendant les années 1799, 1800, 1801, 1802 et 1803. Par Al. de Humboldt et A. Bonpland. Rédigé par Al. de Humboldt*. Paris, Tübingen: Schoell, Cotta.

↗8CBS93RI
Humboldt, Alexander von (1807b): Über die Chinawälder in Südamerika. *Magazin für die neusten Entdeckungen in der gesammten Naturkunde*, 1. Bd., S. 57–68, 104–120.

↗HENFXM3G
Humboldt, Alexander von (1808): *Ansichten der Natur mit wissenschaftlichen Erläuterungen. Erster Band* (mehr nicht erschienen). Tübingen: Cotta'sche Buchhandlung.

↗K2DFVXGT
Humboldt, Alexander von (1809): Geografía de la plantas, ó Quadro físico de los Andes Equinoxiales, y de los paises vecinos; levantado sobre las observaciones y medias hechas sobre los mismos lugares desde 1799 hasta 1803, y dedicado, con los sentimientos del mas profundo reconocimiento, al ilustre Patriarca de los Botánicos Don Joseph Celestino Mutis. *Semanario del Nuevo Reyno de Granada*, 16–21. Bd., S. 121–168.

↗JUIGPC3H
Humboldt, Alexander von (1810): *Recueil d'observations astronomiques, d'opérations trigonométriques et de mesures barométriques*. Bd. 1-2. Paris: Schoell.

↗SX65SAQM
Humboldt, Alexander von (1810a): *Vues des Cordillères et monumens des peuples indigènes de l'Amérique*. Paris: Schoell.

↗C2ANAXJR
Humboldt, Alexander von (1811): *Essai politique sur le royaume de la Nouvelle-Espagne. Avec un Atlas physique et géographique, fondé sur des observations astronomiques, des mesures trigonométriques et des nivellemens barométriques*. Quartausgabe. Bd. 1–2. Paris: F. Schoell, J. H. Stone.

↗4NTN2HVH
Humboldt, Alexander von (1811–1833): *Recueil d'observations de zoologie et d'anatomie comparée, faites dans l'Océan atlantique, dans l'intérieur du Nouveau Continent et dans la Mer du Sud pendant les années 1799, 1800, 1801, 1802 et 1803*. Bd. 1-2. Paris: F. Schoell, G. Dufour et Compagnie, J. Smith, Gide.

↗DR2NAW3J
Humboldt, Alexander von (1814–1825): *Voyage aux régions équinoxiales du Nouveau Continent, fait en 1799, 1800, 1801, 1802, 1803 et 1804. Première partie. Relation historique*. Bd. 1-3. Paris: F. Schoell, N. Maze, J. Smith.

↗QNXRGGR7
Humboldt, Alexander von (1814–1829): *Personal Narrative of travels to the equinoctial regions of the new continent, during the years 1799-1804. With maps, plans & c., written in French by Alexander de Humboldt, and translated into English by Helen Maria Williams*. Bd. 1-7. London: Longman, Hurst, Rees, Orme, and Brown.

↗RKBBPG4A
Humboldt, Alexander von (1814–1834): *Atlas géographique et physique des régions équinoxiales du Nouveau Continent, fondé sur des observations astronomiques, des mesures trigonométriques et des nivellemens barométriques*. Paris: Librairie de Gide.

↗9GA9CG67
Humboldt, Alexander von (1816): Sur les lois que l'on observe dans la distribution des formes végétales. *Annales de Chimie et de Physique*, 1. Bd., S. 225–239.

↗N4P8GVQH
Humboldt, Alexander von (1816–1831): *Voyage aux régions équinoxiales du Nouveau Continent, fait en 1799, 1800, 1801, 1802, 1803 et 1804, par Al. de Humboldt et A. Bonpland. Première partie. Relation historique*. Oktavausgabe. Bd. 1-13. Paris: Smith, Gide-Fils.

↗5BIJ6MM2
Humboldt, Alexander von (1817): *De distributione geographica plantarum secundum coeli temperiem et altitudinem montium prolegomena. Accedit tabula aenea*. Paris: Libraria Graeco-Latino-Germanica.

↗TA84VURR
Humboldt, Alexander von (1817a): *Des lignes isothermes et la distribution de la chaleur sur le globe. Extrait des Mémoires d'Arcueil*. Paris: Perronneau.

↗7QBUV8HC
Humboldt, Alexander von (1820): Nouvelles recherches sur les lois que l'on observe dans la distribution des formes végétales. *Dictionnaire des sciences naturelles*. Bd. 18. Strasbourg, Paris: F. G. Levrault, Le Normant. S. 422–436.

↗AW96XBG3
Humboldt, Alexander von (1821): Nouvelles Recherches sur les lois que l'on observe dans la distribution des formes végétales (Extrait d'un Mémoire lu à l'Académie des Sciences le 19 février 1821). *Annales de Chimie et de Physique*, 16. Bd., 267–296.

↗64JNQNUY
Humboldt, Alexander von (1821a): Neue Untersuchungen über die Gesetze, welche man in der Vertheilung der Pflanzenformen bemerkt. *Isis*, 5. Bd., Sp. 1033–1047.

↗SN8XPNM3
Humboldt, Alexander von (1823): *Essai géognostique sur le gisement des roches dans les deux hémisphères*. Paris, Strasbourg: Levrault.

↗SUIPEAN3
Humboldt, Alexander von (1825–1827): *Essai politique sur le royaume de la Nouvelle-Espagne*. Deuxième édition. Bd. 1–4. Paris: Antoine-Augustin Renouard, Jules Renouard.

↗AA7UJAQF
Humboldt, Alexander von (1826): *Ansichten der Natur, mit wissenschaftlichen Erläuterungen*. Zweite verbesserte und vermehrte Ausgabe. Bd. 1-2. Stuttgart, Tübingen: Cotta'sche Buchhandlung.

↗EUSFRJ4Z
Humboldt, Alexander von (1826a): *Géographie des plantes. Rédigée d'après la comparaison des phénomènes que présente la végétation dans les deux continens, par Alexandre de Humboldt et Charles Kunth. Un volume in-folio sur papier jésus vélin satiné, avec planches, la plupart coloriées. Ouvrage précédé d'un tableau physique des régions équinoxiales* [= Verlagsanzeige dieses Werkes]. Librairie de Gide Fils.

↗E6RB8HWM
Humboldt, Alexander von (1826b): Bei Gide fils zu Paris, rue St. Marc-Feydau, Nr. 20, wird von der Reise der Herrn von Humboldt und A. Bonpland erscheinen: die Geographie der Pflanzen nach der Vergleichung der Erscheinungen, welche die Vegetation der beiden Festlande darbietet, von den Herrn Alexander von Humboldt und Karl Kunth. *Hertha*, 7. Bd., Heft 2/II, S. 52–60.

↗I87MJXIR
Humboldt, Alexander von (1845–1862): *Kosmos. Entwurf einer physischen Weltbeschreibung.* Bd. 1-5. Stuttgart, Tübingen: Cotta.

↗2WVKCKG3
Humboldt, Alexander von (1849): *Ansichten der Natur, mit wissenschaftlichen Erläuterungen.* Dritte verbesserte und vermehrte Ausgabe. Bd. 1-2. Stuttgart, Tübingen: Cotta.

↗MU3FGUXF
Humboldt, Alexander von (1849a): *Aspects of Nature, in Different Lands and Different Climates; with Scientific Eludications.* (Elizabeth Juliana Sabine, Übers.). Bd. 1-2. London: Longman, Brown, Green, and Longmans, John Murray.

↗BJX6CSZ9
Humboldt, Alexander von (1851): Carl Sigismund Kunth. *Archiv für Pharmacie. Eine Zeitschrift des allgemeinen deutschen Apotheker-Vereins. Abtheilung Norddeutschland*, 117. Bd., S. 209–213.

↗XP4WJABZ
Humboldt, Alexander von (1863): *Briefwechsel Alexander von Humboldt's mit Heinrich Berghaus aus den Jahren 1825 bis 1858.* Bd. 1-3. Leipzig: Hermann Costenoble.

↗9GG8HK3N
Humboldt, Alexander von (1905): *Lettres américaines d'Alexandre de Humboldt (1798-1807). Précédées d'une Notice de J.-C. Delamétherie et suivies d'un choix de documents en partie inédits.* (Ernest-Théodore Hamy, Hrsg.). Paris: E. Guilmoto.

↗MEWSVCXM
Humboldt, Alexander von (1923): *Briefe Alexander von Humboldts an seinen Bruder Wilhelm.* (Familie von Humboldt in Ottmachau, Hrsg.). Berlin: Gesellschaft Deutscher Literaturfreunde.

↗WFDJIWK6
Humboldt, Alexander von (1973): *Die Jugendbriefe Alexander von Humboldts 1787-1799.* (Ilse Jahn, Fritz G. Lange, Hrsg.). Berlin: Akademie-Verlag.

↗5T7RQ9E4
Humboldt, Alexander von (1980): *Cartas americanas. Composición, prólogo, notas y cronología Charles Minguet. Traducción Marta Traba.* (Charles Minguet, Hrsg.). Caracas: Biblioteca Ayacucho.

↗9B3TGATB
Humboldt, Alexander von (1989): Geschichte der Pflanzen (Vierwaldstättersee), Naturgemälde. In: *Alexander von Humboldt. Studienausgabe. Sieben Bände, hg. und kommentiert von Hanno Beck.* Darmstadt: Wissenschaftliche Buchgesellschaft. S. 36–37.

↗N8P5PEFB
Humboldt, Alexander von (1991): *Reise in die Äquinoktial-Gegenden des Neuen Kontinents, hg. v. Ottmar Ette. Mit Anmerkungen zum Text, einem Nachwort und zahlreichen zeitgenössischen Abbildungen sowie einem farbigen Bildteil.* Bd. 1-2. Frankfurt/Main, Leipzig: Insel.

↗CD8ZDJ5R
Humboldt, Alexander von (1993): *Alexander von Humboldt. Briefe aus Amerika 1799-1804.* (Ulrike Moheit, Hrsg.). Berlin: Akademie Verlag.

↗XUTKHUAN
Humboldt, Alexander von (2004): *Alexander von Humboldt et Aimé Bonpland. Correspondance, 1805-1858.* (Nicolas Hossard, Hrsg.). Paris: L'Harmattan.

↗KGM28M3V
Humboldt, Alexander von (2009): *Alexander von Humboldt und Cotta. Briefwechsel.* (Ulrike Leitner, Hrsg.). Berlin: Akademie Verlag.

↗8ZZIERB8
Humboldt, Alexander von (2009a): *Essay on the Geography of Plants. Alexander von Humboldt and Aimé Bonpland. Edited with an introduction by Stephen T. Jackson. Translated by Sylvie Romanowski.* Chicago, London: The University of Chicago Press.

↗TVIRV8EB
Humboldt, Alexander von/Bonpland, Aimé (1808–1813): *Plantes équinoxiales, recueillies au Mexique, dans l'île de Cuba, dans les provinces de Caracas, de Cumana et de Barcelone, aux Andes de la Nouvelle-Grenade, de Quito et du Pérou, et sur les bords du Rio-Negro, de l'Orénoque et de la rivière des Amazones.* Bd. 1-2. Paris, Tübingen: Schoell, Cotta.

↗Q53D4DUW
Humboldt, Alexander von/Bonpland, Aimé (1816–1823): *Monographie des Melastomacées, comprenant toutes les plantes de cet ordre recueillies jusqu'à ce jour, et notamment au Mexique, dans l'île de Cuba, dans les provinces de Caracas, de Cumana et de Barcelone, aux Andes de la Nouvelle-Grenade, de Quito et du Pérou, et sur les bords du Rio-Negro, de l'Orénoque et de la rivière des Amazones.* Bd. 1-2. Paris: Librarie Grecque-Latine-Allemande.

↗6A9ZSS73
Humboldt, Alexander von/Bonpland, Aimé/Kunth, Carl Sigismund (1815–1825): *Nova genera et species plantarum quas in peregrinatione ad plagam aequinoctialem orbis novi collegerunt, descripserunt, partim adumbraverunt Amat. Bonpland et Alex. de Humboldt. Ex schedis autographis Amati Bonplandi in ordinem digessit Carol. Sigismund. Kunth. Accedunt tabulae aeri incisae, et Alexandri de Humboldt notationes ad geographiam plantarum spectantes.* Quartausgabe., Bd. 1-7. Paris: Libraria graeco-latino-germanica.

↗D58TN4IN
Humboldt, Alexander von/Bonpland, Aimé/Kunth, Carl Sigismund (1819): *Mimoses et autres plantes légumineuses du Noveau Continent.* Paris: Librarie Grecque-Latine-Allemande.

↗J64AIGTV
Humboldt, Alexander von/Valenciennes, Achille (1833): Recherches sur les poissons fluviatiles de l'Amérique équinoxiale. In: *Recueil d'observations de zoologie et d'anatomie comparée, faites dans l'Océan Atlantique, dans l'intérieur du Nouveau continent et dans la Mer du Sud, par Al. de Humboldt et A. Bonpland*. Bd. 2. Paris: F. Schoell, Dufour. S. 145–216.

↗2ZP63TGD
Humboldt, Wilhelm von (1799): *Aesthetische Versuche. Über Göthe's Herrmann u. Dorothea*. Th. 1. Braunschweig: Vieweg.

J

↗FDXKQ2MV
Jacquin, Nikolaus Joseph von (1797–1804): *Plantarum rariorum horti cæsarei schoenbrunnensis descriptiones et icones*. Bd. 1–4. Wien, London, Leiden: Christian Friedrich Wappler, Benjamin u. John White, Johannes Luchtmans.

↗IWSFIQRP
Jahn, Ilse (1966): Willdenow und die Biologie seiner Zeit. *Wissenschaftliche Zeitschrift der Humboldt-Universität zu Berlin. Mathematisch-naturwissenschaftliche Reihe*, 15. Bd., S. 803–812.

↗QBKJN2ER
Jahn, Ilse (1969): *Dem Leben auf der Spur. Die biologischen Forschungen Humboldts*. Leipzig, Jena, Berlin: Urania-Verlag.

↗7V6ETY6Z
Jahn, Ilse (Hrsg.) (1998): *Geschichte der Biologie. Theorien, Methoden, Institutionen, Kurzbiographien*. 3. Aufl. Jena: Fischer.

↗Z7VVPBPB
Jahrbücher der Gewächskunde (1820): Einige Bemerkungen über zwei, die Pflanzengeographie betreffende Werke des Herrn von Humboldt. In einem Schreiben an den Hofrath Schrader, von... *Jahrbücher der Gewächskunde*, 1. Bd., S. 6–56.

↗9KIPK4XT
James, Edwin (1822): Geological Sketches of the Mississippi Valley: Vertical Section on the Parallel of Latitude 41 degrees North, intended as a continuation of Maclure's third Section from the sea-shore to the summit of the Alleghenis; Vertical Section on the Parallel of Latitude 35 degrees North, intended as a continuation of Maclure's fifth Section. *Journal of the Academy of Natural Sciences of Philadelphia*, 2. Bd., 2, S. 326–331 (+ Kartenanhang).

↗33W64XHK
James, Edwin (1823): *Account of an Expedition from Pittsburgh to the Rocky Mountains, Performed in the Years 1819 and '20 by Order of The Hon. J. C. Calhoun, Sec'y of War: Under the Command of Major Stephen H. Long*. Bd. 1-2. Philadelphia: H. C. Carey and Lea.

↗ETEB5HJP
Jardine, Nicholas/Secord, James A./Spary, Emma C. (Hrsg.) (1996): *Cultures of natural history*. Cambridge: Cambridge University Press.

↗NFN8X76V
Jussieu, Adrien de (1844): *Botanique. Cours élémentaire d'histoire naturelle*. Paris: Fortin, Masson et Cie., Langlois et Leclerq.

↗F44VT7ME
Jussieu, Antoine Laurent de (1789): *Genera plantarum secundum ordines naturales disposita*. Paris: Herissant, Barrois.

K

↗6JQABRGS
Kant, Immanuel (1786): *Metaphysische Anfangsgründe der Naturwissenschaft*. Riga: Johann Friedrich Hartknoch.

↗MZZPJVQC
Kastner, Karl Wilhelm Gottlob (1823–1830): *Handbuch der Meteorologie. Für Freunde der Naturwissenschaft entworfen*. Bd. 1-2. Erlangen: Palm & Enke.

↗M37J2QIM
Kehlmann, Daniel (2005): *Die Vermessung der Welt*. Reinbek bei Hamburg: Rowohlt.

↗PC9PNH4W
Kingston, Ralph (2007): A not so Pacific voyage: the »floating laboratory« of Nicolas Baudin. *Endeavour*, 31. Bd., 4, S. 145–151.

↗YRDT9LJM
Klein, Ursula (2012): The Prussian Mining Official Alexander von Humboldt. *Annals of Science*, 69. Bd., 1, S. 27–68.

↗9R2MDAT9
Knobloch, Eberhard (2006): Naturgenuss und Weltgemälde. Gedanken zu Humboldts Kosmos. In: *Dahlemer Archivgespräche, hg. vom Archiv der Max-Planck-Gesellschaft*. Berlin: Max-Planck-Gesellschaft. S. 24–41.

↗4ISTMGWI
Knobloch, Eberhard (2009): Alexander von Humboldts Weltbild. *HiN – Alexander von Humboldt im Netz*, 10. Bd., 19, S. 34–46.

↗AHQNEZSI
Knobloch, Eberhard (2011): Alexander von Humboldts Naturgemälde der Anden. In: *Atlas der Weltbilder, hg. v. Christoph Markschies, Ingeborg Reichle, Jochen Brüning, Peter Deuflhard*. Berlin: Akademie Verlag. S. 294–305.

↗983KIVJ7
Kohlrausch, Henriette (1827, 1828): *Physikalische Geographie. Vorgetragen von Alexander von Humboldt. [Berlin], [1828]. [= Nachschrift der ›Kosmos-Vorträge‹ Alexander von Humboldts in der Sing-Akademie zu Berlin, 6.12 1827–27.3 1828.]*. In: *Deutsches Textarchiv*. http://www.deutschestextarchiv.de/nn_msgermqu2124_1827

↗9UQUU7BV
König, Clemens (1895): Die historische Entwickelung der pflanzengeographischen Ideen Humboldts. *Naturwissenschaftliche Wochenschrift*, 10. Bd., S. 77–81, 95–98, 117–124.

↗ICZ2BXM5
Kosmos-Vorträge (1827, 1828): *Alexander von Humboldts Vorlesungen über phÿsikalische Geographie nebst Prolegomenen über die Stellung der Gestirne. Berlin im Winter von 1827 bis 1828. [Berlin], [1827/28]. [= Nachschrift der ›Kosmos-Vorträge‹ Alexander von Humboldts in der Berliner Universität, 3.11 1827–26.4 1828]*. (1827, 1828): In: *Deutsches Textarchiv*. http://www.deutschestextarchiv.de/nn_msgermqu2345_1827

↗EF349UAN
Kraft, Tobias (2014): *Figuren des Wissens bei Alexander von Humboldt. Essai, Tableau und Atlas im amerikanischen Reisewerk*. Berlin, Boston: De Gruyter Mouton.

↗RDZHGRG9
Krajewski, Markus (2010): *Der Diener. Mediengeschichte einer Figur zwischen König und Klient*. Frankfurt/Main: Fischer.

↗RSDKAKRB
Kuhn, Thomas S. (1962): *The Structure of Scientific Revolutions*. Chicago: University of Chicago Press.

↗SMPBB2RY
Kunth, Carl Sigismund (1813): *Enumeratio vegetabilium phaenogamorum circa Berolinum sponte crescentium [Flora Berolinensis sive enumeratio vegetabilium circa Berolinum sponte crescentium, Tomus Primus]*. Berlin: Hitzig.

↗54755DX3
Kunth, Carl Sigismund (1815): Considérations générales sur la famille des Cypéracées. *Mémoires du Muséum d'histoire naturelle*, 2. Bd., S. 147–153.

↗F35ISNB4
Kunth, Carl Sigismund (1822–1825): *Synopsis plantarum, quas, in itinere ad plagam aequinoctialem orbis novi, collegerunt Al. de Humboldt et Am. Bonpland. Auctore Carolo Sigism. Kunth*. Bd. 1-4. Paris, Strasbourg: Levrault.

↗M3H6UCEV
Kunth, Carl Sigismund (1829): *Révision des Graminées publiées dans les Nova Genera et Species Plantarum de Humboldt et Bonpland; précédée d'un travail général sur la famille des Graminées*. Paris: Gide Fils.

↗7TQAQNC4
Kunth, Carl Sigismund (1831): *Handbuch der Botanik*. Berlin: Duncker & Humblot.

↗7DZGI486
Kunth, Carl Sigismund (1833–1850): *Enumeratio Plantarum omnium hucusque cognitarum, secundum familias naturales disposita, adjectis characteribus, differentiis et synonymis.* Bd. 1-5. Stuttgart: Cotta.

↗GFWP9BM6
Kunth, Carl Sigismund (1838): *Flora Berolinensis sive enumeratio plantarum circa Berolinum sponte crescentium secundum familias naturales disposita.* Berlin: Duncker & Humblot.

↗N7W8FUSY
Kunth, Carl Sigismund (1839): Über die natürlichen Pflanzengruppen der Cypereen und Hypolytreen. *Abhandlungen der Königlichen Akademie der Wissenschaften zu Berlin. Aus dem Jahre 1837*, S. 1–13.

↗D37WFUS6
Kunth, Carl Sigismund (1847): *Lehrbuch der Botanik.* Teil 1 (mehr nicht erschienen). Berlin: Duncker & Humblot.

L

↗NI6UG5KZ
La Billardière, Jacques-Julien Houtou de (1800): *Relation du voyage à la recherche de La Pérouse, fait par ordre de l'Assemblée constituante, pendant les années 1791, 1792, et pendant la 1ère et la 2de année de la République Françoise.* Bd. 1-2. Paris: H. J. Jansen.

↗RZ4ZAU8F
La Billardière, Jacques-Julien Houtou de (1804–1806): *Novae Hollandiae Plantarum Specimen.* Bd. 1-2. Paris: Ex Typographia Dominæ Huzard.

↗SPH9AHMH
La Condamine, Charles Marie de (1751): *Journal du voyage fait par ordre du roi, à l'Équateur, servant d'introduction historique à la mesure des trois premiers degrés du méridien.* Paris: Imprimérie royale.

↗VMWUPZ29
La Roquette, Jean-Bernard-Marie-Alexandre Dezos de (1865–1869): *Humboldt. Correspondance scientifique et littéraire, recueillie, publiée et précédée d'une notice et d'une introduction par M. de la Roquette.* Bd. 1–2. Paris: E. Ducrocq.

↗UIWXCD7G
Lack, H. Walter (2003): Alexander von Humboldt und die botanischen Sammlungen in Berlin. In: *Alexander von Humboldt in Berlin. Sein Einfluß auf die Entwicklung der Wissenschaften. Beiträge zu einem Symposium, hg. v. Jürgen Hamel et al.* Augsburg: Erwin Rauner. S. 107–132.

↗E6J4345U
Lack, H. Walter (2004): Botanische Feldarbeit: Humboldt und Bonpland im tropischen Amerika (1799-1804). *Annalen des Naturhistorischen Museums in Wien*, 105 B, S. 493–514.

↗APNUTJDV
Lack, H. Walter (2009): *Alexander von Humboldt und die botanische Erforschung Amerikas*. München [u. a.]: Prestel.

↗X7PVTE7M
Lack, H. Walter (2019): Künstliche und natürliche Systeme und ihre Anwendung auf die Botanik. Linné, Jussieu und – Goethe. In: *Abenteuer der Vernunft. Goethe und die Naturwissenschaften, hg. v. Kristin Knebel, Gisela Maul und Thomas Schmuck*. Dresden: Sandstein Verlag. S. 194–205.

↗Y8WLTKB4
Lactantius (2005): *Divinarum institutionum libri septem. Libri I et II.* (Eberhard Heck, Antonie Wlosok, Hrsg.). München, Leipzig: De Gruyter.

↗A5CIU67Z
Lagasca, Mariano/Rodriguez, Joseph (1802): Descripción de algunas plantas colectó D. Guillermo Thalacker en Sierra nevada. *Anales de ciencias naturales*, 5. Bd., 15, S. 263–288.

↗IKM2DC9N
Lamarck, Jean-Baptiste de/Candolle, Augustin-Pyrame de (1805–1815): *Flore française, ou descriptions succinctes de toutes les plantes qui croissent naturellement en France, disposées selon une nouvelle Méthode d'Analyse, et précédées par une Exposé des Principes élémentaires de la Botanique*. troisième édition. Bd. 1-6. Paris: H. Agasse.

↗KIATJMLV
Lamarck, Jean-Baptiste de/Candolle, Augustin-Pyrame de (1806): *Synopsis plantarum in flora gallica descriptarum*. Paris: H. Agasse.

↗NPNV6RBT
Lamarck, Jean-Baptiste de/Poiret, Jean Louis Marie (1783–1817): *Encyclopédie Méthodique. Botanique*. Bd. 1-8; 5 Suppl. Paris, Liège: Panckoucke; Plomteux.

↗2WDXUHVQ
Lambert, Aylmer Bourke (1803–1824): *A Description of the Genus Pinus, Illustrated with Figures, Directions Relative to the Cultivation, and Remarks on the Uses of the Several Species*. Bd. 1-2. London: J. White.

↗BF27BS2Q
Lambert, Aylmer Bourke (1821): On the Native Country of the Potato, and on some American Plants. *The Quarterly Journal of Science, Literature, and the Arts*, 10. Bd., S. 25–28.

↗SFEHN7F8
Lambert, Aylmer Bourke (1821a): *An illustration of the genus Cinchona: comprising descriptions of all the officinal Peruvian barks, including several new species, Baron de Humboldt's Account of the Cinchona forests of South America, and Laubert's Memoir on the different species of quinquina [...]*. London: John Searle, Longman, Hurst, Rees, Orme and Brown.

↗W9NJCLY2
Laplace, Pierre Simon de (1798–1825): *Traité de mécanique céleste*. Bd. 1-5. Paris: Crapelet, Duprat, Courcier, Bachelier.

↗HJA527RH
Larson, James (1986): Not without a plan: geography and natural history in the late eighteenth century. *Journal of the History of Biology*, 19. Bd., S. 447–488.

↗CTTXHJAU
Larson, James (1994): *Interpreting Nature. The Science of Living Form from Linnaeus to Kant*. Baltimore, London: Johns Hopkins University Press.

↗8JN3I4GZ
Leask, Nigel (2003): Darwin's Second Sun: Alexander von Humboldt and the Genesis of the Voyage of the Beagle. In: *Literature, Science, Psychoanalysis, 1830-1970. Essays in Honour of Gillian Beer, hg. v. Hellen Small und Trudi Tate*. Oxford: Oxford University Press. S. 13–36.

↗BE74X35W
Lederer, Maximilian (2018): *»Was mich quält und niederschlägt sind die ewigen Erinnerungen an die Toten«. Alexander von Humboldts schriftliche Reaktionen auf zwei Suizide im Frühling 1850*. Abteilung für Neueste Geschichte und Zeitgeschichte, Historisches Institut, Universität Bern: Seminararbeit.

↗X5EA43ZI
Leers, Johann Daniel (1789): *Flora Herbornensis exhibens plantas circa Herbornam Nassoviorum crescentes, secundum systema sexuale Linnaeanum distributas cum descriptionibus rariorum inprimis graminum propriisque observationibus et nomenclatore. Accesserunt graminum omnium indigenorum eorumque adfinium*. 2. Aufl. Berlin: Himburgus.

↗8P43D72V
Lenoir, Timothy (1981): The Göttingen School and the Development of Transcendental Naturphilosophie in the Romantic Era. *Studies in History of Biology*, 5. Bd., S. 111–205.

↗UQCRRFFX
Lepenies, Wolf (1978): *Das Ende der Naturgeschichte. Wandel kultureller Selbstverständlichkeiten in den Wissenschaften des 18. und 19. Jahrhunderts*. Suhrkamp Taschenbuch Wissenschaft.

↗92F3SEW7
Lesson, René Primevère (1825): Coup d'Œil sur les îles Océaniennes et le grand Océan. *Annales des Sciences Naturelles*, 5. Bd., S. 172–188.

↗PDA55KXW
Lesson, René Primevère (1825a): Observations générales d'Histoire naturelle, faites pendant un Voyage dans les Montagnes-Bleues de la Nouvelle-Galles du Sud. *Annales des Sciences Naturelles*, 6. Bd., S. 241–266.

↗B7KCDID7
Lesueur, Charles-Alexandre/Petit, Nicolas-Martin (1811): *Voyage de découvertes aux terres Australes. Exécuté par ordre de S. M. l'Empéreur et Roi. Atlas, 1ère partie*. Paris: Langlois.

↗BHXBR3K8
Leszczyc-Sumiński, J[érôme] (1848): *Zur Entwickelungs-Geschichte der Farrnkräuter*. Berlin: Decker.

↗GZ3GL7TF
Leuenberger, Beat Ernst (2004): The Cactaceae of the Willdenow Herbarium, and of Willdenow (1813). *Willdenowia*, 34. Bd., 1, S. 309–322.

↗XTJC9E3N
Lewis, Meriwether/Clark, William (1814): *History of the Expedition under the Command of Captains Lewis and Clark, to the Sources of the Missouri, thence across the Rocky Mountains and down the River Columbia to the Pacific Ocean, Performed During the Years 1804–5–6. By Order of the Government of the United States.* (Paul Allen, Nicholas Biddle, Hrsg.). Bd. 1-2. Philadelphia, New York: Bradford and Inskeep, Abm. H. Inskeep.

↗ZZJ2MGEF
Link, Heinrich Friedrich (1821–1822): *Enumeratio plantarum horti regii botanici berolinensis altera.* Bd. 1-2. Berlin: Reimer.

↗4WFLNGJE
Linné, Carl von (1737): *Flora lapponica, exhibens plantas per lapponiam crescentes, secundum systema sexuale collectas in itinere.* Amsterdam: Schouten.

↗JPFLFILJ
Linné, Carl von (1755): *Flora svecica, exhibens plantas per regnum sveciæ crescentes, systematice cum differentiis specierum, synonymis autorum, nominibus incolarum, solo locorum, usu oeconomorum, officinalibus pharmacopæorum.* 2. Aufl. Stockholm: Salvius.

↗45AQJCDU
Linné, Carl von (1764): *Species plantarum exhibentes plantas rite cognitas ad genera relatas, cum differentiis specificis, nominibus trivialibus, synonymis selectis, locis natalibus, secundum systema sexuale digestas.* 3. Aufl., Bd. 1-2. Vindobonae [Wien]: Trattner.

↗8R7HG3PX
Linné, Carl von/Celsius, Anders (1744): *Caroli Linnaei [...] Oratio de telluris habitabilis incremento et Andreae Celsii [...] Oratio de mutationibus generalioribus quae in superficie corporum coelestium contingunt.* Leiden: Haak.

↗EIKFG7PX
Linné, Carl von/Flygare, Jöns (1768): *Dissertatio de coloniis plantarum.* Upsala: Johann Edmann.

↗H53NVP6H
Linné, Carl von/Gmelin, Johann Friedrich (1788–1793): *Caroli a Linné [...] Systema naturae per regna tria naturae, secundum classes, ordines, genera, species, cum characteribus, differentiis, synonymis, locis.* Editio decima tertia, aucta, reformata. Cura Jo. Frid. Gmelin., Bd. 1-3. Leipzig: Beer.

↗NTS3XXHN
Linné, Carl von/Hedenberg, Anders (1754): *Dissertatio botanica, sistens stationes plantarum.* Upsala: L. M. Höjer, Reg. Acad. Typ.

↗92E5EEE5
Linné, Carl von/Murray, Johann Andreas (1784): *Caroli a Linné [...] systema vegetabilium secundum classes ordines genera species cum characteribus et differentiis.* Editio decima quarta praecedente longe auctior et correctior. Curante Jo. Andrea Murray. Göttingen: Dieterich.

↗5AF3BGTS
Linné, Carl von/Murray, Johann Andreas (1797): *Caroli a Linné [...] systema vegetabilium secundum classes ordines genera species cum characteribus et differentiis*. Editio decima quinta quae ipsa est recognitionis a Io. Andrea Murray. Göttingen: Dieterich.

↗8ZEU6KKG
Linné, Carl von/Reichard, Johann Jacob (1779–1780): *Caroli a Linné [...] Systema plantarum secundum classes, ordines, genera, species. Cum characteribus, differentiis, nominibus trivialibus, synonymis selectis, et locis natalibus*. Bd. 1-4. Frankfurt/Main: Varrentrapp et Wenner.

↗QGGZXIWW
Linné, Carl von/Schreber, Johann Christian (1789–1791): *Caroli a Linné [...] Genera plantarum eorumque characteres naturales secundum numerum, figuram, situm et proportionem omnium fructificationis partium*. Bd. 1-2. Frankfurt/Main: Varrentrapp et Wenner.

↗QSKKF2NJ
Linné, Carl von/Willdenow, Carl Ludwig/Link, Heinrich Friedrich (1797–1830): *Caroli a Linné species plantarum exhibentes plantas rite cognitas ad genera relatas [...]*. Editio quarta, post Reichardianam quinta adjectis vegetabilibus hucusque cognitis. Curante Carolo Ludovico Willdenow. Bd. 1-6. Berlin: Nauck.

↗74WW43IZ
Lister, Martin (1675): An Extract of a Letter of Mr. Listers, containing some Observations made at the Barbado's. *Philosophical Transactions of the Royal Society London*, 10. Bd., S. 399–400.

↗IUS5VMNZ
Loefling, Pehr (1766): *Reise, nach den spanischen Ländern in Europa und America in den Jahren 1751 bis 1756. nebst Beobachtungen und Anmerkungen über die merkwürdigen Gewächse herausgegeben von Herrn Carl von Linné*. Berlin, Stralsund: Gottlieb August Lange.

↗WECD7PZ4
Lubrich, Oliver (Hrsg.) (2014): *Alexander von Humboldt. Das graphische Gesamtwerk*. Darmstadt: Lambert Schneider.

M

↗CYMSY5J6
Mabberley, David (1985): *Jupiter Botanicus. Robert Brown of the British Museum*. Braunschweig: Cramer.

↗9398CTMR
MacCulloch, John (1826): On the Naturalization of Plants, with Remarks on the Horticulture of Guernsey. *The Quarterly Journal of Science and the Arts*, 42. Bd., S. 200–215.

↗FBZIP7TG
Malte-Brun, Conrad (1825): Analyses critiques. Description géographique de l'Islande, par M. Th. Gliemann, avec une carte géographique.(Geographische Beschreibung von Island, etc., etc.); un vol. in-8°. Copenhague, 1824, en allemand. *Nouvelles Annales des Voyages, de la Géographie et de l'Histoire*, 25. Bd., S. 81–102.

↗TXU4NMZ8
Malte-Brun, Conrad (1825a): Carte physique, statistique et militaire de la Suede et de la Norvège, par M. le lieutenant-colonel Hagelstam (Geogr. milit. statistik Karta œfver hela Sverige och Norrige, etc.) Une grande feuille, en séduois. Stockholm 1821. *Nouvelles Annales des Voyages, de la Géographie et de l'Histoire*, 26. Bd., S. 81–94; 231–242.

↗HFN2QW8P
Malte-Brun, Conrad (Hrsg.) (1826): La neige rouge. *Nouvelles Annales des Voyages, de la Géographie et de l'Histoire*, 30. Bd. S. 228–232.

↗9A3T4NSR
Marshall, Humphry (1785): *Arbustrum Americanum: The American Grove, or, an Alphabetical Catalogue of Forest Trees and Shrubs, Natives of the American United States, Arranged According to the Linnean System.* Philadelphia: Joseph Crukshank.

↗QES2H7PX
Martius, Carl Friedrich Philipp von (1823–1850): *Historia Naturalis Palmarum. Opus tripartitum cuius volumen primum palmas generatim tractat volumen secundum Brasiliae palmas singulatim descriptione et icone illustrat volumen tertium ordinis familiarum generum characteres recenset species selectas describit et figuris adumbrat adiecta omnium synopsi. Accedunt Tabulae CCXLV.* Bd. 1-3. München, Leipzig: Auctor, Fleischer, Wolf.

↗NJ9WV4UJ
Martyr d'Anghiera, Petrus (1533): *Petri Martyris ab Angleria Mediolanen. oratoris clarissimi, Fernandi & Helisabeth Hispaniarum quondam regum à consilijs, De rebus oceanicis & Orbe nouo decades tres : quibus quicquid de inuentis nuper terris traditum, nouarum rerum cupidum lectorem retinere possit, copiose, fideliter, eruditeq[ue] docetur. Eiusdem præterea legationis Babylonicæ libri tres: ubi præter oratorii muneris pulcherrimum exemplum etiam quicquid in uariarum gentium moribus & institutis insigniter pr[a]eclarum uidit, que[m]q[ue] terra mariq[ue] acciderunt, omnia lectu mirè iucunda, genere dicendi politissimo traduntur.* Basel: apud Ioannem Bebelium.

↗XZKBX8F5
Meinhardt, Maren (2018): *A Longing for Wide and Unknown Things. The Life of Alexander von Humboldt.* London: Hurst & Company.

↗5JNWUDR7
Melish, John (1822): *A Geographical Description of the United States, with the Contiguous Countries, including Mexico and the West Indies, intended as an accompaniment to Melish's Map of these Countries.* New edition, greatly improved. Philadelphia: Published by the author.

↗PSVDIKMX
Möbius, Karl August (1902): *Führer durch die Zoologische Schausammlung des Museums für Naturkunde in Berlin.* 2. Aufl. Berlin: Hopfer.

↗8X7VB3PB
Mook, Anette (2012): *Die freie Entwicklung innerlicher Kraft. Die Grenzen der Anthropologie in den frühen Schriften der Brüder von Humboldt.* Göttingen: Vandenhoeck & Ruprecht.

↗SM3P6NFT
Moreau de Jonnès, Alexandre (1822): *Histoire physique des Antilles françaises; savoir: La Martinique et les Îles de la Guadeloupe; contenant: La Géologie de l'Archipel des Antilles, le tableau du climat de ces îles, la minéralogie des Antilles françaises, leur flore, leur zoologie, le tableau physiologique de leurs différentes races d'hommes, et la topographie de la Martinique et de la Guadeloupe.* Bd. 1 (mehr nicht erschienen). Paris: Imprimerie de Migneret.

↗Q8RFV4GE
Moret, Pierre et al. (2019): Humboldt's Tableau Physique revisited. *Proceedings of the National Academy of Sciences of the United States of America*, 116. Bd., S. 12889–12894.

↗FCGUICH8
Morse, Jedediah/Morse, Richard C. (1823): *The Traveller's Guide: or Pocket Gazetteer of the United States; Extracted from the Latest Edition of Morse's Gazetteer.* New Haven: Nathan Whiting.

↗VW49XZDT
Morueta-Holme, Naia et al. (2015): Strong upslope shifts in Chimborazo's vegetation over two centuries since Humboldt. *Proceedings of the National Academy of Sciences of the United States of America*, 112. Bd., S. 12741–12745.

↗ITEH2RXA
Muhlenberg, Heinrich Ernst/Willdenow, Carl Ludwig (1801): Kurze Bemerkungen über die in der Gegend von Lancaster in Nordamerika wachsenden Arten der Gattungen Juglans, Fraxinus und Quercus vom Herrn Prediger Heinrich Ernst Mühlenberg, mit Anmerkungen vom Herrn Professor C. L. Willdenow. *Der Gesellschaft Naturforschender Freunde zu Berlin, Neue Schriften*, 3. Bd., S. 387–402.

↗8V4RKYAY
Müller-Wille, Staffan (2016): Brüche in der Stufenleiter der Natur. Diversität in der Naturgeschichte 1758-1859. In: *Diversität. Geschichte und Aktualität eines Konzepts, hg. v. André Blum et al.* Würzburg: Königshausen & Neumann. S. 41–59.

↗AGULE5YL
Müller-Wille, Staffan (2017): Names and Numbers: »Data« in Classical Natural History 1758–1859. *Osiris*, 32. Bd., 1, S. 109–128.

N

↗QW2U73KK
Necker, Louis Albert (1824): Ueber die Vögel der Gegend von Genf, von L. A. Necker. Aus dem Französischen frei übersetzt und abgekürzt von dem Herausgeber. *Annalen der allgemeinen schweizerischen Gesellschaft für die gesammten Naturwissenschaften. Herausgegeben von Fr. Meisner, Professor der Naturgeschichte in Bern*, 1. Bd., 1, S. 69–132.

↗BF7VPU24
Neuer Nekrolog (1852): Dr. Karl Sigismund Kunth. (Friedrich August Schmidt, Hrsg.) *Neuer Nekrolog der Deutschen*, 28. Bd., Erster Theil, S. 198–200.

↗UEVZ6PIB
Nicolson, Malcolm (1987): Alexander von Humboldt, Humboldtian Science and the Origins of the Study of Vegetation. *History of Science*, 25. Bd., S. 167–194.

↗PUNAUBZT
Nicolson, Malcolm (1996): Humboldtian plant geography after Humboldt: the link to ecology. *The British Journal for the History of Science*, 29. Bd., S. 289–310.

↗SZSKZQN3
Nordenskiöld, Erik (1926): *Die Geschichte der Biologie. Ein Überblick*. Jena: Fischer.

↗HVVJUESU
Nouvelles Annales des Voyages (1823): Oranges des Açores. *Nouvelles Annales des Voyages, de la Géographie et de l'Histoire*, 18. Bd., S. 426.

O

↗ZP8BQB56
Osterhammel, Jürgen (1999): Alexander von Humboldt: Historiker der Gesellschaft, Historiker der Natur. *Archiv für Kulturgeschichte*, 81. Bd., 1, S. 105–132.

P

↗E4W5S4SD
Parry, William Edward (1826): Géologie des Terres arctiques. *Nouvelles Annales des Voyages, de la Géographie et de l'Histoire*, 31. Bd. S. 287–288.

↗W9WHBUGV
Parthey, Gustav (1827, 1828): *Alexander von Humboldt[:] Vorlesungen über physikalische Geographie. Novmbr. 1827 bis April,[!] 1828. Nachgeschrieben von G. Partheÿ. [Berlin], [1827/28]. [= Nachschrift der ›Kosmos-Vorträge‹ Alexander von Humboldts in der Berliner Universität, 3.11 1827–26.4 1828]*. In: *http://www.deutschestextarchiv.de*.
http://www.deutschestextarchiv.de/parthey_msgermqu1711_1828

↗L7NYA8ZB
Päßler, Ulrich (2009): *Ein »Diplomat aus den Wäldern des Orinoko«. Alexander von Humboldt als Mittler zwischen Preußen und Frankreich*. Stuttgart: Steiner.

↗REB9BRBE
Päßler, Ulrich (2018): »Im freyen Spiel dynamischer Kräfte«. Pflanzengeographische Schriften, Manuskripte und Korrespondenzen Alexander von Humboldts. *edition humboldt digital, hg. v. Ottmar Ette. Berlin-Brandenburgische Akademie der Wissenschaften, Berlin. Version 4 vom 27.05 2019.*

↗MUYM5QG8
Päßler, Ulrich (2018a): Die *edition humboldt digital*. Dokumente zur Neuausgabe der Ideen zu einer Geographie der Pflanzen (1825–1826). *HiN – Alexander von Humboldt im Netz*, 19. Bd., 36, S. 5–16.

↗2DKFI9HE
Päßler, Ulrich (2019): Weimar in den Tropen. Alexander von Humboldts Geographie der Pflanzen. In: *Abenteuer der Vernunft. Goethe und die Naturwissenschaften, hg. v. Kristin Knebel, Gisela Maul und Thomas Schmuck*. Dresden: Sandstein Verlag. S. 236–241.

↗D8PZ9AD9
Péron, François/Freycinet, Louis Claude de Saulces de (1807–1816): *Voyage de découvertes aux Terres Australes, exécuté par ordre de Sa Majesté l'Empéreur et Roi, sur les corvettes le Géographe, le Naturaliste, et la Goëlette le Casuarina, pendant les années 1800, 1801, 1802, 1803 et 1804*. Bd. 1-4. Paris: Imprimérie royale.

↗MF6KQPT4
Peschier, Jacques (1824): Sur la Neige rouge des Alpes. *Annales de Chimie et de Physique*, 27. Bd., S. 391–393.

↗Z3KZ58JR
Peters, Christine (2017): Reisen und Vergleichen. Praktiken des Vergleichens in Alexander von Humboldts »Reise in die Äquinoktial-Gegenden des Neuen Kontinents« und Adam Johann von Krusensterns »Reise um die Welt«. *Internationales Archiv für Sozialgeschichte der deutschen Literatur*, 42. Bd., 2, S. 441–465.

↗CJPSIZC6
Pieper, Herbert (2006): *Alexander von Humboldt und die Geognosie der Vulkane. Mit dem Vortrag Alexander von Humboldts, gehalten am 24. Januar 1823 an der Akademie der Wissenschaften zu Berlin*. Berlin: Alexander-von-Humboldt-Forschungsstelle.

↗394BGP28
Pratt, Marie Louise (1992): *Imperial Eyes. Travel Writing and Transculturation*. London: Routledge.

↗7IR649UB
Pugliano, Valentina (2012): Specimen Lists. Artisanal Writing or Natural History Paperwork. *Isis*, 103. Bd., 4, S. 716–726.

↗M4TNQJF9
Pursh, Frederick Traugott (1814): *Flora Americæ Septentrionalis; or, a Systematic Arrangement and Description of the Plants of North America. Containing, Besides What Have Been Described by Preceding Authors, Many New and Rare Species, Collected During Twelve Years' Travels And Residence in that Country*. Bd. 1-2. London: White, Cochrane.

R

↗75X653WB
Raffeneau-Delile, Alire (1824): *Flore d'Égypte*. Paris: Panckoucke.

↗69LYWEUU
Ragan, Mark A. (2009): Trees and networks before and after Darwin. *Biology Direct*, 43. Bd., 4.

↗HMSZIZHN
Ramakers, Günter (1976): Die »Géographie des Plantes« des Jean-Louis Giraud-Soulavie (1752–1813). Ein Beitrag zur Problem- und Ideengeschichte der Pflanzengeographie. *Die Erde*, 107. Bd., 1, S. 8–30.

↗F7ATBR8M
Ramond de Carbonnières, Louis-François (1789): *Observations faites dans les Pyrénées, pour servir de suite à des Observations sur les Alpes, insérées dans une traduction des lettres de W. Coxe, sur la Suisse*. Bd. 1-2. Paris: Belin.

↗52BT2WH2
Ramond de Carbonnières, Louis-François (1801): *Voyages au Mont-Perdu et dans la partie adjacente des Hautes-Pyrénées*. Paris: Belin.

↗6MT42IMH
Ramond de Carbonnières, Louis-François (1804): De la végétation sur les montagnes. *Annales du Muséum national d'histoire naturelle*, 4. Bd., S. 395–404.

↗N3WX8X9M
Ramond de Carbonnières, Louis-François (1818): Nivellement barométrique des Monts-Dores et des Monts-Dômes. *Mémoires de la Classe des Sciences mathématiques et physiques de l'Institut*, Années 1813, 1814, 1815, S. 1–168.

↗TJQ77H9H
Rankin Rodríguez, Rosa/Greuter, Werner (2001): Humboldt, Willdenow, and Polygala (Polygalaceae). *Taxon*, 50. Bd., 4, S. 1231–1247.

↗UP6RA5EA
Reill, Peter Hanns (2005): *Vitalizing Nature in the Enlightenment*. Berkeley, Los Angeles, London: University of California Press.

↗96JKPMUP
Reinwardt, Caspar Georg Carl/Blume, Carl Ludwig von/Nees von Esenbeck, Christian Gottfried Daniel (1824): Hepaticae Javanicae. *Verhandlungen der Kaiserlichen Leopoldinisch-Carolinischen Akademie der Naturforscher*, 12. Bd., S. 181–238.

↗A8BAT344
Rheinberger, Hans-Jörg (2007): *Historische Epistemologie zur Einführung*. Hamburg: Junius.

↗2DX6WM4Q
Rhode, Johann Gottlieb (1820): *Die heilige Sage und das gesammte Religionssystem der alten Baktrer, Meder und Perser oder des Zendvolks*. Frankfurt/Main: Verlag der Hermannschen Buchhandlung.

↗IAWKXNJ6
Richard, Achille (1825): Germination. *Dictionnaire classique d'histoire naturelle*. Bd. 7. Paris: Rey et Gravier, Baudouin frères, S. 326–334.

↗BFF2G37B
Richards, Robert J./Daston, Lorraine (Hrsg.) (2016): *Kuhn's Structure of Scientific Revolutions at fifty. Reflections on a science classic*. Chicago: University of California Press.

↗4A5X5R5Q
Richardson, R. Alan (1981): Biogeography and the Genesis of Darwin's Ideas on Transmutation. *Journal of the History of Biology*, 14. Bd., 1, S. 1–41.

↗RW2PNEE5
Richter, Thomas (2009): *Alexander von Humboldt: »Ansichten der Natur«. Naturforschung zwischen Poetik und Wissenschaft*. Tübingen: Stauffenburg.

↗IUB8A32V
Rilliet, Albert (1868): Lettres d'Alexandre de Humboldt à Marc-Auguste Pictet (1795–1824). *Revue Genevoise de Géographie*, 7. Bd., S. 129–204.

↗6FTI54XW
Ringier, Victor Abraham (1823): *Dissertatio de distributione geographica plantarum Helvetiae*. Tübingen: Schramm.

↗6S8HHGMW
Ritter, Carl (1817–1818): *Die Erdkunde im Verhältniß zur Natur und zur Geschichte des Menschen, oder allgemeine vergleichende Geographie als sichere Grundlage des Studiums und Unterrichts in physicalischen und historischen Wissenschaften*. 1. Aufl. Bd. 1-2. Berlin: G. Reimer.

↗9DTHXVKU
Ross, James Clark (1847): *A Voyage of Discovery and Research in the Southern and Antarctic Regions, During the Years 1839–43*. Bd. 1-2. London: Murray.

↗9NMK53GE
Ross, John (1819): *A voyage of discovery, made under the orders of the admiralty, in His Majesty's ships Isabella and Alexander, for the purpose of exploring Baffin's Bay, and inquiring into the probability of a north-west passage*. Bd. 1–2. London: John Murray.

↗27S27K84
Roxburgh, William/Wallich, Nathaniel (1820): *Flora indica; or, Descriptions of Indian Plants, by the Late William Roxburgh. Edited by Dr. William Carey; to which are added descriptions of plants more recently discovered by Dr. Nathaniel Wallich*. (William Carey, Hrsg.). Bd. 1-2. Serampore: Mission Press.

↗RXU588MB
Rudwick, Martin J. S. (1976): The Emergence of a Visual Language for Geological Science 1760–1840. *History of Science*, 14. Bd., 3, S. 149–195.

↗4M7BCH3N
Rugendas, Moritz (1827–1835): *Malerische Reise in Brasilien*. Bd. 1-2. Mühlhausen, Paris: Engelmann & Compagnie.

↗V2BWUHXA
Rugendas, Moritz (1835): *Voyage pittoresque dans le Brésil. Traduit de l'allemand par Mr. de Golbery*. Mulhouse: Engelmann & Compagnie.

↗S8GTBWX8
Ruiz López, Hipólito (1792): *Quinologia, o tratado del árbol de la quina ó cascarilla, con su descripcion y la de otras especies de quinos nuevamente descubiertas en el Perú*. Madrid: Oficina de la Viuda é Hijo de Marin.

↗MTJCERP8
Ruiz López, Hipólito/Pavón, José (1798–1802): *Flora Peruviana et Chilensis, sive descriptiones et icones plantarum Peruvianarum et Chilensium*. Bd. 1-3. Madrid.

↗QW3ATESN
Ruiz López, Hipólito/Pavón, José (1801): *Suplemento á la Quinologia, en el qual se aumentan las Especies de Quina nuevamente descubiertas en el Perú por Don Juan Tafalla, y la Quina naranjada de Santa Fé con su estampa. Añadese la Respuesta á la Memoria de las Quinas de Santa Fé, que insertó Don Francisco Zea en los Anales de Historia natural, y la satisfaccion á los reparos ó dudas del Ciudadano Jussieu sobre los Géneros del Pródromo de la Flora del Perú y Chile*. Madrid: Imprenta de la Viuda e Hijo de Marín.

↗CFFV8JNZ
Rumpf, Georg Eberhard (1741–1755): *Herbarium amboinense. Plurimas conplectens arbores, frutices, herbas, plantas terrestres & aquaticas, quae in Amboina, et adjacentibus reperiuntur insulis adcuratissime descriptas iuxta earum formas, cum diuersis denominationibus cultura, usu, ac virtutibus, quod & insuper exhibet varia insectorum animaliumque genera, plurima cum naturalibus eorum figuris depicta*. (Johannes Burman, Hrsg.). Bd. 1-12. Amsterdam, Den Haag, Utrecht: Franciscus Changuion, Joannes Catuffe, Hermannus Uytwerf, Petrus Gosse, Joannes Neaulme, Adrianus Moetjens, Antonius van Dole.

↗ZSI2G9AV
Russell, Patrick (1790): An Account of the Tabasheer. In a Letter from Patrick Russell, M. D. F. R. S. to Sir Joseph Banks, Bart. P. R. S. *Philosophical Transactions of the Royal Society London*, 80. Bd., S. 273–283.

S

↗BBE9DFJ6
Saint-Hilaire, Auguste de (1823): *Aperçu d'un voyage dans l'intérieur du Brésil, la province Cisplatine et les missions dites du Paraguay*. Paris: A. Belin.

↗VAMZISQ2
Saint-Hilaire, Auguste de (1824): Monographie des genres Sauvagesia et Lavradia. *Mémoires du Muséum d'histoire naturelle*, 11. Bd., S. 11–68.

↗MK2CIHU2
Saint-Hilaire, Auguste de (1824–1826): *Histoire des plantes les plus remarquables du Brésil et du Paraguay; comprenant leur description, et des dissertations sur leurs rapports, leurs usages, etc.* Bd. 1-6. Paris: Belin.

↗U79UQEQP
Saint-Hilaire, Auguste de (1840): *Leçons de Botanique comprenant principalement la Morphologie végétale, la terminologie, la Botanique comparée, l'examen de la valeur des caractères dans les diverses familles naturelles, etc.* Paris: P.-J. Loss.

↗SBQMRDTE
Saint-Pierre, Jacques Bernardin Henri de (1784): *Études de la Nature*. Bd. 1-3. Paris: Didot le jeune.

↗Z9RPQF8V
Saunders, Robert (1789): Some Account of the Vegetable and Mineral Productions of Boutan and Thibet. *Philosophical Transactions of the Royal Society London*, 79. Bd., S. 79–111.

↗RW3TKEN4
Saussure, Horace-Bénédict de (1786–1796): *Voyages dans les Alpes, précédés d'un essai sur l'histoire naturelle des environs de Genève*. Quartausgabe., Bd. 1-4. Genève, Neuchâtel: Barde, Manget & compagnie, Louis Fauche-Borel.

↗HSEGX33R
Schäffner, Wolfgang (2008): El Procesamiento de Datos de Alexander von Humboldt. *Revista de estudios sociales de la ciencia: Redes*, 14. Bd., 28, S. 127–145.

↗DE2ZKLKD
Schlechtendal, Diederich Franz Leonhard (1814): Leben des Ritters, D. Carl Ludw. Willdenow. *Der Gesellschaft naturforschender Freunde zu Berlin Magazin für die neuesten Entdeckungen in der gesammten Naturkunde*, 6. Bd., S. v–xvi.

↗MJ2VIM76
Schleiden, M[atthias] J[acob] (1848): *Die Pflanze und ihr Leben. Populäre Vorträge*. Leipzig: Wilhelm Engelmann.

↗NQ8C4FV7
Schmuck, Thomas (2014): Humboldt, Baer und die Evolution. *HiN – Alexander von Humboldt im Netz*, 15. Bd., 29, S. 83–89.

↗JGUV8JZ3
Schneppen, Heinz (2002): *Aimé Bonpland: Humboldts vergessener Gefährte?* 2. durchgesehene Aufl. Berlin: Alexander-von-Humboldt-Forschungsstelle.

↗G5E3ADIR
Schouw, Joakim Frederik (1816): *Dissertatio de sedibus plantarum originariis. Sectio prima. De pluribus cujusvis speciei individuis originariis statuendis.* Kopenhagen: H. F. Popp.

↗RWBUDNCR
Schouw, Joakim Frederik (1823): *Grundzüge einer allgemeinen Pflanzengeographie.* Berlin: G. Reimer.

↗ZKMXBFNI
Schreber, Johann Christian (1797–1810): *Beschreibung der Graeser nebst ihren Abbildungen nach der Natur.* Bd. 1-3. Leipzig: Crusius.

↗S2QKT27Z
Schuchardt, Gregor (2010): *Fakt, Ideologie, System. Die Geschichte der ostdeutschen Alexander-von-Humboldt-Forschung.* Stuttgart: Steiner.

↗THCSVGPW
Scoresby, William (1823): *Journal of a Voyage to the Northern Whale-Fishery; Including Researches and Discoveries on the Eastern Coast of West Greenland, Made in the Summer of 1822, in the Ship Baffin of Liverpool.* Edinburgh, London: Archibald Constable and Co., Hurst, Robinson, and Co.

↗7IQSDM9H
Scurla, Herbert (1959): *Ansichten der Natur. Ein Blick in Humboldts Lebenswerk.* Berlin: Verlag der Nation.

↗XBI2F592
Sherborn, C. Davies/Woodward, B. B. (1901): The Dates of Humboldt and Bonpland's »Voyage«. *Journal of Botany, British and Foreign*, 39. Bd., S. 202–205.

↗44VS7W25
Smith, James Edward (1789–1791): *Plantarum icones hactenus ineditæ plerumque ad plantas in herbario Linnæano conservatas delineatæ.* Fasc. 1-3. London: Davis.

↗Z295GK3C
Solleveld, Floris (2016): How to Make a Revolution: Revolutionary Rhetoric in the European Humanities around 1800. *History of Humanities*, 1. Bd., 2, S. 277–301.

↗NJ3D2HDX
Stauffer, Fred W./Stauffer, Johann/Dorr, Laurence J. (2012): Bonpland and Humboldt Specimens, Field Notes, and Herbaria; New Insights from a Study of the Monocotyledons Collected in Venezuela. *Candollea*, 67. Bd., 1, S. 75–130.

↗5NSHUT73
Stearn, William T. (Hrsg.) (1968): *Humboldt, Bonpland, Kunth and Tropical American Botany. A Miscellany on the »Nova Genera et Species Plantarum«.* Lehre: Cramer.

↗K9JWKNCU
Steudel, Ernst Gottlieb (1821): *Nomenclator botanicus enumerans ordine alphabetico nomina atque synonyma tum generica tum specifica et a Linnaeo et recentioribus de re botanica scriptoribus plantis phanerogamis imposita*. Stuttgart, Tübingen: Cotta.

↗AUT9JMYV
Stevens, Peter F. (1994): *The Development of Biological Systematics. Antoine-Laurent de Jussieu, Nature, and the Natural System*. New York: Columbia University Press.

↗QVEPF5GZ
St. Petersburgische Zeitschrift (1823): Allgemeine Übersicht Sibiriens. *St. Petersburgische Zeitschrift. Herausgegeben von August Oldekop*, 2. Bd., 10, S. 257–299.

↗FVK8TB8Y
Strabo (1807): *Strabonis rerum geographicarum libri XVII. Graece et Latine, cum variorum, praecipue casauboni, animadversionibus, juxta editionem amstelodamensem. Codicum MSS. collationem, annotationes, et tabulas geographicas adjecit Thomas Falconer*. (Thomas Falconer, Hrsg.). Bd. 1-2. Oxford.

↗XJX5RV2J
Stromeyer, Friedrich (1800): *Commentatio inauguralis sistens historiae vegetabilium geographicae specimen*. Göttingen: Typis Henrici Dieterich.

↗CNMMHE8W
Sukopp, Herbert (2011): Gleditschs Experimentum berolinense aus den Jahren 1749-1751. *Verhandlungen des Botanischen Vereins von Berlin und Brandenburg*, 144. Bd., S. 45–61.

↗VBNJDUJK
Swartz, Olof (1797–1806): *Flora Indiae occidentalis aucta atque illustrata sive descriptiones plantarum in prodromo recensitarum*. Bd. 1-3. Erlangen, London: Palmius, White.

↗PMQM5ZGS
Swartz, Olai [Olof Peter] (1806): *Synopsis filicum earum genera et species systematice complectens*. Kiel: Bibliopolium novum academicum.

T

↗QKCNV7UP
The Quarterly Review (1821): Rise and Progress of Horticulture. *The Quarterly Review*, 24. Bd., 48, S. 400–419.

↗5UQ9ZV6R
Thunberg, Carl Peter (1784): *Flora Japonica sistens plantas insularum Japonicarum. Secundum systema sexuale emendatum redactas ad 20 classes, ordines, genera et species*. Bd. 1-2. Leipzig: Müller.

↗PPUGXWJZ
Toepfer, Georg (2011): *Historisches Wörterbuch der Biologie. Geschichte und Theorie der biologischen Grundbegriffe*. Bd. 1-3. Wissenschaftliche Buchgesellschaft: Darmstadt.

↗NXUK2P53
Toulmin, Stephen Edelston (1968): *Voraussicht und Verstehen. Ein Versuch über die Ziele der Wissenschaft*. Frankfurt am Main: Suhrkamp.

↗B5VUNFKD
Tournefort, Joseph Pitton de (1717): *Relation d'un Voyage du Levant, fait par ordre du Roy*. Bd. 1-2. Paris.

↗M3H2IFTI
Treviranus, Gottfried Reinhold (1802–1822): *Biologie oder die Philosophie der lebenden Natur*. Bd. 1-6. Göttingen: Johann Friedrich Röwer.

↗I2HHUVE2
Turner, Samuel (1800): *An Account of an Embassy to the Court of the Teshoo Lama, in Tibet; Containing a Narrative of a Journey through Bootan, and Part of Tibet. To which are Added, Views Taken on the Spot, by Lieutenant Samuel Davis; and Observations Botanical, Mineralogical, and Medical, by Mr. Robert Saunders*. London: Bulmer and Co.

U

↗P34E4JWW
Ukert, Friedrich August (1816–1846): *Geographie der Griechen und Römer von den frühesten Zeiten bis auf Ptolemäus*. Bd. 1-3. Weimar: Geographisches Institut.

↗RDU8878D
Viviani, Domenico (1824): *Florae Libycae specimen sive plantarum enumeratio Cyrenaicam, Pentapolim, Magnae Syrteos desertum et regionem Tripolitanam incolentium. Quas ex siccis speciminibus delineavit, descripsit et aere insculpi curavit Dominicus Viviani*. Genua: Ex Typographia Pagano.

↗CD3RX8GQ
Wahlenberg, Göran (1812): *Flora Lapponica: exhibens plantas geographice et botanice consideratas. In lapponiis svecicis scilicet umensi, pitensi, lulensi, tornensi et kemensi nec non lapponiis norvegicis scilicet nordlandia et finmarkia utraque indigenas, et itineribus annorum 1800, 1802, 1807* et *1810 denuo investigatas. Cum mappa botanico-geographica, tabula temperaturae et tabulis botanicis xxx*. Berlin: Taberna libraria scholae realis.

↗HAJQAX9E
Wahlenberg, Göran (1812a): Einiges zur physikalischen Erdbeschreibung von Lappland, und über die Gesetze, nach welchen die Pflanzen verbreitet sind. *Annalen der Physik*, 41. Bd., S. 233–325.

↗8N8XBR7Q
Wahlenberg, Göran (1813): *De vegetatione et climate in Helvetia septentrionali inter flumina Rhenum et Arolam observatis et cum summi septentrionis comparatis tentamen*. Zürich: Orell, Fuessli et Socc.

↗P9GVWSBQ
Wallaschek, Michael (2016): *Zoogeographie in Werken Alexander von Humboldts (1769–1859) unter besonderer Berücksichtigung der wissenschaftlichen Beziehungen zu Eberhard August Wilhelm von Zimmermann (1743–1815)*. Eigenverlag des Autors.

↗N79BQP2X
Walpers, Wilhelm Gerhard (1842–1848): *Repertorium botanices systematicae*. Bd. 1-6. Leipzig: Hofmeister.

↗U3V7FR3N
Walter, Thomas (1788): *Flora Caroliniana, secundum systema vegetabilium perillustris Linnaei digesta*. London: J. Fraser.

↗IQ5G3TGB
Warden, David Bailie (1820): *Description statistique, historique et politique des États-Unis de l'Amérique septentrionale, depuis l'époque des premiers établissemens jusqu'à nos jours*. Bd. 1-5. Paris: Rey et Gravier.

↗5DBFTFND
Webb, William Spencer (1820): A Letter from Captain William Spencer Webb, containing an Account of his Journey in Thibet, and Pilgrimage to the Temple of Kédár Ná'th. Communicated by H. T. Colebrook, Esq. *The Quarterly Journal of Science, Literature, and the Arts*, 9. Bd., 7, S. 61–69.

↗AI66HTI4
Werner, Petra (2004): *Himmel und Erde. Alexander von Humboldt und sein Kosmos*. Berlin: Akademie Verlag.

↗F663YCCZ
Werner, Petra (2007): *Roter Schnee oder die Suche nach dem färbenden Prinzip*. Berlin: Akademie Verlag.

↗KSDZ4GNX
Werner, Petra (2013): *Naturwahrheit und ästhetische Umsetzung. Alexander von Humboldt im Briefwechsel mit bildenden Künstlern*. Berlin: Akademie Verlag.

↗2RE57TE5
Werner, Petra (2015): In der Naturgeschichte »etwas Höheres suchen«. Zu Humboldts Konzept der Pflanzengeographie. *HiN – Alexander von Humboldt im Netz*, 16. Bd., 30, S. 84–98.

↗6BR5IXMP
Willdenow, Carl Ludwig (1787): *Florae Berolinensis Prodromus secundum Systema Linneanum ab Illustr. Viro ac Eq. C. P. Thunbergio emendatum conscriptus*. Berlin: Vieweg.

↗P7M4M2CV
Willdenow, Carl Ludwig (1792): *Grundriss der Kräuterkunde. Zu Vorlesungen entworfen*. 1. Aufl. Berlin: Haude und Spener.

↗3F75QB68
Willdenow, Carl Ludwig (1794): *Phytographia, seu descriptio rariorum minus cognitarum plantarum*. Fasc. 1 (mehr nicht erschienen). Erlangen: Walther.

↗T26P5SL7
Willdenow, Carl Ludwig (1799): Über die in der Gegend von Berlin wildwachsenden Rietgras-Arten. *Sammlung der deutschen Abhandlungen, welche in der Königlichen Akademie der Wissenschaften zu Berlin vorgelesen worden*, 1792–1797, S. 34–50.

↗KYJ7ZACR
Willdenow, Carl Ludwig (1805): *Caricologia sive descriptiones omnium specierum Caricis. In usum excursionum botanicarum pro amicis seorsim impressa*. Berlin.

↗D3K3XEXP
Willdenow, Carl Ludwig (1809–1813): *Enumeratio plantarum horti regii botanici berolinensis, continens descriptiones omnium vegetabilium in horto dicto cultorum*. Bd. 1-2 (+ 1 Supplementum post mortem autoris editum). Berlin: In taberna libraria scholae realis.

↗N4DWPTGG
Williamson, Mark (2004): The geography of life. *Nature*, 431. Bd., S. 401.

↗HRKAMQDN
Winch, Nathaniel John (1825): *An Essay on the Geographical Distribution of Plants, through the Counties of Northumberland, Cumberland, and Durham*. Second Edition. Newcastle: T. and J. Hodgson.

↗J8HS7IE2
Wittmack, Ludewig (1882): Carl David Bouché und die ältere Bouché'sche Familie. *Garten-Zeitung. Monatsschrift für Gärtner und Gartenfreunde*, 1. Bd., S. 166–171.

↗FKKG4VGK
Wolter, John A. (1972): The Heights of Mountains and the Lengths of Rivers. *The Quarterly Journal of the Library of Congress*, 29. Bd., 3, S. 186–205.

↗EAH289VB
Woodhouse, James (1802): An Account of a New, Pleasant, and Strong Bitter, and Yellow Dye, Prepared from the Stem and Root of the Xanthorhiza Tinctoria, or Shrub Yellow Root; with a Chemical Analysis of this Vegetable. *The Medical Repository, and Review of American Publications on Medicine Surgery, and the Auxiliary Branches of Philosophy*, 5. Bd., S. 159–164.

↗H83RC23X
Wulf, Andrea (2016): *Alexander von Humboldt und die Erfindung der Natur*. München: Bertelsmann.

Z

↗UU8D36RD
Zimmermann, Eberhard August Wilhelm von (1777): *Specimen zoologiae geographicae, quadrupedum domicilia et migrationes sistens*. Leiden: Theodor Haak.

↗Q7HGUUBZ
Zimmermann, Eberhard August Wilhelm von (1778–1783): *Geographische Geschichte des Menschen und der allgemein verbreiteten vierfüßigen Thiere: nebst einer hieher gehörigen Zoologischen Weltcharte*. Bd. 1-3. Leipzig: Weygand.

↗8UN3I929
Zimmermann, Eberhard August Wilhelm von (1802–1813): *Taschenbuch der Reisen, oder unterhaltende Darstellung der Entdeckungen des 18ten Jahrhunderts, in Rücksicht der Länder-, Menschen- und Productenkunde. Für jede Klasse von Lesern*. Bd. 1-16. Leipzig: Fleischer.

↗DKQPMNIN
Zuccarini, Joseph Gerhard (1843): Beiträge zur Morphologie der Coniferen. *Abhandlungen der Mathematisch-Physikalischen Classe der Königlich Bayerischen Akademie der Wissenschaften*, Dritter Band. Die Abhandlungen von den Jahren 1837 bis 43 enthaltend, S. 751–805.

IV. Geographische Namen und Institutionen

Seitenzahlen ohne Hervorhebungen geben Erwähnungen in Quellen an, kursive Seitenzahlen Erwähnungen in Forschungsbeiträgen oder Herausgeberkommentaren.

IV. 1 Geographische Namen

A

Acapulco 116, 124
Afrika 7, 30, 43, 68, 70, 130, 152, 153, *176*, 222, 239, *252*, 272, 296, 297
Ägypten *102*, 111, 112, 122, 272
Algarve *271*
Algier 112, 122
Allegheny Mountains *229*, *246*
Almora 256
Alpen *XVIII*, *10*, *11*, *12*, *27*, 29, 32, 33, 34, 35, 36, 37, 38, 39, 40, 42, 45, 46, 47, 48, 49, 50, 51, 52, 53, 69, *182*, *183*, 217, 221, 234, 238, 295, 296, 298
Amerika *XI*, *XIII*, *XV*, *XVI*, *XVII*, *XIX*, *5*, *8*, *9*, *10*, *12*, *17*, *19*, 29, 34, 41, 47, *59*, 60, 61, 62, 63, 65, 66, 67, 70, 71, *109*, 121, 151, 152, *167*, *171*, *180*, *202*, *207*, 215, 218, 232, 236, *254*, 271, 272, 274, *274*, 275, 277, 299
Anden *XII*, *6*, *9*, *10*, *11*, *12*, *13*, *14*, *15*, *27*, 29, 32, 35, 36, 37, 38, 40, 42, 45, 48, 49, 50, 51, 53, 69, *100*, *163*, *164*, *165*, *166*, *167*, *168*, *181*, *182*, *184*, *185*, *188*, *193*, *195*, 208, 209, 211, 216, 233, 251, 298
Angola 220, 237
Antarktis 69
Antillen 215, 232
Antisana *166*, 251
Äquator *9*, *15*, *16*, *17*, *19*, 29, 30, 32, 34, 36, 37, 39, 40, 42, 43, 45, 47, 50, 52, 53, 119, 216, 233, 297
Aranjuez *109*, 110
Ararat 31, 44, *177*, 294
Ardèche *184*
Arkansas River 221, 227, 238, 244, 266, 270
Arktis 69, 252
Armenien 31, 35, 44, 48, 263
Asien *XVIII*, *8*, *59*, 215, 232, 272

Asowsches Meer 263
Atlantik *9*, 30, 43, *206*, 216, 233
Atlasgebirge 112, 272, 296
Ätna 294, 300
Atures 120, 122
Augsburg *278*, 287, 288, 290, 291, 292
Australien *XVII*, *16*, *18*, *59*, 60, 61, 62, 63, 66, 69, 70, 136, 139, 152, 153, *157*, *175*, *201*, 217, 218, 227, 234, 236, 244, 249, 253, 272, *274*, 275, 297
Auvergne 217, 221, 235, 238
Awadh 64
Awatscha-Bucht 276
Azoren 60, 62, 65, 215, 232

B

Baffin Bay 252
Bahia 291
Balaguer 113
Baltimore 267, 270
Banda 221, 239
Barcelona 112
Barinas 120
Barren Grounds 215, 232
Barrow Strait 298
Bayreuth *4*
Belgien 149
Bengalen 64
Berchtesgaden *10*
Beringstraße *274*, 277
Berlin *XI*, *XVII*, *3*, *6*, *22*, *23*, *24*, 77, *78*, *79*, *83*, *85*, *86*, *87*, *90*, *95*, *96*, *102*, *103*, *104*, *105*, *106*, *107*, *109*, 120, 121, 124, 125, 126, 127, *128*, 129, 130, 132, 135, 137, 141, 142, 144, 145, 146, *164*, *169*, *199*, *207*, 265, 268, 273, *278*, *281*
Bhutan 60, 62
Blue Mountains 251
Bogotá *14*, *15*, 120, 121, *255*
Bologna 111
Borneo 221, 239
Brasilien *XIX*, 59, 61, 64, 115, 120, 139, *206*, 219, 220, 236, 237, 251, *278*, *281*, 282, 290, 292, 300
Braunschweig *189*, *191*
Brindisi *107*
British East India 141
Buenos Aires 59, 61, 227, 244

C

Cabo de Culleras 113
Calcutta 141
California 110, 111, 114, 116, 122, 275
Cambrils 113
Campbell Island 69
Canigou 112
Caracas 114, 120, 213, 230
Caripe 117, *172*
Cartagena *14*, 124, *157*
Casiquiare 120
Castellón de la Plana 113
Cayenne 119, 219, 236
Cerro Duida 118, 120
Ceylon 115
Charleston 115, 121
Château de Malmaison 125, 126
Château de Navarre 125
Chelsea 116
Chile 59, 61, 64, 69, 70, 111, 122
Chiloe 110
Chimborazo *6*, *9*, 35, 37, 48, 51, *160*, *164*, *166*, *167*, *171*, *182*, 216, 233
China 59, 62, 64, 65
Chuparuparú 120
Ciudad Bolívar 119
Coast Mountains 228, 246
Cochinchina 70, 71
Columbia River 227, 245
Comer See *175*, 217, 234
Concepción 70
Constantine 112
Coppermine River 215, 232
Cotopaxi *9*, *166*
Cuenca 70

Cueva del Guácharo *172*
Cumaná 68, 120, 130
Cumanacoa 117
Cundinamarca 299
Curacatiche 120
Cyrenaica 220, 237

D

Dale-Syssel 225, 243
Dänemark 300
Dane's Island 64
Dardanellen 7
Davy Sund 214, 231
Delaware 265, 268
Deutschland *XI*, *18*, 69, *88*, *90*, *93*, *94*, *95*, *100*, *106*, 124, 129, 145, 149, *158*, *159*, 221, 238, 300

E

Ebro 113
Ekuador *160*, *182*, *188*
Eldena 130
El Dorado 118, 120
England *75*, 87, *87*, 118, 124, 149, *175*, 217, 234, 273
Eskifjörður 224, 242
Europa *XIII*, *5*, *8*, *11*, *17*, *27*, 29, 30, 32, 36, 38, 40, 42, 45, 49, 51, 52, 53, 59, *59*, 60, 62, 65, 66, 68, 69, 71, *85*, 113, 114, 117, 118, 119, 120, 123, 125, *158*, *168*, *172*, *173*, *175*, 182, *198*, *202*, *207*, 217, 218, 222, 226, 234, 235, 236, 239, 243, 255, 256, 265, 268, 271, 272, 273, 275, 295, 296, 298, 299, 300
Eyjafjörður 224, 242

F

Fagraskógarfjall 224, 226, 242, 243
Färöer 224, 241
Faxaflói 224, 242
Feuerland 69, 70, 71
Finnland 226, 243
Fort Pitt 116
Frankfurt am Main *102*, 129
Frankreich *12*, *18*, 30, 31, 42, 44, *75*, *87*, *88*, *89*, *90*, *91*, *100*, 111, 115, 118, 145, 149, *158*, *175*, *187*, *196*, 217, 221, 234, 238, 253, 271, 295, 298, 300
Freiberg *167*

G

Galápagos 61, 63, 67
Genf *18*, *108*, *175*, *181*, *182*, 228, 245
Genfersee 228, 245
Georgia 266, 269
Gesellschaftsinseln 61, 63
Gibraltar 7
Goldkronach *5*, *186*
Göttingen *9*, 31, 44, *191*
Granada 251
Griechenland 36, 49, 222, 239
Grœnna-Hlid 224, 241
Großer Sklavensee 215, 232
Guainía 121
Guayana 115, 118, 119, 120, 121
Guayaquil *XII*, *6*, *8*, *15*, 68, 124, *167*
Guernsey 253
Guinea 111, 154

H

Halle *78*
Hamburg 112, 116, 118
Hanover 267, 270
Harpers Ferry 266, 269

Havanna 64, *83*, *84*, *109*, 115, 116, 120, 121, 123, *157*
Hawaii 67, 275
Helmstedt *5*, *186*
Higuerote 121
Himalaya *XVIII*, *99*, *201*, *203*, 218, 235, 250, 251, *254*, 256, 257, 298
Hispaniola 64
Hochstaufen *10*
Hvammsfjörður 225, 243

I

Ibarra *14*
Illinois 228, 246
Indien 29, 41, 60, 63, 64, 65, 248, 249, 251, 272
Ipswich 266, 269
Iran 36, 49
Isla de la Juventud *64*
Island *222*, 223, 224, 225, 226, 240, *240*, 241, 242, 243
Itacolomi 251
Italien *6*, 111, 222, 227, 239, 244, 251, 273

J

Jamaika 59, 62, 64, *64*, 251
Jameson Land 214, 232
James Peak *228*, *245*
Japan 31, 34, 44, 48, 60, 62, 64, 295
Java 60, 62, 65, 217, 219, 221, *221*, 222, 235, 237, 239, *239*
Jurakette 140
Jütland 223, 240

K

Kairo 112
Kalabrien 113
Kamtschatka 276, 277, 289
Kanada 116, 225, 243, 256, 266, 267, 269, 270, *277*
Kanarische Inseln *XVI*, *17*, *22*, *27*, 28, 29, 30, 32, 34, 41, 43, 45, 47, 114, 120, 134, 253, 298
Kansas River 218, 235
Kanton 64
Kap Brewster 214, 231
Kap der Guten Hoffnung *16*, *18*, 60, 62, 65, 66, 67, 69, 115, 121, 123, 134, 141, 152, 153, *157*, *175*, 213, 217, 219, 230, 234, 236, 237, 251, 272
Kap Hoorn *157*
Kappadokien *107*
Kärnten 69
Karpaten 298
Kasachensteppe *175*, 213, 230
Kasbek 263
Kaspisches Meer 263
Katalonien 112, 113
Kaukasus *XVIII*, 252, 258, *258*, 259, 260, 261, 262, 263, 298
Kentucky 116
Kleinasien 263
Kolumbien *157*
Kongo *18*, 216, 220, 233, 237, 252
Kopenhagen 123
Korsika 222, 239
Krakau *207*
Krim *XVIII*, 258, *258*, 259, 260, 261, 262, 263
Kuba *6*, *17*, 30, 43, 114, 116, 122, *157*
Kura 263

L

Labrador 116
La Coruña *109*, 110, 114, 120, 121
Lagarfljót 225, 243
Lago de Texcoco 228, 245
La Guaira 119, 120
La Mancha 112
Lancaster *264*, 265, 266, 267, 269, 270

Langensalza *78*
Lappland *16*, *18*, *27*, 29, 31, 32, 33, 36, 37, 38, 39, 40, 42, 44, 45, 46, 49, 50, 52, 53, *79*, *88*, *90*, *92*, *93*, *94*, *95*, 226, 243, 295, 298
La Rochelle 115
La Silla de Paita 120
Le Havre 112
Leipzig *85*
Léman 228, 245
Libyen 222, 239
Ligurien 222, 239
Lima 124, *157*
Livorno 111
Llanos *XVIII*, *172*, *206*
Lombardei 39, 52, 227, 244
London *87*, 115, 116, 123, 254

M

Mackenzie River 277, *277*
Madagaskar 70, 111, 141
Madeira *16*, 120, 250, 253
Madrid 110, 113, 118, 121, 123, *165*, 250
Magellanstraße 295
Mailand 111
Maipures 120, 121
Malaiischer Archipel 70, *158*
Malwinen 298
Mandavaca 118
Manila 115
Marianen 67, 298
Marseille 110, 112
Maryland 265, *266*, 268, *269*
Maskarenen 141
Matanzas 116
Mauritius 141, 272
Mekka 112
Melville Island 216, 233, 252
Meschetisches Gebirge 263
Mexiko *27*, 30, 34, 37, 38, 43, 47, 50, 51, 52, 64, 68, 111, 114, 116, 122, 124, *158*, 253, 256, 299
Mexiko-Stadt 121
Mickla-Holt 224, 242
Minas Geraes *278*, 291
Mississippi 116, 227, 244, 266, 270
Missouri 227, 244
Mittelamerika 7
Mittelmeer 7, 112, 113, 134, *175*, 216, 217, 222, 233, 234, 239, *248*
Mogador 122
Molukken 71, 221, 239, 272
Mont Blanc 35, 36, 48, 49, *182*
Mont Mézenc *XVIII*, *12*, 31, 44, 295
Monte de Pimichín 120
Montpellier 30, 42, 112, 127
Mortefontaine 151
Mount Washington 229, 247
Mula 225, 243
München 279, 282, 287, 291
Murcia 112
Mývatn 224, 242

N

Narbonne 112
Natchitoches 227, 228, 244, 246
Nazareth 266, 269
Neapel 111
Nepal 59, 61, 64, 254, 256, 257
Neugranada *14*, *15*, *16*, 69, 152, *157*, *206*
Neukaledonien 274
Neuseeland 68, 69, *69*, 70, 136, 140
Neuspanien 7, *15*, *17*, 37, 50, 67
New England 266, 269
New Hampshire 229, 247
New Jersey 266, 269
New Madrid 221, 238
New Orleans 116
New York 266, 269
Nieder-Flörsheim *XVI*, *5*, *165*, *179*
Niederlande *102*, 113, 121, 127, 149
Nil 111
Nilgiris 251
Nogales 267, 270

Nootka Island 215, 227, 232, 245
Nordamerika *11*, *18*, 69, 153, *162*, *175*, *205*, 217, 228, 234, 245, 256, 265, 269, 271
Nordasien 59, 62, 132, 252
Nordeuropa 29, 38, 42, 52, 69
Nordhalbkugel *8*
Nordkap 219, 236
Nordpazifik *201*
Nordpol *176*, 220, 237, 250, 294, 297
Norfolkinsel 140, 227, 245
North Carolina 266, 269
Norton-Sund 277
Norwegen *16*, 33, 46, 214, 219, 224, 225, 226, 228, 232, 236, 241, 243, 245, *253*
Nowaja Semlja 219, 236
Nueva Barcelona 119, 120

O

Ohio River 116, 266, 270
Oranje 213, 219, 230, 237
Orient 112
Orléans *175*, 217, 234
Ostasien 7, *254*, 275
Osterinsel 61, 63
Ostindien 59, 60, 61, 62, 151
Oyapock 119
Ozeanien *274*

P

Panamá 114, 124
Panke 122
Panthéon 126
Paraguay 111, *219*, *236*
Paria 120
Parima *84*, 115, 119, 123
Paris *XVI*, *XVII*, *XIX*, *6*, *16*, *22*, *23*, *27*, 33, 37, 46, 51, 59, *59*, 61, *63*, *85*, *86*, *87*, *88*, *95*, *96*, *97*, *99*, *107*, *108*, *109*, 111, 112, 120, 122, 123, 124, 125, 126, 127, *128*, 151, *157*, *160*, *168*, *169*, *171*, *199*, *200*, *206*, 208, 210, 212, *258*, *278*, 279, 281, 282, 287, 288, 289, 290, 292, *293*, 301
Patagonien 110, 111
Pazifik *9*, *163*, 228, 246
Pennsylvania *264*, 265, 266, 268, 269
Perekop 263
Perpignan 112
Peru 37, 50, 67, 69, 71, 111, 114, 122, 152, *157*, 267, 270
Philadelphia 116, 121, 228, 245, *264*, 266, 267, 269, 270
Philippinen 67, 110, 115, 124
Pittsburgh 228, 246
Platte River 218, 235
Polargebiet *17*, *19*, 29, 42
Polarkreis *27*, 29, 30, 32, 33, 37, 38, 40, 42, 43, 45, 46, 47, 50, 51, 53
Popayán 119
Portugal *271*
Potsdam *24*, *103*, 129, 130, 132, *293*
Preußen *XI*, *XII*, *XIII*, *16*, *79*, *86*, *106*
Provence 222, 239
Puçol 113
Puerto Cabello 119, 120
Pyrenäen *XVIII*, *11*, *12*, *27*, 30, 33, 34, 35, 36, 37, 38, 42, 46, 47, 48, 49, 50, 51, 52, 69, 112, 136, 140, *183*, 249, 296

Q

Quito *13*, *14*, 118, 119, 120, 124, *157*, *182*, *188*, *203*, 251, 299

R

Rangárvallasýsla 225, 243
Ratak-Kette 274, 275
Red River 228, 246
Rehberge 122
Río Amazonas 118, 120

Río Apure 120
Río Atabapo 117, 118, 120, 121, 141
Rio das Velhas 291
Rio de Janeiro 227, 244, *278*, 291
Río Guarapiche 117, 120
Río Guaviare 120
Río Negro *84*, 115, 117, 119, 120, 121, 122, 123
Río Orinoco 70, *84*, 117, 118, 120, 123, 141, *171*, *172*, *175*, 217, 234
Río Quito 118
Río Tuamini 120
Rocky Mountains 227, 228, *228*, 244, *245*, 246
Rohilkhand 64
Rom 280
Russland *258*

S

Sagunt 113
Saint Thomas 118, 121
Salem 266, 269
Salzburg *11*, 111
San Baltasar de Atabapo 141
San Blas 110
San Carlos del Río Negro 120
San José de Maravitanos 120
Sankt Bernhard 33, 46
Sankt Gotthard 33, 36, 37, 39, 40, 46, 49, 51, 52, 53
Sankt Helena 65
Sankt-Lorenz-Bucht 277
Sankt Petersburg *136*, *193*, 219, *219*
Santa Bárbara del Orinoco 141
Santa Cruz de Tenerife 122
São Miguel 65, 215, 232
Sardinien 222, 239
Savannah 266, 269
Schloss Tegel *107*
Schottland *99*, 273
Schwarzes Meer 263
Schweden 31, 44, *79*, *90*, 112, 221, 238, 250, *258*
Schweiz *11*, *16*, 29, 32, 33, 34, 36, 37, 38, 40, 42, 45, 46, 47, 49, 50, 52, 53, 69, 221, 238, 298
Selimar 112
Senegal *175*, 217, 218, 234, 236
Sète 112
Sibirien 38, 51, 60, 62, 136, 219, *219*, 236, *236*, 272, 273
Sierra Leone 67, 154, 250
Sierra Nevada 251
Sizilien 222, 239
Skandinavien 223, 224, 225, 226, 240, 241, 242, 243, 300
Smyrna 112
Spanien 112, 113, 116, 117, 119, 122, 123, 222, 239, 251
Spitzbergen 251
Stærri-Árskógur 224, 242
Stega-Hlid 224, 241
St. Louis 228, 246
Steiermark *11*
Stockholm 37, 51
Stuttgart 129
Südafrika *XVII*, *18*, *59*, 60, 62, 63, 65
Südamerika *XVII*, *XVIII*, 7, *11*, *27*, 35, 48, 66, *69*, 70, *83*, *87*, *102*, 118, 121, 122, *158*, *163*, *164*, *166*, *167*, *168*, *171*, *172*, *173*, *176*, *182*, *254*, 255
Südeuropa 7
Südfrankreich *183*
Südpazifik 61, 63, *99*, 111, 122, *157*, 250, 251, 272, *274*, 275, 296
Südpol 111, 220, 237
Sufetula 112
Sumatra 65, 221, 239
Surinam 118
Sylhet 60, 62
Syrdarja 214, 231

T

Tahiti 121
Tarma 71
Tarragona 113
Tasmanien 70

Teide 29, 32, 34, 36, 38, 41, 45, 47, 49, 52, 69, 120
Temi 120
Teneriffa *17*, *28*, 29, 32, 34, 41, 44, 47, 130, 252
Tennessee 116
Thames River 266, 269
Thingwalla 225, 242
Tibet 59, 62, 64, 65
Tiflis 263
Tikei 275
Tirol *11*
Tonalá 253
Toulon 111
Trinidad 114
Tripolis 112
Tristan da Cunha 218, 236
Tropen *XII*, *XIII*, *XVI*, *XVIII*, *3*, *5*, *6*, *8*, *9*, *10*, *11*, *12*, *17*, 29, 30, 33, 37, 38, 39, 41, 43, 46, 51, 53, 59, 60, 62, *63*, 64, 66, 70, *71*, *85*, *102*, 115, 119, 122, 152, *166*, *172*, *175*, *200*, 208, 211, 216, 217, 233, 234, 238, 252, 271, 279, 296, 298, 300
Tübingen *160*
Tufandag 263
Tumiriquiri 117, 120
Tunis 112
Turin 127

U

Uelzen *189*
Unalaska 251, *274*, 276, 277, 298
Untersberg *10*
Uppsala 29, 42
Urðir 225, 242
Urserental 39, 52

Valencia 112, 113
Valenciasee 68, 120
Valles de Aragua 120
Venezuela 299
Vereinigte Staaten von Amerika *XIII*, *XIX*, *205*, 216, 227, 228, 229, 234, 244, 245, 247, 252, 264, *264*, 265, 266, 267, 268, 269
Verona *87*
Vierwaldstättersee *5*
Virginia 265, 266, 268, 269
Vivarais *187*

Washington, D.C. 265, 267, 269, 270
Westindische Inseln 67, 121
White Mountains 229, 247
Wien 129

Z

Zentralasien 60, 62
Zentralmassiv *XVIII*, *184*

IV. 2 Institutionen

A

Académie des Sciences, Paris *siehe* Institut de France, Paris

B

Botanischer Garten, Berlin *XVII*, *24*, *78*, *81*, *82*, *83*, *103*, *104*, *106*, *109*, 124, 127, 128, 131, 132, 134, 148, *148*, 149, *169*, 273
Botanischer Garten, Nikita 258
British Museum, London *108*

C

Collegium Medico-Chirurgicum, Berlin *78*
Consejo de Indias, Madrid 119
Conservatoire et Jardin botanique de la ville de Genève, Genf *18*
Cotta'sche Verlagsbuchhandlung, Stuttgart, Tübingen *107*

D

Dépôt des cartes et plans de la Marine, Paris 32, 45

E

Engelmann et Compagnie, Mulhouse, Paris 65, 292

G

Georg-August-Universität Göttingen, Göttingen *191*

I

Institut de France, Paris *XVI*, *6*, *17*, 29, 32, 33, 41, 42, 45, 46, *219*, *236*, 253, 282

J

Jardin des Plantes, Paris *siehe* Muséum d'Histoire naturelle, Paris

K

Königliche Bibliothek, Berlin *79*, 136, *202*
Königliche Staats- und landwirtschaftliche Akademie, Eldena 130

M

Muséum d'Histoire naturelle, Paris *96*, 125, 126, 127, *158*, *169*, *173*, *199*, 228, 245, 300
Museum für Naturkunde, Berlin *189*

P

Preußische Akademie der Wissenschaften, Berlin *6*, *78*, *82*, *96*, 124

R

Royal Botanic Gardens, Kew 117, *200*, *254*
Royal Institution, London 255
Royal Society of London 255

S

Seehandlungsgesellschaft, Berlin *86*, *87*, *95*, *128*
Sing-Akademie zu Berlin *22*, *192*
Société d'Arcueil *18*, *22*

T

Tessari et Compagnie, Paris, Augsburg 282, 287, 288, 289
Thomasschule zu Leipzig *85*

U

Universität Leipzig (Alma Mater Lipsiensis) *85*
Universität Montpellier *108*
Universität zu Berlin (Alma Mater Berolinensis) *22*, *78*, *107*, *109*, *192*

V

Verein zur Beförderung des Gartenbaues im Preußischen Staate, Berlin *103*, 148

V. Personen

Seitenzahlen ohne Hervorhebungen geben Erwähnungen in Quellen an, kursive Seitenzahlen Erwähnungen in Forschungsbeiträgen oder Herausgeberkommentaren.

A

Acharius, Erik (1757–1819) 68
Adanson, Michel (1727–1806) 253, 295
Afzelius, Adam (1750–1837) 67
Agardh, Carl Adolph (1785–1859) 250
Ainslie, Whitelaw (1767–1837) 251, 252
Aiton, William Hamilton (1731–1793) 117
Altenstein, Karl, Freiherr vom Stein zum (1770–1840) *23*
Anghiera, Petrus Martyr von (1457–1526) 250
Appel, John Wilton *16*
Aristoteles (384–322 v. Chr.) *165*
Aubert du Petit-Thouars, Louis-Marie (1758–1831) 296
Aublet, Jean-Baptiste Christophe Fusée (1720–1778) 117, 123

B

Baba Hassan (†1799) 112
Balbi, Adriano (1782–1848) *271*
Balzac, Honoré de (1799–1850) *XIII*
Banks, Sir Joseph (1743–1820) 64, 65, 67, *108*, 118, 123, 136, 140, 298
Barbasetti, Laurence *XIX*
Bartling, Friedrich Gottlieb (1798–1875) 297
Barton, Benjamin Smith (1766–1815) 266, 269
Bartram, William (1739–1823) 266, 269
Baudin, Nicolas Thomas (1754–1803) 111, 116, 122, *157*, *158*
Bauer, Ferdinand Lukas (1760–1826) 122, *122*, 140
Bauer, Franz Andreas (1758–1840) 122, *122*, *216*, *233*
Baumstark, Eduard (1807–1889) 130

Beauharnais, Joséphine de (1763–1814) 125
Beck, Hanno (1923–2018) *161*
Bellermann, Ferdinand (1814–1889) *278*
Bembo, Pietro (1470–1547) 294
Bentham, George (1800–1884) 133, 140, 141
Berghaus, Heinrich Carl Wilhelm (1797–1884) *174*, *293*
Berthollet, Claude-Louis, Comte de (1748–1822) 36, 49
Beyrich, Heinrich Karl (1796–1834) 227, 244
Blumenbach, Johann Friedrich (1752–1840) *XVI*, *4*, *9*, 116
Bode, Johann Elert (1747–1826) 114, 122
Böhme, Katrin *XVII*
Boie, Friedrich (1789–1870) 219, 228, 236, 245
Boldo, Baltasar Manuel (um 1796–1802) 122
Bonpland, Aimé Jacques-Alexandre Goujaud (1773–1858) *3*, *9*, *14*, *16*, *17*, 32, 40, 45, 53, *83*, *84*, *87*, *88*, *89*, *96*, *97*, *102*, *109*, 112, 114, 115, 116, 117, 120, 124, 125, 126, 127, 128, *157*, *158*, *166*, *167*, *168*, *169*, *171*, *172*, *201*, 256, 293, 296, 298, 299, 300
Bonpland, Michel-Simon (1770–1850) 115
Borda, Jean-Charles de (1733–1799) *17*, 32, 45
Bory de Saint-Vincent, Jean-Baptiste (1778/1780–1846) *17*, 32, 45, 152, 221, 238, 251, 253, 297
Bouché, Karl David (1809–1881) *148*, 149
Boué, Aimé (1794–1881) 273, 297
Bougainville, Hyacinthe Yves Philippe Florentin, Baron de (1781–1846) 111
Bougainville, Louis-Antoine, Comte de (1729–1811) 111
Bouguer, Pierre (1698–1758) 39, 52, *182*
Bouquet, Louis *170*
Bourguet, Marie-Noëlle *183*, *187*
Bowdich, Thomas Edward (1791–1824) 250
Bray, Franz Gabriel von (1765–1832) 279
Brickell, John (1748–1809) 266, 269
Brisseau de Mirbel, Charles-François (1776–1854) 134, 297
Broussonet, Auguste (1761–1807) 32, 45, 122
Brown, Gustavus Richard (1747–1804) *266*, *269*
Brown, Robert (1773–1858) *XVI*, *XVII*, *XVIII*, *16*, *18*, *27*, *59*, 60, 62, *63*, *64*, 66, *66*, *69*, 70, *75*, *87*, *93*, *97*, *108*, 132, 134, 136, 213, 215, 218, 219, *219*, 230, 232, 236, 237, *237*, 252, *252*, *254*, 255, *271*, 272, 297
Buch, Leopold von (1774–1853) *16*, *17*, 29, 32, 37, 42, 45, 50, 64, 116, 222, 240, 252, 253, 297, 298, 300
Buckland, William (1784–1854) 255
Buffon, Georg Louis Leclerc, Comte de (1707–1788) *XVI*, *4*, *161*, *177*, *189*
Bunge, Mario (1919–2020) 82, *159*
Burchell, William John (1782–1863) 213, 219, 230, 237, 297
Burman, Johannes (1707–1779) *102*
Bustamante y Septiem, Miguel (1790–1844) 297

C

Caldas, Francisco José de (1768–1816) *6*, *12*, *13*, *14*, *15*, *16*, 56, *188*, 297
Candolle, Augustin-Pyrame de (1778–1841) *17*, *18*, *21*, *22*, *27*, 30, 42, *75*, *90*, *91*, *93*, *97*, *100*, *108*, 133, 134, 136, 140, 141, 149, 153,

187, *198*, *199*, *200*, *203*, 221, 238, 249, 250, 251, 252, 256, 271, 273, 296, 297, 298, 300
Cannon, Susan Faye (1925–1981) *161*, *162*, *163*, *164*, *165*, *182*
Carey, William (1761–1834) *64*
Casper, Johann Ludwig (1796–1864) 256
Cavanilles, Antonio José (1745–1804) 66, 67, 70, 114, 122
Cervantes, Vicente (1755–1829) 122
Chamisso, Adelbert von (1781–1838) *XVIII*, 134, 250, 251, 274, *274*, 275, *275*, 297
Chaptal, Jean Antoine Claude (1756–1832) 112
Chateaubriand, François-René, Vicomte de (1768–1848) *XIII*
Clark, William (1770–1838) 227, 244, 245
Clavijo y Socas, Rafael (1757–1813) 121
Colebrooke, Henry Thomas (1765–1837) 218, 235, 257
Commerson, Philibert (1727–1773) 65, 298
Cook, James (1728–1779) 121
Cordier, Pierre-Louis-Antoine (1777–1861) *17*, 32, 45
Cotta von Cottendorf, Johann Friedrich (1764–1832) *23*, *164*, *200*
Cotta von Cottendorf, Johann Georg (1796–1863) *XV*, *105*, *128*, 129, 130, *281*
Cruse, Wilhelm (1803–1873) 251
Cuesta, Luis de la (um 1800) 121
Cunningham, Allan (1791–1839) 140
Cutler, Manasseh (1742–1823) 266, 269
Cuvier, Georges Baron de (1769–1832) *175*, 213, 231, 255

D

Dahlmann, Gustav Heinrich (†1826) 266, 269
Dante, Alighieri (1265–1321) *XIII*
Darwin, Charles (1809–1882) *21*, *75*, 134, *163*, *179*, *194*, *197*, *204*
Daum, Andreas (*1962) *162*
Davy, Humphry, Sir (1778–1829) 255
Decaisne, Joseph (1807–1882) 69
Delambre, Jean Baptiste Joseph (1749–1822) 116
Delessert, Benjamin Baron (1773–1847) *108*
Denke, Christian Friedrich (1775–1838) 266, 269
Desfontaines, René Louiche (1750–1833) *96*, 112, 120, *219*, *236*, 296
Desmoulins, Jean-Antoine (1794–1828) *176*, 252
Dettelbach, Michael (*1964) *169*
Díaz del Castillo, Bernal (1495–1584) 253
Donati, Vitaliano (1717–1762) *4*
Dryander, Jonas (1748–1810) *108*
Du Bois-Reymond, Emil Heinrich (1818–1896) *196*
Dumas, Jean-Baptiste André (1800–1884) 218, 235, 253
Dumont, Stefan *XIX*
Duperrey, Louis-Isidore (1786–1865) 298

E

Echeverría y Godoy, Atanasio (erwähnt 1771–1800) 122
Egerton, Frank N. (*1936) *75*
Ellicott, Andrew (1754–1820) 267, 270
Emparán, Vicente (1747–1820) 120
Endlicher, Stephan Ladislaus (1804–1849) 134, 136, 140, 142, 151

Engelhardt, Moritz von (1779–1842) 298
Enslin, Aloysius (†1810) 266, 269
Eschscholtz, Johann Friedrich von (1793–1831) 253
Estévez, José (1780–1834) 122
Ette, Ottmar (*1956) *17*, *165*
Eversmann, Eduard *206*, 213, 230

F

Férussac, André Étienne d'Audebert de (1786–1836) 221, 228, *228*, 235, 245, *245*, 253, *253*
Feuerstein-Herz, Petra (*1956) *189*
Fischer 297
Fischer, Ernst Gottfried (1754–1831) 250
Flinders, Matthew (1774–1814) *158*
Flörke, Heinrich Gustav (1764–1835) *82*
Forell, Philipp Baron de (1756–1808) 123
Forster, Georg (1754–1794) *XVI*, *4*, *5*, 122, 140, *180*, *181*, 274, 295, 298
Forster, Johann Reinhold (1729–1798) 70, *78*, *180*, *181*, 295
Fortier, Claude-François (1775–1835) 289
Foucault, Michel (1926–1984) *163*
François de Neufchâteau, Nicolas Louis (1750–1828) 112
Franklin, Sir John (1786–1847) 134, 215, 232
Frankreich, Napoleon I. (1769–1821) 111, 112
Fraser, John (1750–1811) 115, 116, 117, 123, 124
Freiesleben, Johann Carl (1774–1846) 116
Freycinet, Claude Louis Desaulses de (1779–1842) 298
Friedländer, David (1750–1834) *165*
Friedländer, Moses (1774–1840) 126

G

Gallatin, Albert (1761–1849) 228, *229*, 246, *246*
Garlieb, Gottfried (1787–1870) 222, 223, 240, 241
Gärtner, Joseph (1732–1791) 266, 270
Gaudichaud-Beaupré, Charles (1789–1854) 250, 297
Gay, Claude (1800–1873) 218, 236
Geissenhainer, Frederick William (1771–1838) 266, *266*, 269, *269*
Gerard, Alexander (1792–1839) 218, 235
Gérard, François (1770–1837) 289, 292
Gide, Théophile Étienne (1768–1837) *XVIII*, *22*, *98*, *200*, *206*, 208, 209, 210, 211, 212, 280, 291, 293, *293*, 301
Giesecke, Karl Ludwig (1761–1833) 297, 298
Gilbert, Ludwig Wilhelm (1769–1824) 38, 40, 51, 54
Giraud-Soulavie, Jean-Louis (1752–1813) *XVIII*, *12*, *13*, *22*, 31, *31*, 44, *44*, *162*, *164*, *167*, *173*, *178*, *183*, *184*, *185*, *186*, *187*, *195*, *196*, *198*, 295
Glaubrecht, Matthias (*1962) *XVII*, *XVIII*
Gleditsch, Johann Gottlieb (1714–1786) *78*
Gliemann, Theodor (1793–1828) 222, *222*, 223, 224, 225, 226, 240, *240*, 242, 244
Gmelin, Johann Friedrich (1748–1804) 117, *173*, 295
Gmelin, Johann Georg (1709–1755) *177*
Godin, Louis (1704–1760) *182*
Goethe, Johann Wolfgang von (1749–1832) *XII*, *XIII*, *XVI*, *159*
Goetzmann, William Harry (1930–2010) *162*
Göhmann, Karin *XIX*

Gómez de Ortega, Casimiro (1740–1818) 117, 123
Gómez-Gutiérrez, Alberto (*1958) *3*
Göppert, Johann Heinrich Robert (1800–1884) *142*, 143, 144
Götz, Carmen (*1963) *XIX*, *3*
Gouvion Saint-Cyr, Laurent (1764–1830) 121
Govan, George (1787–1865) 251, 297
Griffith, William (1810–1845) 141
Grijalva, Juan de (1480–1527) 253
Grisebach, August (1814–1879) *9*, 69
Großbritannien, Georg III., König von (1738–1820) 273
Guille, John Nicolas (um 1792) 112
Guillemin, Antoine (1796–1842) 218, 221, 235, 238
Güttler, Nils (*1980) *11*

H

Habermaß, Dorothea Friederica (um 1800) 122
Haeckel, Ernst Heinrich Philipp August (1834–1919) *160*
Haenke, Thaddaeus (1761–1817) 118, 122
Hagelstam, Otto Julius (1785–1870) 250
Haller, Albrecht von (1708–1777) 248, *248*, 295
Hamilton, William (1745–1813) 266, 269
Hardenberg, Karl August, Fürst von (1750–1822) *87*
Herbert, William (1778–1847) 152
Herder, Johann Gottfried von (1744–1803) *8*
Herfurth, Rita *XIX*
Hermbstaedt, Sigismund Friedrich (1760–1833) 114, 122
Hermes (um 1799–1801) 114, 122
Herrera y Tordesillas, Antonio de (1549–1625) 253
Hervey, Frederick Augustus, 4th Earl of Bristol (1730–1803) 111
Herz, Markus (1747–1803) 122
Hey'l, Bettina 7
Hildebrandt, Eduard (1817–1868) *278*
Hoffmann, Georg Franz (1761–1826) *90*, *93*, *95*, 134
Hooker, Joseph Dalton (1817–1911) 69, 71
Hooker, William Jackson (1785–1865) 214, *214*, 222, 231, *231*, 240, 297
Hornemann, Friedrich Konrad (1772–1801) 297
Hornschuch, Christian Friedrich (1793–1850) 297
Horsfield, Thomas Walker (1773–1859) 219, 237, 297
Hosack, David (1769–1835) 266, 269
Host, Nikolaus Thomas (1761–1834) 114
Huber, Victor Aimé (1800–1869) *292*
Humboldt, Alexander von (1769–1859) passim
Humboldt, Caroline Friederike von (1766–1829) 112
Humboldt, Wilhelm von (1767–1835) *XI*, *XIII*, *4*, *86*, *87*, *107*, *108*, 111, 116, 120, 121, 124
Hutton, James (1726–1797) 223, 240

I

Illiger, Johann Karl Wilhelm (1775–1813) *173*

J

Jacquin, Nikolaus Joseph Freiherr von (1727–1817) 118, 122, 154
James, Edwin (1797–1861) 228, 245
Jameson, Robert (1774–1854) 216, *216*, 233, *233*

Jefferson, Thomas (1743–1826) *264*, 265, 267, 268, 270
Johnstone, W. (um 1801) 120
Jussieu, Adrien Henri Laurent de (1797–1853) 132, 134
Jussieu, Antoine Laurent de (1748–1836) *XVII*, *19*, *87*, *96*, 112, 117, 120, 123, 136, 139, *258*
Justinus, Marcus Junianus (2. Jh.) 215, 232

K

Kampmann, Christian Friedrich (1746–1832) 266, 269
Kant, Immanuel (1724–1804) *75*, *180*
Karsten, Dietrich Ludwig Gustav (1768–1810) 122
Kasthofer, Karl (1771–1853) 297
Kastner, Karl Wilhelm Gottlob (1783–1857) 219, 236
Ker-Gawler, John Bellenden (1764–1842) 154
Kielmann, Carl Albert (um 1804) 296
King, Phillip Parker (1791–1856) 298
Kin, Matthias (um 1804–1825) 265, 266, 268, 269
Kirsten, Linda *XIX*
Kirwan, Richard (1733–1812) 39, 52
Klaproth, Heinrich Julius (1783–1835) *205*, 215, 232, 251
Klaproth, Martin Heinrich (1743–1817) 114, 122
Knobloch, Eberhard (*1943) *XIX*, *9*
König, Clemens *177*
Kotzebue, Otto von (1787–1846) 274, *274*, 275, 277, 298
Kraft, Tobias (*1978) *XIX*, *3*
Krajewski, Markus (*1972) *108*
Kramsch, Samuel Gottlieb (1756–1824) 266, 269
Krusenstern, Adam Johann von (1770–1846) 298
Kuhl, Heinrich (1797–1821) 219, 236
Kuhn, Thomas (1922–1996) *163*
Kunth, Carl Sigismund (1788–1850) *XVII*, *XVIII*, *XIX*, *16*, *22*, *23*, *24*, 68, 75, *76*, *84*, *85*, *86*, *87*, *88*, *90*, *91*, *92*, *93*, *94*, *95*, *96*, *97*, *98*, *99*, *100*, *101*, *102*, *103*, *104*, *105*, *106*, *107*, *108*, *109*, *128*, 129–147, *148*, 148–149, *150*, 150–154, *158*, *168*, *169*, *174*, *176*, *200*, *201*, *202*, *203*, *204*, *205*, *206*, 208–212, 215, 232, 248–253, 256, *258*, 258–263, *264*, 274, *278*, 279, 280, 281, 282, 287, 293, *293*, 298, 299, 300
Kunth, Caroline (um 1829–1849) 136, *136*, 141
Kunth, Gottlieb Friedrich (†1805) *85*
Kunth, Gottlob Johann Christian (1757–1829) *85*, 114, 120, 123
Kunth, Marie-Josèphe (um 1829–1850) 130, 135, 147
Kurtz, Johann Daniel (1763–1856) 267, 270

L

La Billardière, Jacques-Julien Houtou de (1755–1834) 32, 45, 126, 296
Lack, Hans Walter (*1949) *84*, *167*, *168*
La Condamine, Charles Marie de (1701–1774) *182*
Lactantius, Lucius Caecilius Firmianus (250–317) *76*, *77*
Lagasca y Segura, Mariano (1776–1839) 251
La Llave, Pablo de (1773–1833) 297
Lamanon, Jean-Honoré-Robert de Paul, Chevalier de (1752–1787) 32, 45
Lamarck, Jean Baptiste Antoine Pierre de Monet de (1744–1829) 70, *90*, 130, 134, *271*
Lambert, Aylmer Bourke (1761–1842) *XVIII*, 64, 153, *200*, 251, *251*, 254–257, 297

Lamouroux, Jean Vincent Félix (1779–1825) *XVIII*, *206*, 216, 220, 221, 233, 234, 238, 297
Langsdorff, Georg Heinrich von (1774–1885) *278*
Laplace, Pierre-Simon Comte de (1749–1827) *18*
Larson, James *193*
Lavy, Jean (1775–1851) 296
Leers, Johann Daniel (1727–1774) 114
Leitner, Ulrike (*1952) *XIX*
Lennep, Johannes Daniel van (1724–1771) 248
Lenoir, Timothy (*1948) *9*
Leschenault de la Tour, Jean-Baptiste (1773–1826) 60, 62, 297
Leslie, John (1766–1832) 36, 49
Lesson, René Primevère (1794–1849) 250, 253, 297
Lesueur, Charles-Alexandre *157*
Leszczyc-Sumiński, Michał Hieronim (1820–1898) 146, 153
Lewis, Meriwether (1774–1809) 227, 244, 245
L'Héritier de Brutelle, Charles Louis (1746–1800) *108*
Lichtenstein, Martin Hinrich (1780–1857) *3*, 130, *175*, *206*, 213, 230, 231, 297
Liechtenstein, Alois I. Joseph von (1759–1805) 266, 269
Lindley, John (1799–1865) 142
Link, Heinrich Friedrich (1767–1851) *78*, *82*, *104*, 153, 250, *250*, 297
Linné, Carl von (1707–1778) *XVII*, 31, 44, 65, 66, 67, *76*, *79*, *80*, *81*, *82*, *83*, *85*, *87*, *88*, *90*, *93*, *102*, *106*, *108*, 115, 134, 151, 152, 153, 154, *162*, *169*, *170*, *177*, *198*, 250, 253, 256, 265, 269, 294
Lister, Martin (1639–1712) 249
Loefling, Pedro (1729–1756) 250
Long, Stephen Harriman (1784–1864) 218, 227, 228, 229, 235, 244, 245, 246
Lubrich, Oliver (*1970) *160*
Lyell, Charles, 1st Baronet and Sir (1797–1875) *197*
Lyon, John (1765–1814) 266, 269

M

MacCulloch, John (1773–1835) 253
Mackenzie, Alexander Sir (1764–1820) 222, 240, 277, *277*
MacKinney, Anne (*1990) *3*
Makedonien, Alexander III., König von (356–323 v. Chr.) 214, 231
Malaspina, Alejandro (1754–1810) 122
Malte-Brun, Conrad (1775–1826) *222*, *240*, 248
Márquez, Juaquin (um 1801) 122
Marschall von Bieberstein, Friedrich August (1768–1826) 297
Marshall, Humphry (1722–1801) 265, 266, *266*, 268, 269, *269*, 270
Marshall, Moses (1758–1813) 266, *266*, 269, *269*
Martius, Carl Friedrich Philipp von (1794–1868) 131, 282, 290, 291, 297
Mathieu, Claude-Louis (1783–1875) 251
Meisner, Karl Friedrich August (1765–1825) 228, 245
Melish, John (1771–1822) 228, 246
Melsheimer, Frederick Valentine (1749–1814) 267, 270
Mendelssohn, Joseph (1770–1848) 132
Mentzel, Christian (1622–1701) 31, 34, 44, 48, 248, *248*, 295
Menzies, Archibald (1754–1842) 215, 232
Meyen, Franz Julius Ferdinand (1804–1840) *9*, *16*
Meyer-Abich, Adolf (1893–1971) *159*
Michaux, André (1746–1802) 122, 265, 268

Milbert, Jacques-Gérard (1766–1840) 228, 245
Miller, Philip (1691–1771) 134
Mitchill, Samuel Latham (1764–1831) 266, 269
Mitscherlich, Carl Gustav (1805–1871) 144, *144*
Möbius, Karl August (1825–1908) *178*
Montagne, Camille (1784–1866) 69
Montúfar y Frasco Larrea, Juan Pío, zweiter Marqués de Selva-Alegre (1758–1819) *15*, *16*
Moreau de Jonnès, Alexandre (1778–1870) 215, 232, 297
Moret, Pierre (*1961) *166*
Morueta-Holme, Naia *166*
Muhlenberg, Gotthilf Henry Ernest (1753–1815) 264, *264*, 265, 266, 267, 268, 269, 270
Müller-Wille, Staffan *XVII*
Münter, Julius (1815–1885) 130
Murray, Johann Andreas (1740–1791) 117
Mutis, José Celestino (1732–1808) *15*, *16*, 121, *255*, 256, 271

N

Nägeli, Carl Wilhelm von (1817–1891) 153
Necker, Louis Albert (1786–1861) 228, 245
Née, Louis (1734–1807) 67, 118
Nees von Esenbeck, Christian Gottfried Daniel (1776–1858) 297
Nicolson, Malcolm *163*, *165*, *168*, 169, *191*
Nieto Olarte, Mauricio *3*
Nordenskiöld, Erik *170*
Nuttall, Thomas (1786–1859) 227, 244, 297

O

Oken, Lorenz (1779–1851) *173*
Ólafsson, Eggert (1726–1768) 222, 240
Osterhammel, Jürgen *159*
Österreich, Franz I., Erzherzog und ab 1804 Kaiser von (1768–1835) 266, 269

P

Pacho, Jean Raimond (1794–1829) 220, 237
Pallas, Peter Simon (1741–1811) 252, 295
Pálsson, Bjarni (1719–1779) 222, 240
Parrot, Georg Friedrich (1767–1852) 297, 300
Parrot, Johann Jakob Friedrich Wilhelm (1791–1841) 298
Parry, William Edward Sir (1790–1855) 252, 298
Parthey, Gustav (1798–1872) *192*
Partridge, Alden (1785–1854) 229, 247
Päßler, Ulrich (*1975) *XII*, *98*, *99*, *187*, *192*
Pavón, José (1754–1840) 118, 152, 271, *271*
Péron, François (1775–1810) *157*
Persoon, Christian Hendrik (1761–1836) 123
Petit, Nicolas-Martin *157*
Pfaff, Johann Friedrich (1765–1825) *5*, *186*
Pictet, Marc-Auguste (1752–1825) *4*, 34, 47, *181*
Pitcairn, William (1712–1791) 65
Pitois-Levrault, Louis-Charles (1764–1824) *199*, 251
Plinius, Gajus P. Secundus (23–79 n. Chr.) *165*
Plumier, Charles (1646–1704) 67
Poeppig, Eduard Friedrich (1798–1868) 152

Poggel, Lisa *XIX*
Poiteau, Pierre-Antoine (1766–1854) 152
Pollini, Ciro (1782–1833) 297, 300
Pratt, Mary Louise *162*
Preußen, Friedrich Wilhelm III., König von (1770–1840) 288, 289
Preußen, Friedrich Wilhelm IV., König von (1795–1861) 137
Priestley, Joseph (1733–1804) 251
Pursh, Frederick Traugott (1774–1820) 221, 227, 238, 244, 256, 266, 270, 271, *271*, 276

R

Raddi, Giuseppe (1770–1829) 139
Raffeneau-Delile, Alire (1778–1850) *102*, 272, 297
Raffles, Sir Thomas Stamford (1781–1826) 255
Rafinesque, Constantine Samuel (1783–1840) 266, 269
Ramond de Carbonnières, Louis François (1753–1827) *XVIII*, *11*, *17*, 30, 37, 42, 50, 136, 140, *183*, *198*, 220, 237, 249, 251, 252, 296, 297, 300
Rasch, Gustav Heinrich (1825–1878) *136*, 137, 141
Reichard, Johann Jacob (1743–1782) 117
Reichenbach, Ludwig (1793–1879) 150
Reill, Peter Hanns (*1938) *4*
Reinwardt, Caspar Georg Carl (1773–1854) *XVIII*, 221, *221*, 239, *239*, 297
Rhode, Johann Gottlieb (1762–1827) *102*, 250
Richard, Louis Claude (1754–1821) 120, 250
Richardson, John (1787–1865) 215, 232, 297
Riel, Pierre, Comte de Beurnonville (1752–1821) 121
Ringier, Victor Abraham (1802–1880) 217, 235, 297
Ross, Sir James Clark (1800–1862) 71
Ross, Sir John (1777–1856) 216, *216*, 233, *233*, 298
Roth, Albrecht Wilhelm (1757–1834) *93*, *94*
Roxburgh, William (1751–1815) 60, 62, 64, 65, 151
Rudwick, Martin (*1932) *185*
Rugendas, Johann Lorenz 282, 290
Rugendas, Johann Moritz (1802–1858) *XIX*, *206*, *278*, 279–292, 293, 300
Ruiz López, Hipólito (1754–1815) 118, 121, 152, 256, 271, *271*
Rumpf, Georg Eberhard (1627–1706) 65, 257
Russell, Patrick (1726–1805) 65
Russland, Paul I., Kaiser von (1754–1801) 116

S

Sabine, Elizabeth Juliana Lady (1807–1879) *102*, *145*
Sabine, Joseph (1770–1837) 297
Saint-Hilaire, Augustin François César Provençal de (1779–1853) 134, 143, 218, 219, *219*, 220, 227, 236, *236*, 237, 244, 251, 297
Saint-Pierre, Jacques Bernardin Henri de (1737–1814) *XII*, 31, 44, 295
Santíssimo Sacramento, Frei Leandro do (1778–1829) 220, 237
Saunders, Robert (1775–1790) 65
Saussure, Horace-Bénédict de (1740–1799) *XVIII*, 30, 43, *182*, *183*, 296
Schauer, Johann Conrad (1813–1848) 130
Scherer, Alexander Nicolaus (1771–1824) 116

Schiller, Friedrich (1759–1805) *XII*, *XVI*, *5*, *21*, *159*, *165*, *179*
Schlechtendal, Diederich Franz Leonhard von (1794–1866) 134
Schleiden, Matthias Jacob (1804–1881) 69
Schnee, Florian (*1975) *XIX*, *3*
Schoell, Maximilian Samson Friedrich (1766–1833) 125
Schot, Joseph van der (1763–1819) 122, 266, 269
Schott, Heinrich Wilhelm (1794–1865) 152
Schouw, Joakim Frederik (1789–1852) *9*, *203*, 226, 243, *248*, *249*, 251, 297, 300
Schrader, Heinrich Adolf (1767–1836) 134, *250*, 297
Schreber, Johann Christian Daniel, Edler von (1739–1810) 114, 117
Schübler, Gustav (1787–1834) 297
Schütze, Oliver *XIX*
Schwarz, Ingo (*1949) *XIX*
Scoresby, William (1789–1857) 214, 216, 231, 233, 251, 298
Scurla, Herbert (1905–1981) *181*
Sellier, Louis (*1757) 70, 126
Sellow, Friedrich (1789–1831) 124, 251
Sessé Lacasta, Martin de (1751–1808) 122, 271
Sicard, Claude (1677–1726) 220, 237
Skjöldebrand, Mathias Archimboldus (1765–1813) 112
Smith, Christen (1785–1816) *252*, 253, *253*, 297, 298, 300
Smith, James (†1847) *XVIII*, *22*, *97*, *98*, *200*, *206*, *208*, 208–212
Smith, James Edward (1759–1828) 67, *87*
Snow, Charles Percy (1905–1980) *159*
Soemmerring, Samuel Thomas von (1755–1830) *4*
Solander, Daniel Charles (1736–1782) *108*, 140, 298
Spanien, Carl IV., König von (1748–1819) 113, 116, 119
Spanien, Marie Luise, Königin von (1751–1819) 113, 119
Sparrman, Anders (1748–1820) 118
Sprengel, Kurt (1766–1833) 134, *250*
Steudel, Ernst Gottlieb von (1783–1856) *129*, 273
Steven, Christian von (1781–1863) *XVIII*, *258*, 297
Stone, John Hurford (1763–1818) 125
Strabon (63 v. Chr.–19 n. Chr.) 60, 62, 67, 248
Stromeyer, Friedrich (1776–1835) *22*, 31, 44, *198*, 296
Struve, Gustav Karl Johann Christian (1805–1870) 129
Swartz, Olof Peter (1760–1818) 64, 66, 67, 117, 118, 257

T

Tafalla, Juan José (1755–1811) 122
Temminck, Coenraad Jacob (1778–1858) 219, 236
Thomas, Christian (*1980) *XIX*, *3*, *192*
Thunberg, Carl Peter (1743–1828) 60, 62, 64, 65, *79*, 256
Toulmin, Stephen Edelston (1922–2009) *163*
Tournefort, Joseph Pitton de (1656–1708) 31, 35, 44, 48, 294
Treviranus, Gottfried Reinhold (1776–1837) 296
Turpin, Pierre-Jean-François (1777–1840) 126, 127, *170*

U

Ukert, Friedrich August (1780–1851) 248
Urquijo, Mariano Luis de (1769–1817) 113, 119
Urville, Jules Dumont d' (1790–1842) 297

V

Vahl, Martin (1749–1804) 123
Valenciennes, Achille (1794–1865) *XVIII*, *171*, *173*, *175*, *206*, 217, 234
Vargas-Bedemar, Edouard, Graf von (1768–1847) 222, 240
Viviani, Domenico (1772–1840) 222, 239, 297
Vleck, Jacob van (1751–1831) 266, 269

W

Wahlenberg, Göran (1780–1851) *16*, *17*, 29, 32, 37, 38, 40, 42, 45, 50, 51, 53, 54, *90*, *92*, *93*, 94, *95*, 297, 298, 300
Walker-Arnott, George Arnott (1799–1868) *99*, 249, 250, 297
Wallace, Alfred Russel (1823–1913) *158*, *163*
Wallaschek, Michael *191*, *194*, *195*, *196*
Wallich, Nathaniel (1786–1854) *254*, 256, 257, 297
Walpers, Wilhelm Gerhard (1816–1853) 133, 134, 149
Walter, Thomas (um 1740–1789) 116, 124
Wangenheim, Friedrich Adam Julius von (1749–1800) 265, 268
Warden, David Bailie (1772–1845) 228, 246
Wegener, Alfred (1880–1930) *176*, *194*
Wendland, Johann Christoph (1755–1828) 134
Willdenow, Henriette Louise (1758–1847) 114, 122, 124, 126, 127
Willdenow, Johann Carl (1797–vor 1810) 122
Willdenow, Karl Ludwig (1765–1812) *XVII*, *3*, *4*, *7*, *16*, *24*, 67, 75, *76*, *77*, *78*, *79*, *80*, *81*, *82*, *83*, *84*, *85*, *86*, *87*, *95*, *99*, *102*, *104*, *106*, *108*, *109*, 110–127, *128*, 134, 152, 153, 154, *158*, *168*, *180*, *181*, *191*, *193*, 200, 265, 266, 268, 269, 270, 271, 276, 297
Willdenow, Karl Wilhelm (*1795) 114, 122, 126, 127
Winch, Nathaniel John (1768–1838) 219, 237, 250, 297
Wolter, John A. (1925–2015) *181*, *182*
Woodhouse, James (1770–1809) 264, 268

Y

Young, Arthur (1741–1820) 295

Z

Zea, Francisco Antonio (1766–1822) 255, *255*
Zimmermann, Eberhard August Wilhelm von (1743–1815) *XVIII*, *22*, *178*, *179*, *180*, *187*, *189*, *190*, *191*, *192*, *193*, *194*, *195*, *196*, *197*
Zöllner, Johann Friedrich (1753–1804) 114, 122
Zuccarini, Joseph Gerhard (1797–1848) 136

VI. Abbildungen

S. 10 **Abb. 1.1** Alexander von Humboldt, »Geographie der Pflanzen in den Tropen-Ländern«, 1807 (Quelle: Zentralbibliothek Zürich, Wikimedia Commons, Public Domain)

S. 13 **Abb. 1.2** Jean-Louis Giraud-Soulavie, »Coupe verticale des montagnes vivaroises«, 1783 (Quelle: Zentralbibliothek Zürich, http://doi.org/10 3931/e-rara-51136, Public Domain)

S. 13 **Abb. 1.3** Francisco José de Caldas, Pflanzengeographisches Profil der Anden von Loja bis Quito, undatiert (Quelle: Mauricio Nieto Olarte, La obra cartográfica de Francisco José de Caldas, Bogotá: Ed. Uniandes 2006. Mit freundlicher Genehmigung des Autors)

S. 14 **Abb. 1.4** Francisco José de Caldas, Kopie des von Humboldt angefertigten Höhenprofils »Nivelación barométrica hecha por el Barón de Humboldt en 1801 desde Cartagena de Indias hasta Santa Fé de Bogotá«, 1802 (Quelle: Mauricio Nieto Olarte, La obra cartográfica de Francisco José de Caldas, Bogotá: Ed. Uniandes 2006. Mit freundlicher Genehmigung des Autors)

S. 15 **Abb. 1.5** Alexander von Humboldt, »Géographie des plantes près de l'Équateur. Tableau physique des Andes et pais [sic] voisins, dressé sur les observations et mesures faites sur les lieux en 1799–1803«, 1803 (Red Cultural del Banco de la República en Colombia, http://babel.banrepcultural.org/cdm/ref/collection/p17054coll13/id/180, Dominio público)

S. 19 **Abb. 1.6** Alexander von Humboldt, »Geographiae plantarum lineamenta«, 1815 (Quelle: Zentralbibliothek Zürich, http://doi.org/10 3931/e-rara-24319, Public Domain)

S. 20 **Abb. 1.7** Alexander von Humboldt, Berechnung der Zahlenverhältnisse von Pflanzenfamilien zur Gesamtzahl der Phanerogamen in drei Klimazonen, Separatdruck von Humboldt 1820 (Quelle: SBB-PK, Lx 150, http://resolver.staatsbibliothek-berlin.de/SBB0001C0B500000023, CC BY-NC-SA 3.0)

S. 25 **Abb. 1.8** Alexander von Humboldt: Considérations générales sur la Géographie des plantes à l'entrée de la zone torride. Résultats (1814), SBB-PK, Handschriftenabteilung, Nachlass Alexander von Humboldt, gr. Kasten 6, Nr. 44, Bl 1r.

S. 55 **Abb. 1.9** Alexander von Humboldt, »Geographie der Pflanzen in den Tropen-Ländern«, 1807 (Quelle: Zentralbibliothek Zürich, Wikimedia Commons, Public Domain)

S. 56 **Abb. 1.10** Francisco José de Caldas, Pflanzengeographisches Profil der Anden von Loja bis Quito, undatiert (Quelle: Mauricio Nieto Olarte, La obra cartográfica de Francisco José de Caldas, Bogotá: Ed. Uniandes 2006. Mit freundlicher Genehmigung des Autors)

S. 57 **Abb. 1.11** »Geographiae plantarum lineamenta«, in: Humboldt, Alexander von/Bonpland, Aimé/Kunth, Carl Sigismund (1815[1816]): *Nova genera et species plantarum*. Tome premier. Paris: Libraria Graeco-Latino-Germanica (Voyage de Humboldt et Bonpland, Sixième Partie. Botanique)

S. 58 **Abb. 1.12** »Tableau physique des Iles Canaries. Géographie des Plantes du Pic de Tériffe«, in: Humboldt, Alexander von (1814–1834[–1838]): *Atlas géographique et physique des régions équinoxiales du Nouveau Continent, fondé sur des observations astronomiques, des mesures trigonométriques et des nivellemens barométriques*. Paris: Librairie de Gide (Voyage de Humboldt et Bonpland, Première Partie)

S. 77 **Abb. 2.1** Alexander von Humboldt: Seite im Poesiealbum Karl Ludwig Willdenows. Berlin, 1. Oktober 1788. Quelle: »Denckmahl der Freundschaft gewidmet von C. L. W. 1784«, Willdenow C. L. von, Freundschafts- und Erinnerungsbuch 1784–91, Bl. 91. Botanischer Garten und Botanisches Museum Berlin – Archiv, Freie Universität Berlin.

S. 80 **Abb. 2.2** »Carex paradoxa« von Willdenow handschriftlich ergänzte Neubeschreibung auf einem Durchschussblatt seines Handexamplars (SBB-PK, 8° Lx 9406, Durchschussblatt vor S. 29). Mit freundlicher Genehmigung der Staatsbibliothek zu Berlin – Preußischer Kulturbesitz.

S. 81 **Abb. 2.3** Willdenow, *Caricologia Sive Descriptiones Omnium Specierum Caricis: In Usum Excursionum Botanicarum Pro Amicis Seorsim Impressa*. – Berolini, 1805 (SBB-PK, 8° Md 12100). Mit freundlicher Genehmigung der Staatsbibliothek zu Berlin – Preußischer Kulturbesitz.

S. 89 **Abb. 2.4** Pflanzengeographische Tabelle aus den »Prolegomena« zu Humboldt und Bonplands *Nova Genera et Species Plantarum*, Bd. 1, S. xiv (SBB-PK, 2° Ux 1012–1). Mit freundlicher Genehmigung der Staatsbibliothek zu Berlin – Preußischer Kulturbesitz.

S. 91 **Abb. 2.5** Angaben zur Zahl der Arten für bestimmte Pflanzenfamilien in Frankreich in einem undatierten Brief von Augustin-Pyrame de Candolle an Alexander von Humboldt. SBB-PK, Handschriftenabteilung, Nachlass Alexander von Humboldt, gr. Kasten 6, Nr. 82a, Bl. 2–3 (https://digital.staatsbibliothek-berlin.de/werkansicht?PPN=PPN826367437). Mit freundlicher Genehmigung der Staatsbibliothek zu Berlin – Preußischer Kulturbesitz.

S. 92 **Abb. 2.6** Erste Seite eines Manuskripts, in dem Carl Sigismund Kunth Pflanzenarten, die in Göran Wahlenbergs *Flora Lapponica* (Berlin 1812) aufgeführt sind, nach dem natürlichen System anordnet. Carl Sigismund Kunth, »Flora lapponica secundum Ordines naturales«, o. D., SBB-PK, Handschriftenabteilung, Nachlass Alexander von Humboldt, gr. Kasten 6, Nr. 68, Bl. 3r, https://digital.staatsbibliothek-berlin.de/werkansicht?PPN=PPN826366805. Mit freundlicher Genehmigung der Staatsbibliothek zu Berlin – Preußischer Kulturbesitz.

S. 94 **Abb. 2.7** Pflanzengeographische Tabelle, in der die Floren Deutschlands und Lapplands miteinander verglichen werden. Die Überschrift stammt von Humboldt, während die Tabelle selbst von Kunth erstellt wurde. Alexander von Humboldt und Carl Sigismund Kunth, »Distribution de toute la flore d'Allemagne (Roth) et de Laponie (Wahlenberg)«, o. D., SBB-PK, Handschriftenabteilung, Nachlass Alexander von Humboldt, gr. Kasten 6, Nr. 67, Bl. 1r, https://digital.staatsbibliothek-berlin.de/werkansicht?PPN=PPN826366791. Mit freundlicher Genehmigung der Staatsbibliothek zu Berlin – Preußischer Kulturbesitz.

S. 95 **Abb. 2.8** Notizblatt zu pflanzengeographischen Verhältniszahlen in Deutschland. Alexander von Humboldt und Carl Sigismund Kunth, »In Hoffmanns Deutschlands Flora sind beschrieben«, o. D., SBB-PK, Handschriftenabteilung, Nachlass Alexander von Humboldt, gr. Kasten 6, Nr. 66b, 1r, https://digital.staatsbibliothek-berlin.de/werkansicht?PPN=PPN826366783. Mit freundlicher Genehmigung der Staatsbibliothek zu Berlin – Preußischer Kulturbesitz.

S. 97 **Abb. 2.9** Seite aus Carl Sigismund Kunths handschriftlichem Lebenslauf. Die Bibliographie auf der unteren Hälfte der Seite beginnt mit einem Eintrag zu Bonpland und Humboldts *Nova genera et species plantarum* (1815–1825). Carl Sigismund Kunth: Lebenslauf mit Werkverzeichnis, o. O., o. D. [1831], Stadtgeschichtliches Museum Leipzig, A/2014/2944, Bl. 1v (https://www.stadtmuseum.leipzig.de/ete?action=queryDetails/1&index=xdbdtdn&desc="objekt+Z0113340"). Mit freundlicher Genehmigung des Stadtgeschichtlichen Museums Leipzig.

S. 101 **Abb. 2.10** Humboldts Notizen zu Gesamtzahl der Phanerogamen-Arten. Alexander von Humboldt: H – Anzahl der Phanerogamen, SBB–PK, Handschriftenabteilung, Nachlass Alexander von Humboldt, gr. Kasten 6, Nr. 81a, Bl. 3r, http://resolver.staatsbibliothek-berlin.de/SBB00019F4D00000001. Mit freundlicher Genehmigung der Staatsbibliothek zu Berlin – Preußischer Kulturbesitz.

S. 103 **Abb. 2.11** Kunths Aufstellung von Artenzahlen pro natürlicher Familie in einem Brief an Humboldt. Brief von Carl Sigismund Kunth an Alexander von Humboldt, SBB-PK, Handschriftenabteilung, Nachlass Alexander von Humboldt, gr. Kasten 8, Nr. 22, Bl. 1r, http://resolver.staatsbibliothek-berlin.de/SBB0001677F00000001. Mit freundlicher Genehmigung der Staatsbibliothek zu Berlin – Preußischer Kulturbesitz.

S. 131 **Abb. 2.12** Zeichnerische Verdeutlichung des von Humboldt beschriebenen »kandelaberartigen« Blütenstandes der Aloe.

S. 139 **Abb. 2.13** Schematische Zeichnung der Blattbildung bei der Gattung Phyllarthron.

S. 170 **Abb. 3.1** Melastoma caudata, Bonpl. (Humboldt/Bonpland 1816–1823, I, Tafel 7), Kupferstich von Louis Bouquet nach einer Zeichnung von Pierre Jean François Turpin (Quelle: Zentralbibliothek Zürich, Bibliothek der Naturforschenden Gesellschaft Zürich http://doi.org/103931/e-rara-29929, Public Domain)

S. 185 **Abb. 3.2** Jean-Louis Giraud-Soulavie, »Coupe verticale des montagnes vivaroises«, 1783 (Quelle: Zentralbibliothek Zürich, http://doi.org/103931/e-rara-51136, Public Domain)

S. 188 **Abb. 3.3** »Nivelación de la Quinas en g[ene]r[a]l y de la Loxa en particular o de la Cinchona officinalis« (1803), (Quelle: Mauricio Nieto Olarte, La obra cartográfica de Francisco José de Caldas, Bogotá: Ed. Uniandes 2006. Mit freundlicher Genehmigung des Autors)

S. 190 **Abb. 3.4** Eberhard August Wilhelm von Zimmermann: »Tabula mundi geographico zoologica sistens quadrupedes, hucusque notos sedibus suis adscriptos«, 1783 (Quelle: Historic Maps Collection, Department of Rare Books and Special Collections, Princeton University Library, https://catalog.princeton.edu/catalog/5525352, Courtesy of Princeton University Library)

S. 229 **Abb. 3.5** Höhenprofil der Vereinigten Staaten nach Long. Humboldt erweitert das Profil Longs, das im Westen mit den Rocky Mountains und im Osten mit den Alleghenies abschließt, nach den Angaben Gallatins bis zum Pazifik bzw. Atlantik (vgl. Bl. 19r).

S. 246 **Abb. 3.6** Höhenprofil der Vereinigten Staaten nach Long. Humboldt erweitert das Profil Longs, das im Westen mit den Rocky Mountains und im Osten mit den Alleghenies abschließt, nach den Angaben Gallatins bis zum Pazifik bzw. Atlantik (vgl. Bl. 19r).

S. 283 **Abb. 3.7** Johann Moritz Rugendas: Bananenpflanzen. Helikonien am rechten und linken Bildrand. Bleistift (SBB-PK, Handschriftenabteilung, Autogr. I/1292-2)

S. 284 **Abb. 3.8** Johann Moritz Rugendas: Palme (Cocos coronata) mit Araukarie im Bildhintergrund. Bleistift (SBB-PK, Handschriftenabteilung, Autogr. I/1292-5)

S. 285 **Abb. 3.9** Johann Moritz Rugendas: Palme (Elaeis guineensis). Tamarinde und Caladium im Bildvordergrund. Feder, schwarze Tinte (SBB-PK, Handschriftenabteilung, Autogr. I/1292-4)

S. 286 **Abb. 3.10** Johann Moritz Rugendas: Palmengruppe (Acrocomia sclerocarpa). Feder, schwarze Tinte (SBB-PK, Handschriftenabteilung, Autogr. I/1292-3)

No 1. Der Chimborazzo
n. 2. der Guadorazzo.
n. 3. Schnee Region
n 4. Sand u Schnee
No 5. Die Vegetations Region
n. 6. Bimstein u Sand
n. 7. H Alex: v Humboldt
n. 8. Mr Bonpland.
n: 9.
n 10.
n 11.
n 12.